U0103748

嵌入式多核DSP
应用开发与实践

陈泰红　肖婧　冯伟　编著

北京航空航天大学出版社

内 容 简 介

本书从 C66x 的内核架构、关键外设、多核编程等方面进行翔实介绍,同时通过基于 CCS V5 Simulator 软件仿真以及 TMDXEVM6678L EVM 硬件仿真的实例精解,从更多细节上介绍基于 TMS320C6678 的电路设计开发和 boot 设计,给出用实例测试的片内外设应用测试程序,最后介绍中科院某所基于 TMS320C6678 的星载毫米波 SAR - GMTI 系统数字中频接收机的总体设计。

本书适合于广大 DSP 爱好者、大学高年级学生、研究生,以及从事 DSP 等嵌入式技术开发的企业工程技术人员参考。

图书在版编目(CIP)数据

嵌入式多核 DSP 应用开发与实践 / 陈泰红,肖婧,冯伟编著. -- 北京 : 北京航空航天大学出版社,2017.2

ISBN 978 - 7 - 5124 - 2122 - 6

Ⅰ. ①嵌… Ⅱ. ①陈… ②肖… ③冯… Ⅲ. ①数字信号处理-研究 Ⅳ. ①TN911.72

中国版本图书馆 CIP 数据核字(2017)第 044109 号

嵌入式多核 DSP 应用开发与实践

陈泰红 肖 婧 冯 伟 编著

责任编辑 王 实

*

北京航空航天大学出版社出版发行

北京市海淀区学院路 37 号(邮编 100191) http://www.buaapress.com.cn

发行部电话:(010)82317024 传真:(010)82328026

读者信箱: emsbook@buaacm.com.cn 邮购电话:(010)82316936

涿州市新华印刷有限公司印装 各地书店经销

*

开本:710×1 000 1/16 印张:28.25 字数:602 千字

2017 年 3 月第 1 版 2017 年 3 月第 1 次印刷 印数:3 000 册

ISBN 978 - 7 - 5124 - 2122 - 6 定价:65.00 元

前　言

　　TMS320C66x DSP 是美国德州仪器公司（TI）推出的高性能多核 DSP 处理器。

　　TMS320C66x DSP 采用 TI 多年的研发成果：KeyStone 多内核架构，具有高性能协处理器，丰富的独立片内连接层技术；多核导航器，支持内核与存储器存取之间的直接通信，从而解放外设存取，充分释放多核性能；片上交换架构——TeraNet 2，速度高达 2 Mb/s，可为所有 SoC 组成部分提供高带宽和低时延互连；多核共享存储器控制器，可使内核直接访问存储器，提高片上及外设存储器的存取速度；HyperLink，可提供芯片级互连，跨越多个芯片。TMS320C66x 有 2 核、4 核、8 核之分，可供不同应用场合使用，并且引脚兼容。每个内核都同时具备定点和浮点运算能力，并且都有 40 个 GMAC @ 1.25 GHz，20 个 GFLOP @ 1.25 GHz，其性能是市场上已发布的多内核 DSP 的 5 倍，特别是 8 核 TMS320C6678，运行速率能达到 10 GHz。TMS320C66x 具有低功耗和大容量，采用 TI Green Power 技术构架、动态电源监控和 Smart Reflex。这样的结构，让用户设计时不再需要使用 FPGA 或者 ASIC。

　　KeyStone 多核系列 DSP 包括多种器件，这些器件旨在以最低的功耗级别和成本提供最高的处理性能。KeyStone 多核平台的处理能力和低功耗适用于高端设备大数据量的处理。多核器件包括 TI 的 C667x 和 C665x 系列 DSP。该系列结合了定点和浮点的处理能力，其中 C6678 有高达 8 颗 C66x CPU。

　　KeyStone Ⅱ 多核系列 DSP＋ARM 以低于多芯片解决方案的功耗，提供高达 5.6 GHz 的 ARM 和 11.2 GHz 的 DSP 处理能力，因此适用于嵌入式基础实施应用，例如云计算、高性能计算、转码、安全、游戏、分析、媒体处理和虚拟桌面等。66AK2H12 使用新的 KeyStone Ⅱ 架构。该器件是第一种将 4 个 ARM Cortex - A15 与 8 个 TMS320C66x 高性能结合在一起的器件，代表型号有 66AK2H0（2ARM15＋

嵌入式多核DSP应用开发与实践

4C66x)、66AK2E05 等。

　　TMS320C66x 的目标应用领域有关键任务、测试与自动化、医学影像、智能电网、新型宽带以及高性能计算等。例如,医疗电子有几个热门的方向,即彩色超声波、用于引导手术的实时透视、超声波便携式设备、内窥镜等,C667x DSP 凭借其实时处理、便携式、低功耗、可编程性、高性能的优势,能方便实现这些医疗应用。

　　本书从 C66x 的内核架构、关键外设、多核编程等方面进行了翔实介绍,同时通过基于 CCS V5 Simulator 软件仿真以及 TMDXEVM6678L EVM 硬件仿真的实例精解,从更多细节上介绍基于 TMS320C6678 的电路设计开发和 boot 设计,给出用实例测试的片内外设应用测试程序,最后介绍中科院某所基于 TMS320C6678 的星载毫米波 SAR - GMTI 系统数字中频接收机的总体设计。

　　本书适合于广大 DSP 爱好者、大学高年级学生、研究生,以及从事 DSP 等嵌入式技术开发的企业工程技术人员参考。期望帮助读者尽快熟悉并掌握该项技术。

　　在编著本书的过程中,作者一直战战兢兢。作者基于之前所著《手把手教你学DSP》系列丛书的经验,力求帮助开发者设计和完善总体电路与软件评测,所有实例均在自己所做的电路板上验证。唯一的愿望,就是希望能对阅读本书的人有所帮助。

　　本书介绍 TI C66x 系列多核编程过程中的一些基本概念与原理,更深入地掌握这门技术,还需要进一步阅读 TI 公司提供的参考手册,并在实际项目中锻炼。TI 公司的技术文档以繁多著称,初学者难免陷入不知所措之中,因此建议以实际应用为主,各个击破,以点连线,以线画面。

　　虽然,我们努力提供可重复的工作,但由于参考的软件版本以及软件安装的环境可能会有细微差别,因此请在理解本书所介绍内容的基础上重复书中涉及的实例,简单照搬不一定能有结果,敬请注意。

　　本书得到了国家自然科学基金(61603073)、辽宁省自然科学基金(201602200)、中央高校基本科研业务费专项基金（DCPY2016002)的支持,在此表示衷心的感谢。

　　本书第二作者肖婧,现为大连民族大学信息与通信工程学院专任教师,主要从事信息智能处理技术的研究,重点研究高维多目标智能优化算法及其在复杂网络挖掘中的应用;先后承担并主持国家自然科学基金 1 项、省部级科研项目 2 项、市厅级科研项目 2 项;发表学术论文 20 余篇,出版学术专著 2 部。

　　本书第三作者冯伟,任职于 66061 部队,主要从事通信网络工程设计、规划、建设与应用管理以及计算机软件开发测试,研究方向包括通信网络管理、规划与设计,数字信号处理与分析等。

　　参加本书编写工作的有石厚兰、陈关岭、杭欢欢、陈小杭、王苏亚、杭进财、陈帅、吕会杰、陈静源、陈凯、何艳、陈萌萌、杭翔宇、胡亦卓、杭文菁、杨才远、程伟、马艺文等,他们为本书提供了大量资料,进行了大量实验,编写验证了各个应用程序等,再次表示感谢。

2

　　本书在成书过程中还得到北京航空航天大学出版社策划编辑人员的大力支持，没有他们的帮助，出版本书是不可想象的；在这里还要感谢所有与出版此书相关的工作人员，他们参与了编辑、校对和录入工作；感谢无名网友在网络上无偿分享的资料。

　　本书尽量列出所有参考资料的源出处，若有遗漏，敬请谅解。

　　由于时间仓促，水平有限，书中存在的错误和遗漏，恳请读者不吝指正。

　　联系方式：ahong007@yeah.net

陈泰红

2016 年 12 月 13 日

目　　录

第 **1** 章

多核 DSP 技术

1.1 DSP 概述

数字信号处理器是一种能够实现数字实时信号处理的、结构优化的微处理器。数字信号是通过数学方法在某个方面实现对数字信号的改变或提升的技术,因此涉及大量的数学运算。通常,数字信号处理的算法需要利用计算机或专用处理设备来实现。DSP 器件或专用集成电路(Application Specific Integrated Circuit,ASIC)等都属于常用的专用设备。

自 20 世纪 70 年代末 80 年代初 DSP 芯片诞生以来,DSP 器件得到了飞速发展。DSP 芯片的高速发展,一方面得益于集成电路的发展,另一方面也得益于巨大的市场需求。DSP 器件已经成为通信、计算机、消费类电子产品和汽车电子等领域的基础器件。

1.2 TI 公司 DSP 器件的发展

美国德州仪器公司(TI)是 DSP 器件的主要生产厂商之一。从 1982 年 TI 公司推出第一代 DSP 芯片——TMS320C10 以来,该公司已经推出了多种系列的 DSP 器件。

目前,TI 公司的 DSP 器件主要包括 C2000 系列 DSP、C5000 系列 DSP、C6000 单核系列 DSP、达芬奇系列 DSP、C66x 多核系列 DSP。

TMS320C6000 是 TMS320 系列产品中的新一代高性能 DSP 芯片,涵盖从最开始的定点 C62x 和浮点 C67x 处理器,到后续的 C64x、C647x、C64x＋、C66x 系列 DSP,以及 ARM＋DSP 的 OMAP 和达芬奇(DaVinci)系列处理器等。

早期的 C6000 器件提供的主要接口有 I^2C 接口、McBSP 同步串口、HPI 并行接口和 EMIF 接口(方便用户使用各种外部扩展存储器,如 Flash、SDRAM、SRAM、EPROM)等,另一些型号中还提供了 PCI 接口。

到 C64x＋系列时,以 3 核 TMS320TCI6487 为代表,这是一款专门针对 TD-SC-DMA 等无线基础设施基带应用的 DSP。单核 1.2 GHz,集成了许多额外的高性能外设接口,如 1 Gb/s 网口(EMAC)、3.072 Gb/s 天线接口(AIF)、3.125 Gb/s 串行 RapidIO(SRIO)和运行速率高达 667 MHz 的 DDR2 存储器接口等。其中,AIF 接口符合 OBSAI 和 CPRI 标准,直接支持基带与射频模块之间的数据接口互连。

C66x 系列 DSP 是 TI 公司最新的 C6000 DSP。该芯片基于 TI 公司最新的 KeyStone 多核 SoC 结构,单核 1.2 GHz,专门为高性能无线架构应用而设计,可用于开发几乎所有的无线标准。片上额外集成的高性能接口主要有:4 通道 HyperLink, 单通道 12.5 Gb/s;6 条 AIF2 链,每条 6.144 Gb/s;2 个 SGMII 口,每个 1 Gb/s; 2 通道 PCIe,每通道 5 Gb/s 的数据速率;4 通道 SRIO 2.1,每通道 5 Gb/s,以及 DDR3, 位宽 64 bit,频率达 1 666 MHz。其中,HyperLink 用于 C66x DSP 之间的点对点互连,4 通道并行可达到 50 Gb/s 的数据传输速率。

可见,随着高性能多核 DSP 在通信领域中的应用要求越来越复杂和接口协议标准的不断发展,DSP 的接口技术也在不断演进,从最初的简单接口如 I^2C、SPI 等,发展到复杂接口如 SRIO、AIF 等;从最初的低速并行接口如 HPI、PCI 等,发展到高速串行接口 HyperLink、PCIe 等,使得 DSP 系统数据传输的速度呈几何级提高。而 DSP 接口技术的不断演进,也反过来持续支撑了高性能多核 DSP 的应用,从而更好地推动相关应用领域的发展。

1.2.1　C2000 系列 DSP

C2000 系列 DSP 是支持高性能集成外设的 32 位微处理器,适用于实时控制应用。其数学优化型内核可为设计人员提供能够提高系统效率、可靠性以及灵活性的方法。C2000 器件具有功能强大的集成型外设,是理想的单芯片控制解决方案。例如,TMS320F2812 是 TI 公司针对数字控制推出的 DSP 器件,该器件整合了 DSP 及微控制器的最佳特性。C2000 系列 DSP 的主要发展历史及板上资源、性能变化如表 1.1 所列。

表 1.1　C2000 系列 DSP 参数对比表

C2000 系列 DSP	F281x	F280x	F2823x	F2833x	F2834x	F2802x	F2803x
大规模生产	2003	2005	2008	2008	2009	2009	2010
C28x CPU	定点	定点	定点	浮点	浮点	浮点	浮点+CLA 运算
频率/MHz	150	60～100	100～150	100～150	200～300	40～60	60
引　脚	128～179	100	176～179	176～179	176～256	38～56	64～80
Flash/KB	128～256	32～256	128～512	128～512	0	16～64	32～128

1.2.2　C5000 系列 DSP

TI 公司推出的 C5000 系列 DSP 是低功耗的 16 位 DSP 系列器件，性能高达 300 MHz(600 MIP)。这些器件针对经济高效的嵌入式信号处理解决方案进行了优化，适用于开发语音、通信、医疗、安保和工业应用中的便携式系统。其待机功耗低至 0.15 mW，工作功率低于 0.15 mW/MHz。表 1.2 所列为 C5000 系列 DSP 的参数对比。

表 1.2　C5000 系列 DSP 参数对比表

C5000 系列 DSP	VC5401	VC5402	VC5402A	C5504	VC5506	VC5509	VC5510A
CPU	C54x 定点	C54x 定点	C54x 定点	C55x 定点	C55x 定点	C55x 定点	C55x 定点
频率/MHz	50	100	160	60～150	108	108～200	166～200
引　脚	144 BGA	144 BGA	144 BGA	196 NFBGA	179 BGA	179 BGA	205～240 BGA

1.2.3　C6000 单核系列 DSP

C6000 单核系列 DSP 平台提供了高性能的定点和浮点 DSP，其中包括运行速度高达 1.2 GHz 的定点 DSP。它是高性能音频、视频、影像和宽带基础设施应用的理想选择。表 1.3 所列为 C6000 单核系列 DSP 的参数对比。

表 1.3　C6000 系列 DSP 参数对比表

C6000 单核系列 DSP	C6201	C6410	C6421	C6742	C6746	C6701	C6727B
CPU	C62x 定点	C64x 定点	C64x+定点	C674x 定点/浮点	C674x 定点/浮点	C674x 浮点	C674x+浮点
频率/MHz	200	400	400～700	200	375～456	150～167	250～350
引　脚	352 BGA	288 BGA	376 BGA	361 NFBGA	361 NFBGA	352 FCBGA	256 BGA

1.2.4　达芬奇系列 DSP

达芬奇系列 DSP 是适合于开发数字视频、影像和视觉应用的器件。达芬奇提供片上系统，包括视频加速器和相关外设。器件针对视频编码和解码的应用进行了优化，升级的达芬奇系列 DSP 还包括多媒体编解码器、加速、外设和框架。表 1.4 所列为达芬奇系列 DSP 的参数对比。

表 1.4　达芬奇系列 DSP 参数对比表

达芬奇系列 DSP	DM648	DM643	DM8168	DM3730	DM6467T
CPU	1 C64x 定点	1 C64x 定点	1 C674x 定点＋1 ARM Cortex-A8 定点/浮点	1 C674x 定点＋1 ARM Cortex-A8 定点	1 C674x 定点＋1 ARM9 定点
频率/MHz	720～1 100	500～600	1 000	660～800	1 000
引　脚	529 FCBGA	548 FCBGA	1031 FCBGA	423 FCBGA	529 FCBGA

达芬奇是信号处理解决方案,专为数字视频、影像和视觉应用而设计。达芬奇平台提供片上系统,包括视频加速器和相关外设。产品包括针对 ARM9 的低成本解决方案到基于数字信号处理器(DSP)的全功能 SoC。针对视频编码和解码应用进行了优化,升级的达芬奇处理器系列还包括多媒体编解码器、加速器、外设和框架,代表型号有 DM64x(ARM9＋DSP)、DM81x(ARM-A8＋DSP)等。开发工具有 DVSDK、EZSDK、DVRRDK 等。其中,DM8168 为目前达芬奇系列的最高性能的型号(更强的 C6A8168 已经推出了)。它的 ARM-A8 核处理能力为 1.35 GHz,C674x 最高为 1.27 GHz 和 9 000 MIPS,6 750 MFLOPS。

1. 视频基础设施应用

TI 在多媒体和网络视频基础设施市场的系统解决方案可帮助客户开发尖端产品,同时缩短其产品上市时间。我们提供两种主要的架构性方案:硬件集中型和灵活软件型方案。通过与第三方合作伙伴协作,大幅降低了视频基础设施设计的复杂性和风险。解决方案包括视频安全,涉及当代生活的方方面面。TI 公司提供了新技术,并引领市场趋势,包括远程视频安全、尖端设备、兆像素,以及分析/内置智能。我们的端到端统一视频监控解决方案具有最佳系统成本,可帮助客户保持产品的独特性和缩短产品上市时间。

2. DVR 解决方案

数字录像机和数字视频服务器是视频安全应用中使用的设备,用于从多个模拟监控摄像机获取模拟视频信号,并将其转换成数字信号。处理引擎以 H.264、动态 JPEG、MPEG－4 或专用编解码器等格式对视频流进行编码,以允许数据存储或传送。

3. IP 摄像机解决方案

IP 网络摄像机可以定义为将网络和视频处理功能融为一体的摄像机。网络摄像机拥有自身的 IP 地址和处理网络通信所需的计算功能。它可以通过网络采集和传输实时画面,随时随地实现远程查看和用户控制。

1.2.5　多核系列 DSP

C6000 多核系列 DSP 包括 C6000 多核系列 DSP、KeyStone Ⅰ 多核系列 DSP、

KeyStone Ⅱ 多核系列 DSP＋ARM。

1. C6000 多核系列 DSP

C6000 多核系列 DSP 以低功耗和低成本提供高性能。多核平台的处理能力和低功耗能力特别适合医疗成像、测试和自动化、关键任务、视频基础设施和高端成像等应用。

C6000 多核系列 DSP 包括 TI 公司的 C647x 系列多核处理器。该系列以非常低的功耗提供了浮点能力，代表型号有 TMS320C6474、TMS320C6472 等，参数见表 1.5。

表 1.5　C6000 多核系列 DSP 参数对比表

C6000 多核系列 DSP	C6472	C6474
CPU	6 C64x＋定点	3 C64x＋定点
频率/MHz	500～700	1 000～1 200
引　脚	737 FCBGA	561 FCBGA

多媒体基础设施应用：为响应市场对增加移动网络信道密度和提高媒体服务质量的需求，TI 公司提供了基于 C66x 多核 DSP、具有行业最高性能的多媒体解决方案。C66x 多核 DSP 特别适用于多媒体网关、IMS 媒体服务器、视频会议服务器和视频广播装置等，可为 OEM 提供在系统级别方面具有较低的功耗和成本，而效率很高的高密媒体解决方案。TI 公司的完整处理器系列覆盖了传统标准清晰度 8 位 4:2:0 的 MPEG2 应用，并可一直扩展，达到高清 10 位 4:2:2 的 H.264 要求。

支持多视频格式：CIF、QCIF、D1、720pHD、1080pHD。

完整视频编解码器套件：H.264、H.263、MPEG2/4、SVC、JPEG…。

完整语音和音频编解码器套件：AMR-NB/WB、G.72x、AAC…。

解决方案：用于转码、MCU、媒体服务器（来自第三方）。

2. KeyStone Ⅰ 多核系列 DSP

KeyStone Ⅰ 多核系列 DSP 包括多种器件。这些器件旨在以最低的功耗级别和成本，提供最高的处理性能。KeyStone Ⅰ 多核平台的处理能力和低功耗适用于高端设备大数据量的处理。多核器件包括 TI 的 C667x 和 C665x 系列 DSP。该系列结合了定点和浮点的处理能力，参数见表 1.6。其中，C6678 具有高达 8 个 C66x CPU。

表 1.6　KeyStone Ⅰ 多核系列 DSP 参数对比表

KeyStone 多核系列 DSP	C6678	C6672	C6670	C6657	C6654
CPU	8 C66x 定点/浮点	2 C66x 定点/浮点	4 C66x 定点/浮点	2 C66x 定点/浮点	1 C66x 定点/浮点
频率/MHz	1 000～1 250	1 000～1 500	1 000～1 200	1 000～1 250	850
引　脚	841 FCBGA	841 FCBGA	841 FCBGA	625 FCBGA	625 FCBGA

3. KeyStone Ⅱ 多核系列 DSP＋ARM

KeyStone Ⅱ 多核系列 DSP＋ARM 以低于多芯片解决方案的功耗，提供高达 5.6 GHz 的 ARM 和 11.2 GHz 的 DSP 处理能力，因此适用于嵌入式基础实施应用，例如云计算、高性能计算、转码、安全、游戏、分析、媒体处理和虚拟桌面。66AK2H12 使用新的 KeyStone Ⅱ 架构，如表 1.7 所列。该器件是第一个由 4 个 ARM Cortex-A15 与 8 个 TMS320C66x 高性能结合在一起的器件，代表型号有 66AK2H12（8 C66x＋4 ARM15）、66AK2E05 等，开发平台有 Linux MCSDK。

表 1.7　KeyStone 多核系列 DSP 参数对比表

KeyStone Ⅱ 多核系列 DSP	66AK2H12	66AK2E05	66AK2E02
CPU	8 C66x＋4 ARM15 定点/浮点	1 C66x＋4 ARM15 定点/浮点	1 C66x＋1 ARM15 定点/浮点
频率/MHz	1 200	1 400	1 400

云计算领域应用：云计算给市场带来了翻天覆地的变化。目前，有许多类型的服务正通过云计算进行提供，未来还将看到云计算带来众多新的服务。随着服务的迅猛发展，功率效率和性能效率正变得越来越重要。TI 公司基于 KeyStone Ⅱ 的 SoC 平台通过将 ARM Cortex-A15 处理器与 TMS320C66x DSP 集成在一起，为云计算提供了更好的实施办法。这些 SoC 支持集成所需数量的片上存储器系统、高速 I/O 以及外围设备，为运行基于云的工作负载提供最出色的功率和性能，例如高性能科学计算、大规模多媒体处理以及图像和视频分析。

1.3　高性能多核 TI DSP 性能

TI 公司推出的最新 TMS320C66x 数字信号处理器（DSP）产品系列，其性能超过业界所有其他 DSP 内核。在独立的第三方分析公司伯克莱设计技术公司（Berkley Design Technology, Inc）（BDTI）进行的基准测试中，其定点与浮点性能均获得最高评分，如图 1.1 和图 1.2 所示。

BDTI DSP 分别对 C66x DSP 内核的定点与浮点性能进行测试。结果表明，在两组测试中，C66x 内核目前都获得了业界最高评分。

表 1.8 所列为 TI 多核 DSP 与 TI C67x＋（浮点）以及 C64x＋（定点）处理器的性能比较。从表中看出，多核 DSP 的浮点性能远远高于现有的定点/浮点处理器。表 1.9 所列为 C66x 多核 DSP 的性能对比。

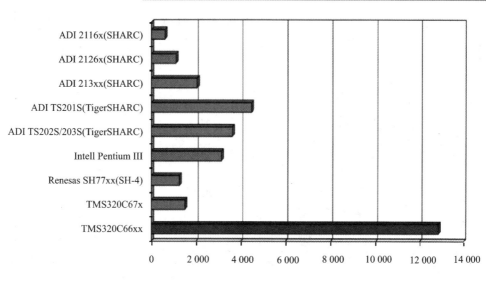

图 1.1　浮点性能对比（BDTI 评分）

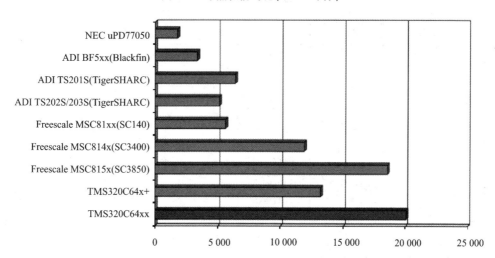

图 1.2　定点性能对比（BDTI 评分）

表 1.8　TI 多核 DSP C66x 性能比较

算　法	C67x @ 300 MHz	C64x+@ 1.2 GHz	C66x @ 1.25 GHz	Gain
单精度浮点 FFT，2 048 pt，Radix 4	86.84 μs		17.90 μs	～600%
定点 FFT，2 048 pt，Radix 4		8.23 μs	4.46 μs	～200%
FIR 滤波器 40 阶		0.69 μs	0.34 μs	～200%
矩阵相乘 32×32		17.92 μs	6.16 μs	～300%
矩阵反转 4×4		0.53 μs	0.13 μs	～400%

表 1.9 C66x 多核 DSP 性能对比表

型 号	C6670	C6657	C6672	C6674	C6678
内核/GHz	1～1.2	1～1.25	1～1.25	1～1.25	1～1.25
内核数目	4	2	2	4	8
定点/浮点	Yes	Yes	Yes	Yes	Yes
GMAC	153 (@1.2 GHz)	80 (@1.25 GHz)	80 (@1.25 GHz)	160 (@1.25 GHz)	320 (@1.25 GHz)
L1KB/内核	32D/32P	32D/32P	32D/32P	32D/32P	32D/32P
L2MB/内核	1 MB	1 MB	512 KB	512 KB	512 KB
L2 共享内存	2 MB	1 MB	4 MB	4 MB	4 MB
DDR 频率	64 b 1 600 MHz	32 b 1 600 MHz	64 b 1 600 MHz	64 b 1 600 MHz	64 b 1 600 MHz
10/100/1 000EMAC	2x SGMII	1x SGMII	2x SGMII	2x SGMII	2x SGMII
PCI Express Gen2	x2	x2	x2	x2	x2
HyperLink	Yes	Yes	Yes	Yes	Yes
SRIO2.1	x4	x4	x4	x4	x4
AIF2	Yes	No	No	No	No
网络协处理器	Yes	No	Yes	Yes	Yes
安全协处理器	Yes/Optional	No	No	No	Yes/Optional
共用协处理器	4x VCP2；3x TCP3d & 1x TCP3e；3x FFTC；RAC，TAC，1x BCP	4xVCP2 & 1xTCP3d	No	No	No
运行温度	−40～100 ℃	−55～100 ℃	−40～100 ℃	−40～100 ℃	−40～100 ℃
典型功耗(1 GHz)	10 W+	3.5 W	6 W	8 W	10 W

1.4 KeyStone Ⅰ多核 DSP 处理器

1.4.1 KeyStone Ⅰ概述

　　TI 公司的 KeyStone 多核架构(见图 1.3)结合了 RISC、DSP 内核、专用协处理器和 I/O,提供了非常高的性能。KeyStone Ⅰ是第一个提供了内部大带宽并无阻塞访问所有内核、外设、协处理器和 I/O 的架构。这一点是由四个硬件单元保证的:多核导航器、TeraNet、多核共享存储器控制器和 HyperLink。

多核导航器是一种基于包管理的先进技术,其包括 8 192 个队列。当任务被分配到队列,多核导航器利用硬件加速将任务分配给合适的硬件。其利用了高达 2 Tb/s 的 TeraNet 的核心交换资源来进行数据包的传递。

MSMC 使得处理器可直接访问共享存储空间,而不再使用 TeraNet 的带宽资源,所以数据包的搬移不会受到存储空间访问的阻塞。

HyperLink 提供的 50 Gb/s 芯片级互连,允许 SoC 按一定先后顺序工作。由于 HyperLink 的低协议开销和高吞吐量,使它成为芯片间通信的理想接口。

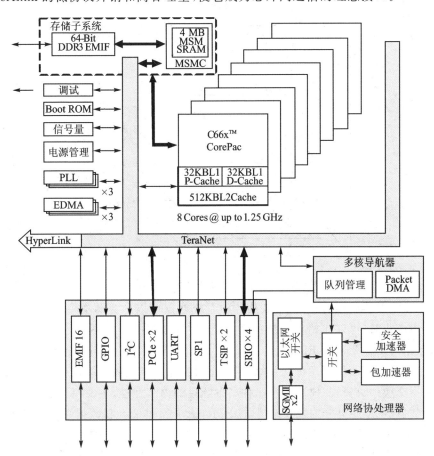

图 1.3 核 KeyStone Ⅰ架构

为了发挥 C66x 内核的全部性能,保证多核处理器协同工作时的性能不会打折扣,TI 公司提出了保证高效处理能力和高速内核互联能力的多核片上系统(SoC)结构,如图 1.4 所示。TI 公司的 SoC 通过多核导航器实现内核的高效管理,它利用高效的片上网络管理单元,优化了 8 192 个队列的数据流。TeraNet 能够互联内核的协处理器和外设,峰值速度达 2 Tb/s。除了每个内核的片上内存外,SoC 还有共享内存(MSM),通过共享内存控制器,内核就可以直接访问 MSM。

　　器件中存在着两种总线:数据总线和配置总线。某些外设有两种接口,而某些外设只有一种接口。此外,不同外设的总线接口位宽和速度是不同的。配置总线主要用来访问外设的寄存器空间,而数据总线主要用来传输数据。但在某些情况下,配置总线也可以用来传输数据;同理,数据总线有时也可以访问外设的寄存器空间。例如,DDR3 存储控制寄存器可以通过数据总线接口访问。

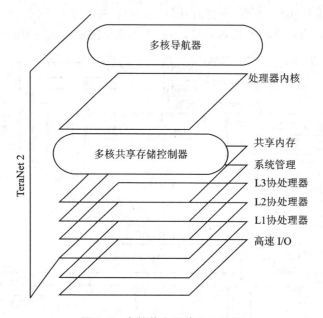

图 1.4　多核片上系统 SoC 结构

　　C66x 处理器内核、EDMA3 以及各种系统外设可以分为两类模式:主模式和从模式。主模式时,可以初始化系统的读/写访问且数据的传输不通过 EDMA3;从模式时,数据的传输要通过 EDMA3。

　　主/从器件的通信有两种交换结构:数据交换结构和配置交换结构。数据交换结构即数据交换中央资源(SCR),是一种高吞吐量的内部互连,主要用于系统间的数据通信。数据 SCR 还可分为两个较小的 SCR:一个通过 256 b 数据总线互连超高速主/从系统,可以运行在 1/2DSP 主频;另一个通过 128 b 数据总线互连主/从系统,可以运行在 1/3DSP 主频。配置交换结构即配置交换中央资源,主要用来访问外设寄存器。配置 SCR 用运行在 1/3DSP 主频的 32 b 配置总线来连接 C66x 处理器核和在数据交换结构上的主/从设备。

1.4.2　应用领域

1. 3G 移动通信

多核 DSP 最重要的应用领域之一是 3G 数字移动通信。其中包括基站和移动终端两方面的应用。基站所使用的 DSP 更注重高性能,对成本和功耗不是非常敏感。而移动终端要面向具体的用户,设计时必须在功能、功耗、体积、价格等方面进行综合考虑,因此移动终端对 DSP 处理器的要求更加苛刻。

2G 数字蜂窝电话的核心处理器都是基于双处理器结构,即包含一个 DSP 和一个 RISC 微控制器(MCU)。DSP 用来实现通信协议栈中物理层协议的功能;而 MCU 则用来支持用户操作界面,并实现上层通信协议的各项功能。

3G 数字移动通信标准增加了通信带宽,并更加强调高级数据应用,例如可视电话、GPS 定位、MPEG4 播放等。这就对核心处理器的性能提出了更高的要求,即能够同时支持 3G 移动通信和数据应用。在现代化的 3G 系统中,对处理速度的要求为 60 亿~130 亿次/s。如果用现有的 DSP,则需要 20~80 片低功耗 DSP 晶片才能满足要求。因此,承担这一重任的多核 DSP 处理器晶片必须在功耗增长不大的前提下大幅度提高性能,并且要具备强大的多任务实时处理能力。多核 DSP 在嵌入式操作系统的实时调度下,能够将多个任务划分到各个内核,大大提高了运算速度和实时处理性能。这些特点将使 3G 手机能够同时支持实时通信和用户互动式多媒体应用,支持用户下载各种应用程式。

2. 现代移动通信应用

基于 4G 网络的高速数据传输效率,未来的移动通信中可视化、多媒体化将成为趋势,对海量图像语音信息的快速高效处理运算也将显得尤为重要,DSP 作为一种适用于密集型数据运算,与实时信号处理的微处理器,已成为具备高性能运算速度和高密集数据处理能力的实时图像处理平台的重要角色。因此一直以来,在众多行业的许多信号处理系统中都采用以 DSP 为核心处理芯片,并通过不断提高 DSP 工作频率来获得更快的处理速度。然而,随着集成电路技术的发展,受芯片面积的制约,单芯片上集成晶体管数量的增加,也将受到限制。特别是随着工作主频的提高,进而产生了难以解决的功耗和散热问题,这也会使芯片器件的生产成本大幅度增加。

多核 DSP 是通过将多个 DSP 内核集成到单一芯片上来提升芯片整体性能的。多个 DSP 内核作为一个整体,向外界提供服务,整体芯片可获得成倍的工作频率。而功耗和成本,则比离散的单核 DSP 降低一半以上。因此,多核 DSP 的体系架构和解决方案,顺利解决了处理性能和功耗问题,使多核 DSP 成为提高 DSP 性能的有效方法和高性能 DSP 发展的一个重要方向。

3. 实时图像处理应用

实时图像处理是指,系统必须在有限的时间内对外部输入的图像数据完成指定的处理,即图像处理的速度必须大于或等于输入图像数据的更新速度;而且从图像输入到处理后输出的延时必须足够小。

基于多核 DSP 的实时图像处理模块是实时图像处理平台的组成单元。单一的多核 DSP 实时图像处理模块应该既可作为独立完成处理任务的个体,也可由多块实时图像处理模块组合成实时图像处理平台,协同完成处理任务。设计采用多内核DSP 处理器可以带来诸多好处。首先,多核 DSP 处理器可取代多片独立的 DSP 处理器和一片系统控制器,并且还体现出比较强的低功率优势,从而大大缩减 PCB 面积和整体功耗。其次,多个 DSP 内核之间的存储资源共享方式,可以进行无缝数据访问操作,存储器带宽得到了扩展,并降低了访问延迟。再次,DSP 内核与外部 FP-GA 之间可通过 SRIO 高速串行传输通道来交换数据信息,而非低速的 EMIFA 接口总线。最后,多 DSP 内核架构可使多个内核保持高度的缓存一致性,因为某一内核可将其缓存中的最新数据直接快速复制到另一内核中,而无须通过存储器。

图像处理平台技术很大程度上依赖于 DSP 技术的发展。图像处理的计算需求一般较高,且因应用背景需求不同,图像处理平台又呈现出不同的体系架构和功能特点。因此,图像处理平台应具备高计算性能、实时性、适应性和可靠性。

4. 军事领域应用

随着无人机(UAV)、声呐(SONAR)、雷达、信号情报(SIGINT)以及软件定义无线电(SDR)等波形密集型应用中的信号处理需求不断攀升,多核 DSP 的使用已成为重要的实现手段。多核功能与不断丰富的 IP 内核及开发工具相结合可实现优异的系统架构。所有这些应用都需要多核 DSP 来满足关键任务的各种需求,其中包括更强大的功能性(更快的处理速度)、更精细的分辨率以及更高的精度。过去,处理器性能的改善是通过工艺节点升级及提高运行时钟频率来实现的。然而,发展小型工艺节点和提高时钟频率并不是提高性能的低功耗捷径。在单个裸片中集成多核的这个方法可在更低的时钟频率及功耗下实现所需的高性能。

多核 DSP 以片上系统(SoC)形式设计,包含网络协处理器、安全加速器或 FFT加速器等功能。为了满足军事应用的性能与成本需求,多核 DSP 应:

① 支持混合执行引擎(内核)、矢量信号处理(VSP)以及更少的指令集计算(RISC);

② 提供全面的多核优势,实现器件提供的全部功能;

③ 由一系列器件组成,支持缩放与重复使用。

TI KeyStone 多核架构拥有高度的灵活性,可同时集成定点与浮点运算、定向协处理与硬件加速,以及优化的内核/组件间通信。此架构包括多个 C66x DSP 内核,能够支持高达 256 GMAC 的定点运算性能以及 128 GFLOP 的浮点运算性能。另外,此架构还包括综合而全面的连接功能层:TeraNet 能够与各种处理组件无缝互连;多内核共享内存控制器能直接接入片上共享存储器与外部第三代双倍数据速率(DDR3)存储器;多核导航器有助于管理整个 SoC 架构的通信;HyperLink 可与额外的协处理器或其他 TI SoC 等同伴器件实现互通互连。部分此类关键处理组件可在 TI SoC 上实现 LTE L2 与传输处理。多核 DSP 支持的并行处理功能可为要求严格的军事应用提供重要功能。雷达要求更快的 FFT 响应时间,根据 FFT 要求,开发人员可使用器件中的所有内核或部分内核满足 FFT 的实施需求。如果 FFT 的性能使用部分内核即可实现,则其他 DSP 内核可执行系统中的信号预处理或后处理。采用可充分发挥多核优势的软件工具可为正在进行的设计判定最佳内核配置(内核数量),这样开发系统就可高度灵活地满足多重应用需求。

目前,多核 DSP 正处于快速发展阶段。TI 等半导体公司提供的最新多核 DSP 采用通用架构,不但可帮助开发人员重复使用软件,而且还可为设备制造商节省开发时间。多核 DSP 正在成为声呐、雷达、信号情报以及 SDR 应用的主要差异化因素,并正在为当前及未来信号处理系统实现令人振奋的全新系统开发。

5. 数字消费类电子

DSP 是数字消费类电子产品中的关键器件,这类产品的更新换代非常快,对核心 DSP 的性能追求也越来越苛刻。

由于 DSP 的广泛应用,数字音响设备得以飞速发展,带数码控制功能的多通道、高保真音响逐渐进入人们的生活。此外,DSP 在音效处理领域也得到广泛采用,例如多媒体音效卡。在语音识别领域,DSP 也大有用武之地。Motorola 公司等厂商正在开发基于 DSP 的语音识别系统。

数字视频产品也大量采用高性能 DSP。例如数码摄像机,已经能够实时地对图像进行 MPEG4 压缩并存储到随机的微型硬盘甚至 DVD 光盘上。此外,多核 DSP 还应用在视频监控领域。这类应用往往要求具有将高速、实时产生的多路视频数字信号进行压缩、传输、存储、重播和分析的功能,其核心的工作就是完成大数据量、大计算量的数字视频/音频的压缩编码处理。

6. 智慧控制设备

汽车电子设备是这一领域的重要市场之一。现代驾乘人员对汽车的安全性、舒适性和娱乐性等要求越来越高。多核 DSP 也将逐渐进军这一领域。例如在主动防御式安全系统中,ACC(自动定速巡航)、LDP(车线偏离防止)、智慧气囊、故障检测、免提语音识别、车辆资讯记录等都需要多个 DSP 各司其职,对来自各个传感器的数据进行实时处理,及时纠正车辆的不安全行驶状态,记录行驶信息。

1.5　KeyStone Ⅱ 多核 DSP 处理器

1.5.1　KeyStone Ⅱ 概述

TI 公司的最新 KeyStone Ⅱ 多核 SoC 集成 TI 定浮点 TMS320C66x 数字信号处理器(DSP)系列内核与多个 ARM Cortex-A15 Multi-Processon 核处理器,可推

动各种基础架构的应用发展,实现更高效的云体验。Cortex-A15 处理器与 C66x DSP 内核的独特整合加上内建数据包处理与以太网交换技术,可有效释放资源,增强云技术第一代通用服务器性能,使服务器不再为高性能计算与视频处理等大型数据应用而发愁。

TI 公司的最高性能 SoC 包括 66AK2E02、66AK2E05、66AK2H06、66AK2H12、AM5K2E02 以及 AM5K2E04,它们都建立在 KeyStone 多核架构基础之上,如表 1.10 所列的 KeyStone Ⅱ 多核 SoC 特性。这些最新的 SoC 采用 KeyStone 低时延、高带宽、多核共享存储器控制器(MSMC),与其他基于 RISC 的 SoC 相比,存储器吞吐量提升 50%。这些处理元件结合在一起,加上安全处理、网络与交换技术的集成,可降低系统成本与功耗,帮助开发人员实现更低成本、绿色环保应用的开发与工作负载,这些应用包括高性能计算、视频交付以及媒体影像处理等。有了 TI 公司的最新多核 SoC 的完美集成,媒体影像处理应用开发人员还可创建高密度媒体解决方案。

表 1.10 KeyStone Ⅱ 多核 SoC 特性

应用领域	专用服务器		企业和工业		电源网络	
芯片型号	66AK2H12	66AK2H06	66AK2E05	66AK2E02	AM5K2E04	AM5K2E02
1.4 GHz Cortex-A15 内核数量	4	2	4	1	4	2
1.2 GHz C66x DSP 内核数量	8	4	1	1	无	无
定点处理能力	352 GMAC	176 GMAC	89.6 GMAC	56 GMAC	44.8 GMAC	22.4 GMAC
浮点处理能力	198.4 GFLOPS	99.2 GFLOPS	67.2 GFLOPS	33.6 GFLOPS	44.8 GFLOPS	22.4 GFLOPS
整数运算能力	19 600 MIPS	9 800 MIPS	19 600 MIPS	4 900 MIPS	19 600 MIPS	9 800 MIPS
细分应用	媒体处理、视频分析、H.256 视频处理及雷达等		企业视频、数字视频录制、工业影像、航空电子等		云计算、路由器、交换机、无线传输、无线核心网络、工业传感器网络等	
供货时间	2013 年 3 月		2013 年上半年			

1.5.2 KeyStone Ⅱ 多核架构

KeyStone Ⅱ 采用 TI 公司的 DSP 多核处理器结构,如图 1.5 所示。2013 年推出的 KeyStone Ⅱ 芯片是业界第一个把 Cortex-A15、多核 DSP、安全处理器、数据包的协处理器,以及高性能、高速以太网处理器全部集成到同一个 SoC 芯片上的产品。此次的产品是基于 28 nm 的工艺技术。6 款不同芯片中处理器核的数目为 2～12 个,包括 DSP 和 ARM A15,根据不同的需求可以做出不同的选择。速度范围是 800 MHz～1.4 GHz,功耗为 6～13 W。

图 1.5　KeyStone Ⅱ 多核架构

1.5.3　专用服务器应用

专用服务器与通用服务器稍有差别。专用服务器是面向特定应用的一些服务器（见图 1.6），它对计算能力的要求会特别高，这时 KeyStone Ⅱ 就给多核 DSP 和 DSP ARM 提供一个很好的机会来应用这个产品。例如在高性能运算、媒体处理、视频处理，尤其是现在不断更新的视频标准，还有游戏、虚拟桌面以及应用如雷达等，这些应用对计算的要求非常高，要求提供非常强大的计算能力、一定的管理能力以及 CPU 比较擅长的能力。所以在这个应用里为 4 个 ARM A15 加上 8 个 C66x 的芯片，型号为 66AK2H12（其中 12 指的是 4 个 ARM 加上 8 个 DSP 核）。

图 1.6　KeyStone Ⅱ 多核专用服务器架构

这样的芯片可以提供 352GMAC 定点处理能力、198.4 或 200GFLOPS 浮点处理能力以及 19 600 整数运算 DMIPS。与其类似的一个子集 66AK2H06，只是 ARM 的数目从 4 个变成了 2 个，DSP 数目从 8 个变成了 4 个，其他所有外设包括电源管理、系统控制、接口、Memory 控制器等都与 66AK2H12 是一样的。实际上，这是精简的版本，可以方便客户根据不同的应用需求多一个更好的选择。

　　总的来看，在专业服务器应用领域，多核 DSP＋多核 ARM 产品的优势在于，应用中会同时需要高密度的数据运算和高性能 RISC 指令运算，这就非常适合用 TI 66AK2H12 的高性能 DSP。

1.5.4　企业和工业应用

　　企业和工业应用是 TI 公司非常关注的领域。66AK2E05 芯片与 66AK2H12/66AK2H06 相比差异比较大。这款芯片有 4 个 ARM A15 和一个 C66x 多核 DSP，面向不同的应用，DDR 控制器以及多核共享存储控制器也会根据应用特点做一些调整。最初的 KeyStone Ⅱ 提到有无线加速器，但这里已看不到无线加速模块了。

　　芯片性能是 1.4 GHz ARM A15、89.6GMAC、67.2GFLOPS 和 19 600 个 DMIPS。除此之外，还提供一个精简版，就是单核 ARM 加上单核 C66，型号是 66AK2E02，其中 02 指的是处理器里核的数目。同样，E05 就是 4＋1 个核数目，这是面向整个工业和企业类的应用，这样的应用特点会同时要求有管理的性能，有可编程性，适当的 DSP 处理能力等。KeyStone Ⅱ 企业和工业应用架构如图 1.7 所示。

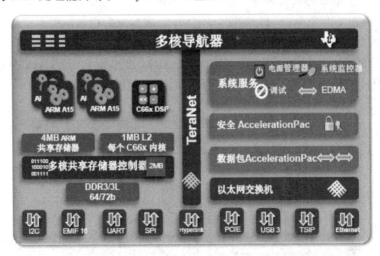

图 1.7　KeyStone Ⅱ 企业和工业应用架构

1.5.5　绿色能效网络处理

　　绿色能效网络对 TI 公司的 DSP 部门来讲是比较新的领域，面向的主要方面是云基础结构。很多设备中都会用到网络控制面板；路由器、交换机、无线传输、无线核心网络、工业传感器网络、电力传感网络等应用，对 CPU 处理能力都有很高的要求。TI 公司针对这样的要求推出了多核 ARM 处理器。除了多核 ARM 之外还增加了安全协处理器和包协处理器,这样的加速模块使本来由 CPU 做的事情可以转换到协处理器中。A15 的速度可达到 1.4 GHz 以上,4 个 ARM A15 内核可达到 44.8GMAC 和 44.8GFLOPS 浮点运算能力、19 600 整数运算 DMIPS 处理能力。除了 4 个 ARM A15 处理器之外,TI 公司还推出了 1 个双核 A15 处理器。图 1.8 所示为 KeyStone II 电源网络应用架构。

图 1.8 KeyStone II 电源网络应用架构

1.5.6 产品优势

TI 公司使用的多核 ARM 完全是标准 ARM A15 的产品,这意味着 ARM 所有的生态系统完全兼容,ARM 的软件、设计以及社区都可以复用。

此外,KeyStone II 采用 TI 公司多核处理器结构,芯片内的互连带宽提高了 1 倍,速度提高了 1 倍,这与其他厂商的不太一样,数据通道也是把 ARM 的 128 位扩展到了 256 位,接口时钟速率也提高了 1 倍,在利用多核 ARM 时可以发挥每个 ARM 的性能。

存储控制器也是 TI 公司的一个非常有特色的片内模块,这样的模块能更好地管理内存以及外部存储器接口,它提供了高速、低延时的访问路径,能完全发挥每个多核 CPU 的性能;它同时集成了 1G～10G 的以太网交换芯片,以太网交换模块也被集成到 SoC 上,多路网络信号可以直接在 SoC 中进行相应的交换处理,可以不需要外置的网络转换。

软件开发方面,TI 公司给用户提供了很好的支持,例如很好的 CCS 的集成环境、C/C++ 的编程环境、支持 Open MP 多核编程、Open CL、Linux、SYS/BIOS 等实时系统、物美价廉的开发套件以及基于 ARM 的生态系统、TI 很好的设计网络和设计社区等,都能帮助用户很快地熟悉和上手。

第 **2** 章

TMS320C66x 的多核处理器架构

多核处理器是指在一个芯片内含有多个处理核心而构成的处理器。多核处理器集成多个处理核心,极大地提升了处理器的并行性能。由于多个核集成在片内,缩短了核间的互连线,提高了通信效率;数据传输带宽也得到了提高,并且多核结构有效共享资源,使片上资源的利用率得到了提高;功耗也随着器件的减少而降低了。这些优势推动了多核结构的发展。

2.1　C66x 内核

2.1.1　概　述

德州仪器(TI)公司在 2010 年年底推出了全新的 TMS320C66x 数字信号处理器(DSP)内核。它不仅为 C64x+指令集架构(ISA)带来了显著的性能提升,同时还在同一处理内核中高度集成了针对浮点运算的支持。该 C66xDSP 内核的 ISA 同时支持单精度和双精度浮点操作,并全面兼容 IEEE 754 标准。这一组合造就了全新的 DSP,使得在不降低定点运算性能的基础上引入了高效的浮点运算。

与其他很多可提供浮点协作单元的嵌入式处理器不同,TI 公司最新的 C66x DSP 内核直接将浮点指令集嵌入到 C64x 定点指令集中。在 C66x CPU 上,用户可以选择逐条执行浮点、定点指令,因为在 C66x 中浮点与定点运算能力已经被完全集成在一起。我们能够轻松、便捷地将采用 Matlab 等浮点运算工具开发的算法移植到 DSP 中,不需要费力转换为定点方式处理。

图 2.1 所示为 C64x+ DSP 内核的情况,其为 C66x DSP 的前代产品。该内核由两个对称的部分(A&B)组成,每部分具有 4 个功能单元。一个 M 单元包含 4 个 16 位乘法器。

图 2.2 所示为 TI 公司最新的 C66x 内核,具有与 C64x+内核相同的基本 A&B 结构。请注意,M 单元的 16 位乘法器已增至每个功能单元 16 个,从而实现内核原始计算能力提升 4 倍。C66x DSP 内核实现的突破性创新使得由 4 个乘法器组成的各群集可协同工作以实施单精度浮点乘法运算。C66x DSP 内核可同时运行多达 8 项浮点乘法运算,加之高达 1.25 GHz 的时钟频率,使其单核心的浮点理论峰值速

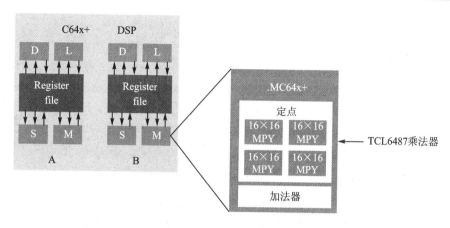

图 2.1　C64＋内核功能单元

度达 20GFLOPS,单片 DSP 的浮点运算能力为 160GFLOPS。

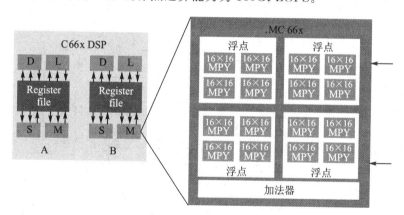

图 2.2　C66x 内核结构

C66x DSP 内核可同时运行多达 8 项浮点乘法运算,加之高达 1.25 GHz 的时钟频率,使其当之无愧地成为当前市场上性能最高的浮点 DSP。将多个 C66x DSP 内核进行完美整合,即可创建出具有出众性能的多内核片上系统(SoC)设备。

TI 公司为该款最新的 C66x 开发了全新的浮点和定点指令,这些指令对于实现高效高性能的计算至关重要。浮点指令包括:

① 单精度复数乘法。

② 矢量乘法。

③ 单精度矢量加减法。

④ 单精度浮点–整数之间的矢量变换。

⑤ 支持双精度浮点算术运算(加、减、乘、除及与整数间的转换)并且完全为管线式最新定点指令可实现最佳的矢量信号处理。其中包括:

➤ 复数矢量和矩阵乘法,诸如针对矢量的 DCMPY,以及针对矩阵乘法的

CMATMPYR1；

➤ 实矢量乘法；

➤ 增强型点积计算；

➤ 矢量加减法；

➤ 矢量位移；

➤ 矢量比较；

➤ 矢量打包与拆包。

2.1.2　C66x DSP 架构指令增强

C66x DSP 是 TI 公司最新出的定点和浮点混合 DSP，后向兼容 C64x＋和 C67x＋、C674x 系列 DSP。最高主频到 1.25 GHz，RSA 指令集扩展。每个核有 32 KB 的 L1P 和 32 KB 的 L1D，512 KB～1 MB L2 存储区，2～4 MB 的多核共享存储区 MSM，多核共享存储控制器 MSMC 能有效地管理不同内核之间内存和数据的一致性（如图 2.3 所示）。

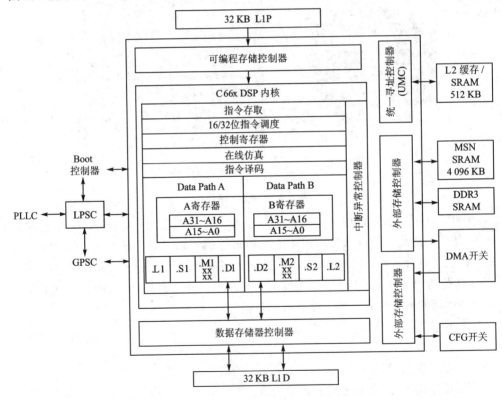

图 2.3　C66x 内核互联

针对通信应用，其片内集成了 2 个 TCP3d Turbo 码字译码器，一个 TCP3e Turbo 码编码器、2 个 FFT/IFFT、DFT/IDFT 协处理器以及 4 个 VCP2 Viterbi 译码器。

高速互联总线,4 个串行 RapidIO 接口、千兆网口、EMIF-DDR3 内存控制器。Tera-Net Switch 用于片内和外设间的快速交互。

此外,C66x DSP 的 CPU 内核还有如下特点:

① 64 个 32 b 的寄存器;

② 内部 DMA(IDMA)实现内部 Memory 之间的数据传输;

③ 2 个数据通路,每个通路连接 4 个功能单元。

TMS320C66x ISA 架构是对 TMS320C674x DSP 的增强,也是基于增强 VLIW 架构的,具有 8 个功能单元(2 个乘法器、6 个 ALU 算术运算单元)。该架构的基本增强如下:

① 4 倍的乘累加能力,每个周期 32 个(16×16 b)或者 8 个单精度浮点乘法。

② 浮点运算的增强:优化了 TMS320C674x DSP,支持 IEEE 754 单精度和双精度浮点运算,包括所有的浮点操作,加减乘除;支持 SIMD 浮点运算以及单精度复数乘法,附加的灵活性,如在.L 和.S 单元完成 INT 到单精度 SP 的相互转换。

③ 浮点和定点向量处理能力的增强:TMS320C64x＋/C674x DSP 支持 2‑way 的 16 b 数据 SIMD 或者 4‑way 的 8 b,C66x 增加了 SIMD 的宽度,增加了 128 b 的向量运算。如 QMPY32 能做 2 个包含 4×32 b 向量的乘法(如图 2.4 所示)。另外,SIMD 的处理能力也得到增强。

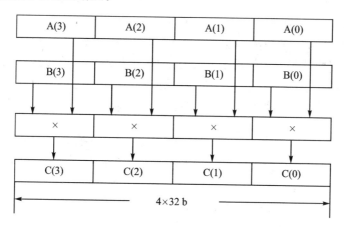

图 2.4　QMPY32 向量指令操作

④ 复数和矩阵运算的引入和增强:针对通信信号处理中的常用复数算术函数和矩阵运算的线性算法的应用,如单周期可以完成两个 1×2 复数向量和 2×2 的矩阵乘法。如表 2.1 所列为 C66x 内核与其他内核的处理能力对比。

1. C66x DSP 内核的浮点运算和向量、复数、矩阵运算的优化

下面讨论 C66x 的一些特殊地方,如浮点运算和向量、矩阵运算的优化。针对浮点运算,可以考虑如下:什么时候决定采用浮点(高精度、高动态范围),消除因为定点实现引入的缩放和舍入运算,使用浮点独有的求倒数和求平方根的倒数的指令,以及快速地进行浮点和定点数据类型转换的指令等。而对于向量和复数矩阵运算,则考虑更为有效的复数操作指令及向量和矩阵运算的独特指令。

表 2.1　DSP 内核处理能力对比

处理能力	C64x+	C674x	C66x
定点 16×16 MACs/周期	8	8	32
定点 32×32 MACs/周期	2	2	8
浮点单精度 MACs/周期	n/a	2	8
浮点算法/周期	n/a	6^1	16^2
存取宽度	2×64 b	2×64 b	2×64 b
矢量大小	32 b (2×16 b, 4×8 b)	32 b (2×16 b, 4×8 b)	128 b (4×32 b, 4×16 b, 4×8 b)

2. 浮点操作

C66x 支持很多浮点算法,即使是从 Matlab 或 C 代码刚刚转换的算法,也可以评估性能和算法精度。这里主要以单精度浮点为例。

使用 C66x 的浮点操作有以下好处,由于不用考虑精度和数据范围权衡而进行的定点数据 Q 定标和数据转换,因而在通用 C 和 Matlab 上验证的算法可以直接在 C66x 的 DSP 上实现。浮点处理还能从减小缩放范围和调整 Q 值来减少循环次数,浮点操作还提供快速的触发和求平方根的指令,单精度浮点处理能带来很高的动态范围和固定的 24 b 精度,与 32 b 定点相比更降低功耗。而快速的数据格式转换指令能更有效地处理定点和浮点混合的代码,带来更多的便利性。

C66x 的浮点算术运算包括:

① 每个周期内和 C64x+ 内核相同数量的单精度浮点操作,即 8 个,CMPYSP 和 QMPYSP 在一个周期能处理 4 个单精度乘法。每个周期 8 个定点乘法操作,4 倍于 C64x+ 内核。

② 加减操作,每个周期 8 个单精度加减操作,DADDSP 和 DSUBSP 能处理 2 个浮点加减,而且可以在 .L 和 .S 功能单元上执行。

③ 浮点与整型的转换:8 个单精度浮点到整数及 8 个整数到单精度浮点的转换,DSPINT、DSPINTH、DINTHSP 和 DSPINTH 能转换 2 个浮点到整型,可以在 .L 和 .S 功能单元上执行。

④ 除法:每个周期 2 个倒数 $1/x$ 和平方根的倒数 $1/\mathrm{sqrt}(x)$,为了获取更高的精度可以采用牛顿-拉夫森等迭代算法。

2.1.3　C66x 内核中 CPU 数据通路和控制

如图 2.5 所示,C66x DSP 内核中 CPU 的数据通路包含以下几部分:

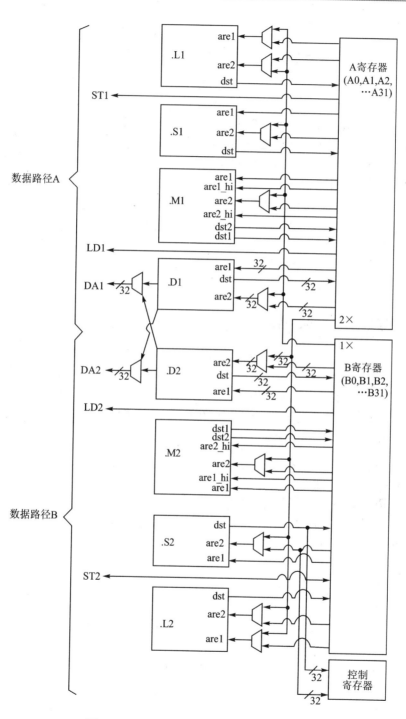

图 2.5　C66x DSP 内核中 CPU 的数据通路

① 2 组通用的寄存器文件组(A 和 B);

② 8 个功能单元(.L1,.L2,.Sl,.S2,.Ml,.M2,.D1 和.D2);

③ 2 个从存储器装载数据的数据通路(LD1 和 LD2);

④ 2 个写入存储器的数据通路(ST1 和 ST2);

⑤ 2 个数据地址通路(DA1 和 DA2);

⑥ 2 个寄存器文件组的交叉通道(1X 和 2X)。

C66x 内核 CPU 包含 2 组通用寄存器文件组(A 和 B)。每组包含 32 个 32 b 的寄存器(A 组为 A0~A31,B 组为 B0~B31)。它支持的数据范围从打包的 8 b 数据到 128 b 的定点数据。当数据的值超过 32 b 时(如 40 b 或者 64 b),通过一对寄存器来存储。当数据值超过 64 b(如达到 128 b 时),可以通过两个寄存器对(4 个寄存器)实现存储。

2.2　TMS320C66x DSP 内核

2.2.1　C66x 内核介绍

如图 2.6 所示为 C66x 系列多核部分的片内结构以及 C66x 内核在片内的位置。

C66x 内核是所包含各部件模块的统称,具体部件包括:C66x DSP 内核、L1P 控制器、L1D 控制器、Level2(L2)控制器、IDMA、外部存储器控制器(EMC)、扩展存储器控制器(XMC)、带宽管理器(BWM)、中断控制器(INTC)以及电源节电控制器(PDC)。内核的内部结构如图 2.7 所示。

C66x 内核的组成如下:

➢ C66x DSP 和相关 C66x 内核;

➢ 一级和二级存储器(L1P,L1D,L2);

➢ 数据跟踪格式程序(Data Trace Formatter,DTF);

➢ 内嵌跟踪缓冲器(Embedded Trace Buffer,ETB);

➢ 中断控制;

➢ 电源节电控制器(Power Down Controller,PDC);

➢ 外部存储器控制;

➢ 扩展存储器控制;

➢ 专用节电/休眠控制。

C66x 内核还提供存储器保护、位宽控制及地址扩展。

每个 TMS320C6678 器件的 C66x 内核都包含一个 512 KB 二级存储器(L2)、一个 32 KB 一级程序存储器(L1P)和一个 32 KB 数据存储器(L1D),该器件还包含一个 4096 KB 的多核共享存储空间。在 C6678 上的所有存储器在存储空间上都有相应的地址。

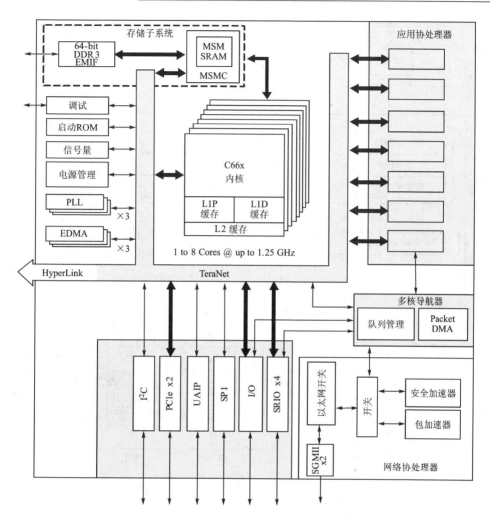

图 2.6　C66x 内核的位置

L1P 和 L1D 缓冲器可以通过软件来设置。L1P 配置寄存器（L1PCFG）的 L1PMODE 字段可以配置 L1P，L1D 配置寄存器（L1DCFG）的 L1DMODE 字段可以配置 L1D。

2.2.2　C66x 内核内部模块概述

1. L1P 程序存储器控制器（L1Program memory controller）

L1P 程序存储控制器提供了 DSP 与 L1P 存储器之间的存取通道。用户可以将 L1P 存储器部分或者全部配置成单向集合高速缓存。缓存（Cache）的大小可以为 4 KB、8 KB、16 KB 以及 32 KB。

L1P 支持带宽管理、内存保护以及掉电控制等功能。L1P 存储器通常在重置之

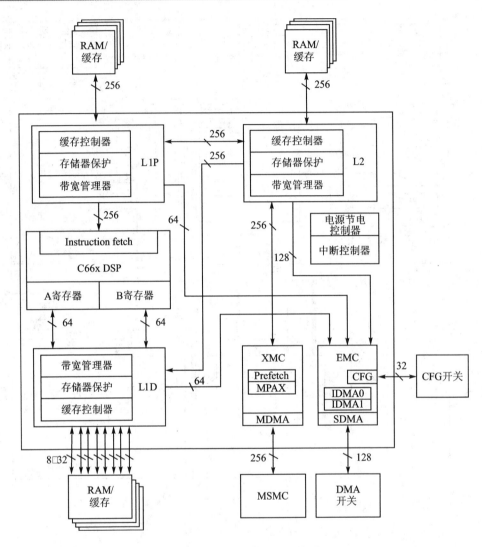

图 2.7　内核的内部结构

后初始化为全部 SRAM 或者最大的缓存,如图 2.8 所示。

2. L1 数据存储器控制器(L1Data memory controller)

L1D 存储器控制器提供了 DSP 与 L1D 存储器的接口。L1D 存储器部分可以配置为双向集合高速缓存,如图 2.9 所示。缓存的大小可以为 4 KB、8 KB、16 KB、32 KB。

L1D 支持带宽管理、内存保护以及掉电控制等的功能。L1D 存储器通常在重置之后初始化为全部 SRAM 或者最大的缓存。

L1 是 Layer 1 的缩写,是指第一层的意思。DSP 的存储器是分层结构,L1 存储器从物理上看与 CPU 最接近。L1 存储器可以配置成缓存也可以配置成内部存储

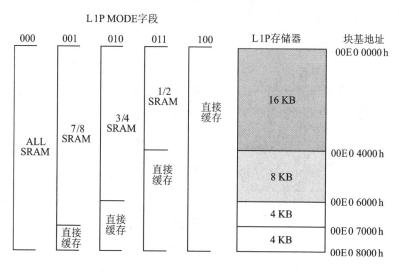

图 2.8　L1P 存储空间分配

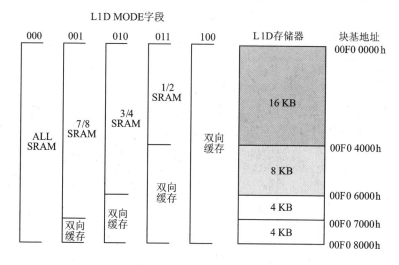

图 2.9　L1D 存储空间分配

器。相对于 L1 存储器,还有 L2 存储器,以及外部扩展的存储器。此外,Program memory 是指程序存储器,在 DSP 的内存架构中程序存储器与数据存储器(data program)在物理上是分开的(如图 2.10 所示),这是哈佛处理器架构的关键技术,其目的是增强处理器的并行处理能力,保证在预取指令的同时,可以读取数据并进行计算,保证指令的流水处理。

关于如何将内部存储器映射成缓存的指南手册可以参考 *TMS320C6000 DSP Cache User's Guide*(SPKU656.pdf)。

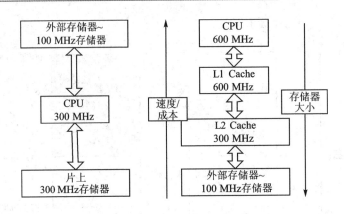

图 2.10　DSP 内存分层架构

3. L2 存储器控制器(L2 memory controller)

L2 存储器控制器提供了 L1 存储器与更高层存储器的接口。

L2 存储器中的部分空间可以配置成 4 向集合高速缓存。缓存的大小可以为 32 KB、64 KB、128 KB、256 KB、512 KB 和 1 MB,如图 2.11 所示。L2 存储器在上电时通常被初始化为 SRAM,如果需要将 L2 存储器初始化为缓存,需要在芯片运行状态下配置。这一点与 L1 存储器的使用不同。

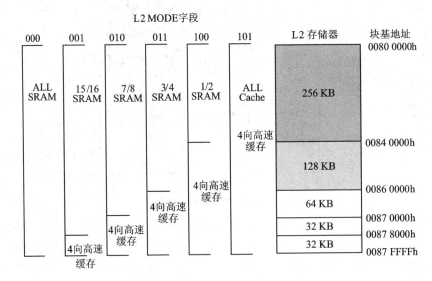

图 2.11　L2 存储空间分配

4. 内部 DMA(IDMA)

IDMA 位于内核内部,它提供内核内部(L1P、L1D、L2 以及 CFG)的数据搬移服务。IDMA 有两个通道(Channel 0 和 Channel 1)。其中 Channel 0 支持 CFG 与内部存储器(LIP、L1D、L2)之间的数据搬运。Channel 1 支持内部存储器之间的数据搬运。

一旦 IDMA 配置好,它就独立且并行于 DSP 的其他活动运行,不受 DSP 的干扰。或者说 IDMA 在 DSP 的后台运行。关于 IDMA 的使用,后面会做更详细的介绍。

5. 外部存储器控制器(External Memory Contrnller,EMC)

EMC 是内核与其他外部设备的桥接。这里的其他设备包括以下两个接口上的外设:

① 配置寄存器(Configuration Register,CFG)控制的外设。这个接口可以访问所有内存映射寄存器(memory-mapped register),这些寄存器控制着 C66x 上相应的外设与资源。注意:这个接口不能访问 DSP 或者内核内部的控制寄存器。

② Slave DMA(SDMA)。当使用的内核在系统中扮演从设备的角色时,SDMA 提供本地内核资源与外部主设备(其他内核)之间的数据传输。外部主设备的资源,如 DMA、SRIO 等。

CFG 的总线是 32 位的,SDMA 的总线是 128 位的。

6. 扩展存储器控制器(Extended Memory Controller,XMC)

XMC 负责 L2 存储器控制器与多核共享存储器控制器(MSMC)之间的管理。具体作用如下:

① 共享存储器访问通路;

② 寻址 C66x 内核外部 RAM 或者 EMIF 时的内存保护;

③ 地址扩展或者翻译;

④ 预存取。

7. 带宽管理(Band Width Management,BWM)

C66x 内核包含一系列资源(如 L1P、L1D、L2,以及配置总线(configuration bus)),以及一系列需要访问使用资源的请求者(DSP、SDMA、IDMA 和 coherence operations)。为了避免访问资源过程中总线冲突导致的阻塞,内核中使用 BWM 为不同的请求者分配一定的带宽使用权。

当多个请求者竞争一个 C66x 内核资源时,具有最高优先权的请求者会得到使用权。以下 4 个资源由带宽管理器控制:

➤ L1P SRAM/Cache;

➤ L1D SRAM/Cache;

➤ L2 SRAM/Cache;

➤ 存储空间对应寄存器配置总线(memory-mapped registers configurationbus)。

8. 中断控制器(INTC)

C66x DSP 提供以下两种以异步方式通知 DSP 的服务:

① 中断(interrupt),关于中断,我们应该比较熟悉。

② 异常(exception),异常与中断有些类似,但是异常的出现常常伴随着系统出现了一些错误的状态。

C66x DSP 可以接收 12 个可配置/可屏蔽中断,1 个可屏蔽的异常以及 1 个不可屏蔽的中断/异常。

C66x 内核的 INTC 允许将 124 个系统事件路由(routing)到中断/异常的输入。这 124 个系统事件可以直接路由到中断/异常,或者打包成一组路由到中断/异常。这使得对事件的处理非常灵活。

当已经存在一个中断阻塞,又来一个中断请求时,将会有出错事件通知 DSP。此外,INTC 还可以监测中断的丢失,用户可以用这个出错事件通知 DSP 错过了一个实时中断事件,INTC 硬件可以将丢失的中断数目保存在一个寄存器中,供 DSP 做进一步处理。中断系统框图如图 2.12 所示。关于中断的使用,将在后面做更详细的介绍。

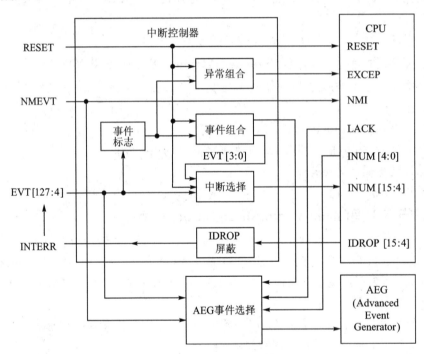

图 2.12 中断系统框图

9. 存储器保护架构(Memory Protection Architecture,MPA)

在存储器保护过程中,其内部存储器都可以加以保护,系统级存储器将分为页(page),每页有相关访问控制。非法的访问将汇报给 DSP 一个异常(exception)。MPA 支持特权模式(supervisor and user)以及锁内存操作。

10. 节电控制器(Power Down Controller, PDC)

PDC 提供通过软件关闭内核部件的功能。根据自身程序的执行要求,或者主机以及全局控制器的指令,DSP 可以通过软件关闭全部或者部分内核的部件。这可以有效降低系统的功耗。

2.2.3　IDMA

IDMA 用来实现位于 C66x 内核内部存储器之间的数据块的快速传输。这里的存储器包括 L1P、L1D、L2 存储器,以及外设配置的 CFG 存储器,IDMA 不能输入/输出内部的 MMR 空间。

在 CFG 存储器传输时,源和目的不能同时为 CFG 存储器,且只有 Channel 0 可以访问 CFG 存储器。传输结束可以通过中断通知 DSP。

IDMA 包含两个通道:Channel 0 和 Channel 1。这两个通道完全正交,可以同时操作,不会相互影响。它们的寄存器如表 2.2 所列。

表 2.2　IDMA 寄存器

寄存器	功能描述
IDMA0_STAT	IDMA0 状态寄存器(Status Register)
IDMA0_MASK	IDMA0 屏蔽寄存器(Mask Register)
IDMA0_SOURCE	IDMA0 源地址寄存器(Source Address Register)
IDMA0_DEST	IDMA0 目的地址寄存器(Destination Address Register)
IDMA0_COUNT	IDMA0 块计数寄存器(Block Count Register)
IDMA1_STAT	IDMA1 状态寄存器(Status Register)
IDMA1_SOURCE	IDMA1 源地址寄存器(Source Address Register)
IDMA1_DEST	IDMA1 目的地址寄存器(Destination Address Register)
IDMA1_COUNT	IDMA1 块计数寄存器(Block Count Register)

1. IDMA Channel 0 的使用

IDMA Channel 0 主要用来实现内部存储器(L1P、L1D 和 L2)与外部可配置空间的数据传输(CFG)。外部可配置空间是指位于 C66x 内核外部的外设寄存器。内部可配置空间只能通过 DSP 的 load/store 指令直接访问。IDMA Channel 0 只能访问外部配置空间,它可以一次访问连续的 32 个寄存器。为此,Channel 0 的使用控制包含状态、屏蔽、源地址、目的地址以及块计数 5 个寄存器。

源地址与目的地址必须 32 B 对齐,图 2.13 给出可能的传输实例。在内部存储器中(L1P、L1D 及 L2)中定义了一个 32 word 的数据块,其内容是用来初始化 CFG 寄存器的。这种情况,就可以用 IDMA Channel 来实现。如果传输块中的 32 word 不连续,有些 word 不需要传输,可以通过配置 Mask 寄存器来实现。图中,Mask 寄存器中的每个位对应一个 word，0 表示对应的 word 需要传输，1 表示对应的 word 不需要传输。

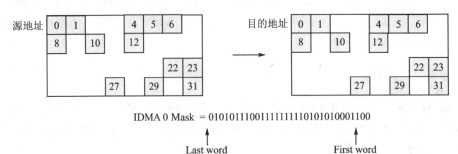

图 2.13　IDMA Channel 0 传输实例

当目的地址与源地址都是 CFG 时，Channel 0 将会报错，并给 DSP 发送中断。Channel 0 报错不影响 Channel 1 的工作。

DSP 配置好后，IDMA 将自动实现数据块的传输。DSP 对 IDMA 寄存器的写顺序如下：屏蔽、源地址、目的地址、最后写块计数寄存器。一旦配置块计数寄存器，立即启动传输。下面是 Channel 0 的配置实例：

```
IDMA0_MASK = 0x00000F0F;        //Set mask for 8 regs -- 11:8, 3:0
IDMA0_SOURCE = MMR_ADDRESS;     //Set source to config location
IDMA0_DEST = reg_ptr;           //Set destination to data memory address
IDMA0_COUNT = 0;                //Set mask for 1 block
while (IDMA0_STATUS);           //Wait for transfer completion
... update register values ...
IDMA0_MASK = 0x00000F0F;        //Set mask for 8 regs -- 11:8, 3:0
IDMA0_SOURCE = reg_ptr;         //Set source to updated value pointer
IDMA0_DEST = MMR_ADDRESS;       //Set destination to config location
IDMA0_COUNT = 0;                //Set mask for 1 block
```

2. IDMA Channel 1 的使用

Channel 1 用于实现内部存储器的数据传输（见图 2.14），有 4 个配置寄存器。在传输过程中源地址与目的地址线性递增，传输块的大小以 B 为单位，通过设置块计数寄存器来实现。寄存器的配置顺序与 Channel 0 类似，块计数寄存器配置完之后，立即启动传输。

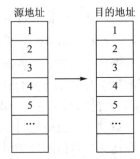

图 2.14　Channel 1 数据传输实例

pingpong 倒数据的实例如下：

```
//Transfer ping buffers to/from L1D
//Return outputbuffer n - 1 to slow memory
IDMA1_SOURCE = outBuffFastA;              //Set source to fast memory output (L1D)
IDMA1_DEST = &outBuff[n-1];               //Set destination to output buffer (L2)
IDMA1_COUNT = 7 << IDMA_PRI_SHIFT |       //Set priority to low
0 << IDMA_INT_SHIFT |                     //Do not interrupt DSP
buffsize;                                 //Set count to buffer size
//Page in input buffer n + 1 to fast memory
IDMA1_SOURCE = inBuff[n+1];               //Set source to buffer location (L2)
IDMA1_DEST = inBuffFastA;                 //Set destination to fast memory (L1D)
IDMA1_COUNT = 7 << IDMA_PRI_SHIFT |       //Set priority to low
1 << IDMA_INT_SHIFT |                     //Interrupt DSP on completion
buffsize;                                 //Set count to buffer size
... Process input buffer n in Pong -- inBuffFastB->outBuffFastB ...
```

Channel 1 也可以完成用特定的数字填充存储器的功能（见图 2.15）。通过配置 IDMA1 块计数寄存器中的 FILL 来实现这一功能。当 FILL＝1，IDMA1 源地址寄存器中的值将用作填充值。块计数寄存器代表填充的次数。

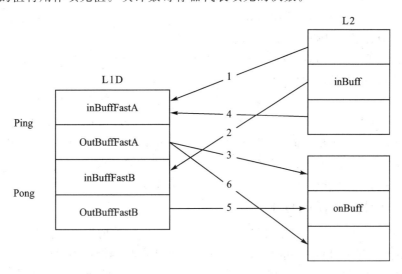

图 2.15　IDMA 通道 1 传输实例

IDMA 的寄存器以及使用范例参见 TI 的数据手册:*C66x CorePac User's Guide*（Rev. C）。

2.2.4　中断控制器

C66x 内核提供了大量的系统事件。通过中断控制器可以选择需要的事件，并将这些事件路由到合适的 DSP 中断或者异常。同时，用户也可以用这些事件去驱动其他外设，比如 EDMA 等。

中断控制器支持最多 128 个系统事件。这 128 个事件，可以作为中断控制器的输入。这些事件主要分内核内部产生的事件和芯片级的事件两类。除了这 128 个事件，INTC 的寄存器也接收非屏蔽中断与复位中断，并直接路由 DSP。

这些事件作为中断控制器的输入，中断控制器根据配置将这些事件组合或者路由等处理，然后输出如下：

① 1 个可屏蔽的硬件异常（EXCEP）。

② 12 个可屏蔽的硬件中断（INT4～INT15）。

③ 1 个不可屏蔽的信号，用户可以用做中断，也可以用做异常。

④ 1 个复位信号。

中断控制器包含如下模块，以支持实现从事件（events）到中断以及异常的路由：

① 中断选择（interrupt selector），负责将任意系统事件路由到 12 个可屏蔽的中断上。

② 事件组合器（event combiner），将大量的事件数量打包组合减少到 4 个。

③ 异常组合器（exception combiner），将任何系统事件打包在一起，作为一个硬件异常的输入。

本小节以 KeyStone 系列的 C6678 SoC 为例，解释 KeyStone 系列 DSP 的中断子系统架构，详细说明中断映射的配置方法和原理。

TI 公司的 KeyStone 系列 DSP 的中断由两部分组成，芯片中断控制器（INTC）和 DSP 内核（以下简称内核）中断处理控制器（内核 interrupt control）。INTC 共有 4 个，INTC0 主要负责内核 0～内核 3，INTC1 主要负责控制内核 4～内核 7，INTC2 负责控制 EDMA3 的 TPCC1 和 TPCC2，INTC3 负责 EMDA3 的 TPCC0 以及 HyperLink 的中断。内核内部的中断控制器主要负责将外部事件转换为内核内部的中断信号，DSP 的内核 0～内核 7 各有自己的内核中断控制器。

图 2.16 所示为整个 SoC 片内中断处理子系统框图。

1. 中断控制器（INTC）

INTC 的主要功能为将系统事件（system interrupt）映射为内核内部中断控制器可以处理的主机事件（host interrupt）。由于内核中断控制器最多只能处理 128 个输入事件，那么 INTC 的一个重要的功能就是将多个系统事件映射为多个或者单个主机事件。

我们将对 INTC0 的输入和输出单独进行分析。INTC0 的左边输入共有 5+91+64=160 个系统事件，而其输出给内核 0 的为 17+8=25 个主机事件（手册上描述的是二级事件，但转换后的这 17 个二级事件与内核里面可以处理的事件是一一对应的）。

从图 2.17 分析，INTC0 的主要作用是将左边的 160 个事件，转换为右边的 17+8 个事件。

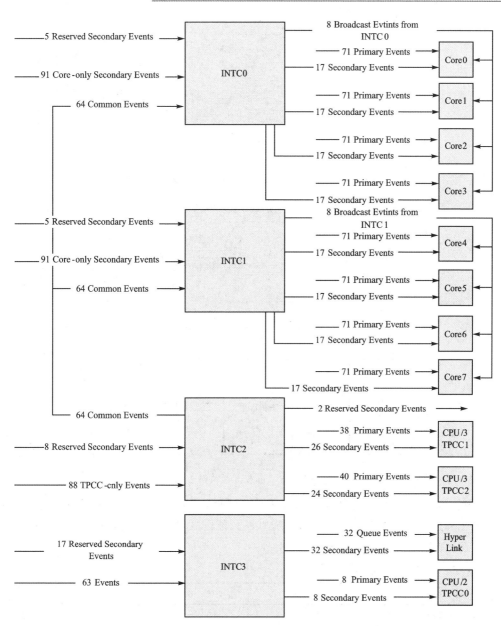

图 2.16　片内中断处理子系统框图

INTC 的事件映射功能,主要是将系统事件映射到信道中,然后每个信道又映射到主机事件中,因为内核可以直接处理主机事件。因此,整个映射分为两部分,系统事件映射和信道映射,如图 2.18 所示。

信道中断映射寄存器(CH_MAP_REGx),保存了每个系统事件对应的信道。如图 2.19 所示,1 个 32 b 的 CH_MAP_REG 可以配置 4 个系统事件。根据寄存器的

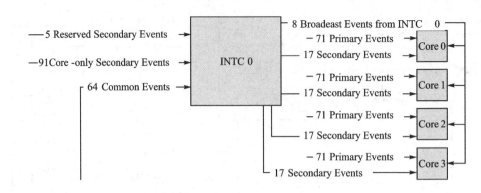

图 2.17　INTC0 结构框图

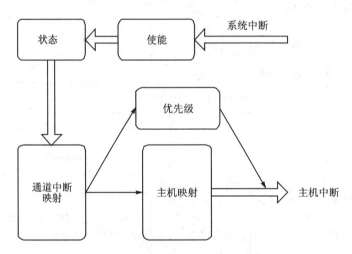

图 2.18　系统事件映射

地址映射关系可以得出,总共有 256 个 CH_MAP_REG,因此系统最多可以支持 $4 \times$ 256＝1 024 个系统事件。由于每个系统事件只能配置 8 b 信息,因此最多可以映射的信道个数为 256 个。

31	24	23	16	15	8	7	0
CH3_MAP		CH2_MAP		CH1_MAP		CH0_MAP	
R/W—0		R/W—0		R/W—0		R/W—0	

R：只读；W：只写；—n：复位值

图 2.19　信道中断映射寄存器(CH_MAP_REGx)

也存在一个主机中断映射寄存器(HINT_MAP_REGx),这个寄存器完成 INTC 的信道到内核中断控制器的主机事件的映射。如图 2.20 所示,每个 32 b 的寄存器保存了 4 个信道的映射值,总共有 64 个寄存器,因此可供映射的信道总数共有 256 个。但是,在 C6678 的手册中,每个 INTC0 对应的信道只有 68 个(其余都预留),即内核 0～3 每个对应 17 个信号。

　　需要说明的是,这个寄存器是不可配置的,是只读寄存器。正如前面提到的,信道和主机事件是一一对应的,不可更改。

31	24 23	16 15	8 7	0
HINT3_MAP	HINT2_MAP	HINT1_MAP	HINT0_MAP	
R—0	R—0	R—0	R—0	

R:只读;—n:复位值

图 2.20　主机中断映射寄存器(HINT_MAP_REGx)

　　映射配置完成后,1 024 个系统事件就可以有选择地映射到 256 个内核可处理的主机事件。

2. 内核中断控制器

　　内核中断控制器是一个比较复杂的功能单位,但是如果仅从中断事件的角度来说,还是比较简单的。

　　如图 2.21 所示,内核的中断控制器有 3 个输入来源,即 RESET、NMEVT 和 EVT,分别是复位信号、不可屏蔽中断信号和普通事件信号。其中,普通事件共有 128 个。在 CPU 内,可供处理的信号为 INT[15:4],即只有 12 个可供 CPU 处理的中断信号。因此,内核的主要工作就是将 128 个 EVT 转换为 12 个 INT。

　　内核的中断控制器中的 128 个事件的组成分为 3 部分:第一部分是组合事件,即

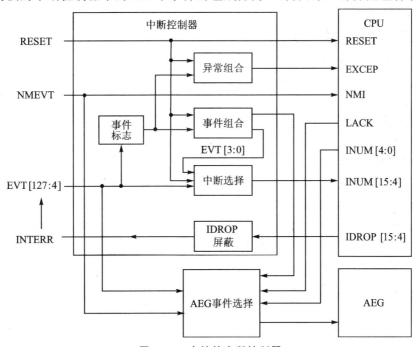

图 2.21　内核的中断控制器

EVT0~EVT3,这部分的每个事件可由剩余的 124 个事件组合而成,相当于一个逻辑或门;第二部分是 INTC 信道映射过来的主机中断;剩下的为第三部分。

这里的中断映射指的是从 128 个中断事件中选择 12 个映射到 CPU 侧的 INT 中。中断映射需要用到内核内部的中断复用寄存器(Interrupt Mux Register),如图 2.22 所示。

31	30		24	23	22	21	16	16
Reserved	INTSEL7			Reserved		INTSEL6		
R-0	R/W-7h		R-0			R/W-6h		

15	14		8	7	6	5	16	0
Reserved	INTSEL5			Reserved		INTSEL4		
R-0	R/W-5h		R-0			R/W-4h		

R:只读; W:只写; -n:复位值; -x:十六进制值

图 2.22　中断复用寄存器 1 (INTMUX1)

每个内核内部有 3 个 Mux 寄存器,每个 Mux 可以配置 4 个 INT,因此总共可配置 12 个 INT。

3. 综　述

综上所述,每个 CPU 可以配置的中断只有 12 个,但是最多可对应 1 024 个事件。通常,一个事件从产生到 CPU 中断最长需要经过以下过程。

二级事件的中断产生过程:

① 事件源产生事件;

② 通过 INTC 将事件转换为信道;

③ 信道转换为主机中断;

④ 主机中断转换为 CPU 中断。

一级事件的中断产生过程:

① 事件源产生事件;

② 内核中断控制器将事件转换为 CPU 中断。

需要说明的是,在某些加速器内部也有自己的中断控制器,比如网络协处理器(NetCP)内部有中断分发器(INTD),其功能类似 INTC,但是其位置处于 INTC 的下级。举例来说,网络协处理器里面的 Gbe 如果产生一个统计器中断,需要经历以下过程:

① 网络协处理器产生统计器中断事件;

② 统计器中断事件通过 INTD 映射为二级事件 MISC_INTR;

③ 二级事件 MISC_INTR 通过 INTC 映射到信道;

④ 映射到主机中断;

⑤ 主机中断映射到 CPU 的 INT。

参考资料：

网址：http://www.ti.com/product/TMS320c6678；

中断子系统：*TMS320C6678 Multicore Fixed and Floating -Point Digital Signal Processor*（Rev.D）；

中断控制器 INTC：*Chip Interrupt Controller（CIC）for KeyStone Devices User's Guide*（Rev.A）；

内核中断控制器：*C66x CorePac User's Guide*（Rev.C）。

2.3　多核导航器

2.3.1　概　述

随着全球大量资料强烈冲击无线和有线网络，营运商面临着严峻的挑战，需要不断推出能满足当前与未来需求的网络。因此，通信基础建设设备制造商在致力于降低成本和功耗的同时，也不断寻求能满足当前及未来需求的核心技术。TI 公司最新推出的新型 KeyStone 多核心 SoC 架构即能满足这些挑战。

基于新型 KeyStone 多核心 SoC 架构的装置包含了多达 8 个 TMS320C66x DSP 内核，能够实现无与伦比的定点与浮点处理能力。KeyStone 架构是一款精心设计且效率极高的多核心内存架构，能在执行任务的同时允许所有的内核实现全速处理。

多核导航器是 KeyStone 架构的核心组成部分。多核导航器使用队列管理子系统（Queue Manager Sub System，QMSS）和打包 DMA（ Packet DMA）来控制和完成高速数据包在设备内的传输。与传统的设备相比，极大地减轻了数据传输给 DSP 带来的负担，提高了系统的整体性能。

TI 公司的多核架构经历了两代的发展，其中第一代 KeyStone I 设备提供了以下功能：

①　一个硬件队列管理器，其中包括：

➢ 8 192 个队列(其中一部分有特殊用途)；

➢ 20 个描述符内存区(descriptor memory regions)；

➢ 2 个链接随机存储器((linking RAMs)，其中一个内部 QMSS 使用，支持 16K 描述符。

②　数个打包 DMA（ Packet DMA，PKTDMA），包含相互独立的 RxDMA 和 TxDMA 两个部件，在以下几个子系统中都内嵌了 Packet DMA：

➢ QMSS；

➢ AIF2(Antenna InterFace Subsystem)；

➢ BCP (Bit Coprocessor)；

➢ FFTC (A，B，C) (FFT Coprocessor Subsystem)；

➢ NETCP（PA）（Network Coprocessor）；

➢ SRIO（Serial Rapid I/O Subsystem）。

③ 通过中断产生实现多核主机之间的相互通知机制。

多核导航器的一般特征如下：

① 集中的缓冲区管理。

② 集中的数据包队列管理。

③ 独立协议的数据包等级接口（Protocol-independent packet-level interfaced）。

④ 支持多通道/多优先级的队列。

⑤ 支持多重自由缓冲队列。

⑥ 高效的主机间的交互机制，可以减少对主机处理的性能要求。

⑦ 包交接的 0 拷贝操作（Zero copy packet handoff）。

多核导航器为主机提供的服务如下：

① 提供为每个通道可以压入不限数量的包的机制。

② 提供数据包传送完成后返回队列缓冲区给主机的机制。

③ 提供传输通道关闭后恢复队列缓冲区的机制。

④ 提供给每个接收端口分配缓冲区资源的机制。

⑤ 提供在完成数据接收后，传递缓冲区给主机的机制。

⑥ 提供在接收通道关闭后自动缓慢地停止接收数据的机制。

图 2.23 给出 KeyStone Ⅰ多核导航器的功能架构。它包含一个队列管理子系统（QMSS）。而 QMSS 包含一个队列管理器、一个基础打包 DMA 和两个带计时器（Timer）的累加 PDSP（Packed-Data Structure Processors）。图 2.23 中标注为硬件框图（Hardware Block）的部分是多核导航器的外部设备（比如 SRIO），同时给出了位于这些外设中的打包 DMA 子框图以及接口。

对于 KeyStone Ⅱ设备，针对队列管理子系统的主要改进（见图 2.24）如下：

① 两个硬件队列管理器（hardware queue managers（QM1 和 QM2）），包括：

➢ 每个队列管理器有 8 192 个队列；

➢ 每个队列管理器有 64 个描述符号存储区（descriptor memory regions）；

➢ 3 个链接随机存储器（Link RAM 一个是内部 QMSS 用的，支持 32K 描述符）。

② 两个底层的打包 DMA（PKTDMA1 由 QM1 驱动，PKTDMA2 由 QM2 驱动）。

③ 8 个数据包结构处理器（Packed-Data Structure Processors PDSP1 ～ PDSP8），每个都有自己专用的定时器模块。

④ 两个中断分配器（（interrupt distributors：INTD1，INTD2），为两对 DSP 提供服务。

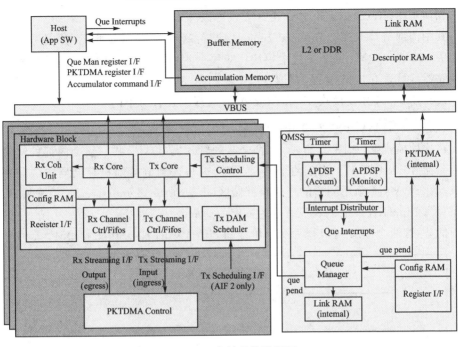

图 2.23　多核导航器框图

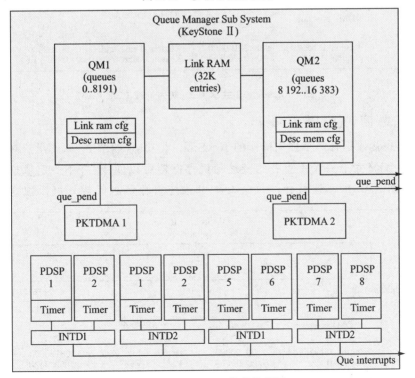

图 2.24　KeyStone Ⅱ 结构框图

如前所述,KeyStone Ⅱ 的 QMSS 大致可以理解为 2 个 KeyStone Ⅰ QMSS 的组合。其中内部链接 RAM(Internal Link RAM)在容量上增大 2 倍,而不是数量上增大 2 倍,QM1 和 QM2 共享了这个模块。对每个队列管理器的 Link RAM 以及描述符存储器区域寄存器的编程,都取决于 Link RAM 的工作模式。工作在共享模式(Shared Mode)或分裂模式(Split Mode),其编程配置有所不同。

1. 共享模式(Shared Mode)

在这种模式下,如图 2.25 所示,两个队列管理器(QMs)共享整个内部的链接随机存储器(Link RAM)。由于两个 QMs 都会被写入到链接随机存储器中的同一个区域,两个 QMs 必须用同样的描述符存储区(descriptor memory regions)来编程,以确保写入 Link RAM 的内容没有因为冲突而造成破坏。

优势:这两个 QM 可以视为一个单独的 2 倍大小的 KeyStone Ⅰ QM。

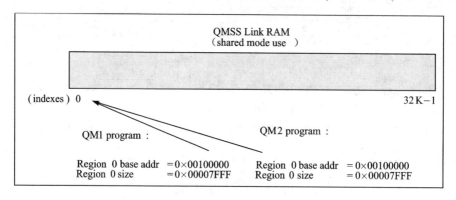

图 2.25　KeyStone Ⅱ 共享模式:队列管理 Link RAM

2. 分裂模式(Split Mode)

该模式就像是有两个独立操作的 KeyStone Ⅰ QM,如图 2.26 所示。在这种模式下,每个 QM 都有一个不重叠的链接随机存储器可以使用(并不一定像这里所示的是相等的两部分)。这就允许每个 QM 和描述符存储区的规划可以独立于其他

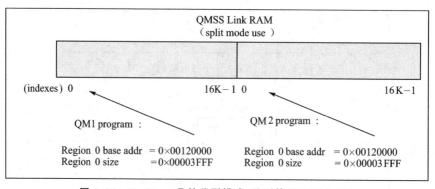

图 2.26　KeyStone Ⅱ 的分裂模式:队列管理 Link RAM

QM。注意：用于每个 QM 配置的描述符存储区的索引一定要以 0 开始，因为该索引关系到每个 QM 的 Link RAM 的基地址。

优势：总共有 128 个存储区可为描述符（descriptor）大小或数量提供更好的粒度（granularity），换句话说，就是可以灵活分配描述符的大小与数量。

2.3.2　多核导航器的功能

1. 队列管理器

队列管理器（Queue Manager）是一个硬件模块，它负责数据包队列的加速管理。把数据包添加到队列的操作是通过写一个 32 位的描述符地址（descriptor address）到指定的内存来实现的，这块指定的内存被映射到队列管理模块。数据包的提取则是通过读取队列中与存放数据包相同的位置来实现的。只有那些已经从描述符区域（descriptor regions）得到分配的描述符（descriptor）、多核导航器队列管理模块才能对它们进行队列管理。

2. 数据包直接内存存取

数据包直接内存存取（Packet DMA，PKTDMA）是一个有特殊用途的 DMA，被传输数据的目的地址是由目的地和自由描述符队列索引（index）一起决定的，而不是一个绝对的内存地址。在接收模式中，PKTDMA 获得一个自由描述符（free descriptor），通过描述符找到缓冲区，PKTDMA 转入有效载荷（payload）到缓冲区，并把描述符放到目标队列中。在传送模式中，PKTDMA 从 Tx 队列中取出描述符，通过它从缓冲区中读取有效载荷，DMA 将有效载荷传送至传输口。

3. 打包数据结构协处理器固件

在 QMSS 里有两个或者八个打包数据结构协处理器（Packed-Data Structure Processors，PDSP），每个 PDSP 都具有运行固件 QMSS 相关功能的能力，比如累加、QoS 以及事件管理（job load balancing）。

累加固件（accumulator firmware）的工作是测试被选中的队列集合，并查询是否有描述符被压进来。描述符被弹出队列，并放置在主机提供的一个缓存中。当集合被填满或者一个定时器超时时，累加器通过中断通知主机从缓存中读取描述符的信息。累加器固件提供了一个回收功能，如果描述符已经被传送到 PKTDMA，处理完成后，累加固件将自动准确地把描述符回收到队列中。

QoS 的职责是确保周边设备和主机 CPU 不会在数据包的影响下发生混乱，这也被普遍称为流量整形（traffic shaping），并且是通过进出队列的配置来管理。此外，用于轮询队列和主机中断触发的定时器的周期是可编程的。

事件管理器是由导航器运行时间软件控制的，导航器运行时间软件是由 PDSP 固件调度器（scheduler）和内核软件调度器（dispatcher）组成的。

2.3.3　多核导航器的基本概念

1. 包

所谓"包"(Packets),指的是一个描述符以及附加在其上的负载数据(payload data)的逻辑组合体。负载数据可以是一个数据包(packet data)也可以是数据缓存(data buffer),由不同类型的描述符决定。负载数据可以与描述符连续放在一起,也可以放在别的地方,通过一个指针存放在描述符中加以指引。

2. 队　列

队列(Queues)通常用来保存指向包的指针,这些包将在主机或系统外设之间传递。队列是在队列管理器模块中维护的。

包入队列操作

将包压入队列(Packet Queuing)的操作是,将指向描述符的指针写入队列管理器模块指定的地址中去。该包可以被压到队列的头部或者尾部,这是由队列的队列寄存器 C 来决定的。默认模式下,当前包是被压入队列的尾部的,除非程序员对队列寄存器做过配置。队列管理器为它管理的队列提供了唯一的地址集,这个地址集是用来添加包的。主机通过队列代理器(queue proxy)访问队列管理器的寄存器,将保证所有的压入队列操作为原子操作。

队列代理器是 KeyStone 架构设备中的一个模块,它主要提供不同内核之间压入队列的原子操作。队列代理器的目的是在接收一个 Que N Reg C 的写操作,且紧跟着一个 Que N Reg D 的写操作时,不允许其他内核有插入队列操作。压入队列代理器的操作与写队列管理器区域 Que N 的 Reg C 和 Reg D 是等同的,唯一的区别是使用了不同的地址(队列代理区域中的相同偏移量)。每个核被连接到代理器上,代理器通过使用它的 VBUS master ID 来识别自己的内核。两个核或者更多内核如果发生同时写操作,将通过轮转(round-robin)机制来仲裁。只需要 Reg D 的队列写入操作不需要使用代理器,可以直接写入队列管理区域。队列代理器区域的所有寄存器都是只写寄存器,如果读,则返回是 0(所以这里没有队列弹出操作)。由于 Que N Reg A 和 Reg B 是只读的,它们不支持队列代理器。

引入队列代理器的另一个原因是多任务环境。在多线程中,代理器不能区分来自同一个核,但具有不同源的写操作。如果用户使用 Reg C 和 Reg D 压入队列,则多任务线程可能压入同一个队列,此时,用户必须使用类似旗语(semaphore)等管理方法来保护这些操作,以避免出错。

3. 队列的类型

(1) 发送队列

发送端口(Tx Port)使用发送队列(transmit queues),储存处于等待状态且将要被发送的包。为了实现这一目的,发送端口为每一个发送通道保留一个或者多个专

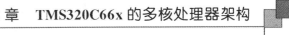

用的包队列。通常,发送队列在内部被连接到一个指定的 PKTDMA 发送通道。

(2) 发送完成队列

发送端口也会使用名为发送完成队列(Transmit completion Queues)的包队列,在包被发送之后,将包返回给主机。它也可以被理解为发送释放描述符队列。只有在包的描述符中指示出这个包需要被返回给队列,而不是直接回收时,才会使用发送完成队列。

(3) 接收队列

接收端口(Rx Port)会使用接收队列(Receive Queues),将已经完成接收的包向前传输给主机或者其他等同的实体。接收通道可以配置成各种方式,将接收到的包传递给接收队列。接收端口可以严格根据接收通道、协议类型、优先级别、前向传输要求,上述因素的组合以及应用规范等决定对接收数据包进行排列。在很多情况下,接收队列事实上对于另一个等同的实体也是一个发送队列。是发送队列还是接收队列,取决于在系统中的参考点。

(4) 释放描述符队列

接收端口使用释放描述符队列(Free Descriptor Queues)完成对 Rx DMA 装载数据的初始化以及准备工作,其操作与描述符的类型有关。主机数据包释放描述符(Host Packet Free Descriptor)和单一释放描述符(Monolithic Free Descriptors)的使用不太一样。

① 主机包释放描述符(Host Packet Free Descriptor)。排列在 FDQ 的主机数据包必须由一个缓存来链接,同时缓存的大小设置要合适。Rx DMA 根据需要弹出主机数据包,并根据其中指示的缓存大小填充它们。如果需要,也将弹出额外的主机数据包描述符,并将它们作为主机缓存链接到初始的主机包上。Rx DMA 不会查找预链接到主机包上的主机缓存,这个工作是由 Tx DMA 完成的。

② 单一释放描述符(Monolithic Free Descriptors)。Rx DMA 并不从单一释放描述符中读取任何数值。PKTDMA 默认描述符有足够的大小容纳所有的包数据。如果数据超出了描述符的大小,将会覆盖下一个描述符的内容,这会导致不可预测的后果。这里提醒程序开发人员在系统初始化时要谨慎。

4. 描述符

描述符(Descriptors)是一小块存储器空间,用来描述将要在系统中传输的一个数据包。描述符大致有以下几类:

(1) 主机包

主机包(Host Packet)描述符具有大小固定的描述区域,这个区域包括指向数据缓存的指针,作为可选项,也可以有链接到一个或者更多主机缓存描述符的指针。主机包在发送通道中,被主机应用所链接,在接收通道中被接收 DMA 链接(主机数据包能在初始化阶段创建一个接收 FDQ 时被预链接)。

(2) 主机缓存

主机缓存(Host Buffer)描述符的大小可以随着不同主机包在其内部发生变化；但是决不能放在包的第一个链接上(所谓的起始数据包)。主机缓存可以包含指向其他主机描述符的链接指针。

(3) 单一包

单一包(Monolithic Packet)描述符不同于主机包描述符，它的描述符区域包含负载数据(payload data)，而主机包包含的是一个指向别处的缓存的指针。单一包处理起来相对简单，但使用没有主机包灵活。

图 2.27 所示为各种类型的描述符是如何出入队列的。对于主机类型的描述符，图中给出主机缓存是如何被链接到一个主机数据包的，并给出主机数据包是如何被压入队列以及弹出队列的。主机和单一描述符都可以被压入同一个队列，但是，实际操作它们通常是分开保留与处理的。

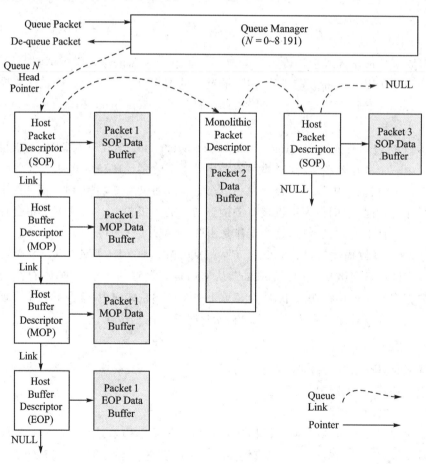

图 2.27   包出入队列的基本机制

5. 数据包直接内存存取

多核导航器中的数据包直接内存存取（Packet DMA，PKTDMA），与其他 DMA 概念很相似，也是用来传输数据的。但是，区别于其他 DMA，PKTDMA 并不关心被传输数据的结构。PKTDMA 传输的数据都是一维的数据流。对 PKTDMA 的编程，可以通过初始化描述符、PKTDMA 接收/发送通道和接收数据流（Rx Flows）来实现。

6. 通　道

在系统中，每个 PKTDMA 都可以配置多个接收及发送通道。通道（Channels）可以理解为通过 PKTDMA 传输的道路。一旦 PKTDMA 在一个通道上开始传输数据包，这个通道就不能被别的数据包占用，直到当前的包传输完成。PKTDMA 包含独立的 Rx 以及 Tx DMA 引擎，所以可以进行同时的双向传输。

7. 接收数据流

对于发送模式，Tx DMA 使用描述符中的信息决定如何发送数据包。对于接收模式，Rx DMA 使用流（flow）来完成任务。所谓流（flow）就是一系列指令集，这些指令集告诉 Rx DMA 如何接收数据包。需要提醒注意的是，接收通道与接收数据流（Rx Flows）之间没有通信机制，但是接收数据包与接收数据流之间有通信机制。举例说明，一个外设可以为所有通道上的所有包创建单一的接收数据流，另一个外设也可以为每个通道上的包创建多个流。

8. 发送数据包概述

在 Tx DMA 通道初始化后，就可以开始传输包，包发送的步骤如下（见图 2.28）：

① 主机知道存储器中有一块或者多块数据需要以包的形式传输。这个操作涉及的源数据，可能直接来自主机，也可能来自系统其他数据源。

② 主机分配一个描述符，通常从发送完成队列中分配，并填写描述符域和负载数据。

③ 对于主机包的描述符，主机根据需要分配并且占据主机缓存描述符，并指向属于包的剩余的数据块上。

④ 主机将指向数据包描述符的指针写到队列管理器指定的存储器中，相当于为发送队列指定合适的 DMA 通道。通道可以提供不止一个发送队列，同时提供队列之间的优先级机制。这些动作都是与应用相关的，且由 DMA 来调度控制。

⑤ 队列管理器为队列提供一个层敏感（level sensitive）状态信号量，用来指示当前是否有包被阻塞（pending）。这个层敏感状态指示器，将被送到硬件模块，负责 DMA 的调度操作。

⑥ DMA 控制器最终引入相应通道的数据，并且开始处理数据包。

⑦ DMA 控制器从队列管理器中读取数据包描述符的指针以及描述符大小的提示信息等。

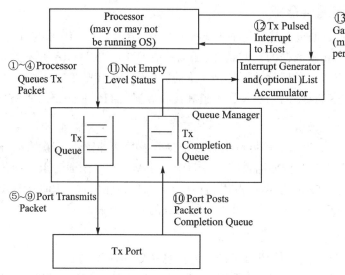

图 2.28 包发送过程

⑧ DMA 控制器从存储器中读取数据包描述符。

⑨ DMA 控制器通过将数据块中的内容传输出去的方式,来清空缓存区。数据块的大小与应用相关。

⑩ 根据包大小域中指定的大小,将包中的数据全部传输完成后,DMA 会将数据包描述符的指针写到队列中,这个队列在返回队列管理器(数据包描述符的返回队列数目)中被指定。

⑪ 当数据包描述符指针被写后,队列管理器将发送完成队列的指示状态传递给其他的端口/处理器/预处理模块,这个指示操作通过带外层敏感状态线(out-of-band level sensitive status lines)来实现。这些状态线置位,表示队列是非空的。

⑫ 当大多数类型的同类实体以及嵌入式处理器能直接且有效地使用这些层敏感状态线时,缓存的处理器会要求硬件模块将层状态转换为脉冲中断,同时将从完成队列中聚集一定程度的描述符指针并写入列表中。

⑬ 主机响应队列管理器的状态改变,并且根据包的需要执行废弃物的回收。

9. 数据包的接收过程综述

当 Rx DMA 通道被初始化后,就可以用来接收数据包了。接收数据包的步骤如下(见图 2.29):

在给定的通道上开始一个数据包接收操作时,这个端口会从队列管理器中取出第一个描述符(或者是为主机数据包、描述符+缓存),在这个过程中使用了一个释放描述符队列,通过编程该队列被写到数据包所使用的接收数据流中。如果接收数据流中的 SOP 缓存偏移量不足,则这个端口将在 SOP 缓存偏移量之后写数据,且连续填写。

① 对于主机数据包,端口根据需要预取其他的描述符+缓存区,使用 FDQ1,2,

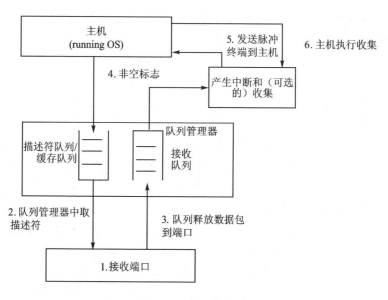

图 2.29　包接收过程

3 来索引包内的第二、第三以及其他剩余的缓存。

② 对于单一包,端口将在 SOP 后面继续写,直到遇到 EOP。

当整个数据包被接收后,PKTDMA 执行以下的操作:

① 将数据包描述符写到存储器,描述符的大部分区域将被 Rx DMA 覆盖。对于单一包,直到在 EOP 写入描述符时,DMA 才去读描述符。

② 将数据包描述符指针写入相应的接收队列。完全队列(absolute queue)中的包将被传输到接收结束。此外,完全队列也在接收流中的 RX_DEST_QMGR 以及 RX_DESTQNUM 域中指定。该端口明确允许使用应用程序指定的方法去覆盖目的队列。

使用带外层敏感状态线的队列管理器负责给其他端口/嵌入式处理器指示接收队列的状态。这些状态置位表示一个队列是非空的。

2.4　高速通信接口

近年来,多核 DSP 在各行业众多不同应用中充分展示了其价值。多核同质 DSP 一直都是要求计算密集型信号处理的有限功耗预算及狭小物理空间应用中的理想选择。最新一代多核 DSP 支持优异的计算性能、更高的 I/O、更大的存储器容量以及主要硬件集成,可充分满足高性能工业检查领域的需求。在 DSP 上使用 C 语言等高级语言开发软件定义影像系统的便捷性可加速最新创新算法的实施,缩短产品上市时间。

大多数工业影像处理子系统都需要内核速度(GHz)、每秒百万指令(MIPS)、每秒百万次乘累加(MAC)以及每秒十亿浮点运算(GFLOP)的高性能。德州仪器公司的 TITMS320C6678 等多核处理器支持 360GMAC 与 160GFLOPS,可为要求高动态范围的系统带来使用定浮点指令的高灵活性。为了进一步提高系统性能,多核处理器的架构还可通过基于硬件的处理器间通信消除片上数据传输瓶颈与时延问题。

多层存储器高速缓存和可用片上随机存取存储器(RAM)的容量都可大幅提高系统性能。影像尺寸通常远远超过可用的片上 RAM,因此这些系统不可避免地需要大型外部 RAM,这就意味着 DSP 需要提供 DDR3 等高带宽外部存储器接口。共享存储器架构使多核 DSP 中的多个内核既能在相同影像的不同部分并行运行,也可在影像数据相同部分连续执行不同的处理功能。上述功能配合在所有内核中共享的智能直接存储器存取控制器,可在外部存储器、存储器映射外设以及片上存储器之间进行数据传输,通过双缓冲进行计算,提高性能。

诸多方案用于连接图像子系统与图像处理子系统。系统可能需要一个或多个如 Camera Link 等模拟或数字接口。DSP 支持不同高速串行器/解串器接口选择,可为硬件设计人员提供连接及 FPGA 选项,从而可连接图像采集子系统。例如,TIC6678 多核 DSP 就具有多个这样的高速接口,如 PCIe GenII、串行 RapidIO2.1(SRIO)、千兆以太网 GigE 以及 TI 命名为 HyperLink 的 12.5 Gb/s 高速接口等。有时图像背板通信结构会使用 PCIe 和 SRIO 发送。

由于工业测量系统往往需要高度可靠性才能在恶劣条件下以最低功耗进行工作,因此多核 DSP 应支持更高的工业工作温度等级,才能帮助系统设计人员设计这类系统。

图 2.30 所示为工业测量系统中的多核 DSP 图像处理子系统的示意图。其中给出的多核 DSP,通过其高速外部接口与其他外部器械相连,组成一个工作系统。

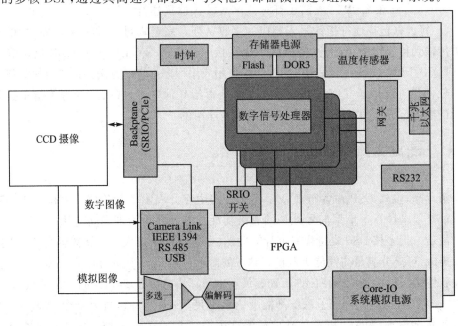

图 2.30 工业测量系统中的多核 DSP 图像处理子系统示意图

2.4.1　HyperLink 接口

1. HyperLink 模块概述

HyperLink 是 TI 公司自主开发的一个高速、低延时、低引脚数的通信接口,目前的版本只支持在两个 C66x 系列芯片设备中进行点对点互连。HyperLink 接的信号线包括基于串行器-解码器(Serializer-Deserializer,SerDes)的数据信号线和基于 LVCMOS 的边带控制信号线。其中,数据线用于设备间的高速数据传输,并在物理层采用了高效的编码方式,等效于 8b/9b 编码;边带控制线用于设备间的数据流控制以及电源管理,当设备配置完成后,HyperLink 具有内部状态机制进行自动管理,不需要软件干预。

HyperLink 模块的结构如图 2.31 所示,该模块有 2 个 256 b 的 VBUSM 接口,从接口用于发送和控制寄存器访问,主接口用于接收。而收发状态机模块(RxSM 和 TxSM)负责在 256 b 内部总线和外部串行接口之间进行转换。

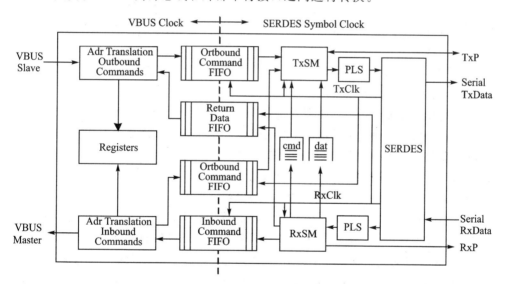

图 2.31　HyperLink 模块结构

HyperLink 模块的主要特征包括:

➢ 低引脚数(24 个信号),点对点连接。

➢ 单通道高达 12.5 Gb/s 的数据速率,1~4 个通道用于收发数据,支持全速、半速、1/4 分频和 1/8 分频。

➢ 基于包的传输协议,用于存储器映射访问。支持多种高效的读、写和中断处理。

➢ 支持主/从模式和对等通信模式。

➢ 为了省电,可自动调整通道宽度。

嵌入式多核 DSP 应用开发与实践

基于 HyperLink 的点对点连接图如图 2.32 所示。

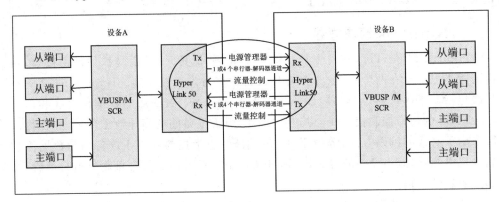

图 2.32　HyperLink 互连示意图

链路激活：为了激活一个通道，发送端通过 TxSM 传递一个启动事件给接收端，接收端通过 RxSM 接收到事件后，使能接收。当接收端与发送端的训练序列完全同步后，返回一个事件通知发送端接收已经准备好。接收端从训练序列切换到数据接收模式，此时可以接收数据。

流控制：HyperLink 的接收端基于现有的资源自动管理交通流，通过边带信号对发送侧的交通进行管控。

电源管理：HyperLink 发送端根据通道电源管理寄存器（PWRMGT）决定它要进入的电源模式，并通过边带信号通知对端进入相同的电源状态。在复位期间，串行器-解码器处于一个掉电状态，所有通道都被禁止。脱离复位后，HyperLink 模块通过边带信号发送消息给远端器件，以获取对端的能力。当且仅当 PWRMGT 被清零或有一个处理在等待时，串行器-解码器才脱离复位，单通道上电完成。

通道切换：HyperLink 根据传输负载动态管理其电源模式。当单个通道无法满足链路负载时，HyperLink 自动进入 4 通道模式。当负载降低至单通道性能以下时，HyperLink 又自动关闭其余 3 个通道，进入单通道模式。如果负载进一步减小，HyperLink 会自动禁止单通道模式，关掉串行器-解码器，进入零通道模式直到新的处理任务来临。该接口的发送和接收可完全独立控制，因为对于一些特定应用，可能只需一个方向通信。

2. HyperLink 事务类型及包格式

HyperLink 协议支持 3 种事务，即写、读和中断，因此相应的数据包有：写请求数据包、读请求数据包/读响应数据包和中断请求数据包。

HyperLink 通过给远端器件发送控制字和数据字的方式来完成每个事务，控制字定义了突发数据包的特性。每个数据包含有多个控制字和多个数据字。每个字是 64 b，作为一个独立单元发出。常见数据包格式如表 2.3 所列。

表 2.3　HyperLink 数据包格式

事务类型	数据包名称	数据包格式
读	读请求/读响应	c/cdddD
写	写请求	cD 或 cdd..Dd
中断	中断请求	c

注:c 代表控制字:命令、长度、地址、事务 ID 等;d 代表数据;
　　D 代表最后一个数据字。

HyperLink 接口的读/写操作流程如图 2.33 所示。

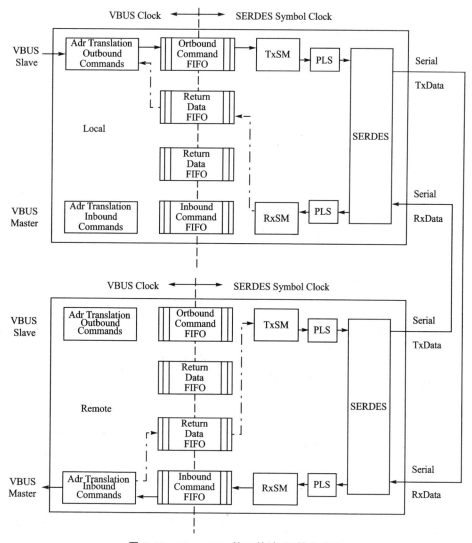

图 2.33　HyperLink 接口的读/写操作流程

基于 HyperLink 的写操作流程如下：从端口(slave VBUSM)接收到一个写命令，将其写入输出命令 FIFO(Out bound Command FIFO)；从 FIFO 中读取数据，并封装成一个写请求数据包；输出地址翻译覆盖控制信息到地址域；数据包经编码、串行化后，再经 HyperLink 连接发送到远端器件；远端器件接收到数据包，并进行解串、解码，随后将其送入输入命令 FIFO(In bound Command FIFO)；输入地址翻译模块基于该数据包产生新的存储器映射地址和其他控制信息；远端器件再根据这些信息触发主端口(master VBUSM)进行写操作，至此写数据操作完成。

基于 HyperLink 的读操作流程如下：从端口(slave VBUSM)接收到一个读请求，随后存入输出命令 FIFO(Out bound Command FIFO)；经输出地址翻译逻辑后得到新的地址封装进读请求数据包；数据包经编码、串行化后发送给远端器件；远端器件接收到读请求数据包，将其解串、解码后写入输入命令 FIFO(In bound Command FIFO)；该命令经输入地址翻译后发起一个读请求，通过主端口(master VBUSM)到远端设备的目的单元，此时返回数据到 FIFO，数据随后经编码、串行化后发给对端设备。

对于大于 256 B 的突发的读/写操作，可被拆分为若干个最大为 256 B 的读/写操作，每次操作重复上述步骤即可。

3. HyperLink 地址翻译

HyperLink 有独立的输入、输出地址翻译模块。输出模块的功能是覆盖控制信息到地址域，输入模块的功能是将输入地址重新定位到不同的内存区。HyperLink 支持 64 个不同的存储区。每个区域的起始地址应在任意 64 KB 地址的边界，且大小为 2 的整数幂，最小为 256 B。在 C66x 内核 DSP 中，最大存储区大小是 256 MB。地址翻译基于每个数据包进行。

HyperLink 事务的特征可嵌入到控制字中，例如优先级、监视和用户模式等。PrivID 和 Security 可嵌入到地址信息域。这些都由地址翻译模块来完成。

(1) 发送地址翻译

发送侧，由发送地址翻译控制寄存器(Tx Address Overlay Control Register(见图 2.34))控制如何对事务地址进行裁切，并添加控制信息(Security 和 PrivID)到地址域中，从而形成输出地址。

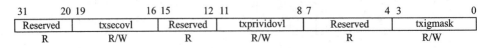

31　　20	19　　16	15　　12	11　　8	7　　4	3　　0
Reserved	txsecovl	Reserved	txprividovl	Reserved	txigmask
R	R/W	R	R/W	R	R/W

图 2.34　发送地址翻译控制寄存器

发送地址的产生分为三步：第一步，由发送地址翻译控制寄存器中的 txigmask 域选择输入地址的部分作为发送地址的低字节；第二步，由发送地址翻译控制寄存器中的 txprividovl 域选择在哪些位添加输入事务的 PrivID；第三步，由发送地址翻译控制寄存器 txsecovl 域选择在哪些位添加输入事务的安全域。这样计算得到的地址就是 HyperLink 接口的输出地址。发送地址翻译逻辑如图 2.35 所示。

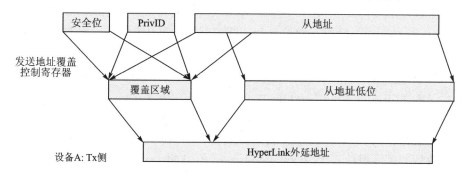

图 2.35　HyperLink 发送地址翻译逻辑示意图

（2）接收地址翻译

接收地址翻译相比发送地址翻译要复杂得多。输入地址的不同部分均可用于映射 Security、PrivID 和 Address 域。接收侧由接收翻译寄存器（Rx Address Selector Control Register（见图 2.36））决定使用输入地址的哪些位重新产生 Security，PrivID 和 Segment/Length 值数组。

31　　26	25	24	23　　20	19　　16	15　　12	11　　8	7　　4	3　　0
Reserved	rxsechi	rxseclo	Reserved	rxsecsel	Reserved	rxprividsel	Reserved	rxsegsel
R	R/W	R/W	R	R/W	R	R/W	R	R/W

图 2.36　接收地址翻译控制寄存器

接收侧地址翻译逻辑也分为三步，分别得到 PrivID、Security 和 Address 域，具体过程如图 2.37 所示。

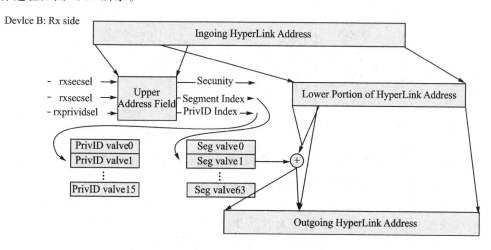

图 2.37　HyperLink 接收地址翻译逻辑示意图

PrivID 映射：在接收侧，HyperLink 有一个 16 位入口的 PrivID 表，每个入口可独立设置 4 位的 PrivID 值。接收地址选择控制寄存器中的 rxprividsel 域决定输入地址的哪些位用于构成 PrivID 表的索引值，从而决定输入事务包的 PrivID 值。

Security 映射：在接收侧，接收地址选择控制寄存器中的 rxsecsel 域决定输入地址的某一位用来选择 rxsechi 或者 rxseclo，从而形成输入事务包的 Security 值。

地址映射接收侧翻译地址由 segment address 和 offset mask 共同决定。HyperLink 有 16 个 offset mask 值，segment/length table 有 64 个入口。接收地址选择控制寄存器中的 rxsegsel 域选择输入地址的特定位作为偏移来访问 segment/length table，从而获得段地址。该域也决定了 offset mask 值，用于接收地址重映射。

接收侧的翻译地址等于 segmentaddress＋RxAddress&offsetmask，其中 segmentaddress[31:16] 来自 segment/length table 的 rxseg_val 值，低 16 位为 0。

4. HyperLink 设计与实现

下面介绍两片 DSP 芯片间进行的通信，HyperLink 接口的具体连接结构图如图 2.38 所示。

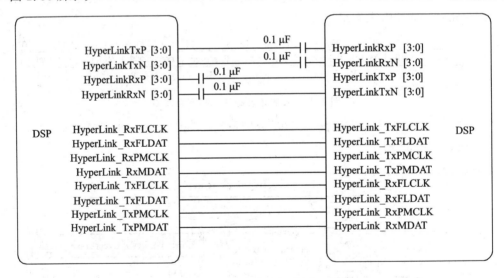

图 2.38　HyperLink 接口的连接结构图

设计中，两片 DSP 都采用四通道模式，每个通道的传输速率为 3.125 Gb/s。两端设备采用前文所述的方式初始化并建立地址空间映射后，两端设备即可进行正常通信，包括设备间 HyperLink 配置寄存器的相互访问。本设计两端设备通过 HyperLink 的内部软件中断来协调收发数据，即本地设备先发送一个软件中断，然后再发送一批数据，远端设备触发中断后，在中断函数中接收数据，接收完数据后清空中断，以便等待下一个中断。设计中为了保证每批数据的准确接收，在发送数据时会人为地添加一个标志位,接收端通过协调好的标志位来确定数据接收到位。同时我们在调试中发现,发送速率会比接收速率快,因此在大批量传输数据时,在上一次发送结束和下一次发送前需要延时几百纳秒,具体的延时时间与每次发送的数据量大小有关,数据量越大,延时时间越长。HyperLink 模块在两个设备间的通信流程如图 2.39 所示。

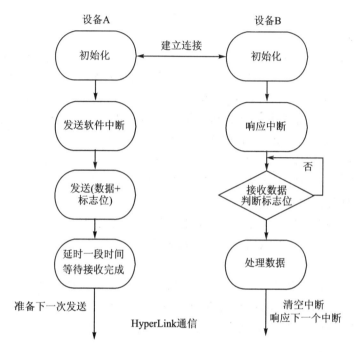

图 2.39　HyperLink 接口的通信流程图

本设计对 HyperLink 接口进行了大批量的数据传输测试,测试模式采用上述所述的通信方式,其中每次发送数据为 8 KB,发送次数为 $1\,024 \times 128$,共发送了 1 GB 数据,在保证数据接收无误的情况下,经过多次测试,通过 DSP 程序的内部计时函数统计平均花了 1.64 s,传输速率约为 $1 \times 8\ \text{Gb}/1.64\ \text{s} = 4.88\ \text{Gb/s}$;由于 HyperLink 数据采用了 8 b/9 b 编码,四通道的每个通道 3.125 Gb/s 的理论速度为 $3.125 \times 4 \times 8/9\ \text{Gb/s} = 11.1\ \text{Gb/s}$,因此实测速率与理论速率还是有一定的差距的。经过分析我们总结了两个可能引起速率偏低的原因:其一是程序设计中软件开销比较大,在进一步改进中;其二是 HyperLink 的通道自动切换功能使得数据在传输时并不一直进行四通道全速执行,从而导致速率偏低,不过具体的影响有多大有待进一步考证。

2.4.2　RapidIO 接口

RapidIO 是一个非专用的、高带宽、系统级的互连接口。它是基于数据包交换(packet-switched)的互连接口,主要是在芯片与芯片之间以及单板与单板之间提供高达数个 GB/s 的高速数据交互接口。用户可以使用这个接口实现网络设备、内存子系统、通用计算机等系统中的微处理器、内存,以及映射成内存的 I/O 等之间的互连。

TMS320C6678 的 RapidIO 接口是一个针对嵌入式系统与市场的高性能、低引脚数的互连接口。在基板的设计中使用 RapidIO 可建立同步互连环境,为各个组件提供更多的连接和控制辅助。RapidIO 是基于内存和处理器总线的设备寻址概念,而其完全是由硬件操控的。

这就使得 RapidIO 通过提供更低的延时、减少数据包处理的开销并且提高系统带宽以降低整体系统的成本,所有这一切对于无线接口都至关重要。串行 RapidIO 支持直接 I/O(DirectIO)和消息传递(Message Passing)两种传输方式。

直接 I/O 传输和消息传递传输协议都允许通过其各自内核进行正交控制。DSP 启动的直接 I/O 传输使用装载存储单元(LSUs)。LSUs 个数很多,各自独立,并且每个都能向任何物理连接提交申请;LSUs 可能会根据不同内核进行分配,内核随即可使用其访问;另外,LSUs 可按需分配给任意内核。消息传递传输,类似于以太网外设,允许个体控制多重传输通道。

对于每个 I/O 信号的差分对,RapidIO 都有 4 个不同带宽对应:1.25 Gb/s、2.5 Gb/s、3.125 Gb/s 和 5 Gb/s。由于其有着 8 位/10 位编码限制,对于每个差分对的有效数据的带宽为 1 Gb/s、2 Gb/s、2.5 Gb/s 和 4 Gb/s。一个 1x 接口即是一个差分对的一对读/写信号,一个 4x 接口则为 4 个此类差分对的结合。

RapidIO 是一个非专用的、高带宽的系统层面的连接器。它是一种分组交换的连接器,主要用于片对片、板对板之间的系统内接口,其通信速度可达到 Gb/s。

RapidIO 主要特点包括:

① 灵活的系统结构,支持对等通信。

② 稳定的通信,有纠错功能。

③ 频率和端口宽度可定制。

④ 不仅局限于软件操控。

⑤ 高带宽通信且功耗低。

⑥ 较少引脚数。

⑦ 低功耗。

⑧ 低延时。

RapidIO 有 3 层结构等级(见图 2.40):

① 逻辑层,特定协议,包括数据包格式,终端需要其处理各种事物。

② 传输层,定义寻址策略,保证系统中数据包信息能正确传递。

③ 物理层,包含了有关设备的接口信息,如电气特性、纠错管理数据和底层流控制数据。

在 RapidIO 结构中,传输层的规范(specification)与逻辑层和物理层的不同规范相兼容。

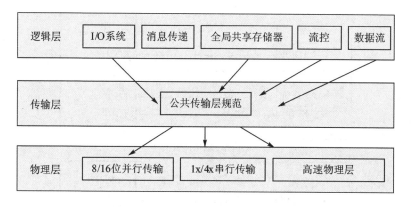

图 2.40　RapidIO 3 层结构等级

RapidIO 的连接结构(如图 2.41 所示)是独立于物理层外的包交换的协议。

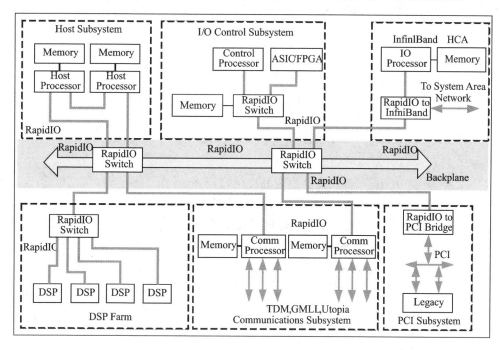

图 2.41　RapidIO 连接结构

到目前为止,只有两种物理层结构规范被 RapidIO 协会所认定:8/16LP - LVDS 和 1x/4xLP - Serial。前者是点对点的同步时钟源 DDR 接口,后者是点对点的交流耦合时钟恢复接口。这两种物理层规范是不兼容的。

图 2.42 所示为两个 1x 设备之间的互连以及两个 4x 设备之间的互连。每个设备的正的传输数据线(TDx)与对方设备的正的接收数据线相连(RDx)。同理,每个

负的传输数据线(TDx)与对方负的数据接收线相连(RDx)。

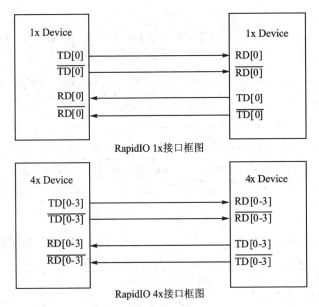

图 2.42　SRIO 设备互连框图

RapidIO 中的 Rapid 的特点如下：

① 兼容 RapidIO 连接规范 REV2.1。

② 集成 TI 的串行器-解码器(SerDes)的时钟恢复。

③ 不同端口可使用不同的速率。

④ 差分 CML 信号，同时支持直流和交流耦合。

⑤ 支持 1.25 Gb/s、2.5 Gb/s、3.125 Gb/s 和 5 Gb/s 速率。

⑥ 对不使用的端口可关闭电源降低功耗。

⑦ 支持 8 位和 16 位的设备 ID。

⑧ 支持接收 34 位地址。

⑨ 支持产生 34 位、50 位、66 位的地址。

⑩ 定义为大端。

⑪ 单一信息产生最大为 16 个包。

⑫ 支持拥堵控制扩展。

⑬ 支持多路传输的 ID。

⑭ 支持 IDLE1 和 IDLE2。

⑮ 在协议单元中有严格的优先级交叉。

SRIO 数据包(Packets)的操作机制如图 2.43 所示，SRIO 数据交流基于数据包的请求和响应。数据包是其在终端和系统间通信的基本单元。主机或信号发出者产生一个包请求给目标者，目标者随后产生一个响应包反馈给信号发出者，这样一次交换就完成了。

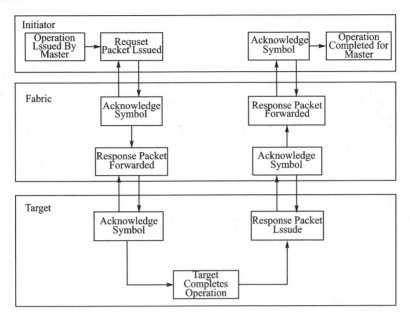

图 2.43　RapidIO 数据包 Packets 操作机制

RapidIO 的终端并没有相互直连,而是通过结构设备连接。在其物理连接中,控制信号被用于管理交换流,并用于识别数据包、流控制信号和保存函数。

RapidIO 的数据引脚(见表 2.4)是基于 CML (Current-ModeLogic)交换层的高速差分信号,其传输和接收缓存是在时钟恢复模块中自带的。参考时钟输入未在 SerDes 宏中内嵌。差分信号输入缓存兼容 LVDS 和 LVPECL 接口,可从晶振制造商处得到。

表 2.4　RapidIO 引脚描述

引脚名	引脚数	信号方向	描　　述
RLOTX3/$\overline{RIOTX3}$	2	输出	发送数据总线
RLOTX2/$\overline{RIOTX2}$	2	输出	发送数据总线
RLOTX1/$\overline{RIOTX1}$	2	输出	发送数据总线
RLOTX0/$\overline{RIOTX0}$	2	输出	发送数据总线
RLORX3/$\overline{RIORX3}$	2	输入	接收数据总线
RLORX2/$\overline{RIORX2}$	2	输入	接收数据总线
RLORX1/$\overline{RIORX1}$	2	输入	接收数据总线
RLORX0/$\overline{RIORX0}$	2	输入	接收数据总线
RLOCLK/RIOCLK	2	输入	参考时钟输入

图 2.44 所示为多 DSP RapildIO 互连,即在多 DSP 情况下 RapildIO 的互连。

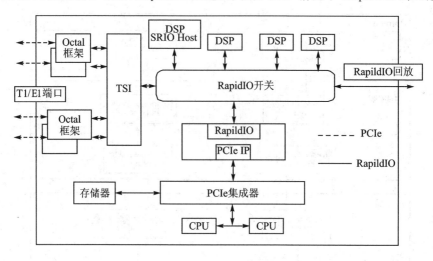

图 2.44　多 DSP RapildIO 互连

2.4.3　PCIe 接口

1. PCIe 总线概述

PCIe 总线是在 ISA 和 PCI 总线基础上发展起来的第三代通用串行 I/O 互联技术,它具有连接引脚少、可靠性高、传输速率高的特点,已广泛用于计算机、移动设备、服务器、存储器、嵌入式通信等领域。

为了满足灵活性和可扩展性的要求,PCIe 协议可以分为三层,分别为物理层、数据链路层、事务层。PCIe 总线的基本架构包括根组件(root complex)、交换器(switch)和各种端点设备(endpoint),设备间采用点对点串行连接。PCIe 总线的拓扑结构如图 2.45 所示。

TMS320C6678 集成了一个双通道的 PCIe 模块,可配置成 RC 或 EP 模式,支持单通道或双通道通信,兼容 PCIe 的第一代(2.5 Gb/s)和第二代(5 Gb/s)协议规范标准。TMS320C6678 的 PCIe 子系统由多个模块组成,主要包括 PCIe 物理层模块、PCIe 核模块、虚拟总线管理模块(VBUSM)、终端模块、时钟/复位/电源管理模块。PCIe 子系统的功能结构框图如图 2.46 所示。

PCIe 器件需要使用 PCIe 地址经 PCIe 数据链发送数据包,地址翻译单元 ATU (Address Translation Unit)将器件内部地址翻译为 PCIe 地址,反之亦然。PCIe 地址可以是 32 bit 或 64 bit。

DSP 通过 PCIe 的输出传输意味着本地器件发起一个到外部器件的读/写操作。CPU 或者芯片级的 EDMA 用于传输输出数据。PCIe 模块没有内嵌的 DMA。

PCIe 的输入传输意味着外部器件发起到本地器件的读/写操作。PCIe 模块有

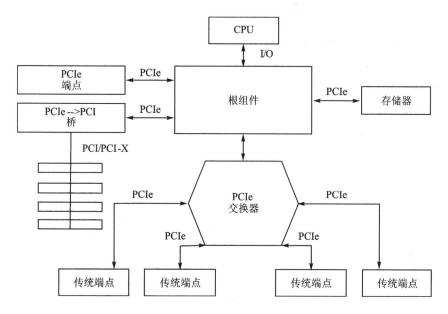

图 2.45　PCIe 拓扑结构示意图

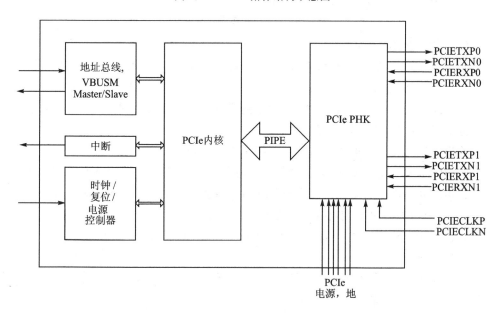

图 2.46　PCIe 结构框图

一个主端口用于从/向本地内存传输数据。因此,在输入操作中,不需要 CPU 或 ED-
MA 的参与。

　　在 PCIe 传输中,净荷数据越多,意味着越小的包开销和越高的吞吐量。在输入
传输中,用户可以充分利用 256 B 的净荷大小,只要外部设备支持相同字节甚至更多
字节的净荷输出。比如,当两个 C66x 器件使用 PCIe 进行通信时,就不能获得净荷

大于 128 B 的吞吐量,因为最大输出净荷为 128 B。

2. PCIe 地址翻译逻辑

对于输出处理,Outbound ATU 将器件内部地址翻译成 PCIe 地址,然后把含 PCIe 地址的数据包经 PCIe 链传输到其他设备。

对于输入处理,PCIe 模块的基址寄存器 BAR(Base Address Register)只接收特定 PCIe 地址的数据包,这些数据包进入 Inbound ATU,经地址翻译后被送至相应的内存空间。C66x DSP 的 PCIe 地址翻译模块如图 2.47 所示。

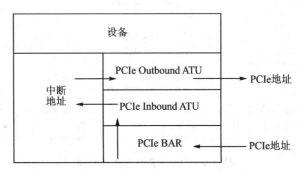

图 2.47　PCIe 地址翻译逻辑

(1) 输出地址翻译

TI 公司的 C66 器件中有特定的 PCIe 数据空间 0x60000000～0x6FFFFFFF,专门用于收发 PCIe 数据。对于输出传输,通过 Outbound ATU 的配置使该空间与 PC 侧地址空间建立对应关系,再使用 EDMA 把器件内存数据搬移到 PCIe 数据空间,这样数据就可以通过 PCIe 链发送出去。

输出地址翻译主要通过以下寄存器的配置来实现:

> OB_SIZE　设定 32 个等长的翻译区的大小为 1 MB/2 MB/4 MB/8 MB;

> OB_OFFSET_INDEXn　代表 PCIe 地址的位[31:20],具体哪些位有效须根据 OB_SIZE 来确定,位[0]使能输出 region;

> OB_OFFSETn_HI　代表 64 位 PCIe 地址的位[63:32],使用 32 位地址模式时该寄存器为 0。

由于存在 32 个翻译区域,所以需要根据内部地址的 5 位来决定使用哪个区域进行映射。综上,PCIe 输出地址翻译的示意图如图 2.48 所示。

用户在配置输出地址翻译模块时,需要事先知道接收端一段内存的物理地址,然后通过合理设置上述寄存器将接收端地址与 DSP 内部的 PCIe 数据空间对应起来,此时使用 EDMA 将片上 L2、共享存储器或 DDR3 空间的数据搬移到 PCIe 数据空间,数据就会经 PCIe 链传输到 PC 内存,用户可在接收端相应地址看到同样的更新。

(2) 输入地址翻译

输入地址翻译用于将外部设备输入的访问地址重定位到 DSP 片内地址。C66

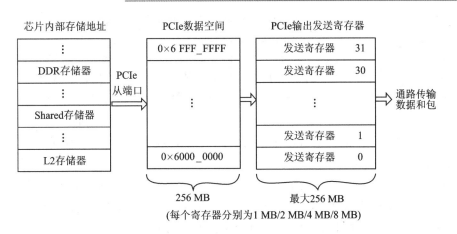

图 2.48 PCIe 输出地址翻译

器件的 PCIe 模块有两个内部地址空间:地址空间 0 和空间 1,前者用于本地应用寄存器和配置空间,占用连续的 16 KB,其中 4 KB 用于配置空间;后者用于数据传输,容量大,可以不连续,为了将 PCIe 地址映射到该空间,须使用 4 个区域(region 0~3)来协助完成(注意:输出有 32 个 region,而输入仅有 4 个)。

PCIe 输入地址翻译(见图 2.49)通过配置寄存器 IB_BARn、IB_STARTn_HI、IB_STARTn_LO 和 IB_OFFSETn 来实现,Inbound ATU 将 PCIe 地址映射到内部地址的过程如下:

① 分离偏移值 offset＝PCIe address－(IB_STARTn_HI:IB_STARTn_LO)。

② 计算内部地址 internal address＝IB_OFFSETn＋offset。

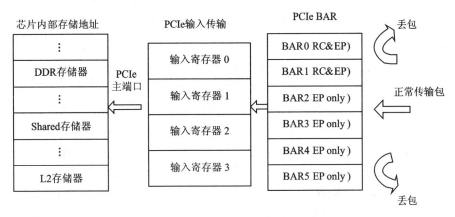

图 2.49 PCIe 输入地址翻译

上述寄存器可在 DSP 发送端直接配置,也可通过接收端间接配置。接收端 PC 侧在 WinDriver 开发环境下通过 PCIe 接口读/写函数实现输入地址翻译的代码如下:

```
/* BAR 作为 memoryspace,对应 Core0 的 L2RAM,从 0x 0800000 地址开始 */
WDC_WriteAddr32(hDev,ad_sp,IB_BAR1,1);//BAR1 ->PCIeregion1
WDC_WriteAddr32(hDev,ad_sp,IB_START1-LO,0xD1400000);//BAR1 地址
WDC_WriteAddr32(hDev,ad_sp,IB_START1_HI,0);//采用 32bit 地址,故高 32bit 清零
WDC_WriteAddr32(hDev,ad_sp,IB_OFFSET1,0x10800000);//BAR1->L2SRAM
```

参考上面的代码完成其余 BAR 的配置后,所有的 BAR 都可访问。接收端 BAR 空间与发送端存储空间的对应关系为 BAR0 - Cfgspace,BAR1 - L2SRAM,BAR2 - MSMC,BAR3 - DDR3。

现在通过 WinDriver 在接收端 BAR1 的 offset0 地址就等价于在 CCS5.5 中写核 0 的 L2 起始地址;同样地,在 CCS5.5 下修改 MSMC 空间某个地址的值,即可在 WinDriver 下 BAR2 的指定 offset 处查看到修改后的值。

3. PCIe 互连的实现

下面介绍两片 DSP 芯片间采用 4 对差分信号进行互连,并且在接收端串联一个 0.1 μF 的交流耦合电容起去除直流偏置的作用,具体的连接结构如图 2.50 所示。

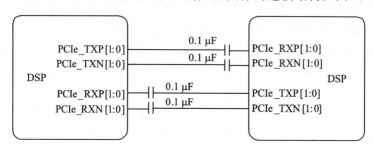

图 2.50　DSP 间 PCIe 连接结构图

设计中,两片 DSP 分别被设置成 RC 端和 EP 端,两端设备都采用双通道模式,每通道的传输速率为 2.5 Gb/s。两端设备采用前文所述的方式初始化后,当设备内部寄存器 Debug0 中的 Ltssm 状态值被拉高时,表明两端设备连接成功,此时就可以正常进行事务通信了。本设计 RC 端设备与 EP 端设备通过中断信号来协调收发数据,即 EP 端先向 RC 端发送一个 MSI 中断,然后再发送一批数据,RC 端触发中断后,在中断函数中接收数据,接收完数据后清空中断,以便等待下一个中断。设计中为了保证每批数据的准确接收,在发送数据时会人为地添加一个标志位,接收端通过协调好的标志位来确定数据接收到位。同时,我们在调试中发现,发送速率会比接收速率快,因此此大批量传输数据时,在上一次发送结束和下一次发送前需要延时几百纳秒,具体的延时时间与每次发送的数据量大小有关,数据量越大,延时时间越长。PCIe 模块在两个设备间的通信流程如图 2.51 所示。

基于 CPU 的可扩展、高性能、嵌入式系统中 PCIe 的应用如图 2.52 所示。

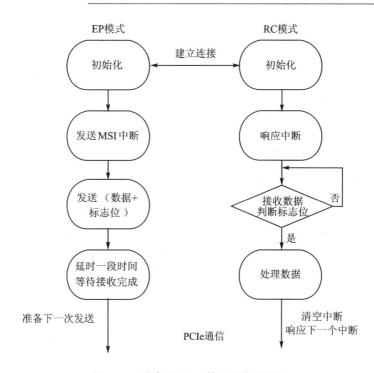

图 2.51　设备间 PCIe 接口通信流程图

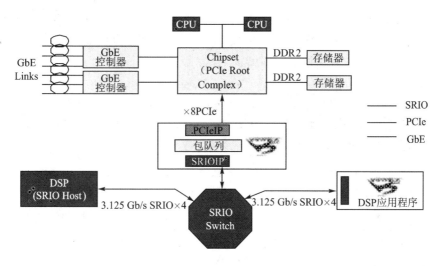

图 2.52　基于 CPU 的可扩展、高性能、嵌入式系统中 PCIe 的应用

4. PCIe 输入传输的设计与实现

对于 PCIe 的输入传输,PC 机做主机,DSP 做从机。PC 首先完成 BAR 空间和 DSP 各存储块的对应,然后可直接读/写 DSP 内存空间,读/写函数由 WinDriver 生成的开发工程自带。整个流程如图 2.53 所示。

图 2.53　PCIe 输入传输流程

PCIe 输入传输的典型应用是 PCIe 动态下载功能。DSP 上电脱离复位以后，进行 PCIe boot 模式，PC 端完成存储空间映射后，将代码直接加载至 DSP 的内存，加载完毕，通过 MSI 中断使得 DSP 自动运行程序。

由于读/写函数一次操作的数据量是 32 b，即一个数据包的有效载荷大小为 4 B，要完成大量数据传输，只能反复调用读/写函数，产生的延时较大。而实际 C66x 系列 DSP 允许的输入包有效载荷最大为 256 B。显然，在不超过最大值的情况下，净荷数据越多，一次传输所携带的有效数据越多，接口传输的效率越高，吞吐量越大。因此，采用 PC 读/写 DSP 内存这种方法的速率普遍较低，远远达不到 PCIe 理论的速率，在系统启动以后不推荐使用，而应采用 DMA 传输。

5. PCIe DMA 传输的设计与实现

对于输出传输，由 DSP 发起读/写操作，由于 C66 系列 DSP 的 PCIe 本身不含有 DMA，因此要实现高速数据传输，需要借助 DSP 内部的高速数据传输引擎 EDMA3 来完成。

要实现 DSP 主动访问 PC 的机制，PC 端首先需要锁定一块内存用于数据读/写，并把内存起始地址告诉 DSP，即需要完成 PC 内存和 DSP 的 PCIe 数据空间之间的映射，然后 DSP 通过 EDMA 直接把数据从 L2（或共享内存）、DDR3 搬移到 PCIe 数据空间，此时 PC 内存会同时得到更新。

(1) DMALOCK 功能

当 DSP 读/写 PC 时，需要事先在 PC 侧锁定一块内存，然后使用其物理地址进行 DSP 的输出地址映射，逆向获得 DSP 的内部地址（见 6.2.1 小节）。锁定内存块的工作通过调用 WinDriver 函数实现，代码如下：

```
dwStatus = WDC_DMAContigBufLock(hDev,ppBuf,dwOptions,dwDMABufSize,ppDma);
if(WD_STATUS_SUCCESS! = dwStatus)
{
printf("FailedlockingaContiguousDMAbuffer.ErrorOx % lx - % s\n",
dwStatus,Stat2Str(dwStatus));
returnFALSE;
}
```

函数返回的参数有一个 pDma 型结构体，其中含有已锁定内存的物理地址和用户地址成员，物理地址将作为实际的 PCIe 地址，经过翻译得到 DSP 内部地址，用户地址是逻辑地址，供用户在 PC 端查看数据。

PC 根据 DSP 的输出地址翻译逻辑将内存的物理地址解析后得到 OB_SIZE、OB_

OFFSET_INDEXn 和 OB_OFFSETn_HI 的值以及翻译后 DSP 的内部地址 PcieData-Base,并通过 PCIe 接口输入传输的方式直接写到 DSP 寄存器,其中 PcieDataBase 属于 PCIe 数据空间 0x60000000~0x6FFFFFFF 范围,先缓存到 PCIe 通用寄存器中,后续将作为 EDMA 搬移的源地址(读操作)或目的地址(写操作)。

(2) EMDA 搬移设计

根据前面的分析可知,PCIe 数据包所携带的净荷数据越多,包开销越小,吞吐量也就越高。使用 EDMA 进行 PCIe 输出传输时,应该充分利用这一点,提高传输效率。如果 EDMA 传输控制器(TC)的突发长度(DBS)小于或等于 PCIe 最大净荷数时,则 TLP 中的净荷数据数应等于 DBS 的大小。

在 C66x 器件中,EDMATC 的突发长度可以是 64 B 或 128 B。当通过 PCIe 输出 1 KB 数据时,使用 128 B DBS 时产生 1 KB/128 B＝8 个数据包;使用 64 B DBS 时产生 1 KB/64 B＝16 个数据包,这样就增加开销。因此,使用较大突发长度的 EDMA 传输控制器进行传输时获得了更好的性能。TMS320C6670 和 TMS320C6678 的突发长度均为 128 B,配置参数时就要充分利用这点。

EDMA 搬移的主要参数设置如表 2.5 所列。

表 2.5　EDMA 参数设置

参　数	长　度	设　置
ACNT	128	等于 DBS 大小
BCNT	Len/128	计算总共多少个阵列
CCNT	1	AB 模式,二维传输
SBIDX	128	源地址数据连续存放,不涉及地址跳变,SBIDX＝ACNT
DBIDX	128	源地址数据连续存放,不涉及地址跳变,DBIDX＝ACNT
SCIDX	0	二维传输,不涉及
DCIDX	0	二维传输,不涉及

OPT 的设置有:TCINTEN(1,传输完成产生中断)、TCC(传输完成码,为 0,在 IPR 的最低位产生中断)、TCCMODE(0,正常完成)、STATIC(1,参数集是静态的,不更新)、SYNCDIM(1,AB 同步传输)、DAM/SAM(0,源、目的地址自动增加)。

DSP 读 PC 时,源地址为 PC 计算得到的 PCIe 数据空间地址,目的地址为 L2、MSMC 或 DDR3;DSP 写 PC 时,与读操作正好相反。

此外,还要配置中断控制器 INTC0,使 EDMA 每次传输完成后触发 CPU 中断。从而让 DSP 获知搬移何时完成,并及时进行相应处理。

2.5 多核共享资源

2.5.1 存储器资源分配

TMS320C6678 采用分级式存储结构,共分为三级(L1、L2 和 L3)。其中,C6678 的每个 C66x 内核内部都包括 32 KB 的一级程序存储器(L1P)、32 KB 的一级数据存储器(L1D)、512 KB 二级存储器(L2 Memory)。8 个核共用的 4 096 KB 多核共享存储器(Multicore Shared Memory,MSM),以及多核共享最大 8 GB 的可扩展 DDR3 存储空间,上述存储器在 DSP 中都有相应的地址映射。

① 一级存储器(L1):一级存储器包括程序存储器和数据存储器,即 L1P 和 L1D,可以用软件方式将一级存储器部分或者全部设置为高速数据缓冲(Cache)。在处理器复位之后,L1P 和 L1D 按照默认被全部配置为 Cache,通过修改 L1P 配置寄存器(L1PCFG)和 L1D 配置寄存器(L1DCFG),可以将 L1P/D 的 Cache 大小设置为 0 KB、4 KB、8 KB、16 KB、32 KB。L1P 的配置格式如图 2.54 所示。

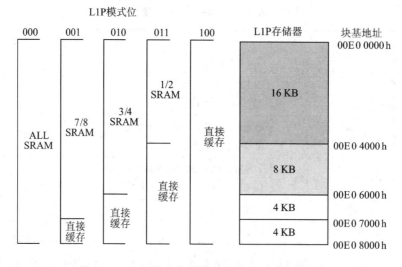

图 2.54 一级程序存储器 L1P 的 Cache 设置模式

② 二级存储器(L2):TMS320C6678 的每个内核都包含 512 KB 的本地 L2 存储器(LL2),每个核的 LL2 对应有两个地址名称,一个称为全局地址(Global Addresses),另一个称为本地地址(Local Addresses)。全局地址可以被所有的主控设备访问,各核的全局 LL2 地址为(0x10800000+0x01000000×内核数目),其中内核数目为核 ID(0~7)。而本地地址只允许在其所在的内核内部使用,其本地地址固定为 0x00800000。各核的 LL2 可以被设置为全 SRAM 工作模式或者将部分设置为 Cache,通过修改 L2 配置寄存器(L2CFG)可以将 Cache 大小设置为 0 KB、32 KB、

64 KB、128 KB、256 KB 或 512 KB,如图 2.55 所示。

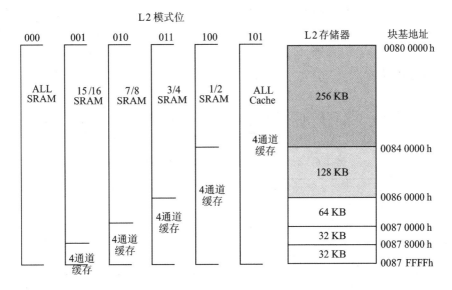

图 2.55　二级程序存储器 L2 的 Cache 设置模式

③ 共享存储器(MSM):各内核除了拥有自己的核内 L1 和 L2 存储器外,还共用一个多核共享存储器,容量为 4 096 KB,可以配置为共享 L2 或者共享 L3 存储器,并允许扩展最大 8 GB 的外部 DDR 存储空间。这部分地址空间由多核共享存储器控制器(MSMC)负责进行管理、保护和扩展。

2.5.2　EDMA 资源

TMS320C6678 的增强型直接存储器访问控制器(EDMA3)可以通过编程实现对存储器中的数据进行最高 3 个维度的数据传输。C6678 共有 3 个 EDMA 控制器,EDMA0、EDMA1 和 EDMA2。其中 EDMA0 有 16 个独立的 EDMA 通道(channel),传输频率是 DSP 核时钟的 1/2;EDMA1 和 EDMA2 各有 64 个独立的 EDMA 通道,数据传输频率是内核时钟的 1/3。

EDMA 通道的管理和数据的传输主要依靠 EDMA 通道控制器(EDMACC)和传输控制器(EDMATC)。在 TMS320C6678 中,3 个 EDMA 对应有 3 个 EDMA 通道控制器,分别是 EDMA3CC0、EDMA3CC1 和 EDMA3CC2,其中 EDMA3CC0 又对应有 2 个传输控制器,而 EDMA3CC1 和 EDMA3CC2 各对应 4 个传输控制器。通过向不同的传输控制器发送传输请求可以实现多数据流的并行传输,而当某一传输控制器同时接收多个传输请求时会根据其优先级进行传输请求仲裁和排队。所以,当进行多核或多数据流的软件设计时,将同一时间内的多数据流传输操作分配给各 EDMA 传输控制器,可以提高系统的数据传输效率。

参数存储器 PaRAM(Parameter RAM)是用来专门存放 EDMA 传输配置参数

的内存空间,其中每段参数存储器配置参数长度为 32 B,每个参数存储器配置入口都可以被映射到 EDMA 的某一个 DMA(或 QDMA)传输通道,当传输通道的同步事件有效时,相应参数存储器的配置信息被加载,并触发传输通道的数据传输过程。EDMA3CC0 有 128 个参数存储器配置入口,EDMA3CC1 和 EDMA3CC2 各有 512 个参数存储器配置入口。通过对参数存储器的设置可以实现对数据阵列(array)、帧(frame)、块(block)最高三维的数据传输,且可以根据需求对源数据和目的数据的各维度间地址间隔加以改变,从而实现跳跃式的读取或存储。

对 TMS320C6678 的 EDMA3 资源分配情况如表 2.6 所列。

表 2.6　TMS320C6678 的 EDMA3 资源分配表

描　述	EDMA3CC0	EDMA3CC1	EDMA3CC2
DMA 通道数	16	64	64
QDMA 通道数	8	8	8
中断通道数	16	64	64
参数存储器配置入口数	128	512	512
事件队列数	2	4	4
传输控制器数	2	4	4
是否存在存储器保护	是	是	是
存储保护和映射区个数	8	8	8

2.5.3　硬件信号量

TMS320C6678 的硬件信号量(semaphore2)可用来避免多个 DSP 核同时操作某一共享资源时产生的冲突问题。利用硬件信号量可以在某单一共享资源正在被占用或修改时,拒绝或阻塞其他 DSP 核的访问请求。C6678 内部共集成了 64 个独立的硬件信号量,均可以被 8 个核任意访问。

在开发多核软件时,经常遇到多核需要访问同一共享资源的情况,而在某内核正占用或修改该共享资源时应该对其进行暂时的保护,直到操作完成释放该共享资源;否则,很可能产生多核之间的冲突,导致系统出现异常。在这种情况下,可以为共享资源建立一个或几个硬件信号量,当应用程序需要使用该共享资源时,要先申请查询相应的硬件信号量,若该共享资源处于空闲状态,立即获得资源的操作权限。相反,当该共享资源处于被占用的状态时,硬件信号量返回正在占用该共享资源的核 ID。因此,在多核软件开发过程中利用硬件信号量(semaphore2)可以有效避免内核之间的冲突,保护共享资源。硬件信号量(semaphore2)的结构框图如图 2.56 所示。

硬件信号量的请求和返回有三种方式:直接方式、间接方式、混合方式。

① 直接方式:通过读取相应硬件信号量的 SEM_DIRECT 寄存器可以实现直接方式的请求。若资源空闲,则该操作返回 0x1;若资源正被占用,则资源请求被拒绝,且返回占用该资源的设备 ID。

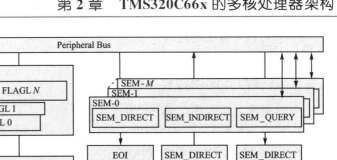

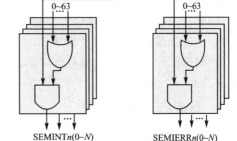

N—有效内核数；M—有效信号量数

图 2.56　硬件信号量(semaphore2)结构框图

② 间接方式:通过向相应硬件信号量的 SEM_DIRECT、SEM_INDIRECT 或 SEM_QUERY 寄存器写入 0x0 的方式可以实现间接方式的请求。该请求会被提交到一个请求队列,多个请求按顺序被响应,当某内核获得该信号量的控制权时,会收到一个 SEMINTn 中断。

③ 混合方式:通过读取相应硬件信号量的 SEM_INDIRECT 寄存器可以实现混合方式的请求。若资源空闲,则按直接请求方式进行处理;若资源被占用,则按间接请求方式进行处理。

硬件信号量的特性如下:

① 提供对共享资源的互斥访问。

② 最多直接 64 个独立的信号量。

③ 信号量请求方式:

➤ 直接方式;

➤ 间接方式;

➤ 混合方式。

④ 不分大小端。

⑤ 信号量的原子操作。

⑥ 锁存模式(信号量被使用时)。

⑦ 排队等待信号量。

⑧ 获取信号量时产生中断。

⑨ 支持信号量状态检测。

⑩ 错误检测和错误中断。

1. 直接方式调用过程

① 保证要使用的硬件信号量处于空闲状态,使用 CSL_semIsFree(semNum)。

② 获取信号量 CSL_semAcquireDirect(semNum),确保该信号量的状态为不被改变,直接访问方式不更新 SEMFLAGS。

③ semGetFlags(master_id)。

④ 确保当前正确获得相应信号量的使用,CSL_semIsFree(semNum)。

⑤ 经过处理后,释放信号量,CSL_semReleaseSemaphore(semNum)。

⑥ 确保已经正确释放,没有产生错误,CSL_semIsFree(semNum);CSL_semGetErrorCode()。

2. 间接方式调用过程

① 确保信号量状态是空间,CSL_semIsFree(semNum)。

② 确保当前的标志寄存器对应比特位不是等待状态,CSL_semGetFlags(MASTER_ID),这是与直接访问不同的地方,直接访问不用设置和清除标志寄存器。

③ 采用间接访问的方法获取信号量资源,CSL_semAcquireIndirect(semNum)。

④ 判断当前是否获得信号量,使用 while 来等待资源的获取:

```
while (1)
{
    semFlags = CSL_semGetFlags(MASTER_ID);//获得相应信号量时,标志寄存器的相应比
    特位会被设置,此时只要检测此比特是否被设置即可
    if (semFlags & (1 << semNumber))
    {
        /* YES. semFlasgs = 1,表示信号量有效 */
        break;
    }
}
```

⑤ 使用完信号量后要进行清除操作,流程如下:

第一,将标志寄存器进行重置。

```
CSL_semClearFlags(MASTER_ID, semFlags);
```

第二,检测标志位是否重置成功。

```
if(CSL_semGetFlags(MASTER_ID)!= 0)
```

⑥ 查看当前信号量是否是空闲。

```
if (CSL_semIsFree(semNumber) == TRUE)
    return - 1;
```

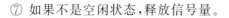

⑦ 如果不是空闲状态,释放信号量。

```
CSL_semReleaseSemaphore(semNumber);
```

⑧ 查看是否释放成功。

```
    if(CSL_semIsFree (semNumber) == FALSE)
    return - 1;
```

⑨ 确保上述操作没有产生。

```
    if(CSL_semGetErrorCode() != 0)
return - 1;
```

间接方式比直接方式复杂的地方主要在于,标志寄存器的赋值与清除。间接方式的原理是,将请求放入请求队列以等待信号量空闲,如果不是空闲则等待。一旦空闲,则将标志寄存器置 1,并产生中断。当使用完毕后,要记得清除标志位,否则会发生错误(如果标志寄存器没有清除,则此时主机请求其他信号量时,会将其他标志位赋值,此时就会有两个标志位被设置,函数返回会出错)。

总之,写程序时可参考 TI 公司提供的流程。

3. 混合方式调用过程

① 确保当前信号量空闲。

```
/ * Get the status of the semaphore:Semaphore should * not * be acquired.  * /
if (CSL_semIsFree (semNumber) == FALSE)
    return - 1;
```

② 确保当前标志寄存器。

```
/ * Make sure there are no pending flags. * /
if (CSL_semGetFlags(MASTER_ID) != 0)
    return - 1;
```

③ 获取信号量。

```
/ * Acquire the semaphore. * /
if (CSL_semAcquireCombined(semNumber) == 0)
    return - 1;
```

④ 判断获取信号量操作是否成功。

```
/ * Get the status of the semaphore:Semaphore should * not * be free * /
if (CSL_semIsFree (semNumber) == TRUE)
    return - 1;
```

⑤ 使用完成后,释放信号量。

```
/* Now we release the semaphore. */
CSL_semReleaseSemaphore (semNumber);
```

⑥ 释放操作是否成功。

```
/* Get the status of the semaphore:Semaphore should * not * be acquired. */
if (CSL_semIsFree (semNumber) == FALSE)
    return - 1;
```

⑦ 确保上述操作未出错。

```
/* Make sure the SEM Module has notreported any errors. */
if (CSL_semGetErrorCode()! = 0)
    return - 1;
```

2.5.4　IPC 中断

　　TMS320C6678 使用片上中断控制器(INTC)来负责管理和映射多个外部中断源。其中,处理器内部通信中断(Inter-Processor Communication)专门用做处理器内部各核之间的通信和同步等操作。例如在主从模式的多核任务中,当主内核已经完成了数据调度,需要通知从内核开始数据处理任务时,便可以使用 IPC 中断触发从内核的处理流程。或者当从内核完成了某项处理任务,也可以使用 IPC 中断通知主内核申请下一批待处理的数据和命令。

　　TMS320C6678 的每个内核均可以向其他核发送中断,每个内核也都可以接收来自任何主控器件的中断请求。IPC 中断的触发和接收过程非常简单,只需要操作各内核的 IPC 中断产生寄存器(IPCGRx)和 IPC 中断确认寄存器(IPCARx),其中,x 表示核 ID 号 0～7。寄存器各位定义如图 2.57 所示。将 IPC 中断产生寄存器(IPCGRx)的 IPCG 位置 1 即会触发相应核的 IPC 中断,而该寄存器的 28 位中断源信息位(SRCSn)可以携带由用户定义的任意中断信息。当某核接收到一个 IPC 中断后,会执行预先映射的中断服务程序,在中断服务程序中需要查询 IPC 中断确认寄存器(IPCARx)来确认中断源信息,将该寄存器的 SRCCn 置 1 会清除中断产生和中断确认两个寄存器的相应位的中断标志。

IPC中断产生寄存器（IPCGRx）

31	30	29	28	27	8	7	6	5	4	3	1	0
SRCS27	SRCS26	SRCS25	SRCS24	SRCS23~SRCS4		SRCS3	SRCS2	SRCS1	SRCS0	Reserved		IPCG
R/W-0	R/W-0	R/W-0	R/W-0	R/W-0(per bitfield)		R/W-0	R/W-0	R/W-0	R/W-0	R-000		R/W-0

IPC中断确认寄存器（IPCARx）

31	30	29	28	27	8	7	6	5	4	3	0
SRCS27	SRCS26	SRCS25	SRCS24	SRCS23~SRCS4		SRCS3	SRCS2	SRCS1	SRCS0	Reserved	
R/W-0	R/W-0	R/W-0	R/W-0	R/W-0(per bitfield)		R/W-0	R/W-0	R/W-0	R/W-0	R-0	

图 2.57　IPC 中断寄存器

第 **3** 章

C66x 片内外设、接口与应用

3.1 EDMA3

增强型直接存储器访问 EDMA 是 DSP 中一种高效的数据传输模块,能够不依赖 CPU 进行数据的搬移,是在高速接口使用中十分重要的设备。与之前的 EDMA 模块相比,EDMA3 在传输的同步方式、地址跳变、触发方式上都变得更为灵活。

本节对 EDMA3 做简要概述和开发设计。

3.1.1 EDMA3 概述

增强型直接存储器访问(EDMA3)控制器的首要目的是提供两个存储器映射的端到端设备的数据传输。

EDMA3 的典型用途如下:

➢ 提供软件驱动的页传输(比如从外部存储器,如 SDRAM 到设备内部存储器、二级缓存)。

➢ 提供事件驱动的接口,如串行接口。

➢ 多种不同数据结构的数据选取,子帧抽取。

➢ 减轻 DSP 内核数据传输的负荷。

➢ 访问外部设备。

EDMA3 控制器包含两个基本模块:

① EDMA3 通道控制器   EDMA3_CC*m*。

② EDMA3 传输控制器   EDMA3_TC*n*。

每个设备都有数个 EDMA3 通道控制器(TPCC)的实例(instance),每一个实例都与数个 EDMA3 传输控制器关联。这里的"*m*"指的是实例的序号,"*n*"指的是 EDMA3TC 的序号。TMS320C6678 包含 3 个 EDMA3CC(TPCC0、TPCC1、TPCC2)。TPCC0 关联 2 个传输控制器 TPTC0 和 TPTC1,TPCC1 和 TPCC2 各关联 4 个传输控制器(TPTC0、TPTC1、TPTC2 和 TPTC3)。

EDMA3 通道控制器(TPCC)作为 EDMA3 控制器的用户接口。EDMA3CC 包括参数随机存储器(PaRAM)、通道控制寄存器和中断控制寄存器。EDMA3CC 会仲裁外部接口传来的软件请求或事件，然后向 EDMA3 传输控制器提交传输请求（TR）。EDMA3 传输控制器负责数据搬移。EDMA3CC 提交的传输请求包（TRP）包含传输上下文，基于该上下文传输控制器向指定的数据源地址和目的地址提交读写请求。

下面分别详细介绍 EDMA3 通道控制器和 EDMA3 传输控制器。

1. EDMA3 通道控制器 EDMA3CC

图 3.1 所示为 EDMA3 通道控制器（EDMA3CC）的功能框图。

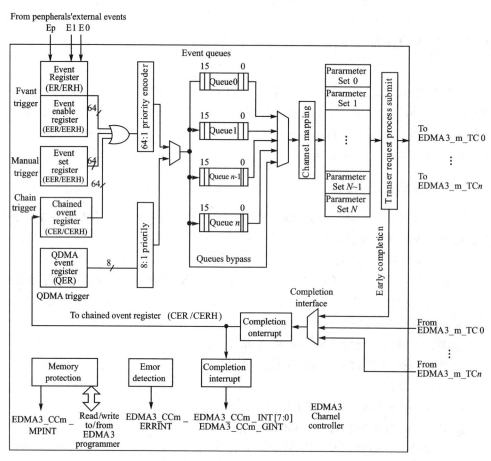

图 3.1 EDMA3CC 的功能框图

EDMA3CC 的主要模块如下：

① MA/QDMA 通道逻辑：这个模块包含的逻辑能够捕获用于初始化触发传输事件的外部系统或者外设事件，同样包括配置 DMA/QDMA 通道的寄存器（队列映射、参数随机存储器入口映射）。它包括所有不同触发类型的寄存器（手动、外部事件、自动触发）来使能/关闭事件，监控事件状态。

② 参数随机存储器(Pa RAM):为通道保存参数入口、重载参数集。对应通道和链接参数集的参数随机存储器需要写入传输上下文。

③ 事件队列:形成事件检测逻辑和传输请求提交逻辑的接口。

④ 传输请求提交逻辑:该逻辑处理提交到事件队列的参数随机存储器集,并且提交传输请求到事件队列的传输控制器。

⑤ EDMA3 事件和中断处理寄存器:允许事件映射到参数集、开/关事件、开/关中断、清除中断。

⑥ 完成检测:此模块检测 EDMA3TC 或者从外设的传输完成。可以选择用传输的完成来链接触发新的传输或者触发中断。该逻辑包含中断处理寄存器来开/关中断、中断状态寄存器、中断清除寄存器。

⑦ 存储器保护寄存器:定义了可以访问 DMA 通道静态区(shadow region)和参数随机存储器域的访问。

另外,还有以下功能:

① 域寄存器:允许 DMA 资源(DMA 通道和中断)被指定到特定的区域,这些特定区域有特定的 EDMA 编程者(多核设备的使用模型)或者特定的任务/线程所拥有。

② 调试寄存器:通过提供可读的列队状态寄存器、通道控制器状态寄存器、事件丢失寄存器来是调试可视化。

EDMA3CC 包含两种通道类型,即 DMA 通道和 EDMA 通道。每个通道都与一个指定的事件队列(传输控制器)关联,同时与一个指定的参数随机存储器集关联。DMA 通道和 QDMA 通道的主要区别是系统触发传输的方式。

触发事件启动初始化传输。对于 DMA 通道来说,触发事件可以来源于一次外部事件、人工写入事件设置寄存器、chained 事件。QDMA 通道是当写入用户编程触发字时自动触发的。所有的触发事件都标记到相应的寄存器。

当识别到触发事件后,事件类型/通道被放入适合的 EDMA3CC 事件队列中。每个 DMA/QDMA 通道和事件队列的对应关系都是可以通过编程指定的。每个队列的深度都是 16,所以每个 EDMA3CC 实例都可以放入 16 个事件。其他映射到该队列的等待事件会在事件队列有空间时入队。

如果检测到不同通道的事件同时发生,则这些事件要按照一种给定的优先级仲裁机制来入队,DMA 通道的优先级要比 QDMA 通道的优先级高。在两种通道中,低序号通道比高序号通道的优先级高。

事件队列中每个事件都按照先入先出的顺序来处理。在事件到达队列的顶端时,相应通道的参数随机存储器被读出,以此来决定传输的细节。TR 提交逻辑评估TR 的合法性,并且负责提交合法的传输请求给相应的 EDMA3TC(基于队列和 EDMA3TC 的联系,Q0 提交到 TC0,Q1 提交到 TC1,以次类推)。EDMA3TC 接收到请求,负责按照传输请求包(TRP)指定的方式来进行数据搬运,还包括一些任务,诸如缓冲、保证传输是按照优化的方式进行的。

也许你需要在当前传输完成时接收一个中断或者链接到另一个通道去,在这种情况下 EDMA3TC 完成信号被送给 EDMA3CC 完成检测逻辑。你可以选择在 TR 离开 EDMA3CC 边沿时触发完成,而不是等所有的数据传输完成。通过设置 EDMA3CC 中断寄存器,完成中断产生逻辑负责产生 EDMA3CC 完成中断发送到 DSP。

另外,EDMA3CC 还有一个错误检测逻辑,当发生错误状态(比如事件丢失、超出事件队列门限等)时,产生一个错误中断。

2. EDMA3 传输控制器(EDMA3TC)

图 3.2 所示为一个 EDMA3 传输控制器的功能框图。

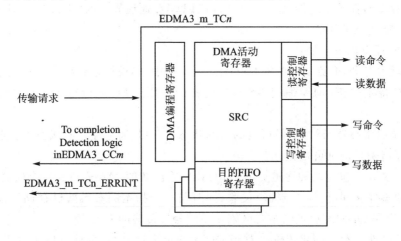

图 3.2　EDMA3 传输控制器功能框图

EDMA3 的主要模块如下:

➤ DMA 编程寄存器:存储 EDMA3 通道控制器发送过来的传输请求。

➤ DMA 活动寄存器:存储当前读控制寄存器中 DMA 传输请求的上下文。

➤ 读控制寄存器:发送读命令给 DMA 活动寄存器。

➤ 目的 FIFO 寄存器:存储写控制寄存器中当前的 DMA 传输请求的上下文。

➤ 写控制寄存器:发送写命令/写数据给目的 FIFO 寄存器。

➤ 数据 FIFO:用来暂存临时的 in-flight 数据。

➤ 完成接口:当一次传输完成时,完成接口发送完成码给 EDMA3CC,产生中断和 chained 事件。

当 EDMA3TC 空闲时接到了第一个 TR,TR 被接收到 DMA 编程寄存器集,随后其立即被转移到 DMA 活动寄存器和目的 FIFO 寄存器中。DMA 活动寄存器跟踪传输源端的命令,目的 FIFO 寄存器跟踪传输器目的端的命令。第二个 TR(如果在 EDMA3CC 中等待)被加载进 DMA 编程中,以确保当前活动的传输刚完成时就启动新的传输。传输完成时,TR 从 DMA 编程寄存器加载到 DMA 活动寄存器和相应的目的 FIFO 寄存器的入口。

读控制寄存器产生读命令,只有当数据 FIFO 有读数据才会产生读命令。产生读命令的数量取决于 TR 传输器大小。当足够多的数据被读取时,TC 写控制寄存器开始产生写命令到数据 FIFO 中来产生写命令。

DSTREGDEPTH 参数(固定给一个指定的传输控制器)决定了目的 FIFO 寄存器的入口个数。入口个数决定了一个给定 TC 的 TR 流水数量。写控制寄存器可以管理目的 FIFO 寄存器的入口个数。这样允许读控制器接下来为后面的 TR 产生读命令,与此同时目的 FIFO 寄存器集管理上一个 TR 的写命令和数据。总而言之,如果 DSTREGDEPTH 是 n,读操作在写操作前可以处理多达 n 个 TR。然而,全部的 TR 流水同样占用了数据 FIFO 的空间。

3.1.2　EMDA3 传输类型

EDMA3 传输器通常定义为三维。图 3.3 所示为 EDMA3 传输器的三个维度。

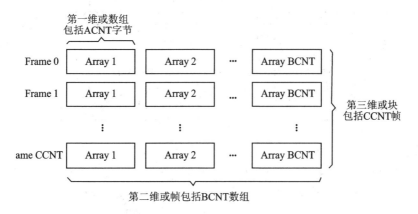

图 3.3　EDMA 传输的三个维度

这些维度的定义如下:

> 第一维度或者数组(A):传输的第一维包括了 ACNT 个连续字节。

> 第二维度或者帧(B):传输的第二维包含 BCNT 个大小为 ACNT 字节的数组。二维传输的每一个数组都被编程到 SRC BIDX 和 DST BIDX 中的索引分开。

> 第三维度或者块(C):传输的第三维包含 CCNT 个帧,每个帧包含 BCNT 个数组,每个数组包括 ACNT 字节。第三维传输的每一帧都被编程到 SRCCIDX 和 DST CIDX 中的索引分开。

注意:索引的参考点取决于同步类型。接到触发/同步事件后的数据传输的数量是由同步类型(OPT 中的 SYNCDIM 位)控制的。在三种维度中,仅支持两种同步类型,A 同步传输和 AB 同步传输。

1. A 同步传输

在一次 A 同步传输中,每一个 EDMA3 同步事件都要初始化 ACNT 字节的一维传输或者 ACNT 字节的数组的一维传输。换句话说,每一个事件/TR 包传递的都仅仅是一个数组的信息。因此,要完整地设置参数随机存储器集,需要 BCNT× CCNT 个事件。

数组是通过 SRC BIDX 和 DST BIDX 分开的,如图 3.4 所示,其中数组 N 的起始地址=数组 N−起始地址+源(SRC)BIDX 或者目的(DST)BIDX。

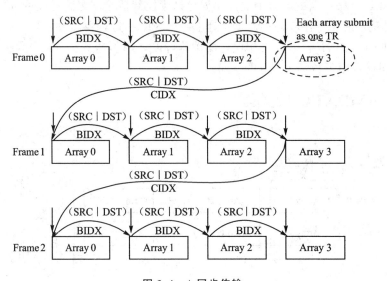

图 3.4　A 同步传输

帧是通过 SRC CIDX 和 DST CIDX 分开的。对于 A 同步传输,每当一帧传完,地址都会在上一个数组首地址的基础上加上 SRC CIDX 或者 DST CIDX。Frame 0 数组 3 和 Frame 1 数组 0 的区别就在于 SRC CIDX/DST CIDX。

如显示 3(CCNT)帧 4(BCNT)数组 n(CCNT)字节的 A 同步传输。在此例中,一共有 12 个同步事件(BCNT×CCNT)来满足一个参数随机存储器集。

2. AB 同步传输

在一次 AB 同步传输中,每个 EDMA3 同步事件都要初始化第二维度或者一帧传输。换句话说,每一个事件/TR 都传输完整一帧的信息,该帧包含 BCNT 个数组,每个数组有 ACNT 字节。因此,需要 CCNT 个事件来为参数随机存储器集服务。

数组是通过 SRC BIDX 和 DST BIDX 分开的,如图 3.5 所示。帧是通过 SRC-CIDX 和 DST CIDX 分开的。

注意,对于 AB 同步传输,在每帧的 TR 提交后,地址的更新是把 SRC CIDX/ DST CIDX 加到上一帧中首数组的首地址上。这与 A 同步传输不同,A 同步传输是把 SRC CIDX/DST CIDX 加到一帧中的最后数组的首地址上。

图 3.5 所示为一个 3(CCNT)帧 4(BCNT)数组 n(ACNT)字节的 AB 同步传输。在这个例子中,共有 3 帧同步事件提供给参数随机存储器,即一共需要 3 次传输来实现该过程,每次事件传输 4 个数组。

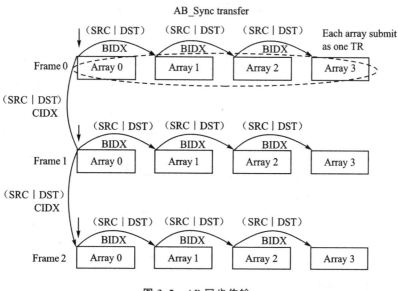

图 3.5　AB 同步传输

3.1.3　EDMA 功能实例

1. 块状搬移实例

基本的 EDMA 传输例子就是块状搬移。在设备操作时,把一块数据从一个地址搬移到另一个地址是非常必要的,经常会在片内内存和片外内存间进行。

在这个例子中,一段数据从外存复制到内部 L2SRAM。这个数据块为 256 字起始地址为 80000000h(外存)需要被传送至内部地址 00800000h(L2),如图 3.6 所示。

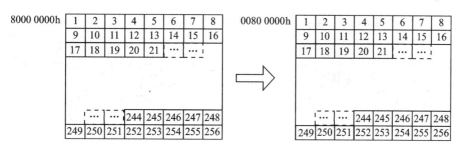

图 3.6　块状搬移实例示意

这次传输的源地址为外存存储区的起始地址,并且目的地址设置为 L2 数据区域的起始位置。如果传输数据块小于 64 KB,参数随机存储器配置如图 3.7 所示,同步模式设置为 A 同步,并且指针区域需要清零。如果传输数据大于 64 KB,BCNT 和 B 指针需要按要求设置,同时同步模式设置为 AB 同步。OPT 中的 STATIC 位设为 0 是防止链接。

同样,可以使用 QDMA 进行数据传输。如果进行连续的传输请求,提交传输所使用的周期数会更少,这是由变化的传输参数的数量所决定的。你可能会将 QDMA 的触发设为参数随机存储器中数值最大的偏移地址,因为这样才能满足参数变化。

Parameter Contents	
0010 0008h	
80000000h	
0001h	0100h
0080 0000h	
0000h	0000h
0000h	FFFFh
0000h	0000h
0000h	00001h

Parameter Contents	
通道配置项 OPT	
通道发送起始地址 SRC	
BCNT	ACNT
通道目的地址 DST	
目的 BCNT 指针	源 BCNT 指针
BCNTRLD	LINK
DST CIDX	SRC CIDX
保留 RSVD	CCNT 计数器

图 3.7　块状搬运实例的参数

2. 子帧抽取实例

EDMA3 能有效地从相对更大的一帧数据中抽取一小帧数据。通过完成 2D—1D 的传输,EDMA3 会为 DSP 获取一小部分数据进行处理。

在这个例子中,一个 640×480 像素的视频数据存储于外部存储区。每个像素由 16 位构成,DSP 抽取一个 16×12 像素的子帧用于图像处理。为了使 DSP 能更有效地处理数据,EDMA3 替换了内部存储区 L2S RAM 的子帧。如图 3.8 所示,一个子帧由外存传输至 L2。图 3.9 所示为这次传输的参数设置。

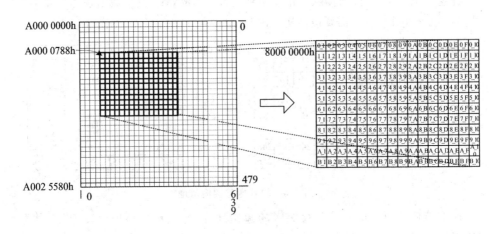

图 3.8　子帧抽取实例示意

Parameter Contents

Parameter Contents	
0010 000Ch	
A000 0788h	
000Ch	0020h
0080 0000h	
0020h	0500h
0000h	FFFFh
0000h	0000h
0000h	00001h

图 3.9　子帧抽取实例参数

同样，参数随机存储器入口参数用于 QDMA 通道，DMA 通道。OPT 中的 STATIC 位设为 1 是防止链接。为了连续的传输，只有将改变的参数在触发通道前写入。

3. 矩阵转置实例

在高速信号处理中，经常出现需要对矩阵进行转置处理的情况。如果在程序中使用内核处理对矩阵进行转置，不仅需要占据 CPU 处理时间，而且效率还很低。

对于这些情况，EDMA3 代替 CPU 进行矩阵转置的处理。图 3.10 所示为矩阵转置实例。

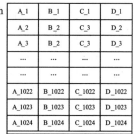

图 3.10　矩阵转置实例

为了确定参数设定值，以下几点需要考虑：

ACNT：这个参数需要写为每个单元的字节大小。

BCNT：这个参数需要写为一帧中单元的数量。

CCNT：这个参数需要写为帧的数量。

SRC BIDX：这个需要设为单元的大小或者 ACNT。

DST BIDX：CCNT×ACNT。

SRC CIDX：ACNT×BCNT。

DST CIDX：ACNT。

同步方式设置为 AB 同步并且 STATIC 位设为 0 允许参数设置的更新。所以建议用 EDMA3 通用通道进行排序。

　　当然不可能单次触发事件就能完成排序。相反,通道需要设成能自己链接。在 BCNT 单元排序之后,需要使用中间的链接,这样可以导致下一个 BCNT 单元的传输。图 3.11 所示为这次传输所设置的参数,假设使用通道 0 且每个单元大小为 4 字节。

Parameter Contents

0090 0004h	
A000 0000h	
0400h	0004h
0080 0000h	
0020h	0500h
0000h	FFFFh
0000h	0000h
0000h	00001h

图 3.11　矩阵转置实例参数

3.2　Ethernet /MDIO

　　千兆以太网是建立在以太网标准基础之上的技术,与十兆、百兆以太网能完全兼容。它具有数据带宽高、传输距离远、使用方便等特点,是嵌入式系统中对外用于远程调试与控制的最佳选择之一。

　　TMS320C6678 芯片内部集成了一个网络协处理器(NETCP)模块,它是一个主要用于处理以太网数据包的硬件加速器。NETCP 由 4 个主要模块组成,分别是数据包直接内存取(PKTDMA)控制器、数据包加速器(PA)、安全加速器(SA)和千兆以太网(GBE)交换子系统,它们通过数据包交换器进行连接。NETCP 的功能模块结构图如图 3.12 所示。其中,PKTDMA 主要负责 NETCP 与主机间的数据传输;PA 主要负责执行数据包的处理操作,如包头匹配、校验码生成、多队列路由等;SA 主要协助主机执行相关安全任务,如对数据包进行加密、解密操作;千兆以太网(GBE)交换子系统主要为主机设备与相连的外部设备提供一个能够传递符合以太网协议数据包的接口,它包括以太网介质访问控制器(EMAC)模块、串行千兆介质独立接口(SGMII)模块、物理层(PHY)设备管理数据输入/输出(MDIO)模块、以太网交换器模块。

　　以太网设计中通过 SGMII 接口与以太网物理层芯片 88E1111 进行互连,并配置标准的以太网插头 RJ‐45,具体的连接结构如图 3.13 所示。

　　DSP 芯片的千兆以太网接口设计以寄存器为基础,通过调用 TI 公司的软件开发工具 PDK 中的片级支持库(CSL)驱动和网络开发套件(NDK)驱动进行程序设

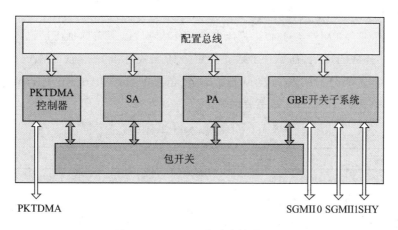

图 3.12　NETCP 的功能模块结构

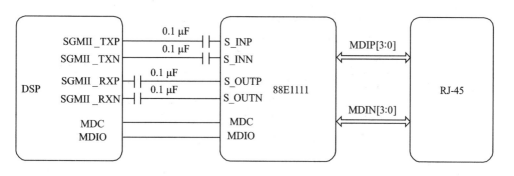

图 3.13　千兆以太网接口连接图

计。在程序设计中将 DSP 芯片配置成网络服务器,采用静态 IP 方式,整个程序的设计流程包括:首先,进行系统初始化,包括串行器-解码器模块的 PLL 设置、SGMII 接口初始化、队列管理子系统(QMSS)初始化、通信编程接口(CPPI)初始化、数据包加速器(PA)初始化等;然后,调用 NDK 中的网络系统打开函数 NC_SystemOpen,配置网络相关参数,包括 IP 地址、网关、协议栈缓存大小等;最后,调用 NDK 中的网络启动函数 NC_NetStart 启动整个网络系统,并且可以使用 DaemonNew 函数创建自己的功能进程函数。

3.3　AIF2 天线接口

3.3.1　概　述

　　TMS320C66x 系列 DSP 上的天线接口 AIF2(Antenna Interface 2)在上下行基带处理器之间进行高速串行数据的传输。AIF2 含有高速串行器-解码器 SerDes(Serializer-Deserializer),共有 6 条高速数据链,均能兼容 CPRI{2x,4x,5x,8x}及

OBSAIRP3{2x,4x,8x}两种协议。

　　AIF2 改进自 TMS320C647x 芯片中的 AIF 接口(以下简称 AIF1),原来的 AIF1 仅设计适用于 WCDMA,而 AIF2 则支持更多的无线标准,如 WCDMA、LTE、全球 微波互联接入 WiMAX(Worldwide Interoperability for Microwave Access)、TD - SCDMA 等。AIF2 与 AIF1 的主要区别如表 3.1 所列。

表 3.1　AIF2 与 AIF1 主要区别

选　项	AIF1	AIF2
收发时钟	TM:单字节时钟 RM:VBUS 时钟	TM、RM 在相同域,为双字节 时钟;307.2 MHz/OBSAI
串行器-解码器	只支持到 3 GHz	支持到 6 GHz
复位	工作在连续模式,不支持运行中复位	支持动态配置,复位很方便
缓存	循环缓存,适用于连续数据流,不适用 于包类型号数据	全 FIFO 结构,适用于天线数据和包类 型数据
同步模块	帧同步模块	AIF2 计时器
传输规则	所有规则主要适用于 WCDMA	规则灵活,支持多种协议
传输机制	EDMA	多核导航器、DirectIO

　　天线 IQ 数据是 AIF2 传输的基本数据类型,设备之间的控制数据是第二种传输 类型。

　　AIF2 内部接口通过 VBUS 总线,经 DMA 和控制交换网络连接到 RAC、TAC 和 FFTc。AIF2 经外部的 SerDes 接口连接到射频单元或其他基于 OBSAI/CPRI 的 基带模块。另外,AIF2 内部接口也连接到配置交换网络用于 MMR 读/写和对 AIF2 数据缓存的诊断访问。

　　AIF2 使用两种基本的数据传输机制:多核导航器(Multicore Navigator)和 Di- rectIO。其中,多核导航器用于除 WCDMA 外所有无线标准的内部数据传输(基于 包的传输),而 DirectIO 是一种自定义的状态机。本小节主要使用多核导航器搬移 的机制。

3.3.2　OBSAI 协议概述

　　OBSAI(Open Base Station Architecture Initiative)即开放式基站架构联盟,其 目的在于统一基站内部不同功能之间的接口,保证彼此互相连通。OBSAI 联盟努力 在外观尺寸、连接方式、接口协议等方面施行标准化,使不同厂家的模块之间都可以 实现互通和互换,无论是机械、电器还是软件接口,都能够无缝对接。同时,OBSAI 为了保证规范的后向兼容性,尽量采用现在已经成熟的标准——传输协议和机械规 格方面。同时,该平台还能支持多种无线接入方式,包括 GSM(Global System for

Mobile Communication,全球移动通信系统)、WCDMA(宽带码分多址)和 CD-MA2000(码分多址)等。

OBSAI 规定了 4 种速率,分别是 768 Mb/s、1536 Mb/s、3072 Mb/s 和 6144 Mb/s,通常以 1x、2x、4x、8x 来表示,两个 1x 码流可以通过交叉复用的方式变成一个 2x 码流,2 个 2x 码流也可以同样的方式变成一个 4x 码流。OBSAI 数据的帧结构如图 3.14 所示。

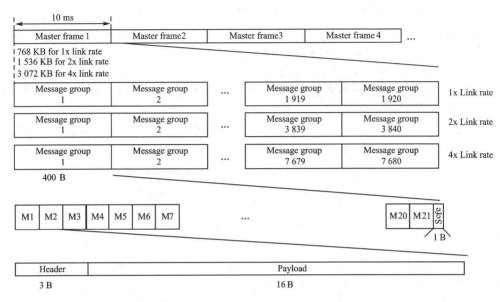

图 3.14　OBSAI 帧结构示意图

OBSAI 协议的最小单位是消息(message),它包含目的地址、数据类型、时间戳和净荷 4 个部分,共 19 B。消息结构如图 3.15 所示。

图 3.15　OBSAI 消息结构示意图

目的地址:控制消息的路由。OBSAI 帧头部有 3 B。帧首的 13 b 为地址域,TMS320C66x 使用其中任意的 10 b 作为地址。下行方向所有消息的传输都是点对点的,地址用于识别目标节点。上行方向会存在多播及点到点的传输。

数据类型:用于识别净荷的类型、无线标准、信令帧、控制帧等。

时间戳:在上行方向,时间戳用来表示信道模块输出消息中最后一个采样的事件。在下行方向,时间戳用来表示净荷中第一个采样必须被送入调制器的时间。

净荷:RP3 包的净荷分为 UL 及 DL 两种。UL 数据中 I、Q 数据均为 8 b,采样率为 2;DL 数据中 I、Q 数据均为 16 b,采样率为 1。因此,无论是 UL 还是 DL,净荷中都含有 4 碎片数据。

　　每个消息组(message group)由 21 个消息和一个 K 码组成。4x 速率时,一个主帧由 7 680 个消息群组成;而 2x 速率时,一个主帧由 3 840 个消息群组成。相邻消息群之间由 K 码分隔。不同主帧之间相邻消息群之间的 K 码是 K28.7,同一主帧内的相邻消息群之间的 K 码是 K28.5,即由 K28.5 来分割相邻的消息组,由 K28.7 标记帧与帧的分界线。

　　OBSAI 协议将基带射频之间的接口分为 4 层,从上至下分别是应用层、传输层、数据链路层和物理层。发送方向应用层负责将基带数据、信令数据插入消息;传输层负责将各个消息码流合成一路码流;数据链路层负责在这个码流上插入 K 码;物理层则负责 8 b/10 b 编解码、串/并转换和串行传输等。

　　接收方向是发送方向的逆过程,物理层接收到数据后进行 8 b/10 b 解码、串/并转换;数据链路层删除链路中的 K 码,并将数据送入传输层;传输层把码流拆分成消息;应用层提取基带数据。每一层把自己提取的数据传给上一层,最后提取出基带数据和信令数据。整个协议的结构如图 3.16 所示。

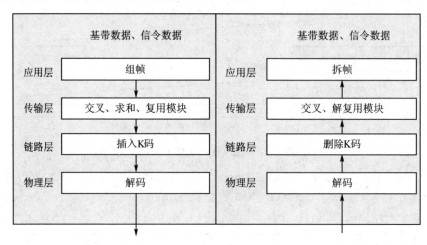

图 3.16　OBSAI 协议结构示意图

3.3.3　AIF2 硬件框图

　　AIF2 接口的硬件包括三层:物理层{SD,RM,AD,RT,CO,TM}、协议层{PD,PE,DB}和 DMA 层{AD,PKTDMA}。其硬件结构如图 3.17 所示。

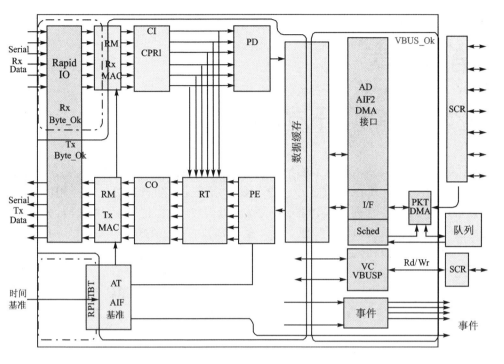

图 3.17　AIF2 硬件结构

第**4**章

CCS 5 集成开发环境

Code Composer Studio(CCS)是一个专用于德州仪器(TI)公司嵌入式处理器系列的集成开发环境(IDE)。CCS 中包含一整套用于开发和调试嵌入式应用的工具。它包括每个 TI 设备系列的编译器、源代码编辑器、项目构建环境、调试器、分析器、模拟器、实时操作系统和许多其他功能。直观的 IDE 提供的用户界面引导用户通过向导实现开发。友好的工具和界面让用户比以往更快地上手,并把功能添加到他们的应用当中。

Code Composer Studio 4.0 以上版本是基于 Eclipse 的开源软件框架。Eclipse 软件框架最初是用来作为创建一个开放框架的开发工具。Eclipse 提供了一个用于建设软件开发环境的优秀软件框架,它正成为众多嵌入式软件供应商所使用的标准框架。CCS 将 Eclipse 软件框架和 TI 的嵌入式调试功能的优点相结合,因此为嵌入式开发人员提供了功能极为丰富的开发环境。

以下是 Code Composer Studio IDE 一些主要特点:

(1) 资源管理器

资源管理器使用户能够快速访问常用任务,如创建新的项目,以及使用户能够浏览 Control SUITE、StellarisWare 提供的部分示例。

(2) Grace——外设生成代码

Grace 可以让 MSP430 用户使用外围设备在几分钟内生成代码,而且生成的代码是完全带注释的、简单易懂的 C 代码。

(3) SYS/BIOS

SYS/BIOS 是一种广泛应用于 TI 数字信号处理器(DSP)、ARM 微处理器、微控制器的先进的实时操作系统。它专为需要实时调度的、同步的嵌入式应用而设计,提供了抢占式多任务处理、硬件抽象和内存管理。

(4) 编译器

CCS 包含了用于 TI 的嵌入式设备架构的 C/C＋编译器。C6000 和 C5000 数字信号处理器的编译器最大限度地表现出这些架构的性能潜力。TI 的 ARM 和 MSP430 微控制器的编译器,在适合其应用程序域的代码大小的同时也没有牺牲其性能。C6000 DSP 编译器的软件优化是该体系结构性能成功的基石。还有许多其他的优化,包含通用和特定目标,提高所有 TI 编译器的性能。这种优化可以应用在多个层面:模块内、整个功能、部分文件,甚至整个文件。

(5) Linux /Android 调试

CCS 支持 Linux/Android 应用程序在运行和停止模式下进行调试。

在运行模式下进行调试,可以进行一个或多个进程的调试,只须在 CCS 上启动 GDB 调试器来控制目标端口(GDB 服务器进程)。在这期间,内核一直处于运行状态。在停止模式下进行调试,CCS 将停止该处理器采用的 JTAG 仿真器。内核和所有的进程都完全暂停。然后,它可以检查处理器和当前进程的状态。

(6) 系统分析器

系统分析器是一套使应用程序代码的性能和行为变得实时可视性的工具,并允许对软件和硬件仪器收集的信息进行分析。

(7) 图像分析仪

CCS 能够以图形方式查看变量和数据,包括本地格式的视频和图像。

(8) 硬件调试

TI 嵌入式处理器,包含一系列先进的硬件调试功能。处理器的不同功能可以概括为:

> 非嵌入式访问寄存器和存储器。

> 实时模式使后台代码挂起,而继续执行时间关键中断服务例程。

> 多核心业务,例如同步运行、步进和停止,此外还包括跨核心触发,它可以实现由一个核触发其他内核停止。

> 先进的硬件断点、观察点和统计计数器。

> 处理器跟踪可以用来调试复杂的问题,测试性能和监控活动。

4.1　CCS 5 的安装和配置

CCS 最新的版本(截至本书出版)是 CCS 6.1。由于本书所用工程文件均在 CCS 5.5 下操作,所以本书所介绍的都是 CCS 5.5,敬请读者留意。

CCS V5 相对于之前成熟使用的 CCS V3.3 在结构上有较大调整,从 V4 开始,CCS 开始基于 Eclipse,将编译器、连接器、调试器、BIOS 等工具集成到 Eclipse 中,并且支持 Linux。

CCS 支持 TI 所有的嵌入式处理器产品,包括 MSP430、Stellaris、C2000、C5000、C6000 等。CCS V5 更加注重 Workspace 的管理。

CCS V5 将程序的编辑(edit)和调试(debug)分成两个界面来操作,且有切换按钮。

更多区别见 TI Wiki 和 CCS 5 的适用说明。

4.1.1　CCS V5.5 的下载

CCS 免费版可以在 TI Wiki 直接下载,下载界面如图 4.1 所示。CCS 下载网址:http://processors. wiki. ti. com/index. php/Download _ CCS? DCMP = dsp-mc-opemmp-120828 & HQS=dsp-mc-opemmp-pr-SW3。

嵌入式多核DSP应用开发与实践

注:进入下载链接后 TI 会要求注册账户,注册成功之后即可下载。

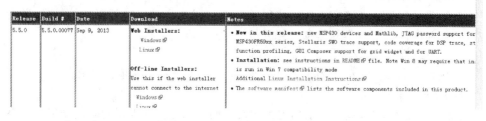

图 4.1　CCS V5.5 下载界面

4.1.2　CCS V5.5 的安装

CCS V5.5 的安装步骤如下:

① 运行下载的安装程序 ccs_setup_5.5.0.00077.exe,当运行到如图 4.2 所示的窗口时,选择 Custom 选项,进入手动选择安装通道。

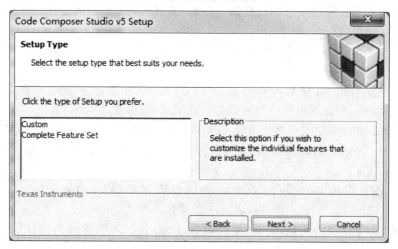

图 4.2　安装版本选择

② 单击 Next 按钮,得到如图 4.3 所示的窗口,选择需要的芯片类型,CCS V5 支持 TI 所有相关的 MCU、DSP 和 ARM。本次安装选择全部组件,方便 TI 产品系列的调试(请根据电脑资源和个人情况设置)。单击 Next 按钮,保持默认配置,继续安装。

③ 软件安装完成后,单击 Finish 按钮,运行 CCS,弹出如图 4.4 所示窗口,若要改变默认路径,则单击 Browse 按钮,将工作区间链接到所需文件夹,一般不选择 Use

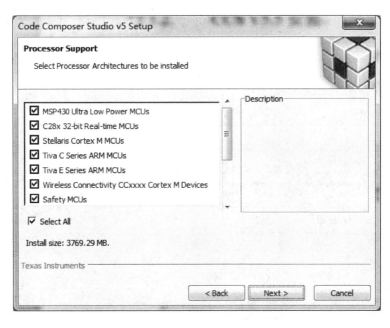

图 4.3 安装组件选择

this as the default and do not ask again 复选项。

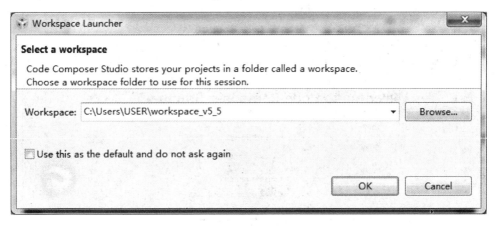

图 4.4 Workspace 保存路径

④ 单击 OK 按钮,第一次运行 CCS 须进行软件许可的选择,如图 4.5 所示。若有许可证,可以选择 ACTIVATE 进行激活(互联网可下载 TI 大学计划免费评估版许可证,本书配套资料提供仅用于学习交流,非商业应用);单击 Finish 按钮,即可进入 CCS V5.5 软件开发集成环境,如图 4.6 所示。

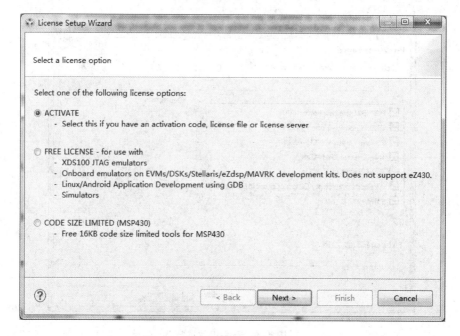

图 4.5　软件许可选择窗口

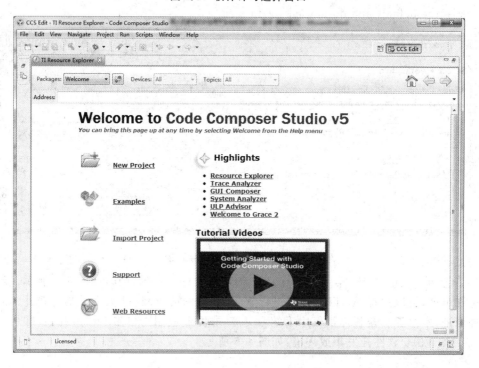

图 4.6　CCS V5.5 软件开发集成环境界面

嵌入式多核 DSP 应用开发与实践

4.1.3　CCS V5.5 的使用

1. 新建工程

新建工程的步骤如下:

① 双击桌面快捷方式 CCS V5.5 的图标,如图 4.7 所示显示选择新建工程的目录。首先打开 CCS V5.5 并确定工作区间,然后选择 File→New Project 选项,弹出如图 4.8 所示的对话框。选择 CCS Project 选项,显示如图 4.9 所示的对话框。

图 4.7　新建工程界面

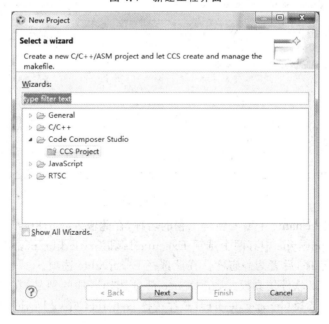

图 4.8　CCS V5.5 新建项目对话框

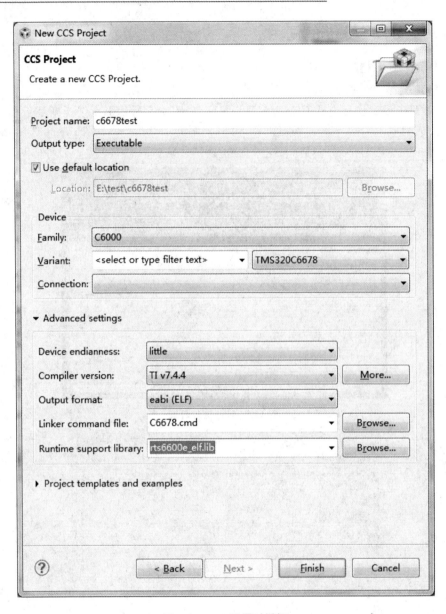

图 4.9　CCS 配置对话框

② 在 Project name 中输入新建工程的名称,在此输入 c6678test。

③ 在 Output type 中有两个选项 Executable 和 Static library,前者为构建一个完整的可执行程序,后者为静态库。在此选择 Executable 选项。

④ 对于 CCS 软件仿真模式,在 Device 部分选择器件的型号:在此 Family 选择 C6000;Variant 选择 Generic devices,芯片选择 Generic C66xx Device;Connection 保持默认。

对于使用 USB 仿真器 XDS560V2，选择 TMS320C6678，Connection 选择仿真器型号 spectrum Digital XDS560V2 STM USB Emulator。

⑤ 在 Project templates and examples 一栏，可以选择 Basic Example 下的 Helloworld，建立一个 Helloworld 的实例程序。

⑥ 单击 Advanced settings 下三角按钮可以展开设置，Device endianness 选择 little，Runtime support library 选择 rts6600e_elf.lib，如图 4.9 所示。

⑦ 创建的工程将显示在 Project Explorer 中，如图 4.10 所示。

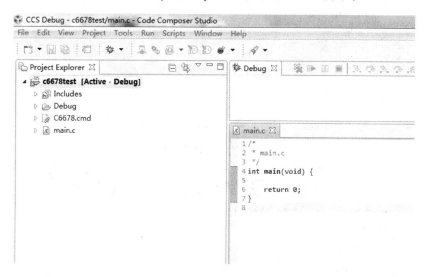

图 4.10　CCS V5 新建工程

⑧ 若要新建或导入已有.h 或.c 文件，方法步骤与 CCS 5.5 一致，此处不再赘述。

2. CCS 导入现有工程

CCS5.5 可导入 CCS5.5 版本之前的工程文件，方便移植和调试。下面介绍如何导入现有的工程。

① 菜单栏中选择 Project → Import Existing CCS Eclipse Project 选项，如图 4.11 所示，弹出对话框如图 4.12 所示。

② 在弹出的对话框中，设置搜索路径后，会自动显示在路径下的 CCS 工程文件，根据个人选择需要可以加入合适的工程问题。

3. 测试仿真器驱动正常

C66x 电路板断电，连接好仿真器和开发板，并将仿真器的 USB 口插进电脑的 USB 插槽，开发板上电。右击计算机图标，单击"设备"→"通用串行总线控制器"，如图 4.13 所示，查看是否有对应的仿真器的选项出现，如有说明仿真器驱动已经正确安装，否则请先正确安装 CCS。

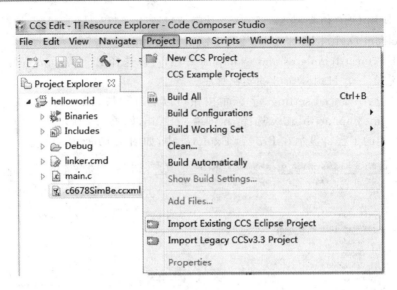

图 4.11　导入现有工程

图 4.12　现有工程路径设置

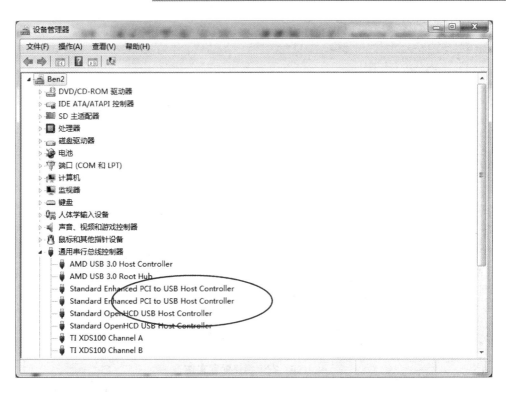

图 4.13　查看设备管理器

4. 调试工程

(1) 创建目标文件

① 创建目标配置文件步骤如下：右击项目名称，并选择 Target Configuration File 选项，如图 4.14 所示。也可在菜单栏中选择 View→Target Configurations 选项（见图 4.15），显示如图 4.16 所示的配置选项。

② 右击新建 New Target Configuration 选项，如图 4.17 所示，在弹出的对话框 File name 中输入后缀为 .ccxml 的配置文件名，此处命名为 c6678SimBe. ccxml，如图 4.18 所示。

③ 单击 Finish 按钮，打开目标配置管理器，如图 4.19 所示。

④ 将 Connection 选项改为 Texas Instruments Simulator，在 Device 文本框中选择芯片型号，在此选择 C6678 Device Functional Simulator，Big Endian 选项。配置完成后，单击 Save 按钮，配置将自动设为活动模式。如图 4.20 所示，一个项目可以有多个目标配置，但只有一个目标配置在活动模式。要查看系统上所有现有目标配置，只需要单击 View→Target Configurations 选项进行查看。

嵌入式多核 DSP 应用开发与实践

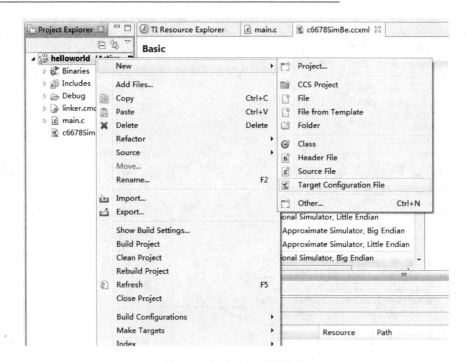

图 4.14　右击创建配置文件

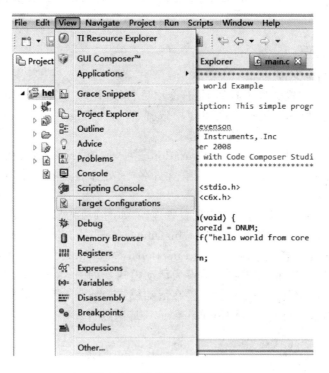

图 4.15　菜单创建配置文件

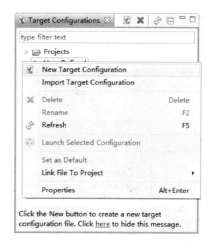

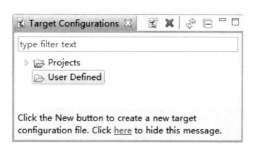

图 4.16　配置文件选项卡

图 4.17　右击创建配置文件

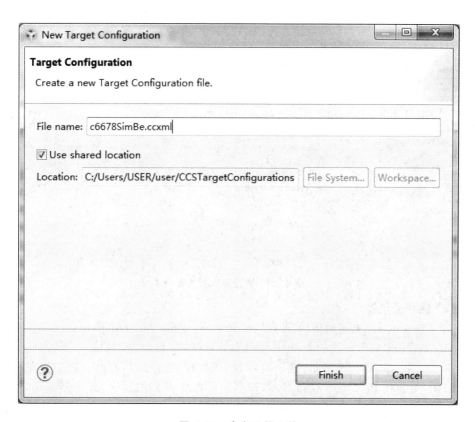

图 4.18　命名配置文件

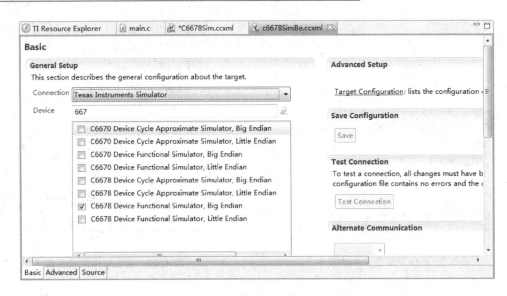

图 4.19　配置文件管理器

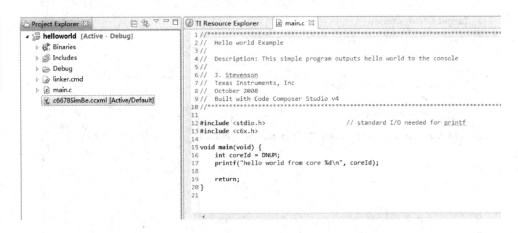

图 4.20　项目与配置文件

（2）启动调试器

① 首先将 test 工程进行编译，通过选择 Project→Build All 选项，编译目标工程（编译过程中注意有些杀毒软件使 CCS 软件无反应，特别是需要退出 360 安全卫士 ）。

编译结果，如图 4.21 所示，表示编译没有错误产生，可以进行下载调试；如果程序有错误，则会在 Problems 窗口显示，根据显示的错误修改程序，并重新编译，直到无错误提示。

② CCS 5 项目编译之后，需要进入仿真模式，在 Target Configurations 选项卡中，右击 Launch Selected Configuration 选项（见图 4.22），进入如图 4.23 所示的调试模式。

图 4.21　编译信息显示

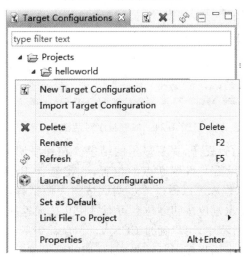

图 4.22　进入调试模式

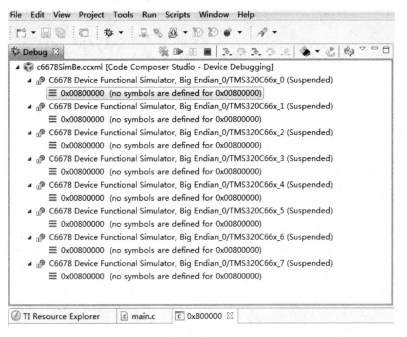

图 4.23　调试窗口

③ 运行程序前,需要先将程序加载进去,单击菜单 Run→Load→Load Program 选项,弹出如图 4.24 所示对话框,单击 OK 按钮即可。

图 4.24　加载程序对话框

④ 单击运行图标运行程序,观察显示的结果。在程序调试的过程中,可通过设置断点来调试程序:选择需要设置断点的位置,右击选择 Breakpoints→Breakpoint 选项。在程序运行的过程中可以通过单步调试按钮来调试程序,单击重新开始图标定位到 main()函数,单击复位按钮复位。可通过中止按钮返回到编辑界面。

⑤ 在程序调试的过程中,可以通过 CCS V5.5 查看变量、寄存器、汇编程序或者 Memory 等的信息显示出的程序运行结果,与预期的结果进行比较,从而顺利地调试程序。单击菜单 View→Variables 选项,可以查看变量的值,如图 4.25 所示。

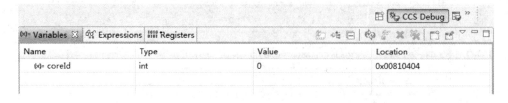

图 4.25　变量查看窗口

总结与建议:

① 在 CCS 5 的使用过程中,经常出现调试例程出错的情况,其实大部分是安装 CCS 时出现了问题或者路径设置的问题。

② 对于工程的建立、调试、编译、硬件调试(包括单核和多核调试)过程中的问题,需要冷静,明确出现的现象和是否重复出现,试探定位某个步骤的问题。现在互联网如此发达,在百度搜索出现的错误信息,总有之前犯过错或遇到此类问题的解决之道(相信自己不是第一个遇到的)。TI 的中文社区有 TI 的技术支持,也有很多热心网友可以交流。

4.2　CCS V5 操作小技巧

4.2.1　更改显示

　　CCS V5.5 使用过程中,可以根据用户需要更改显示字体的大小和类型,根据需要修改 Preferences 中 C++编译器字体的大小及控制台字体,单击 CCS 菜单 Window→Preferences 选项,如图 4.26 所示。

　　在弹出的对话框中修改 C/C++ Editor Text Font 字体,如图 4.27 所示。

　　单击 Edit 按钮,弹出如图 4.28 所示的对话框。

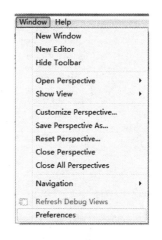

图 4.26　Preferences 选项

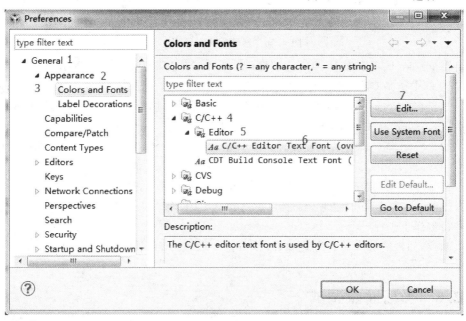

图 4.27　Preferences 对话框

4.2.2　多线程编译

　　现在的计算机一般都使用多核的 CPU,但是在 CCS 下编译时,并没有充分使用 CPU 的多核特性,默认情况下只有一个 CPU 参与编译。在 CCS V5 中很容易使能多线程编译。CCS V5 使用 gmake 解析 makefile,gmake 本身是支持多线程编译的,

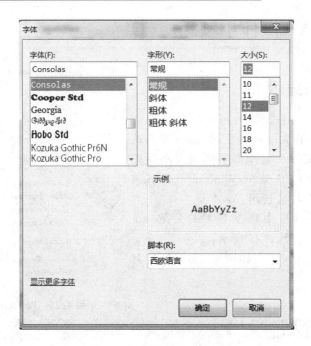

图 4.28　修改字体对话框

只要在 gmake 选项中加上－jN 选项即可。其中,N 是需要支持的线程数目。gmake 建议 N 的取值是 CPU 核数的 2 倍。例如一个双核的 Centrino,应该使用－j4。

如果在 CCS 的图形界面,则可通过选择工程属性,选择 C/C++ build 选项,把 buildCommand 改成 ${CCS_UTILS_DIR}/bin/gmake －j4　－k。

如果使用脚本来生成工程文件,则可在 com. ti. ccstudio. apps. projectCreate 中时使用－ccs. buildCommandFlags "－j4"。

在 CCS V5.5/V5.3 中,在工程属性→build 属性窗口,选择 behaviour tab,窗口中有使能 parallel build 选项,使能以后选择与 CPU 核数匹配的 jobs 个数就可以使能并行编译了。

同样,如果能够支持分布式编译,则可把 4 改成分布式编译系统中 CPU 个数的 2 倍。

4.2.3　多核断点调试

用 CCS V5. x 多核调试时,当几个 C66x 内核下载同一个. out 程序进行调试时,各内核执行时用的是同一个源程序窗口。例如在 core0 的 main()程序中打一个断点,这个断点就只对 core0 执行有效,到 core1 时仍然可以看见刚才打的断点,但是 core1 运行到该断点是不停的,这给其他内核的调试带来不便。可以通过设置硬件断点的方式实现各个内核断点的设置,如图 4.29～图 4.31 所示。

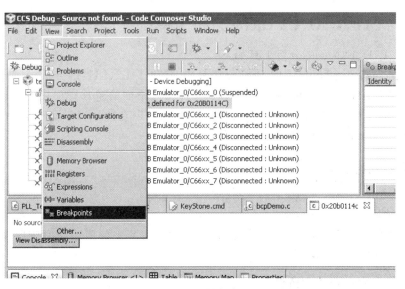

图 4.29　设置断点(1)

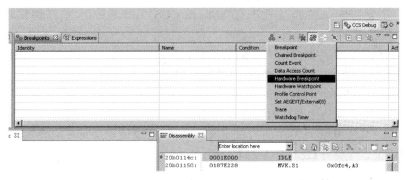

图 4.30　设置断点(2)

图 4.31　设置断点(3)

4.2.4　L1P、L1D、L2 cache 分析工具

L1P、L1D、L2 cache 分析工具如下：

① 在 ccs5.5→Tools 下的 Prolife 工具中，提供了 L2、L1D 的分析。

② 对于 L1P，ccsv5\tools\compiler\c6000\doc 下面的 spru187t 中，有 cache layout tools 的介绍，可以对 L1P cache 进行优化，也可以选择 cycle approximate simulator，profile tools 有 L1P 的分析。

4.3　GEL 的使用

通用扩展语言 GEL（General Extension Language）是类似于 C 的一种解释性语言，它可以创建 GEL 函数，以扩展 CCS 的用途。本节主要描述如何按照需求实现 GEL 脚本以及实用的应用技巧。

4.3.1　GEL 功能简介

GEL 主要是与 CCS 的 IDE 进行交互，使 CCS 变得更易用，提高调试效率。其主要基本功能如下：

① 内存访问，处理器中所有有效的地址，都可以通过 GEL 脚本访问，使得 GEL 脚本拥有类似 host 的功能，可以用于模拟上位机的各种功能。

② 控制处理器的执行，GEL 提供了一系列的处理器控制函数，方便设置处理器的运行，可以用于自动化测试的实现。

③ 在 CCS 的 IDE 环境中加入自定义的功能，可以用于运行环境设置，提高调试效率。图 4.32 所示为 GEL 脚本与 CCS 进行交互的示意图。

4.3.2　实现 GEL 脚本的基本要素

GEL 脚本中有几个基本函数需要特别注意，这些函数属于系统回调函数，当通过 CCS 对目标板进行特定操作时，如果加载了 GEL 脚本文件，则 CCS 会调用对应的函数完成相关功能，这些函数往往是一个 GEL 脚本能够正常工作的基本要素，用户需要根据需求修改这些函数的实现。

1. 基本函数

（1）StartUp()函数

StartUp()函数在 CCS 每次加载该 GEL 文件时执行。该函数通常用于目标板的 memory map 的配置，告诉 CCS 可以访问的地址空间，以及该空间的属性。如果没有映射，则通过 CCS 访问这些地址空间就会出错。由于 GEL 脚本在开发中可能会有多个版本用于对应不同的硬件设计，可以在 StartUp 函数中加入 GEL 脚本的注释来标识当前 GEL 脚本所对应的硬件版本，避免由于疏忽导致的错误。

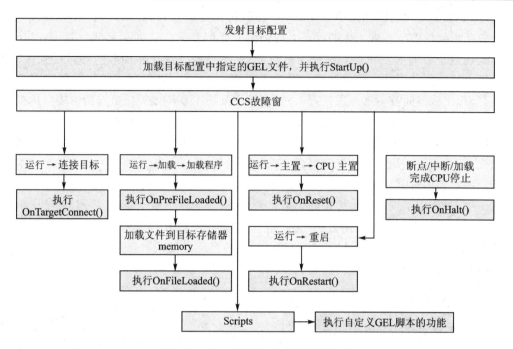

图 4.32　GEL 脚本与 CCS 交互示意图

需要特别注意的是,任何会对目标板进行访问的操作,都不应该放到 StartUp 函数中执行,例如复位单板、访问寄存器等操作。

```
StartUp()
{
    GEL_MapOn();
    GEL_MapReset();

/* On – chip memory map */
    GEL_MapAdd(0x00100000, 0, 0x00008000, 1, 1);    /* Internal ROM         */
    GEL_MapAdd(0x00800000, 0, 0x00180000, 1, 1);    /* L2 SRAM              */
    GEL_MapAdd(0x00E00000, 0, 0x00008000, 1, 1);    /* L1P SRAM             */
    GEL_MapAdd(0x00F00000, 0, 0x00008000, 1, 1);    /* L1D SRAM             */
    GEL_MapAdd(0x01800000, 0, 0x00010000, 1, 1);    /* INT CTL REGS         */
    GEL_MapAdd(0x01810000, 0, 0x00010000, 1, 1);    /* Power – down Control */
    GEL_MapAdd(0x01820000, 0, 0x00010000, 1, 1);    /* EMC REGS             */
    GEL_MapAdd(0x01840000, 0, 0x00020000, 1, 1);    /* L1/L2 control        */
    GEL_TextOut("Target C66x StartUp Complete.\n");
}
```

(2) OnTargetConnect()函数

OnTargetConnect()函数在 CCS 连接目标板时执行,通常用于目标板的硬件初始化,例如初始化 DDR3、PLL、EMIF、禁止看门狗等操作,保证加载代码前,目标单板的基本硬件处于正常工作的状态。特别是有代码存放在片外存储器中时,通过仿真器连接单板时必须将片外存储器进行初始化,这样才能正常加载代码,否则 CCS 会提示代码下载存储器校验失败。需要注意的是,该函数在每次连接目标板时都会执行,每次执行时都与第一次连接一样,这样在某些不复位单板只是重新连接目标板的场合,以及有些硬件不能重复初始化的情况下,用户可在实现该函数时获取这些硬件的状态,从而避免重复初始化。下面的例子会根据当前的状态去执行相关的初始化代码,从而保证相关硬件能够得到正确的初始化。

下面的例子调用了 GEL_IsInRealtimeMode()函数。该函数在 OnTargetConnect 中调用,用于判断当前连接的单板是否正在运行,如果正在运行,则不对目标单板进行任何操作。这种应用适用于调试非仿真环境下的代码,即目标单板通过正常的 boot 运行起来,没有通过 CCS 进行文件加载,当问题复现时,连接目标单板,而不对单板进行任何初始化的工作,有利于保护现场定位。

```
# define DEVSTAT      ( * ((unsigned int * ) 0x02620020))

OnTargetConnect()
{
    GEL_TextOut("\nConnecting Target...\n");
// Check if target is not in real-time mode. If it is in stop mode,
// initialize everything. In real-time mode, do nothing to connect
// unobtrusively...
if (!GEL_IsInRealtimeMode())
    {
// Validates if emulation boot mode
if (DEVSTAT & 0x0000000E)
        {
                GEL_TextOut("No initialization performed since bootmode =  %x \n",,,,,
(DEVSTAT >> 1 ) & 0xF);
                GEL_TextOut("You can manually initialize with GlobalDefaultSetup\n");
        }
    else {
// Comment the following line at production application test
// when the application need to initialize everything, but not the
// GEL file.
            Global_Default_Setup_Silent();
    }
    }else {
        GEL_TextOut("No initialization performed in real time mode\n");
    }
}
```

(3) OnPreFileLoaded()函数

OnPreFileLoaded()函数在每次加载程序/符号文件时执行,此时往往需要执行一些额外的初始化操作,将目标单板的硬件处于全新的运行状态,保证加载进去的新代码尽量少地受到之前代码的影响,可以正常运行。这些操作通常包括 flush cache,清除并禁止中断,清除 EDMA 等操作,这样即可减小之前代码运行后的状态对新加载代码的影响。

下面的例子在加载文件前初始化了片外的 DDR SDRAM、flush cache 和禁止中断,保证芯片在加载文件前处于一个干净的环境,减小历史操作的影响。

```
OnPreFileLoaded()
{
GEL_Reset();
    flush_cache();/* flush Cache, make the cache is in initialized status */
    IER = 0;/* Clean the interrupt enable registers */
    ICR = IFR;        /* Clean the interrupt flags */
    init_emif();     /* initialize the DDR SDRAM */
}
```

(4) OnFileLoaded(int nErrorCode, int bSymbolsOnly)函数

OnFileLoaded(int nErrorCode, int bSymbolsOnly)函数在程序/符号加载完成时调用,通常是为程序运行建立相关的环境,例如执行软件复位/重启操作,加载代码运行时需要的配置信息,可以用来模拟与主机的交互,保证在没有外部主机交互前也能正常调试。该函数有 2 个输入参数,nErrorCode 用来记录在加载过程中是否产生错误,如果文件加载成功,nErrorCode 为 0,bSymbolsOnly 用来记录当前加载完成的文件是否只是符号,如果只加载了符号,那么 bSymbolsOnly 为 1,否则为 0。

下面的例子在加载文件后向存储器中的特定地址写入了配置信息,当代码运行起来时会对这些地址进行读取获取配置信息,真实模拟主机的交互过程。

```
OnFileLoaded(int nErrorCode, int bSymbolsOnly)
{
if (nErrorCode)
{
GEL_TextOut("An error occurred while loading a file. - %d-\n",,,,, ErrorCode);
}
else
{
GEL_TextOut("File was loaded successfully. - %d-\n",,,,, nErrorCode);
if(bSymbolsOnly)
{
GEL_TextOut("Only symbols were loaded. \n");
```

```
}
else
{
GEL_TextOut("File Load Finished\n");
*(int *)0x80001000 = 0x12131415;
*(int *)0x80001004 = 0x0;
*(int *)0x80001008 = 0x22232425;
*(int *)0x8000100C = 0x0;
*(int *)0x80001010 = 0x32333435;
*(int *)0x80001014 = 0x0;
GEL_TextOut("Write host configuration to the address 0x80001000! \n");
}
    }
}
```

(5) OnReset(int nErrorCode)函数

OnReset(int nErrorCode)函数在程序复位时执行,通常是通过 CCS 执行 Reset 命令使目标 CPU 复位,目的是让 DSP 内核处于已知状态,包括 cache 和 EDMA。该函数实现时,通常会执行相关硬件重新初始化,重新加载文件。其中,nErrorCode 记录了执行 Reset 过程中的错误码。

```
OnReset( int nErrorCode )
{
if (nErrorCode)
GEL_TextOut("An error occurred while resetting. - %d - \n",,,,, nErrorCode);
else
{
GEL_TextOut("Reset was successful. - %d - \n",,,,, nErrorCode);
init_emif();
}
}
```

(6) OnRestart(int nErrorCode)函数

OnRestart(int nErrorCode)函数通过 CCS 执行重启时调用,通常需要刷新 Cache,清除 EDMA 和禁止中断,保证程序重新执行时不会由于遗留的状态出错。

```
OnRestart( int nErrorCode )
{
/* -------------------------------------------------------* /
/* Turn off L2 for DDR.  The app should * /
/* manage these for coherency in the application.        * /
/* -------------------------------------------------------* /
GEL_TextOut("Turn off cache segment\n");
```

```
GEL_MemoryFill(0x01848200, 0, 0x10, 0x0);
/* ----------------------------------------------------------- */
/* Disable EDMA events and interrupts and clear any      */
/* pending events.                                        */
/* ----------------------------------------------------------- */
    GEL_TextOut("Disable EDMA events\n");
    *(int *)0x02A0105C = 0xFFFFFFFF; // IERH (disable high interrupts)
    *(int *)0x02A0102C = 0xFFFFFFFF; // EERH (disable high events)
    *(int *)0x02A01074 = 0xFFFFFFFF; // ICRH (clear high interrupts)
    *(int *)0x02A0100C = 0xFFFFFFFF; // ICRH (clear high events)
    *(int *)0x02A01058 = 0xFFFFFFFF; // IER  (disable low interrupts)
    *(int *)0x02A01028 = 0xFFFFFFFF; // EER  (disable low events)
    *(int *)0x02A01070 = 0xFFFFFFFF; // ICR  (clear low interrupts)
  *(int *)0x02A01008 = 0xFFFFFFFF; // ICRH (clear low events)
/* Disable other interrupts */
IER = 0; ICR = IFR;
}
```

(7) OnHalt()函数

OnHalt()函数在目标板死机时执行,通常用来打印一些调试信息,读取某些外设的寄存器值,并打印到控制台。

下面的例子在目标板死机后,会打印 DSP core Exception Register 的内容,清晰直观,方便调试。

```
OnHalt()
{
int testBit;

    if (EFR)
    {
        testBit = EFR & 1;
if (testBit)
GEL_TextOut("Software exception has been detected\n");

        testBit = EFR & (1 << 1);
if (testBit)
        {
GEL_TextOut("Internal exception has been detected\n");
GEL_TextOut("Internal error register is 0x%x\n",,2,,,IERR);
        }

        testBit = EFR & (1 << 30);
```

```
        if (testBit)
GEL_TextOut("External exception has been detected\n");
        testBit = EFR & (1 << 31);
if (testBit)
GEL_TextOut("NMI exception has been detected\n");
    }

        GEL_TextOut("Target halt without error\n");
}
```

以上 7 个函数是通过 CCS 对程序进行控制时, CCS 调用的回调函数, 其中 On-TargetConnect 和 StartUp 在所有 GEL 脚本中最常用, 其他函数即使不使用, 最好在 GEL 文件中定义空的函数, 否则某些较早版本的 CCS 中调用 GEL 脚本有可能会运行不正常。

2. GEL 脚本异步执行

使用 GEL 脚本时, 需要特别注意的是 GEL 脚本的执行异步于目标 CPU 的执行, GEL 函数返回并不以意味着在 CPU 上已经完成相应的操作, GEL 函数执行完成往往只表示相关的操作命令已经送到 CPU。例如, 在 GEL 脚本中通过 GEL_Load() 加载程序, 使用 GEL_Run() 函数控制代码的运行, 并且在 GEL 文件中校验运行结果, 如果在 GEL_Run() 返回后立即校验程序运行结果, 很可能加载的程序运行没有完成, 校验出错。在使用 GEL 脚本时需要避免这种情况。如果想要利用 GEL 脚本实现自动化测试等复杂状态的控制, 则需要充分利用本章介绍的回调函数来实现。

```
TestGel()
{
    GEL_TextOut("Load Test Code\n");
    GEL_Load("c:\\mydir\\myfile.out", "cpu_a", "Emulator");
    GEL_Run();
    TestVerification();
}
```

4.3.3　GEL 脚本应用技巧

GEL 脚本通常是用来实现系统初始化的, 保证系统可以正常运行, 但它也可以帮助我们调试。本小节重点介绍 GEL 脚本的使用技巧, 用户可整合 GEL 脚本到 CCS 中, 提高系统调试效率。

1. ARM 调试

在 CCS 中, 通常 GEL 脚本主要用来初始化硬件, 在底层驱动完成之前为软件提供一个调试环境。随着技术的发展，越来越多的芯片同时集成了 ARM 和 DSP，通过 CCS 环境调试 ARM 的需求也越来越多。ARM 与 DSP 有很多不同之处，ARM 的很多控制操作是通过对 CP15 寄存器的访问实现的，并且同一个寄存器随着访问操作码的不同，其实现的功能也有所不同，而 DSP 外设硬件相关的操作都是通过访问 MMR 完成的，也就是可以在 GEL 文件中通过直接访问地址的方式对寄存器进行访问。

所以，通过 GEL 文件对 ARM 进行调试时可以采用下面例子的方法。该例是将 ARM 配置成大端访问，其代码可以运行在 TI 的 TCI6638K2H 系列芯片的 Cortex A15 上。

```
hotmenu ARM_BOOT_CLEANUP( )

{

int corenum;

corenum = REG_CTXA15_CP15_C0_MPIDR & 0x3;

GEL_TextOut("Performing ARM boot cleanup...\n",,,,,);

*((unsignedint *)0x0c20004c) = 0xF1010200;/* SETEND BIG */

*((unsignedint *)0x0c200050) = 0xF57FF06F;/* ISB */

*((unsignedint *)0x0c200054) = 0xF57FF04F;/* DSB */

*((unsignedint *)0x0c200058) = 0xeafffffe;/* while(1) */

*((unsignedint *)0x0c20005c) = 0x00000000;


PC =                0x0c20004c;
GEL_Go(             0x0c200058);


GEL_TextOut("Done with ARM boot cleanup.   ARM is in secure state and MMU is disabled.\
n",,,,,);


REG_CTXA15_CP15_C1_SCTLR | = (1 << 25);/* set SCTLR.EE for big endian */

}
```

函数 ARM_BOOT_CLEANUP()主要是将 ARM 对存储器的访问变成大端，而 ARM 是通过执行指令来完成这一操作的。由于 GEL 文件无法直接执行 ARM 的指令，所以需要将对应的指令机器码通过指针赋值的方式写到存储器中，随后将 PC 指针指向指令开始的地方，调用 GEL_GO()，控制 PC 指针运行，这样就完成了 ARM 大端访问的切换。其中，REG_CTXA15_CP15_CXXX 寄存器名称可通过 View→ Registers 窗口查看 CP15_Registers 的相关定义。这些寄存器在 ARM 中需要通过特定指令来访问，在 CCS 中使用 GEL 文件进行访问时，可以直接以变量的形式进行访问，如图 4.33 所示。通过 CCS 调试 ARM 时，如果有类似的无法直接通过访问寄存器就能完成的操作，则可以通过将机器码加载到内存中，控制 PC 指针来执行以达到控制的目的。

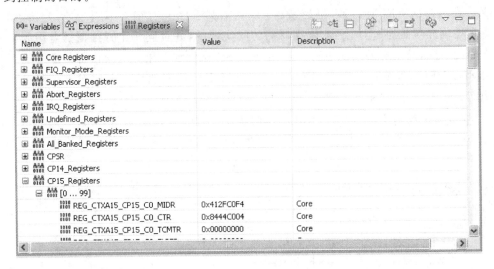

图 4.33　CCS 寄存器窗口

采用类似的方式也可以通过 CCS 在运行 ARM 的代码之前，初始化 MMU，直接调试 ARM 的应用代码，或者在做自动化测试时，如果程序跑飞，需要获取到 DSP 内部的通用寄存器，这种方法也同样适用。在本例中，使用了关键字 hotmenu 对函数进行修饰，可以直接将函数 ARM_BOOT_CLEANUP() 加入到 CCS 的 Scripts 菜单中，如图 4.34 所示 GEL 中定义的菜单显示在 CCS 的控制栏中。

图 4.34　CCS 的 Scripts 菜单

2. 利用 File I/O 功能实现自动测试

GEL 提供了很多实用的文件访问功能，用户可以通过调用 GEL 提供的函数实现文件的输入和输出，这些功能在外部接口调试完成之前，可以并行调试算法实现，提高系统调试效率，并且该功能在外部接口正常工作后，同样可以继续使用，为系统联调提供参考信息。下面的例子是在 TMS320C6670 的软件仿真下测试的，通过 GEL 函数指定函数测试的次数，并且在源代码指定的行读入参考数据，最后进行校验。

GEL 函数 GEL_AddInputFile() 可以在指定的源代码位置将数据读取到存储器的指定地址，如果指定位置已经存在断点，则该函数会自动将读取数据的工作关联到该断点上；如果没有断点，则会自动增加一个软件断点，但是新增的软件断点并不会中止正在运行的程序，只是会在指定位置将数据读入到存储器中。这样就可以实现多个测试向量的自动化测试，并最终打印结果。下面例子中使用的输入文件 input. dat 和 ref. dat 的长度都是 4096，而每次算法执行的数据是 2048，GEL_AddInputFile 函数会自动累加文件读/写指针，不需要应用代码干预。本例中测试了 2 次，如果还有更多的向量，则只须编辑对应的文件即可，方便使用，完整的源码请参考本章后的附件。GEL 提供的相关函数通过 CCS 的帮助文档可以获取详细信息。

```
OnPreFileLoaded()
{
GEL_BreakPtReset();
}


OnFileLoaded(int nErrorCode, int bSymbolsOnly)
{
if (nErrorCode)
    {
        GEL_TextOut("An error occurred while loading a file. - %d-\n",,,,,ErrorCode);
    }
else
    {
GEL_TextOut("File was loaded successfully. - %d-\n",,,,,nErrorCode);
        if (bSymbolsOnly)
        {
            GEL_TextOut("Only symbols were loaded.\n");
        }
    else
        {
            GEL_TextOut("File Load Finished\n");
/* loop counter */
            *(int *)0x008FFFE0 = 2;
            GEL _ AddInputFile ( " hello. c", 28, "c:\\ temp \\ input. dat", 2, "
0x00807000", "2048");
    GEL_AddInputFile("hello.c", 28, "c:\\temp\\ref.dat", 2, "0x00809000", "2048");
        }
    }
}



# include <csl_cacheAux. h>
# include <stdio. h>
```

```c
/*
 * hello.c
 */
#pragma DATA_ALIGN(testDataIn, 0x1000)
int testDataIn[2048];
#pragma DATA_ALIGN(testDataRef, 0x1000)
int testDataRef[2048];
#pragma DATA_ALIGN(testDataOut, 0x1000)
int testDataOut[2048];
int main(void){
int i;
int flag = 0;
int j = 0;
int tmp = 0;
CACHE_setL1PSize(CACHE_L1_32KCACHE);
CACHE_setL1DSize(CACHE_L1_0KCACHE);
printf("Hello World! \n");
tmp = *(int * restrict)0x008FFFE0;
while(tmp)
{
for(i = 0; i<2048; i++){
testDataOut[i] = testDataIn[i] + 8;
}
for(i = 0; i<2048; i++){
if(testDataOut[i]!= testDataRef[i]){
printf("The data %d result is incorrect, the output is %d\n", i, testDataOut[i]);
flag++;
break;
}
}
tmp--;
*(int * restrict)0x008FFFE0 = tmp;
if(0 == flag){
j++;
printf("Test %d Passed\n",j);
}
}
return 0;
}
```

3. 复杂问题调试

在 SoC 芯片中,随着功能的增加,外设加速器也变得越来越复杂。以 SRIO 为例,其相关寄存器有几百个,且很多问题是由多种状态联合表示,当出现问题时,往往由于经验不足,无法第一时间查看所有相关寄存器,导致调试效率低下,所以可通过编写 GEL 脚本将该复杂外设的所有状态寄存器全部打印出来,将关键寄存器中某些值代表的含义也一并打印,并且可将该功能通过 hotmenu 关键字设置成 CCS 脚本的菜单,使用时只须在菜单中选中并执行即可,保证第一时间获取所有信息,方便调试。

下面是用来打印所有 SRIO Device ID 寄存器的代码,以及在菜单中加入 GEL 脚本命令,方便调试。完整的 Keystone SRIO debug GEL 文件请参考本章后的附件。

```
/* SRIO register field read macro */
#define SRIO_REG_FIELD_READ(reg_value, reg_high, reg_low)
(unsignedint )((reg_value&((0xFFFFFFFF >> ((31 - reg_high) + reg_low)) << reg_low)) >>
reg_low)


/* SRIO register field write macro */
#define SRIO_REG_FIELD_WRITE(reg_addr, reg_high, reg_low, reg_value)
( * (unsignedint * )reg_addr) = (( * (unsignedint
* )reg_addr)&(~((0xFFFFFFFF >> (31 -
reg_high))&(0xFFFFFFFF << reg_low))))|((reg_value << reg_low)&((0xFFFFFFFF >> (31 -
reg_high))&(0xFFFFFFFF << reg_low)))


Device_Identity()
{
GEL_TextOut(" ***********Device Identity CAR (DEV_ID)**************\n");

    GEL_TextOut(" DEVICE_VENDORIDENTITY[15:0] ---> %x
\n",,,,,SRIO_REG_FIELD_READ(( * (unsignedint * )SRIO_DEV_ID),15,0));

    GEL_TextOut(" DEVICEIDENTITY[31:16]       ---> %x
\n\n",,,,,SRIO_REG_FIELD_READ(( * (unsignedint * )SRIO_DEV_ID),31,16));


}


hotmenu CAR_DEV_ID__Device_Identity()
{
Device_Identity();
}
```

　　首先定义了宏 SRIO_REG_FIELD_READ 和 SRIO_REG_FIELD_WRITE,在函数 Device_Identity 中用于从相关寄存器地址读取比特域,从而获取所需要的信息。将这部分函数通过 hotmenu 的方式,将该功能导入 CCS 的菜单中,可以读取 SRIO 相关寄存器信息。当调试 SRIO 时,直接调用菜单中的脚本,可以将 SRIO 的状态打印到 CCS 的窗口中,方便查看。

　　另外,在调试 SRIO 硬件时,经常需要发送维护数据包,如果在代码中实现该功能,并且实时修改发送内容,要对代码多次修改并编译,当工程文件较多时,代码编译会比较慢。而通过 GEL 文件将对应的功能集成在菜单中,对于调试工作非常方便。

　　下面的例子使用了 dialog 关键字,如图 4.35 所示,CCS 可对维护数据包进行不同的配置,这样就能根据需求发送不同配置的包进行调试,在硬件连通性调试中非常方便。对于 TI 同一系列的 SoC 来说,其外设在不同芯片中都可以复用,同一份 GEL 文件可以用来调试不同芯片的外设,不需要开发完整的代码,移植性好,使用方便。

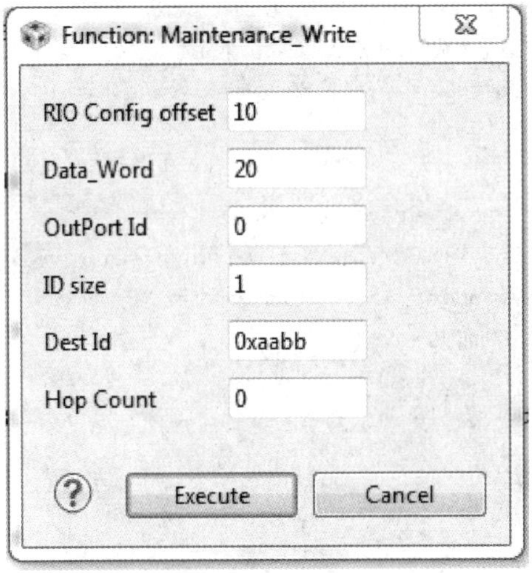

图 4.35　利用 dialog 生成的输入界面

```
menuitem "SRIO Maintenance operations"

dialog Maintenance_Write(config_offset"RIO Config offset", data_word "Data_Word",
outport_id "OutPort Id", id_size "ID size", destid "Dest Id", hop_count "Hop Count")
{
unsignedint temp,lsu_status, write_data;//check if any shadow registers of LSU8 are
available
    lsu_status = SRIO_REG_FIELD_READ(( * (unsigned int * ) (SRIO_LSU1_REG6 + (MAINTE-
    NANCE_LSU_NUM * 0x1C))),30,30);

if (lsu_status == 0)
```

```
    {
        lsu_status = SRIO_REG_FIELD_READ(( * (unsignedint * ) (SRIO_LSU1_REG6 + (MA-
INTENANCE_LSU_NUM * 0x1C))),31,31);

        if (lsu_status == 0)
{SRIO_REG_FIELD_WRITE((SRIO_LSU1_REG1 + (MAINTENANCE_LSU_NUM * 0x1C)),23,0,config_
offset);//To account for Endianess
write_data = ((data_word & 0xFF) << 24) | ((data_word & 0xFF00) << 8) | ((data_word &
0xFF0000) >> 8) | ((data_word & 0xFF000000) >> 24);
 * (unsignedint * ) MAINTENANCE_DSP_ADDR = write_data;
SRIO_REG_FIELD_WRITE((SRIO_LSU1_REG2 + (MAINTENANCE_LSU_NUM * 0x1C)),31,0,MAINTE-
NANCE_DSP_ADDR);
SRIO_REG_FIELD_WRITE((SRIO_LSU1_REG3 + (MAINTENANCE_LSU_NUM * 0x1C)),19,0,0x4);
SRIO_REG_FIELD_WRITE((SRIO_LSU1_REG4 + (MAINTENANCE_LSU_NUM * 0x1C)),9,8,outport_id);
SRIO_REG_FIELD_WRITE((SRIO_LSU1_REG4 + (MAINTENANCE_LSU_NUM * 0x1C)),11,10,id_size);
SRIO_REG_FIELD_WRITE((SRIO_LSU1_REG4 + (MAINTENANCE_LSU_NUM * 0x1C)),7,4,0x0);//pri-
ority - 0x0 (lowest) CRF - 0, VC - 0
SRIO_REG_FIELD_WRITE((SRIO_LSU1_REG4 + (MAINTENANCE_LSU_NUM * 0x1C)),15,12,0x0);
//Always use RIO_DEVICEID_REG0
SRIO_REG_FIELD_WRITE((SRIO_LSU1_REG4 + (MAINTENANCE_LSU_NUM * 0x1C)),31,16,destid);
temp = (hop_count << 8) | 0x81;
SRIO_REG_FIELD_WRITE((SRIO_LSU1_REG5 + (MAINTENANCE_LSU_NUM * 0x1C)),15,0,temp);
//Ftype = 0x8 - ->Maintenance operationsTtype = 0x1 - ->Maintenance write
        //Provide some delay for the transfer to occur
        SRIO_Delay(50000);
GEL_TextOut(" Maintenance write successful\n\n");
    }
        else
        {
            //LSU 8 shadow registers are not available
            GEL_TextOut(" LSU 8 is Busy. Please try later\n\n");
        }
    }
    else
    {
        //LSU 8 shadow registers are not available
        GEL_TextOut(" LSU 8 shadow registers are Full. Please try later\n\n");
    }
}
```

　　GEL 可以实现的功能非常多,而且使用也非常简单,GEL 文件在嵌入式系统的开发中是非常重要的一部分,编写合适的 GEL 文件也应该作为嵌入式系统开发工作一个重要的组成部分。

附　件

Example of GEL Usage with File I/O for Code Composer Studio v2. 0 (SPRA774)。

TMS320C66x DSP CorePac User Guide (SPRUGW0)。

Creating Device Initialization GEL Files (SPRAA74A)。

TMS320CC66x CPU and Instruction Set Reference Guide (SPRUGH7)。

KeyStone Architecture Serial Rapid IO (SPRUGW1)。

第 **5** 章

多核软件开发包

5.1 多核软件开发包概述

多核数字信号处理器(DSP)现已开始在不同的细分市场逐渐推广,包括测量测试、关键任务、工业自动化、医疗与高端影像设备,以及高性能计算等。随着这些应用的处理需求不断增长,TI 公司开发了新一代可扩展高性能 TMS320C66x 多核 DSP。C66x 器件建立在 TI 公司的 KeyStone 架构基础之上,可为多核器件中的每个内核提供全面的处理功能,是实现真正多核创新的平台。TI 公司的 C66x 高性能 DSP 包括采用单/双/四/八内核配置引脚兼容及可扩展器件。

TI 公司对多核 DSP 编程模型思路非常全面,已经开发出一系列能够在 TI 公司的多核 DSP 平台上实现快速开发的可扩展工具与软件。本章主要介绍 TI 公司的多核软件开发包 MCSDK(MultiCore Software Development Kit),具体内容涵盖对各种可用软件套件以及实用程序及工具链的概述,可为编程人员开发 Linux 等高级操作系统以及实时操作系统 SYS/BIOS 助一臂之力。

TI MCSDK 旨在提供一个软件开发环境,通过 TI 高性能多核 DSP 平台实现快速开发,加速产品上市进程。MCSDK 实现这一目标的方法包括:

➢ 为客户提供经测试的良好集成型通用软件层,客户无须从头开发通用层。例如,TI MCSDK 为配置和控制各种片上外设及加速器集成并测试了各种驱动器。客户可使用驱动器接口加强片上输入/输出(I/O)机制以及加速功能。由于该软件是专为器件优化的,因此使用 MCSDK 的客户可从理想的性能优势中获益。

➢ 集成 SYS/BIOS 实时操作系统及 Linux 高级操作系统支持。

➢ 为简化编程以及在 TI 可扩展多核 DSP 平台上实现未来可移植性提供定义完善的应用编程接口。例如,用于内部核心通信的 API 可在不进行任何代码修改的情况下,扩展支持 TI 多核 DSP 的双/四/八内核版本。此外,相同 API 还可用于使用 SRIO 等行业标准 I/O 实现器件间的通信。

➢ 建立示例文档,可帮助编程人员开发其应用。这些示例将为在多核上运行 RTOS 和在多核上同时运行 RTOS 与 HLOS 提供有力的帮助。此外,这些示例还将展示各种应用情况,不但可帮助客户开发新应用,而且还可提供一个从单核系统到多核系统或从多核系统到单核系统移植的路径。

➤ 与 CCS 以及 TI 第三方工具生态系统集成。图 5.1 所示为是上述 MCSDK 各种组件的概览图,图 5.2 所示为 MCSDK 的发展历程。

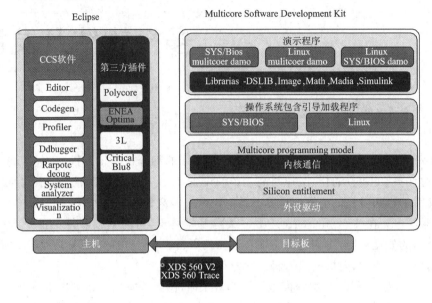

图 5.1 MCSDK 组件

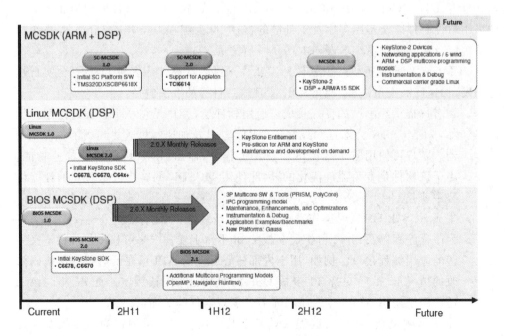

图 5.2 MCSDK 的发展历程

TI MCSDK 实际上由两个软件生态系统构成：一个生态系统基于 Linux，另一个生态系统基于 SYS/BIOS。两个系统都包含可帮助客户便捷开发的所有功能性软件。如表 5.1 所列，每个生态系统都包含用于多核器件编程的各种机制（比如处理器间通信），在相同器件的不同内核上既可独立使用，也可组合使用。下面将总体介绍每个 MCSDK 组件。

表 5.1 MCSDK 软件生态系统

名　称	版　本	DSP	ARM	OS	备　注
BIOSMCSDK	1. x,2. x	支持	不支持	SYS/BIOS	仅 DSP 运行 SYS/BIOS 操作系统
Linux-MCSDK	1. x,2. x	支持	不支持	Linux on DSP	仅 DSP 运行 Linux 操作系统

5.2　Linux/MCSDK

Linux/MCSDK 多核软件开发包（MCSDK）为支持运行在 TI C66x 系列高性能多核 DSP 上的 Linux 生态系统奠定了坚实的基础。该开发包包含可随时投入使用的 Linux 内核、驱动器、样片应用以及经验证的工具，可充分满足客户的产品开发需求。Linux/MCSDK 以开源发行版形式在 www.linux-c6x.org 上提供，包含二进制程序，可随时通过在参考平台上运行来演示 TI 高性能多核 DSP 的功能。

总体而言，支持 C66x 多核 DSP 的 Linux 是 C66x 多核客户、独立开发者以及厂商协作社区推动的结果，可帮助参与和强化总体开发生态系统。目前已有多个开发者参与内核及工具链的开发和上游对接。具体包括 GCC 工具链的 Code Sourcery（现在是 Mentor Embedded 的一部分）以及内核社区知名的 Linux 开发商等。

对 Linux 生态系统的支持预计将是各种更丰富高性能应用的关键使能技术，可帮助客户轻松推出基于 TI C66x 多核 DSP 的平台。总的来说，该基础架构可通过增添市场导向型应用来帮助客户降低开发成本，集中精力提升价值定位。

Linux/MCSDK 采用 μClinux 类内核，因其较小的占位面积非常适合多核 DSP 的开发。另外，Linux/MCSDK 还包含支持访问 DSP 内部所有外设的器件驱动器，这些外设将随实际 DSP 的不同而不同。图 5.3 中包含支持 KeyStone 器件的外设与驱动器。

1. 进程间通信

多核架构的主要编程要求之一就是能够在各种内核之间进行高效通信。TI Linux/SDK 支持在运行 SYS/BIOS 的内核之间，以及运行 Linux 内核之间的通信，从而可为满足各种潜在产品需求提供高度的灵活性。

2. 内核间的 IPC

TI Linux/MCSDK 通过 SYS/Link 模块提供进程间通信(IPC)驱动器,以在运行 Linux 高级操作系统(HLOS)的两个内核及运行 SYS/BIOS 实时操作系统(RTOS)的多个内核之间实现通信。在预期的使用情况下,应在信号处理应用于 BIOS 内核执行的同时控制运行在 Linux 内核上的代码。该软件架构将帮助运行 Linux 的主机内核,并在把信号处理分配给多个内核的同时,顺畅地继续执行各种任务。SYSLink IPC 模块可为在多个内核中发送和接收不同字长消息提供 MessageQ 支持。

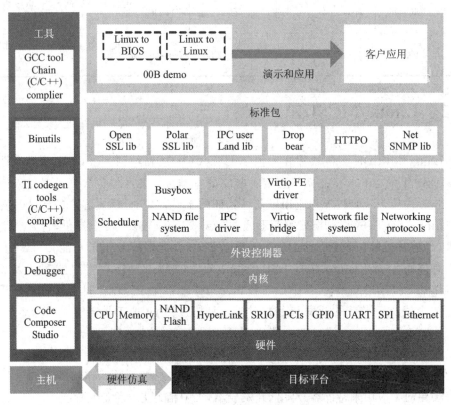

图 5.3　Linux/MCSDK 的软件生态系统组件

如图 5.4 所示,Linux/MCSDK 还能使用一种支持 I/O 虚拟的标准化 Linux 框架 Virtio 在单一 DSP 内实现在多个内核中运行多个 Linux 实例。

3. 软件开发工具

Linux/MCSDK 可为用户提供各种编译器工具及调试选项。在编译器方面,开源社区普遍使用的 GCC(GNU Compiler Collection)与二进制工具通过 Mentor Embedded 提供给 C66x 多核 DSP。在信号处理代码等应用实例中,开发人员能够使用 TI 提供的编译器获得更高性能。另外,GCC 和 TI 编译器还具有互操作性,因此开

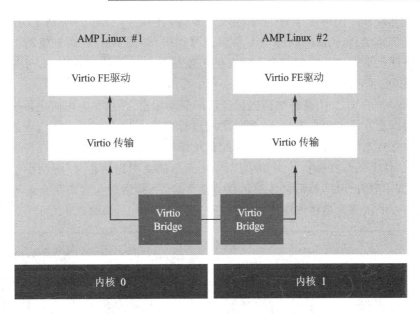

图 5.4　Virtio 在多核 DSP 内部运行

发人员可选择使用 TI 编译器或 GCC 编译器满足不同部分的应用代码需求,而系统的其余部分则仍然使用 GCC 构建。这样用户就可高度灵活地进行与代码性能有关的利弊权衡。

在调试方面,用户模式下的应用可使用 Mentor Embedded 提供的 GDB(GNU Debugger)。对内核调试或者无操作系统的程序运行,使用 Mentor Embedded 提供的 Debug Sprite 和 TI 基于 CCS 的调试器,就可实现基于 JTAG 的调试。

4. TIC66x EVM 上的创造性演示体验

Linux/MCSDK 的最后一个组件是创造性(OOB)演示软件与示例应用。OOB 演示应用包含 Web 界面,可为用户提供通过以太网连接 PC 访问评估模块 EVM(Evaluation Module)的控制面板,以便在启动后提供各种功能。在初期版本中,控制面板可提供一种简便的方法为用户更新引导加载程序及内核。后续版本将支持可展示和演示多核相关功能,比如运行 BIOS 和/或 Linux 的内核之间 IPC 通信以及下载和引导多核应用等。

5.3　BIOS-MCSDK

5.3.1　BIOS-MCSDK 简介

BIOS-MCSDK 以集成方式提供内核基本构建块,可为在 TI 公司的高性能多核 DSP 上使用 SYS/BIOS 实时操作系统进行应用软件开发提供便利。BIOS-MCSDK

在统一可下载套件中绑定全部主要嵌入式软件，并在 TI 公司的网站上免费提供。BIOS-MCSDK 配套提供的软件均为预编译源代码，并按 BSD 许可证进行分销。除了基础软件元素外，BIOS-MCSDK 还提供了使用这些组件的演示应用，可为客户演示使用 BIOS-MCSDK 创建应用的方法。

　　BIOS-MCSDK 采用这种结构进行设计的驱动因素之一，是考虑简化各平台间的设计流程以及方便客户在各个 TI 器件之间进行移植。TI 公司了解客户可能有采用通用软件支持不同器件的多种产品，因此移植策略重点考虑了利用客户在现有以及未来 TI 器件上的软件投资。例如，图 5.5 中所示的流程先从在 TI 评估平台上运行内含 TI 演示软件开始，然后将该演示移植至客户平台，最后在客户平台上导出客户应用。另一个步骤就是将该应用移植到新一代 TI 架构上，如图 5.5 所示。

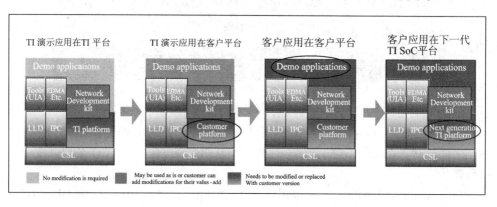

图 5.5　将应用移植到 TI 新一代应用 SoC 平台上

　　BIOS-MCSDK 使用 TI CCS 作为集成开发环境。在软件更新方面，BIOS-MCSDK 使用 Eclipse 的更新特性通过 CCS 自动发现并安装新软件。

软件概览

BIOS-MCSDK 中的软件组件（见图 5.6）可分为下列类型：

➢ 器件专用软件驱动器；
➢ 内核目标软件；
➢ 平台专用软件；
➢ 演示与工具。

（1）器件专用软件驱动器

　　该软件套件包含芯片支持库、低级驱动器、平台库以及传输协议。该套件中的软件重在简化对诸如加速器等器件硬件的访问，并可作为应用开发最底层的 API。

（2）平台专用软件

　　本软件提供与 TI 参考平台配套使用的平台专用功能的实施示例，其目的是用做客户平台开发活动示例。

　　平台库可使用通用 API 对平台进行抽象，简化各器件间的移植。它提供软件实

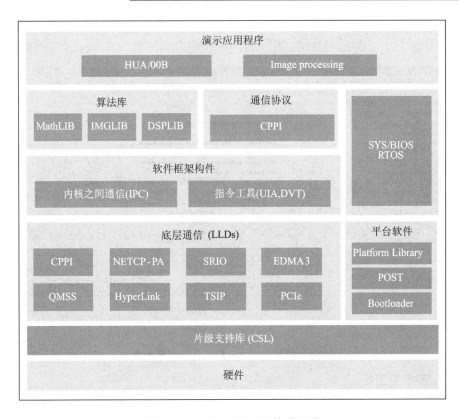

图 5.6 BIOS-MCSDK 的软件组件

用程序来控制硬件部件(比如 EEPROM、Flash、UART)并完成平台/器件初始化。

平台库 API 由跨不同平台的通用工具使用。这些工具包括 EEPROM 写入器、NAND/NOR 写入器以及上电自检等。因此,要为新器件或新平台添加这些工具,应隔离工作,以便添加专门用于该硬件的平台库。该平台库具有单元测试应用,可在将模块移植到新平台时使用。

(3) 内核目标内容

该软件集提供更高级功能,包括实时嵌入式操作系统、跨内核以及跨器件通信的处理器间通信、基本网络协议栈及协议、经优化的专用算法库以及仪表工具等。

第一项重要的多核使能技术包含处理器间的通信,其不但可跨越使用共享存储器的内核及器件实现高效通信(内核间通信),而且还可跨越 SRIO 与 PCIe 等外设实现器件间的通信。处理器间的通信机制和 API 支持精细线程多核编程模型。此外,通用 IPC 接口还可简化跨内核和/或器件的应用处理节点工作,满足多核应用设计与优化的需求。

第二项重要的使能技术是仪表工具,其对用户掌控应用执行状况具有至关重要的意义,可分析并优化性能。BIOS-MCSDK 包含系统分析器工具,其可定义一系列

API,而 API 则能够以可移植方法将仪器代码插入软件,以便在各种 TI 平台上重复使用。某项应用的图形化输出示例如图 5.7 所示。

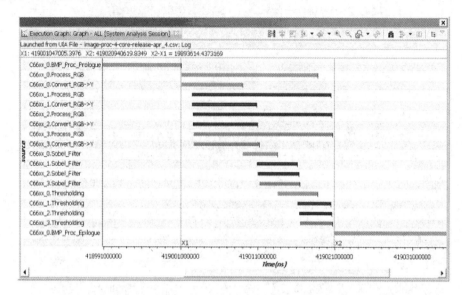

图 5.7　BIOS-MCSDK 的系统分析器工具

（4）演示与工具

　　该软件集覆盖多种器件,提供构建于上述软件的示例、演示以及工具。BIOS-MCSDK 包含演示应用,旨在作为示例展示如何使用基础软件构建多核应用。当前版本中可供下载的演示包括用于展示 BIOS-MCSDK 部分重要组件的创造性应用,以及用于显示多核信号处理的影像处理应用。

　　各种工具包括通用引导加载程序、Flash 及 EEPROM 写入器、评估板上电自检、多核/多影像引导工具,以及从不同模式(比如 NAND/NOR、EMAC、SRIO)引导的简明示例等。

（5）创造性演示

　　BIOS-MCSDK 的创造性演示是一种以 CCS 项目方式提供的高性能 DSP 实用程序应用(HUA)。该演示可通过演示代码及 Web 页面向用户演示如何将自己的 DSP 应用连接至各种不同的 BIOS-MCSDK 软件元素,其中包括 SYS/BIOS、网络开发包(NDK)、芯片支持库(CSL)以及平台库。

　　在执行时,HUA 可使用 Web 服务器让用户使用 PC 通过以太网连接至平台。用户使用 HUA 可执行各种功能,比如读/写闪存、诊断或者提供统计及信息。

　　影像处理演示(见图 5.8)展示了如何在 BIOS-MCSDK 多核信号处理过程中集成主要组件。它采用了处理器间通信功能、经优化的影像库、网络开发套件以及系统分析器。后者用于采集和分析基准信息。

　　本演示经配置可运行于器件所支持的任意数量的内核上。可将本演示划分为第

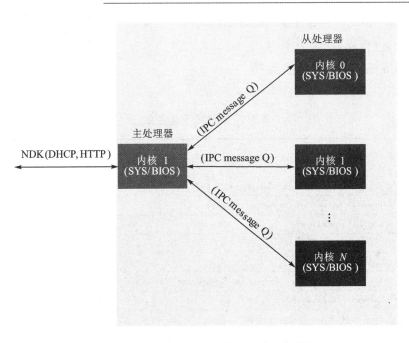

图 5.8 BIOS-MCSDK 的影像处理应用软件框架

一个内核上的单个主系统任务和分配给所有内核的多个从系统任务。主系统任务负责对输入数据进行分组,并将工作分配给从系统任务,然后从系统任务采集结果,并发送输出数据。当前支持的算法有边缘检测,但经扩展后可支持更多种算法。

TI MCSDK 可为客户提供一种适用于 Linux 和 SYS/BIOS 的高稳健集成型软件开发环境,其目标是使用基于 KeyStone 架构的高性能 DSP 实现快速开发,进而加速产品开发进程。

5.3.2 BIOS-MCSDK 2.x 开发

BIOS-MCSDK 多核开发包提供了核心基础构件块,以促进在 TI 高性能多核 DSP 上的应用软件开发。其基础组件包括:

- ➤ SYS/BIOS,TI 设备的轻量级实时嵌入式操作系统。
- ➤ 芯片支持库,驱动和基础平台工具。
- ➤ 处理器间通信,可用于不同内核、不同设备通信。
- ➤ 基本的网络堆栈和协议。
- ➤ 优化的算法库,包括特定于应用程序与非特定于应用程序。
- ➤ 调试工具。
- ➤ 启动引导工具。
- ➤ 演示和示例。

本小节主要介绍 BIOS-MCSDK 的安装,通过 JTAG 下载现成的演示应用程序至评估板(EVM),以及运行现成的演示应用程序。建议用户阅读 BIOS-MCSDK 用户指南和实例再做 EVM 开发板。

1. 缩略语定义及平台支持

缩略语及其定义如表 5.2 所列。

表 5.2　缩略语及其定义

缩　写	全　　称	备　注
AMC	Advanced Mezzanine Card	AMC 子卡
CCS	Texas Instruments Code Composer Studio	TI CCS 开发环境
CSL	Texas Instruments Chip Support Library	片级支持库
DDR	Double Data Rate	双倍速率同步动态随机存储器
DHCP	Dynamic Host Configuration Protocol	动态主机配置协议
DSP	Digital Signal Processor	数字信号处理器
DVT	Texas Instruments Data Analysis and Visualization Technology	数据分析与可视化技术
EDMA	Enhanced Direct Memory Access	增强型直接内存存取
EEPROM	Electrically Erasable Programmable Read-Only Memory	电可擦除可编程只读存储器
EVM	Evaluation Module, hardware platform containing the Texas Instruments DSP	评估板
HUA	High Performance Digital Signal Processor Utility Application	高性能数字信号处理器应用程序
HTTP	HyperText Transfer Protocol	超文本传输协议
IP	Internet Protocol	网络互联协议
IPC	Texas Instruments Inter-Processor Communication Development Kit	内核间通信开发套件
JTAG	Joint Test Action Group	联合测试工作组
MCSA	Texas Instruments Multi-Core System Analyzer	TI 多核系统分析器
MCSDK	Texas Instruments Multi-Core Software Development Kit	TI 多核软件开发包
NDK	Texas Instruments Network Development Kit (IP Stack)	TI 网卡开发包
NIMU	Texas Instruments Network Interface Management Unit	TI 网络接口管理单元
PDK	Texas Instruments Programmers Development Kit	TI 可编程开发包
RAM	Random Access Memory	随机存储器
RTSC	Eclipse Real-Time Software Components	实时系统组件
SRIO	Serial Rapid IO	高速串行 I/O
TCP	Transmission Control Protocol	传输控制协议
TI	Texas Instruments	德州仪器
UART	Universal Asynchronous Receiver/Transmitter	异步串行收发控制器
UDP	User Datagram Protocol	用户数据报协议
UIA	Texas Instruments Unified Instrumentation Architecture	TI 统一仪表体系结构
USB	Universal Serial Bus	通用串行总线

注意:TMS 表示一个特定的 TI 设备(处理器);TMD 表示使用这个处理器的平台。如 TMS320C6678 表示 CC6678 DSP 处理器,而 TMDXEVM6678L 表示这款处理器的 EVM 硬件平台。

本版本 BIOS-MCSDK 支持以下 TI 设备/处理器:

平台开发包	支持设备	支持 EVM
C6657	TMS320C6657	TMDXEVM6657L,TMDXEVM6657LE
C6670	TMS320C6670,TMS320TCI6618	TMDSEVM6670L,TMDSEVM6670LE,TMDSEVM6670LXE,TMDSEVM6618LXE
C6678	TMS320C6678,TMS320TCI6608	TMDSEVM6678L,TMDSEVM6678LE,TMDSEVM6678LXE

2. MCSDK 有什么

套件里包括:

➢ EVM 开发板,包括一个多核的片上系统。

➢ 通用电源,支持美国和欧洲的电源规格。

➢ 数据线,提供 USB、串口、以太网数据线,用于主机开发。

➢ 软件 DVD,软件安装程序、文档、出厂配置。

➢ EVM 使用指南,在开发板上运行一个预先烧写的程序。

多核 EVM 套件软件 DVD 包括:

➢ BIOS 多核软件开发包安装程序。

➢ Linux 多核软件开发包压缩包。

➢ CCS 安装程序。

➢ 出厂配置恢复进程。

多核软件开发包(MCSDK)提供高度优化的平台专用基础驱动程序包,可在 TI C64x+ 和 C66x 多核器件(包括 TMS320C667x,TMS320C647x 及 TMS320C645x 处理器)上进行开发。MCSDK 使开发人员能够对评估平台的硬件和软件功能进行评估,以快速开发多核应用。如图 5.9 所示为 MCSDK 的组成结构。

5.3.3 MCSDK2.x 使用指南

本小节将指导用户安装及使用 BIOS-MCSDK,包括如何烧写及运行现成的演示应用程序。在开始之前,请参阅 EVM 用户指南,并把演示应用程序烧写进设备。

使用步骤如下:

➢ 正确设置 EVM 硬件。

➢ 安装 CCS 5.0 及以上版本。

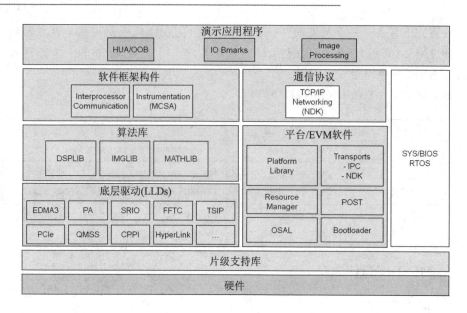

图 5.9 MCSDK 的组成结构

➢ 安装 BIOS-MCSDK 2.0。

➢ 使用 JTAG 下载应用程序。

➢ 运行应用程序。

1. 设置 EVM 硬件

EVM 及硬件设置链接如下：

TMDXEVM6657L：

http://processors. wiki. ti. com/index. php/TMDSEVM6657L_EVM_Hardware_Setup

TMDSEVM6670L：

http://processors. wiki. ti. com/index. php/TMDXEVM6670L_EVM_Hardware_Setup

TMDSEVM6678L：

http://processors. wiki. ti. com/index. php/TMDXEVM6678L_EVM_Hardware_Setup

TMDSEVM6618LXE：

http://processors. wiki. ti. com/index. php/TMDXEVM6618LXE _ EVM _ Hardware_Setup

BIOS-MCSDK 2.0 使用 CCS 5.0 及以上版本。请按照 CCSV5 使用指南安装 CCS。

在安装 CCS 时,用户可以选择安装组件。如果选择自定义安装模式(见图 5.10),则下列组件必须安装,这样才能支持 MCSDK:

➢ SYS/BIOS 6;

➢ IPC;

➢ XDC;

➢ All C6* DSP。

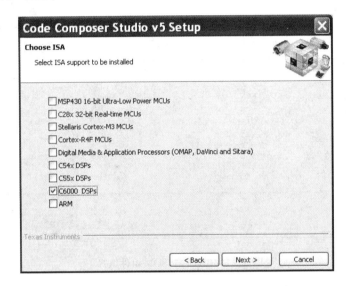

图 5.10　ISA 选项选择 C6000 DSPs

2. BIOS-MCSDK 的安装

在安装 CCS 之后安装 BIOS-MCSDK。BIOS-MCSDK 会更新 CCS 安装的一些组件,具体细节可查看 Release Notes。BIOS-MCSDK 开发环境可以是 Windows 或者是 Linux。MCSDK 安装程序允许选择安装路径,所有的组件会被安装在同样的目录下。

每个软件组件相当于一个 Eclipse 插件。在安装 BIOS-MCSDK 之后,CCS5 在启动时将识别出每个插件。在 CCS5 窗口单击菜单 Help→Help Contents,选择其中所有可用到的文档,用户可在帮助窗口中浏览这些文档。

注意:在启动 BIOS-MCSDK 安装程序时确保关闭了 CCS。

单击下载的应用程序:bios_mcsdk_02_01_02_06_setupwin32.exe,用户仅仅需要选择安装目录和安装文件,建议用户安装全部组件,如图 5.11 和图 5.12 所示。

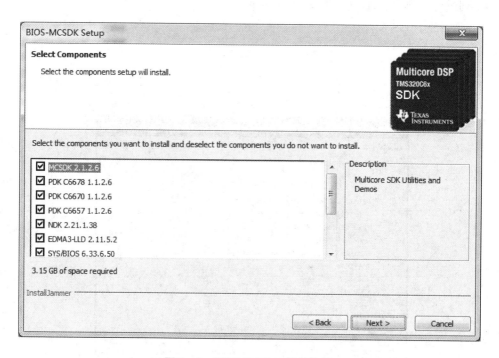

图 5.11　BIOS-MCSDK 组件选择

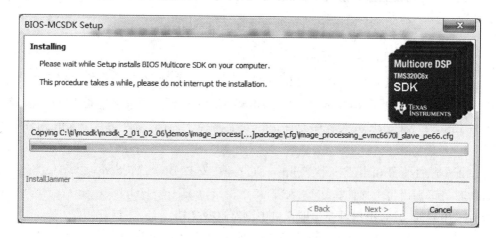

图 5.12　BIOS-MCSDK 组件安装过程

MCSDK 安装后，根目录文件列表见表 5.3。

表 5.3　MCSDK 根目录文件

软件列表	目　　　录
CSL 和 LLD 驱动	
Chip Support Library	pdk_＜platform＞_w_xx_yy_zz/packages/ti/csl/
All LLD (except EDMA3)	pdk_＜platform＞_w_xx_yy_zz/packages/ti/drv/
EDMA3 LLD	edma3_lld_ww_xx_yy_zz/
实时库	
OpenEM	openem_w_x_y_z/
OpenMP	omp_w_x_y_z/
算法库	
DSPLIB	dsplib_＜proc_type＞_w_x_y_z/
IMGLIB	imglib_＜proc_type＞_w_x_y_z/
MATHLIB	mathlib_＜proc_type＞_w_x_y_z/
EVM 软件	
PlatformLibary	pdk_＜platform＞_w_xx_yy_zz/packages/ti/platform/＜device＞/platform_lib
Resource Manager	pdk_＜platform＞_w_xx_yy_zz/packages/ti/platform/resource_mgr. h
Platform OSAL	pdk_＜platform＞_w_xx_yy_zz/packages/ti/platform/platform. h
Transports	pdk_＜platform＞_w_xx_yy_zz/packages/ti/transport/ipc/qmss/
	pdk_＜platform＞_w_xx_yy_zz/packages/ti/transport/ipc/srio/
	pdk_＜platform＞_w_xx_yy_zz/packages/ti/transport/ndk
POST	mcsdk_w_xx_yy_zz/tools/post/
Bootloader	mcsdk_w_xx_yy_zz/tools/boot_loader/
目标软件组件	
SYS/BIOS RTOS	bios_w_xx_yy_zz/
Interprocessor Communication	ipc_w_xx_yy_zz/
目标软件组件	
Network Developer's Kit (NDK) Package	ndk_w_xx_yy_zz/
应用范例	
HUA "Out of Box" Demo	mcsdk_w_xx_yy_zz/demos/hua/
Image Processing	mcsdk_w_xx_yy_zz/demos/image_processing/

下面对这些内容做简要概述。

1. 环境设置

BIOS-MCSDK 安装后,打开 CCS V5.5,选择 所有新发现的组件并启动 CCS V5.5,如图 5.13 所示。

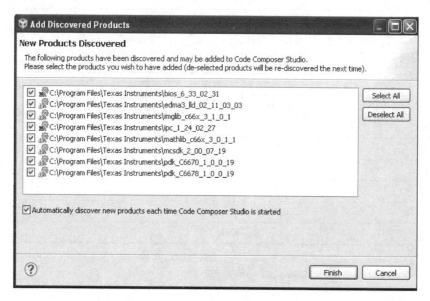

图 5.13　CCS V5.5 新组件启动

对于已经安装或非默认安装路径编译,需要在 CCS 中设置安装组件的路径。

单击 CCS 菜单 Window→Preferences,弹出 Preferences 对话框,选择 Code Composer Studio→Build→Compilers 选项,单击 Add 按钮添加编译器的路径,见图 5.14。

在 Preferences 对话框中,选择 Code Composer Studio→RTSC→Products 选项,单击 Add 按钮添加 MCSDK 安装路径,见图 5.15。

关于通过 JTAG 下载应用程序,请参考"CCS 应用开发环境"和 CCS 帮助手册。

2. GEL 文件设置

注意:相同的目标 GEL 文件可以用于同一款处理器的不同 EVM 模块(L、LE、LXE)。

在目标配置启动后,每个核都设置了一个 GEL 文件。在执行任何应用程序前应先执行 GEL 脚本。下面介绍如何装载和执行 GEL 脚本:

① 单击需要装载 GEL 文件的核,选择 Tools→GEL Files 选项(见图 5.16)。

② 右击列表中空白的第一行(见图 5.17)。

③ 执行 Load GEL 命令。

④ 浏览并打开 GEL 文件。evmc66xxl. gel 文件在目录 mcsdk_xx\tools\pro-

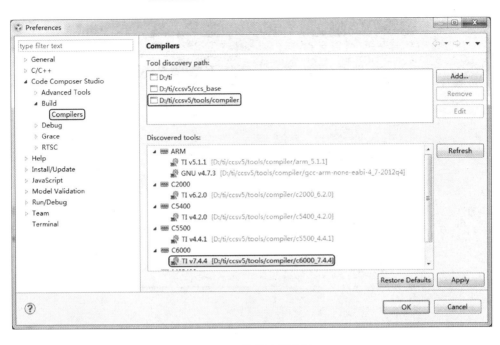

图 5.14　编译路径设置

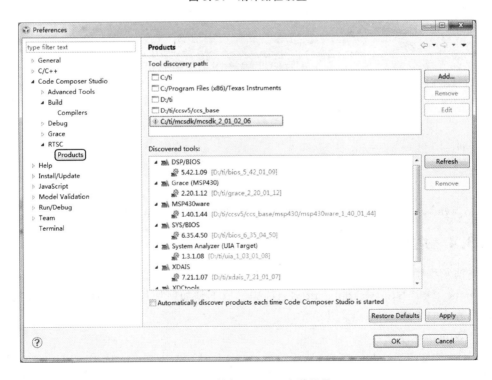

图 5.15　添加 MCSDK 安装目录

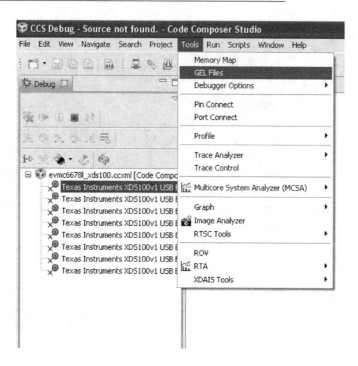

图 5.16　GEL 文件设置

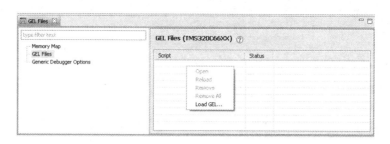

图 5.17　GEL 设置界面

gram_evm\gel。在 Scripts 菜单中运行 Global_Default_Setup，见图 5.18。

5.3.4　运行演示应用程序

演示程序已经在 EVM 闪存中预先装载了。这个现成的演示程序是 High Per-formance DSP Utility Application(HUA)。以下是如何使用 CCS 通过 JTAG 加载应用程序的步骤。

Windows 系统：

① 进入 CCS debug 窗口，选择 Run→Load→Load Program 选项。应用程序路径是:Program File 路径为 mcsdk_2_＃＃_＃＃_＃＃\demos\hua\evmc66＃＃l\De-bug,选择执行的加载程序 hua_evmc66＃＃l. out(默认路径)。

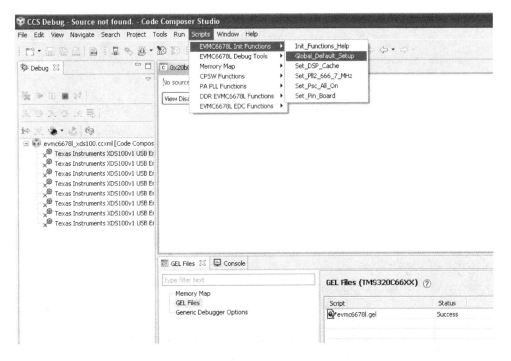

图 5.18　运行 Global_Default_Setup

② 单击 Run→Resume 在目标上运行演示程序。在 CCS5. x 中单击 Target→Run 选项。

Linux 系统:略(详细见 TI WIKI)。

注意:

① HUA 是运行在静态 IP 还是在 DHCP 模式下取决于用户开关 2(请参考硬件设置部分及 HUA 演示指南中的静态 IP 配置部分)。

② 演示应用程序会同时向 CCS 控制台和 DART 写消息,因此用户可以使用 CCS 控制台或者串口程序来看到消息。当使用 DHCP 时,这是唯一可以得到 IP 地址的方法。

在程序开始运行之后,可以在 CCS5 console 窗口或者 UART 程序中看到如图 5.19 所示的信息。

在这个例子中,通过 DHCP 获得的 TP 地址是 10.218.112.167。用户打开一个网页浏览器,然后在地址栏输入获得的 IP 地址,这样就可以打开 HUA 页面(见图 5.20)。

```
[C66xx_0] Start BIOS 6
[C66xx_0] HPDSPUA version 2.00.00.11
[C66xx_0] Configuring DHCP client
[C66xx_0] QMSS successfully initialized
[C66xx_0] CPPI successfully initialized
[C66xx_0] PASS successfully initialized
[C66xx_0] Ethernet subsystem successfully initialized
[C66xx_0] eventId?  48 and vectId?  7
[C66xx_0] Registration of the EMAC Successful, waiting for link up ..
[C66xx_0] Service Status: DHCPC   ?  Enabled ?        ?  000
[C66xx_0] Service Status: THTTP   ?  Enabled ?        ?  000
[C66xx_0] Service Status: DHCPC   ?  Enabled ?  Running ?  000
[C66xx_0] Network Added: If-1:10.218.112.167
[C66xx_0] Service Status: DHCPC: Enabled: Running: 017
```

图 5.19　console /UART 输出信息

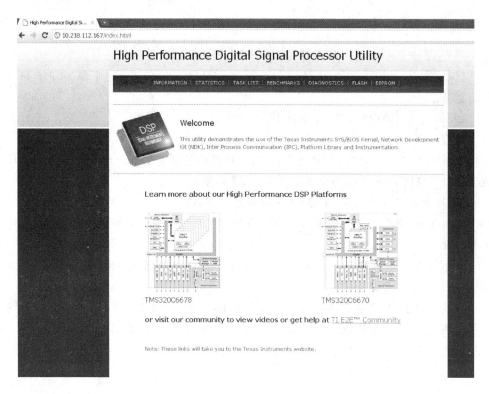

图 5.20　HUA 演示页面

嵌入式多核 DSP 应用开发与实践

5.4　CSL 与底层驱动

5.4.1　CSL 介绍

在 DSP 应用系统中,一般会涉及大量对 DSP 器件外设特别是片上外设的编程处理工作,这在开发初期会消耗开发工程师较多的精力。在 CCS 开发环境中,TI 提供了片级支持库 CSL(Chip Support Library)。

CSL 是一系列用于配置和控制片上外设的 API 函数、宏和符号的集合,在不调用 SYS/BIOS 情况下,也可以完成对 DSP 片上外设的配置与控制。TI 提供 CSL 的目的是方便外设使用,缩短开发周期,增强程序的可移植性,提高 TI 各系列 CPU 之间程序的规范化和兼容性。表 5.4 为 CSL 特性总结。

表 5.4　CSL 特性总结

组件类型	库
安装包	PDK
安装路径	pdk_c6678x_＜version＞\packages\ti\csl pdk_c6670x_＜version＞\packages\ti\csl pdk_c6657x_＜version＞\packages\ti\csl
Project 类型	Eclipse RTSC
支持大小端模式	小端和大端
链接路径	$(TI_PDK_C6678_INSTALL_DIR)\packages\ti\csl $(TI_PDK_C6670_INSTALL_DIR)\packages\ti\csl $(TI_PDK_C6657_INSTALL_DIR)\packages\ti\csl
链接段	. vecs , . switch, . args, . cio
默认存储	L2 Cache
安装路径	$(TI_PDK_C6678_INSTALL_DIR)\packages\ti\csl $(TI_PDK_C6670_INSTALL_DIR)\packages\ti\csl $(TI_PDK_C6657_INSTALL_DIR)\packages\ti\csl
参考指南	看安装目录下的 docs 文件夹

5.4.2　LLDs 介绍

驱动库 LLDs(Low Level Drivers)提供 C66x 系列 DSP 片内各种外设驱动接口。表 5.5 所列为 LLDs 支持的模块与 CPU 类型。表 5.6 所列是 LLDs 特性总结。

表 5.5　LLDs 支持 CPU 类型与模块

驱动	C6678	C6670/TCI6618	C6657
CSL	√	√	√
RM	√	√	√
QMSS	√	√	√
数据包直接内存取	√	√	√
PA	√	√	
SA	√	√	
SRIO	√	√	√
PCIe	√	√	√
HyperLink	√	√	√
TSIP	√		
EDMA3	√	√	√
FFTC		√	
TCP3d		√	√
TCP3e		√	
BCP		√	
AIF2		√	
EMAC			√

表 5.6　LLDs 特性总结

组件类型	库
安装包	PDK
安装路径	pdk_c6678x_＜version＞\packages\ti\drv pdk_c6670x_＜version＞\packages\ti\drv pdk_c6657x_＜version＞\packages\ti\drv
Project 类型	Eclipse RTSC
支持大小端模式	小端和大端
链接路径	$（TI_PDK_C6678_INSTALL_DIR）\packages\ti\drv $（TI_PDK_C6670_INSTALL_DIR）\packages\ti\drv $（TI_PDK_C6657_INSTALL_DIR）\packages\ti\drv
安装路径	$（TI_PDK_C6678_INSTALL_DIR）\packages\ti\drv $（TI_PDK_C6670_INSTALL_DIR）\packages\ti\drv $（TI_PDK_C6657_INSTALL_DIR）\packages\ti\drv
参考指南	看安装目录下的 docs 文件夹

5.4.3　EDMA3 驱动介绍

EDMA3(Enhanced DMA version3)驱动的用处是：在器件上两个内存映射的从终端之间完成用户可编程的高速数据传输，应用于 TI 最新的硬件外设。

EDMA3 LLD 包括 EDMA3 驱动和 EDMA3 资源管理。EDMA3 驱动程序提供基于 DMA 的同步传输驱动和应用。为了简化使用，EDMA3 资源管理和 EDMA3 驱动使用一致的设备驱动和应用程序。表 5.7 所列为 EDMA3 驱动特性总结。

表 5.7　EDMA3 驱动特性总结

组件类型	库
安装包	EDMA3 底层驱动
安装路径	＜root_install_dir＞/edma3_lld_02_11_01_02
Project 类型	N/A
支持大小端模式	小端和大端
库名	edma3_lld_drv.ae66（小端）和 edma3_lld_drv.ae66e（大端）
参考指南	看安装目录下的 docs 文件夹

5.5　算法处理库

TI 公司提供了一系列基于 C 语言编程开发的算法处理库，包括数字信号处理库（DSPLIB）、图像处理库（IMGLIB）、数学函数库（MATHLIB）等，还提供了调用的接口函数 API。这些函数通常用在运算量巨大的实时应用上，对这些应用而言，最优的执行速度是关键。使用这些函数可以使用户获得比用标准 ANSI C 语言编写的等效代码更快的执行速度。另外，TI 公司还提供了这些算法处理函数库的源代码，方便用户进行底层修改。

5.5.1　数字信号处理库(DSPLIB)

数字信号处理库（DSPLIB）集成优化的 DSP 功能函数和通用信号处理历程，提供了自适应滤波、相关、快速傅里叶变换、滤波和卷积、矩阵等运算。DSPLIB 特性总结如表 5.8 所列。

DSPLIB 的库函数详细源代码见安装目录 DSPLIB_xx\components\ 文件夹压缩文件：ti_dsplib_src_c66x_3_1_0_0.rar。

表 5.8　DSPLIB 特性总结

组件类型	库
安装包	DSPLIB
安装路径	dsplib_c66x_＜version＞\
Project 类型	CCS
支持大小端模式	大端和小端
函数库文件名	dsplib. a66 (COFF, little-endian) dsplib. a66e (COFF, big-endian) dsplib. ae66 (ELF, little-endian) dsplib. ae66e (ELF, big—endian)
连接路径	＜root_install_dir＞\lib\
安装路径	＜root_install_dir＞\inc\ ＜root_install_dir＞\packages\

5.5.2　图像处理库(IMGLIB)

通常开发一款图像采集和处理产品的流程是熟悉硬件平台的特性,并根据 CPU 的特点优化算法,最后调试整个系统软件。对于大多数厂家的 CPU 支持的汇编语言不相同,尤其 DSP 芯片的汇编语言,如 TI 公司有自己的汇编指令集,而 AD 公司也有自己的汇编指令集。通常只有根据各个厂家的 CPU 内核特点和汇编指令特点,才可以更好地优化图像算法,而且往往这方面影响着产品的开发进度,影响着产品进入市场的时间。

TI 公司为了解决这个问题,向用户提供了图像处理库(IMGLIB)。该库主要包含图像压缩和解压缩、图像分析和图像滤波 3 部分,IMGLIB 特性总结如表 5.9 所列。用户可以利用这 3 个函数库快速地开发出图像采集处理算法。

表 5.9　IMGLIB 特性总结

组件类型	库
安装包	IMGLIB
安装路径	imglib_c66x_＜version＞\
Project 类型	CCS
支持大小端模式	小端
库文件名	imglib. ae66 (ELF, little-endian)
连接路径	＜root_install_dir＞\lib\
安装路径	＜root_install_dir＞\inc\ ＜root_install_dir＞\packages\
参考指南	看安装目录下的 docs 文件夹

TI 公司提供的 IMGLIB 包括很多图像和视频处理函数,所有函数都对 C 语言编程进行了优化。该库包括一些可以使用 C 语言调用,且已经过汇编优化的图像和视频处理子程序。在对图像处理时间十分敏感的实时系统中可以使用这些已经过优化的函数。用户借助这些子程序就可以轻松地使用 ANSI C 语言编写高效的算法程序。借用这些子程序,还可以缩短产品进入市场的时间。

TI 公司的 C66x IMGLIB 包括通用的图像和视频处理子程序。另外,用户可以根据产品的特点,修改库的源程序来满足自己的要求。这些源程序可以在 Code Composer Studio 软件的安装目录下找到,如图 5.21 所示。

图 5.21 C66x IMGLIB 安装根目录

IMGLIB 的特点如下:

➢ 优化的汇编代码子程序。

➢ 与 TI C66x 编译器完全兼容的 C 调用子程序。

➢ 基准,包括时钟周期和代码大小。

➢ 参考 C 模型测试。

在 IMGLIB 安装目录中,存在两个函数库,如表 5.10 所列。

表 5.10 IMGLIB 函数库

库文件名	支持芯片	文件类型	大小端模式
imglib. a66	C66x DSP	COFF	Little
imglib. ae66	C66x DSP	ELF	Little

IMGLIB 的库函数详细源代码见安装目录 imglib_xx\components\文件夹压缩文件:ti_imglib_src_c66x_3_1_1_0. rar。

5.5.3 数学函数库(MATHLIB)

TI 公司的数学函数库(MATHLIB)是优化的浮点数学函数库,用于使用 TI 浮点器件的 C 编程器。这些例程通常用于计算密集型实时应用,最佳执行速度是这些应用的关键。通过使用这些例程(而不是在现有运行时支持中找到的例程),可以在无须重写现有代码的情况下获得更快的执行速度。MATHLIB 包括目前在现有实时支持库中提供的所有浮点数学例程。这些新函数可成为当前实时支持库名称或包含在数学库中的新名称。

MATHLIB 的特点如下：

- 自然 C 源码；
- 优化的 C 代码，具有内建运算符；
- 手工编码、经汇编语言优化的例程；
- C 调用的例程，可内联且与 TMS320C6000 编译器完全兼容；
- 接收单样片或向量输入的例程；
- 提供的函数已经过 C 模型和现有实时支持函数测试；
- 基准（周期和代码大小）；
- 使用代码生成工具 v7.2.0 进行编译。

MATHLIB 支持两种类型运算：单精度浮点运算和双精度浮点运算。MATH-LIB 特性总结如表 5.11 所列。

表 5.11　MATHLIB 特性总结

组件类型	库
安装包	MATHLIB
安装路径	mathlib_c66x_＜version＞\
Project 类型	CCS
支持大小端模式	大端和小端
库文件名	mathlib. a66 (COFF，little-endian) mathlib. a66e (COFF，big-endian) mathlib. ae66 (ELF，little-endian) mathlib. ae66e (ELF，big-endian)
链接路径	＜root_install_dir＞\lib\
安装目录	＜root_install_dir＞\inc\ ＜root_install_dir＞\packages\
参考指南	看安装目录下的 docs 文件夹

5.6　网络开发工具 NDK

网络开发工具 NDK(Network Developers Kit)是 TI 公司为 C6000 系列 DSP 网络程序开发提供的平台，采用自顶向下、分层、模块化的设计方法，实现了 TCP/IP 协议栈，并提供了与嵌入式操作系统、网络底层硬件的接口。采用紧凑、结构化的设计方法使得 NDK 仅用 200～250 KB 程序空间和数据空间即可支持诸如 Telnet、DHCP、HTTP 等常规的 TCP/IP 服务。NDK 是基于 DSP 的嵌入式系统实现网络通信功能的重要支撑。

5.6.1　NDK 概述

严格意义上说，TI 公司提供的 SYS/BIOS 系统并不是真正的实时操作系统，而只是用于帮助程序员开发实时操作系统的软件包。因为它不包含网络功能，所以在用 SYS/BIOS 设计网络操作系统时，需要从以下两方面入手：

① 利用 SYS/BIOS 提供的资源进行裁减和整合；

② 补充 SYS/BIOS 中未提供的网络功能。

为了解决这个问题，TI 公司结合其 C6000 系列推出了 TCP/IP NDK。NDK 是一个用来设计开发和验证 TMS320C6000 系列 DSP 网络应用功能的平台，表 5.12 所列为 NDK 特性。在 NDK 平台上不仅可以快速开发网络和信息包处理应用功能，同时也可以为现有的 DSP 应用软件增加基于网络的通信、配置和控制功能。TI NDK 可以用于测试 TI 的 TCP/IP 堆栈的功能和性能，以确保满足不同应用对网络连接性的多种需要。

表 5.12　NDK 特性总结

组件类型	库
安装包	NDK
安装路径	ndk_＜version＞\
Project 类型	Eclipse RTSC
支持大小端模式	Little and Big
库文件名	binsrc. lib or binsrce. lib and cgi. lib or cgie. lib and console. lib or consolee. lib and hdlc. lib or hdlce. lib and miniPrintf. lib or miniPrintfe. lib and netctrl. lib or netctrle. lib and nettool. lib or nettoole. lib and os. lib or ose. lib and servers. lib or serverse. lib and stack. lib or stacke. lib
链接地址	$ (NDK_INSTALL_DIR)\packages\ti\ndk\lib\＜arch＞
链接段	. far:NDK_OBJMEM，. far:NDK_PACKETMEM
安装路径	NDK_INSTALL_DIR is set automatically by CCS based on the version of NDK you have checked to build with. $ {NDK_INSTALL_DIR}\packages\ti\ndk\inc $ {NDK_INSTALL_DIR}\packages\ti\ndk\inc\tools
参考指南	看安装目录下的 docs 文件夹
Demo 应用	The NDK unit test examples are available in $ (TI_MCSDK_INSTALL_DIR)\packages\ti\platform\nimu\test \evm＃＃＃＃

利用 TCP/IP NDK 迅速在 DSP 应用上集成协议栈，在完成目标硬件之前就可以开始系统软件部分的设计。开发包作为参考平台协助进行应用调试。此外，TCP/

IP NDK 还带有以太网子卡,配备了媒体访问控制器(MAC)/物理层(PHY),从而省去了网络处理器及相关软件,降低项目设计成本。

NDK 仅用 $200 \sim 250$ KB 的程序空间和 95 KB 的数据空间即可支持常规的 TCP/IP 服务,包括应用层的 TELNET、DHCP 和 HTTP 等协议。因此,NDK 很适合目前的嵌入式系统硬件环境,是实现 DSP 网络开发的重要支撑工具。

NDK 包括:

> 内核 TCP/IP 协议栈:采用二进制形式的双模式 IPv6/IPv4 堆栈,仅包含 VLAN 软件包优先级标记、TCP、UDP、ICMP、IGMP、IP 和 ARP。

> 网络应用:采用源码和二进制形式的 HTTP、TELNET、TFTP、DNS、DHCP (仅限 IPv4)。

> 应用编程接口:BSD 套接,包括原始以太网支持。

> 器件驱动程序:采用源码和二进制形式的预先测试的器件驱动程序。

5.6.2　NDK 组织结构

TI 公司针对网络开发提供的 NDK 套件,提供了一个占用较少内存、完整的 TCP/IP 功能的环境。NDK 通过抽象的编程接口既独立于本地 OS,也独立于底层的硬件,本地操作系统被抽象为操作系统适配层,而特定的硬件通过硬件抽象层来支持,系统适配层和硬件抽象层用于 TCP/IP 协议栈到 SYS/BIOS 和系统外设的接口。

以 NDK 为基础的开发中,主要完成的工作如下:

> 通过 SYS/BIOS 的 API 调用网络控制库任务线程。该线程不是真正的网络任务线程,它以初始化线程的方式出现,是 TCP/IP 协议栈的事件调度线程。

> 调用初始化函数 NC_SystemOpen()。该函数可完成对协议栈及其所需内存的初始化。

> 创建系统配置。该系统配置用于对协议栈的控制和管理,可用函数 CfgNew () 和函数 CfgLoad() 操作。

> 调用函数 NC_NewStart() 启动网络。

NDK 主要由五部分组成,图 5.22 所示为协议栈以函数调用的方式组织起来的控制流。

(1) TCP/IP 协议栈库

TCP/IP 协议栈库是主要的 TCP/IP 网络功能库,包含以太网和 PPP 层的所有内容。该库构建在 DSP/BIOS 微操作系统之上,实现了从上层套接字到底层链路层的所有功能,而且可以很容易进行协议移植。

该库直接编译应用于 SYS/BIOS,不需要从一个平台移植到另一个平台。该库已经添加支持 NIMU(Network Interface Management Unit)、VLANs、IPv6 等。

(2) 网络工具库

网络工具库(NETTOOL)由 NDK 提供的基于网络服务的套接字及一些辅助开

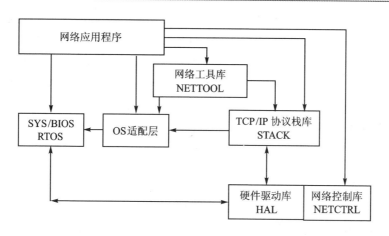

图 5.22　TCP/IP 协议栈控制流

发网络应用的工具组成。最常用的是基于配置系统的标签。配置系统用于控制协议栈和配置网络服务，NETTOOL 可以存储在 NVRAM 里，启动时自动加载。

(3) RTOS

RTOS 是一个精简的适配层，将 OS 函数映射为 SYS/BIOS 函数，可将 NDK 系统调整到任一基于 SYS/BIOS 的操作系统，包括任务线程管理、内存分配、包缓存管理、打印显示、Log 日志、临界区和 Cache 设置等。

(4) 硬件驱动库

硬件驱动库 HAL 将具体的底层硬件抽象为一个硬件抽象层与 NDK 相隔离，为 NDK 提供一组编程接口，这一层还提供了以太网控制器的底层驱动。

硬件抽象库包含硬件外设到 NDK 的接口，例如，Timer、LED 指示灯、以太网设备和串口等。

(5) 网络控制库

从某种意义上说，网络控制库（NETCTRL）是 TCP/IP 协议栈的核心，它控制 TCP/IP 与外部的交互，是所有协议栈组成模块中最重要的。

网络控制库的功能如下：

➢ 负责 NDK 的初始化和底层设备驱动；

➢ 通过配置服务回调函数启动和维护配置；

➢ 向底层设备驱动提供接口，同时调度驱动事件；

➢ 在退出时，卸载系统配置，清理驱动。

5.6.3　NDK 实现过程

NDK 实现过程如下：

① 用初始化函数 NC_SystemOpen() 对操作系统环境进行初始化，该函数的两个参数 Priority 和 OpMode 分别决定调度的优先级和调度器何时开始执行。

嵌入式多核 DSP 应用开发与实践

② 创建一个新的配置 CfgNew()，一旦创建了配置句柄，就可以将配置信息装载到句柄中，既可以整体装载，也可以采用一次一个条目的形式进行装载。

③ 通过配置函数 API 的调用构建新配置 CfgLoad()或加载一个原来存在的配置 CfgAddEntry(两者的区别在于整体装载，还是逐一进行装载)，装载的参数包括：

- ➤ 网络主机名；
- ➤ IP 地址和子网掩码；
- ➤ 默认路由的 IP 地址；
- ➤ 需要执行的服务(例如：DHCP、DNS 和 HTTP)；
- ➤ 命名服务器的 IP 地址；
- ➤ 协议栈的属性(例如：IP 路由、套接字缓存大小等)。

④ 启动带有配置的堆栈 NC_NetStart()，该函数有四个参数：配置句柄、指向开始函数的指针、指向结束函数的指针和指向 IP 地址事件的函数。

- ➤ 开始函数和结束函数只被调用一次；
- ➤ 开始函数在初始化结束后准备执行网络应用程序时调用；
- ➤ IP 地址事件函数允许被多次调用；
- ➤ NC_NetStart()函数运行至系统关闭时才返回。

⑤ 当 NC_NetStart()返回并且会话结束后，调用 CfgFree()释放配置句柄。

⑥ 当所有资源释放后，调用 NC_SystemClose()完成系统关闭操作。

NDK 实现过程流程图如图 5.23 所示。

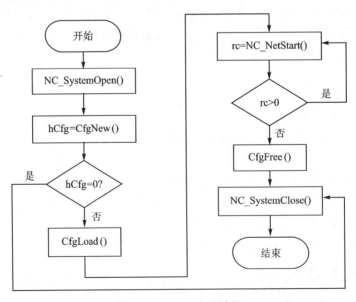

图 5.23　NDK 实现过程

154

5.6.4 CCS 创建 NDK 工程

本小节介绍如何使用 CCS 创建 NDK 工程项目。

① 单击 CCS 菜单 File→New→CCS Project 新建 CCS 项目。如图 5.24 所示,在 Project name 文本框中输入项目名称,在 Device 选项区域设置芯片型号 C6678,项目模板选择 SYS/BIOS→Typical 选项。

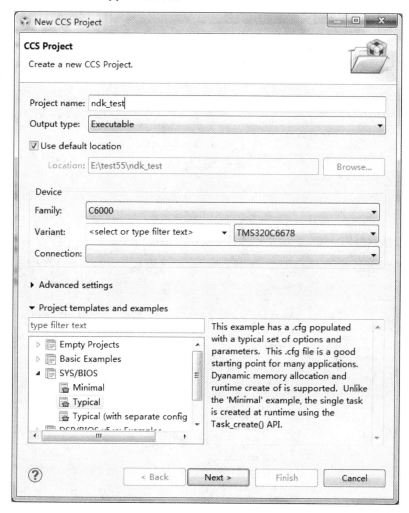

图 5.24 新建 SYS/BIOS 工程项目

② 单击 Next 按钮后,进入 RTSC 设置对话框。注意要选择 NDK 和 SYS/BIOS 复选项及相应的版本,在 Platform 的下拉列表中选择 ti.platforms.evm6678,如图 5.25 所示。如果没有出现以上选项则说明没有正确安装。

至此 CCS 完成新建 NDK 工程项目。

对于 CCS 已经安装 SYS/BIOS 和 RTSC,但是 NDK 没有安装在 C:/ti 默认目

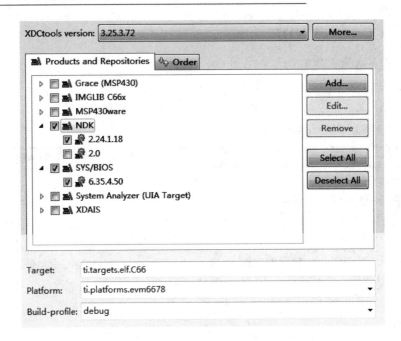

图 5.25　NDK 项目设置

录下,可以通过如图 5.26 所示添加 NDK 安装路径配置。

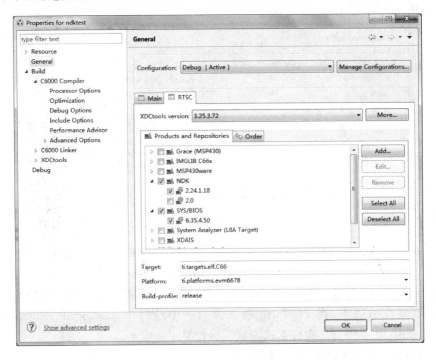

图 5.26　添加 NDK 配置

5.6.5　配置 NDK

配置 NDK 的步骤如下：

① 查看 CCS 右上角图标，确保 CCS 在 Edit 状态，如图 5.27 所示。

② 双击 CCS 项目的 .cfg 文件，如图 5.28 所示，打开 XGCONF 配置窗口，显示如图 5.29 所示的状态。

③ 选择 Global 选项，打开 NDK 配置窗口，如图 5.30 所示，选择 System Overview，右键需要设置的模块，显示 user xx，即可配置相应的模块。

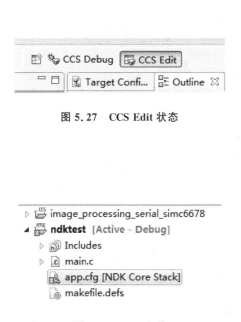

图 5.27　CCS Edit 状态

图 5.28　.cfg 文件

图 5.29　NDK 窗口

5.6.6　NDK 开发中应注意的问题

NDK 作为网络通信开发组件，向系统提供网络通信功能。很少有应用程序把网络通信当作唯一的功能，一般都是通过网络传输数据，而程序的关注点在于数据处理。所以，使用 NDK 的难题就在于，如何结合 SYS/BIOS 和 IPC 提供的其他功能，实现多核 DSP 与上位机的数据通信和并行数据处理。这其中涉及网络设备的初始化、网络服务的配置、网络文件系统创建和网络服务器的创建等。

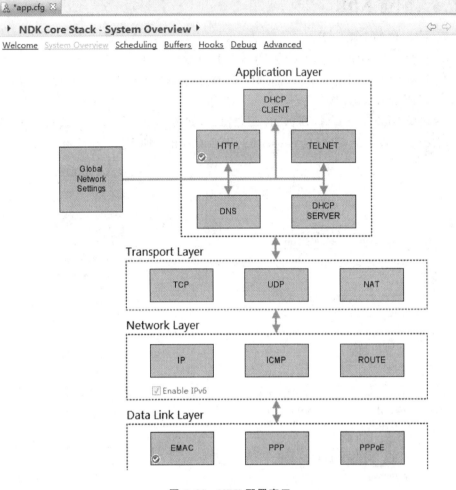

图 5.30　NDK 配置窗口

5.7　HUA 实例

5.7.1　概　述

高性能 DSP 应用程序(High-Performance DSP Utility Application ,HUA)是对多核软件开发包(MCSDK)的一种即开即用的演示程序,它通过说明性的代码和网页向用户演示如何将用户自己的 DSP 应用程序连接到多种多样的 TI MCSDK 软件单元,包括 SYS/BIOS、网络开发包 NDK、芯片支持库 CSL 以及平台库。这样演示的目的是说明 MCSDK 关键组件的整合,并在评估板(EVM)上提供多核软件开发的框架。

本小节涵盖了演示的多方面内容,包括对要求和软件设计的探讨、对建立和运行程序的说明以及纠错的步骤。目前,它仅支持 SYS/BIOS 嵌入式的操作系统。用户可以通过 PC 的网页浏览器连接到演示用的应用程序。

除此之外,在网页顶端有一系列选项卡,它们实现了一些基本功能,包括:

> 信息:生成一个页面以展示一系列有关平台及其操作的信息,比如系统启动时间、平台设置、设备型号、核心数量、核心速度、软件单元版本和网络堆栈信息。所有这些收集的信息通过使用应用程序接口 API 来调用各种 MCSDK 软件单元。

> 统计:生成一个页面从网络堆栈报告标准以太网统计参数。

> 任务列表:生成一个页面来报告当前设备上活动的 SYS/BIOS 任务,包括任务优先级、任务状态、分配的堆栈空间以及每个任务使用的堆栈空间等信息。

> 标准参考程序(Benchmark):将用户带至一个含有所支持的用户在平台上可运行的 Benchmark 列表的页面。

> 诊断:将用户带至一个页面,其允许用户执行一系列对平台的诊断测试。

> 闪存:将用户带至一个展示闪存硬件信息的页面,并允许用户在平台上读/写闪存。

> EEPROM:将用户带至一个可以对 EEPROM 进行读取的页面。

执行 HUA 历程有以下要求:

> TMS320C6x 系列评估板;

> 电源线;

> 以太网;

> 安装有 CCS5 的 Windows 操作系统 PC。

1. 标准参考程序

Benchmark 选项卡将用户带至一个含有所支持的用户在平台上可运行的 Benchmark 列表的页面。目前 2.0 版本有 2 种支持的 Benchmark:

① 网络吞吐量测试/Benchmark:其允许用户在 PC 与 EVM 之间设置并执行网络吞吐量的测试。用户可以设置方向(发送或接收)、协议(UDP,TCP)以及发送数据的大小。测试结束后,例如数据丢失、测试时间和有效吞吐量等结果会被显示。

② 网络环回测试/Benchmark:其允许用户在测试装置与 EVM 之间设置并执行 UDP 和 TCP 的网络环回测试。本功能需要 UDP 数据包生成器来测量 UDP 吞吐量。

UDP 测试设置如图 5.31 所示。TCP 测试设置如图 5.32 所示。

IPEFR 命令行测试:

iperf － c 192.168.2.100 － i 10 － t 600 － w 64K － d

2. 诊　断

诊断选项卡允许用户执行一系列对平台的诊断测试。这些诊断都由平台库的组

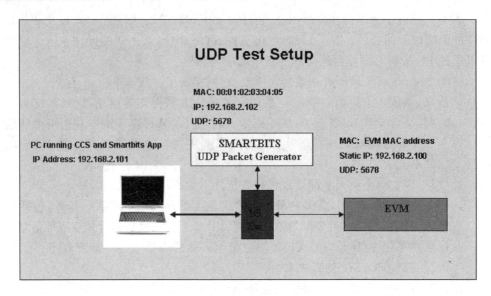

图 5.31　UDP 测试连接示意图

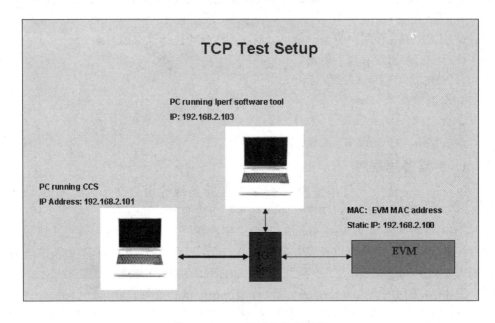

图 5.32　TCP 测试连接示意图

成部分提供。支持的诊断测试包括：

外部 RAM 测试：通过写入与读回的过程来测试指定的外部 RAM 段。在测试后诊断程序会显示 PASS/FAIL 的指示。

处理器内存测试：通过写入与读回的过程来测试与用户指定的处理核心关联的内存。在测试后诊断程序会显示 PASS/FAIL 的指示。仅可以对内核 0 之外的内核执行,并且不适用于单核设备。

LED:允许用户在开/关平台上指定的 LED 。

UART 测试:允许用户向 DART 端口发送文本信息。本测试要求用户必须拥有连接到平台上 UART 端口的 PC。

3. Flash

Flash 页面展示了有关 Flash 硬件的信息,并允许用户读/写。对于读取,用户可以指定读取的闪存块,然后可以按页读取数据。对于写入,用户可以写入一个任意的文件(二进制 BLOB)或者可引导的镜像。

4. EEPROM

EEPROM 页面允许用户按页读取 EEPROM 1 KB 块中的数据。

5.7.2 软件设计

HUA 的顶层软件结构如图 5.33 所示。

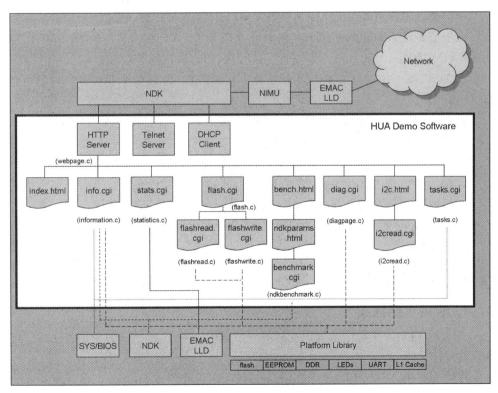

图 5.33 HUA 顶层软件架构

软件功能提供了 HTTP 和远程登录服务器。这些服务器使用标准的接口连接到 IP 堆栈(NDK),而 NDK 通过 NIMU 和 EMAC 驱动组件连接到以太网。

HTTP 服务器提供了允许在 EVM 上执行各种操作(如诊断)或者提供信息的页面(如统计)。这些网页一些是通过 CGI-BIN 接口(.cgi)动态创建,另一些则是直接调回的静态页面(.html)。

任务:由于是嵌入式系统,其使用 SYS/BIOS 来提供任务分配功能以及 OS 单元,例如信号和计时器等。其主线程为 hpdspuaStart 任务。此任务将设置 IP 堆栈,并将系统带入自由运行的状态。

注:应用程序的主程序仅启动 SYS/BIOS。SYS/BIOS 会依次运行任务。

平台初始化:平台启动之前,SYS/BIOS 调用 EVM_init( )来完成平台初始化。平台初始化设置 DDR、I²C 总线 、时钟以及所有其他项目。

5.8　Image Processing 实例讲解

5.8.1　概　述

本图像处理实例可用于在评估板(EVM)上提供多核软件开发框架。

该应用展现了通过多核框架实现图像处理系统,即会在多核上运行 TI 的图像处理库(IMGLIB),对输入的图像进行图像处理(如边缘检测等)。

在 MSCDK 中包含了三种版本的实例。然而,这三种版本并不是对所有的平台都适用。

> Serial Code:这个版本适用 I/O 文件来读取和写入图像文件。它可以在 Simulator 或评估板的目标平台上运行。该版本的主要目的是在代码中运行 Prism 和其他的软件工具来分析基本的图像处理算法。

> 基于 IPC:基于 IPC 的实例通过使用 SYS/BIOS IPC 在核间进行通信从而并行地执行图像处理。

> 基于 OpenMP:(不适用于 C6657)这个版本使用 OpenMP 在多核上运行图像处理算法。

5.8.2　软件设计

1. 应用程序框架

图 5.34 所示为实现图像处理应用的框架结构。图 5.35 所示为应用程序的软件处理途径。

该应用使用了 IMGLIB 的 API 来完成核心图像处理需求,并根据以下步骤来完成图像的边缘检测:

① 将输入图像分裂成多层重叠的切片。

② 如果这是一幅 RGB 图像,则分离出其亮度分量(Y)进行处理。

③ 运行 Sobel 算子(IMG_sobel_3x3_8)得到每一层切片的梯度图像。

④ 在切片上运行阈值(IMG_thr_le2min_8)操作得到边缘。

⑤ 整合所有的切片得到输出结果。

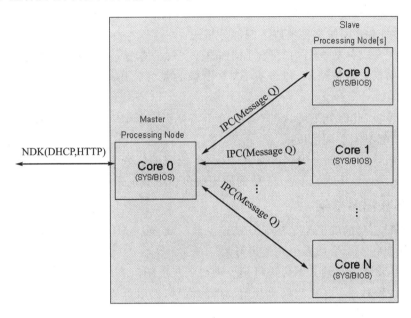

图 5.34　图像处理应用软件框架

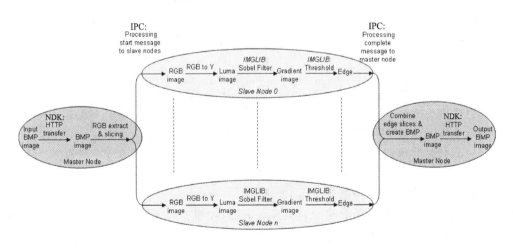

图 5.35　图像处理实例流水线

2. BMP 图像概述

BMP(全称 Bitmap)是 Windows 操作系统中的标准图像文件格式,可以分为两类:设备相关位图(DDB)和设备无关位图(DIB),使用非常广泛。它采用位映射存储格式,除了图像深度可选外,不采用其他任何压缩,因此 BMP 文件所占用的空间很大。BMP 文件的图像深度可选 1 bit、4 bit、8 bit 及 24 bit。BMP 文件存储数据时,图像的扫描方式是按从左到右、从下到上的顺序。由于 BMP 文件格式是 Windows 环境中交换与图有关的数据的一种标准,因此在 Windows 环境中运行的图形图像软件都支持 BMP 图像格式。

典型的 BMP 图像文件由以下四部分组成:

① 位图头文件数据结构,包含 BMP 图像文件的类型、显示内容等信息;

② 位图信息数据结构,包含有 BMP 图像的宽、高、压缩方法,以及定义颜色等信息;

③ 调色板,此部分是可选的,有些位图需要调色板,有些位图,如真彩色图(24 位的 BMP)就不需要调色板;

④ 位图数据,此部分内容根据 BMP 位图使用的位数不同而不同,在 24 位图中直接使用 RGB,而其他的小于 24 位的使用调色板中颜色索引值。

3. 多核程序框架

对于多核,当前的框架是基于 IPC 信息队列或 OpenMP 的框架。以下是运行的步骤(主线程将在 1 个或多个核上运行):

- 主线程将会对输入图像进行预处理得到灰度图像或是亮度图像。
- 主线程对每个从线程发出开始处理的信号,然后等待所有从线程的处理结束信号。
- 每个从线程运行边缘检测函数来产生输出边缘图像。
- 然后从线程对主线程发出处理结束的信号。
- 一旦主线程接收到来自所有从线程的完成信号,它将会进行进一步的用户界面处理。

4. 用户界面

用户输入的是一幅 BMP 图像。该图像将会通过 NDK(http)被转移到外部存储器。以下是应用程序的用户界面及它们间的交互:

- 启动目标板时将会以动态/静态 IP 地址对 IP 堆栈进行配置,并打开一个 HTTP 服务器。
- 目标板将在 CCS 控制窗显示 IP 地址。
- 用户将使用这个 IP 地址来打开输入界面,如图 5.36 所示。
- 该应用程序仅支持 BMP 格式的图像。
- 主线程将从 BMP 图像中提取 RGB 值,然后进行初始化图像处理,并等待其结束。一旦处理过程结束,它将会创建输出的 BMP 图像。主线程将会在输出页面显示输入/输出图像。

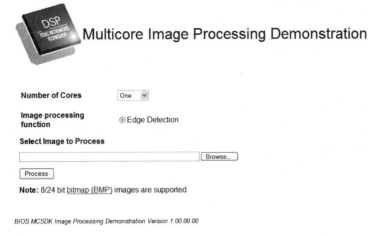

图 5.36　图像输入界面

5.8.3　软件实例介绍

1. 软件目录结构

图像处理实例位于<MCSDK INSTALL DIR>\demos\image_processing 目录下。下面简要介绍一下各个目录及子目录的主要内容及功能：

① docs 目录下包含了本实例的一些简要介绍文档。

② images 目录下包含了本实例使用到的几张 BMP 图片。

③ ipc 为的 IPC 版本工程目录。

➢ common 目录下含有主内核和从内核共用的一些常用的线程函数，对于基于 IPC 的版本，这些函数将在所有的核上运行；图像处理函数在这个从线程环境中运行。

➢ evmc66♯♯1［master /slave］目录下含有基于 IPC 的［主/从］核 CCS 工程文件。

➢ evmc66♯♯1 \platform 目录下含有工程的目标平台配置文件。

➢ master 目录下含有用于主线程的源文件，它们使用 NDK 来转移图像，并通过 IPC 在核之间通信以完成图像的处理。

➢ slave 目录下含有用于所有从内核的入口主函数。

④ serial 为本实例的串行文件 I/O 版本工程目录。

➢ images 为本实例程序使用及生成图片的目录。

➢ inc 和 src 分别为本实例工程中程序声明及定义的源文件。

⑤ utils 为 IPC 版本的 MAD 的配置文件及批处理脚本。

⑥ openmp 为基于 openmp 版本的工程目录。这里不做介绍。

2. CCS 软件仿真演示

下面介绍使用 Serial Code 方式，使用 CCS 软件仿真对图像处理进行演示。

① 打开 CCS，单击菜单 Project→Import Existing CCS/CCE Eclipse Project，打开工程导入窗口，选择路径：MCSDK 安装目录\demos\image_processing\serial，导入 CCS 工程，如图 5.37 所示。

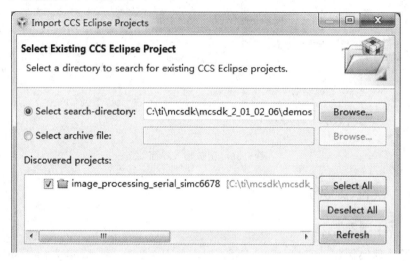

图 5.37　Serial 工程导入

② 在 C/C++ Projects 窗口中选择本工程，选择菜单 File→New→Target Configuration File，重命名后单击完成，进入配置界面。在 Basic 栏，配置如图 5.38 所示。注意，此处选择 Functional Simulator，如选择 Cycle Approximate Simulator，会发现程序在 fread 函数内阻塞，长时间不能退出。

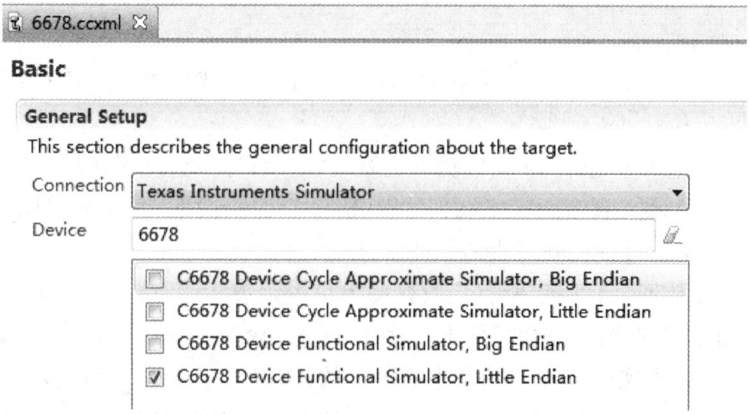

图 5.38　Simulator 模式仿真配置

③ 保存目标配置文件,完成设置。重新编译工程。

④ launch selected configuration 后,进入 CCS 软件仿真 C6678 模式,内核 0 下载 image_processing_serial_simc6678.out 文件。运行程序,输出如图 5.39 所示,表示输入/输出文件的位置、大小等。

实例程序顺利调试结束后,会发现在工程的 images 目录下多了一个 BMP 位图文件,其文件名为 evmc6678_689x306_618KB_edge.bmp,该文件就是原图像经过边缘检测处理后产生的文件。

```
🖳 Console ✕
6678.ccxml:CIO
[TMS320C66x_0] Processing start: Input image file name: ../images/evmc6678l_689x306_618KB.bmp, size: 632862
Processing end:    Output image file name: ../images/evmc6678l_689x306_618KB_edge.bmp, size: 212830
```

图 5.39 显示输出信息

原图像及程序生成的图像如图 5.40 所示。

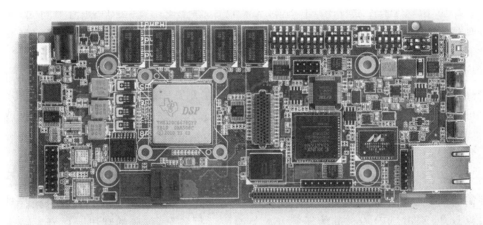

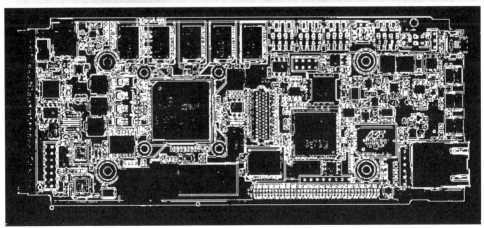

图 5.40 原图像与边缘检测结果图像

第6章

SYS/BIOS

6.1 SYS/BIOS 基础

6.1.1 SYS/BIOS 概述

SYS/BIOS(原名为 DSP/BIOS,自 6. x 版后,除了支持 TI 的 DSP,还支持 ARM 处理器,于是改名为 SYS/BIOS)是 TI 公司特别为其 DSP 和 ARM 处理器平台所设计开发的一个可裁减的实时多任务操作系统内核。

SYS/BIOS 是一个功能丰富、可扩展、可裁减的内核服务集,开发人员可以用来管理系统资源和构建 DSP 实时软件系统架构。开发人员基于 SYS/BIOS 进行开发,可以不考虑很多底层硬件的实现细节,节省精力专注于算法实现和系统集成。结合 TI 提供的信号处理函数库,能很方便、快捷地开发出实时软件系统,大大减小系统开发难度。

随着图像处理硬件平台向多片 DSP 和 FPGA 互联、多核 DSP 应用发展,需要管理的硬件资源越来越多,需要处理的多片 DSP 或多核 DSP 的核间的通信与同步越来越复杂,不同 DSP 或核间的任务分配与调度就更复杂,传统的裸机程序开发越来越不能满足应用需求,而基于 TI 实时内核 SYS/BIOS 的程序开发体现出越来越多的优势,应用也越来越广泛。

SYS/BIOS 是一个可扩展的实时内核,用于实时调度和同步的应用程序或实时的设备。它提供了抢占式多线程、硬件抽象、实时分析和配置工具。SYS/BIOS 的设计是为了最大限度地减少对内存和 CPU 的需求。

SYS/BIOS 的优点:

① 所有的 SYS/BIOS 对象可以配置成静态或动态。

② 为了尽量减少对内存消耗,APIs(应用程序接口)是模块化的,只有程序用到的 APIs 才连接到可执行程序。此外,静态配置的对象可省去创建对象的命令。

③ 错误检查和调试是可配置的,并且可以从代码中完全去除,以最大限度地提高性能,并减小所使用的内存。

④ 几乎所有的系统调用都提供确定的性能,使应用程序能够可靠地满足实时

要求。

⑤ 为提高性能,设备数据(如 logs 和 traces)在主机上被格式化。

⑥ 提供了多种线程模型,如 HWI,SWI,task,idle 等。用户可以根据需求选择不同的优先级别和阻塞特性等。

⑦ 支持线程之间的通信与同步机制,包括旗语、邮箱、事件、门和可变长度的消息(variable-length messaging)。

⑧ 动态内存管理服务提供大小可变的和固定大小的块分配。

⑨ 中断调度程序处理低级的保存/恢复操作,可完全用 C 语言写中断服务程序。

⑩ 系统服务支持中断的启用/禁用和中断向量的阻塞,包括多路复用中断向量到多个源。

6.1.2　SYS /BIOS 与 DSP /BIOS 的区别

SYS/BIOS 与 DSP/BIOS 的区别在于:

① SYS/BIOS 可用于包含 DSP 在内的其他处理器。

② SYS/BIOS 在 XDCtools 中使用配置技术(RTSC, pronounced "rit-see"是一个基于 C 的编程模型,用于开发创建或实施嵌入式平台实时软件组件。XDCtools 包含使用 RTSC 的工具和运行时组件)。

③ 兼容 DSP/BIOS 5.4 或更早版本的应用程序,但不再支持 PIP 模块。

④ Task 和 SWI 最高有 32 级优先级。

⑤ 提供了新的定时器模块,应用程序可直接配置和使用定时器。

⑥ 所有的内核对象可以被静态或者动态建立。

⑦ 额外的堆管理器,称为 HeapMultiBuf,能够快速精确地分配可变大小的内存,减少内存碎片。

⑧ 内存管理器更灵活,支持并行堆(heap),开发人员也可以方便地添加自定义堆。(编译器提供的运行时支持库的一些函数如 malloc/calloc/realloc,允许运行时为变量动态分配存储器。这些存储器就放置在.system 段的全局池(global pool)或堆中。)

⑨ 事件对象支持任务挂起多个事件,包括信号量、邮箱、信息队列和用户定义的事件。

⑩ Gate object 支持优先级继承。

⑪ 勾子函数可用于 HWI,SWI,task 等。

⑫ 可在操作系统中构建参数检查接口,系统调用参数值无效时启用。

⑬ 允许 SYS/BIOS APIs 按照标准模式处理错误,可高效地处理程序错误,不需要捕捉返回代码。此外,用户可以方便地在 SYS/BIOS 发生错误时,停止应用程序的运行,因为所有错误可以被传递到一个处理句柄中。

⑭ 系统日志和执行图的实时分析(RTA)工具支持动态和静态创建的任务。

⑮ 日志记录功能新增时间戳,高达 6 字的日志入口,如果需要,额外的存储可将事件记录到多个日志。

⑯ 除了总的 CPU 负载还支持每个任务的 CPU 负载统计。

SYS/BIOS 6.x 更早的版本称为 DSP/BIOS 5.x。DSP/BIOS 之所以被更名为 SYS/BIOS 是因为该实时操作系统还可以用于 DSP 以外的处理器,比如 ARM 处理器。与 DSP/BIOS 明显不同的是,SYS/BIOS 采用 XDCtools 来进行配置工作。XDCtools 是 TT 提供的一个独立的软件组件,用于提供 SYS/BIOS 所需要的底层工具。因为采用了新的配置工具,所以 SYS/BIOS 中各模块的应用函数接口也有所改变。

6.1.3　XDCtools 概述

XDCtools 是一个独立的软件组件,提供了 SYS/BIOS 需要的底层驱动,需要和 SYS/BIOS 共同安装使用,并且它们两个软件的版本需要兼容匹配。XDCtools 对 SYS/BIOS 很重要,因为:

① XDCtools 提供配置 SYS/BIOS 和 XDCtools 模块的技术。

② XDCtools 可生成配置文件,生成源代码文件之后构建并连接到程序中。

③ XDCtools 提供了大量的模块和 APIs,在 SYS/BIOS 中用于内存分配、日志记录、系统控制等。

XDCtools 有时候也被称为 RTSC,这个名称常用于 Eclipse.orgecosystem 中的开源工程中,用来为嵌入式系统提供可以重用的软件组件(称为包)。

表 6.1 列出了 SYS/BIOS 提供的包和模块组件。

表 6.1　SYS/BIOS 提供的包和模块组件

包和模块组件	描　　述
ti.sybios.benchmarks	包含基准测试规范,不提供模块,API 函数和配置
ti.sybios.family.*	包含目标和设备功能的规格
ti.sybios.gates	包含用于在各种情况下的 igateprovider 接口的几种实现
ti.sybios.hal	包含 Hwi、Timer 和 Cache 模式
ti.sybios.heaps	提供 XDCtools IHeap 接口应用
ti.sybios.interfaces	包含各种可执行模块
ti.sybios.io	包含输入/输出接口模块
ti.sybios.knl	包含 SYS/BIOS 内核模块
ti.sybios.utils	包含加载模块

用于创建一个应用程序所需要的工具如图 6.1 所示,xdc.runtimepackage 包含 SYS/BIOS 用到的模块和外设接口。

应用程序的配置存储在一个或多个 .cfg 脚本文件中。经过 XDCtools 的分析,

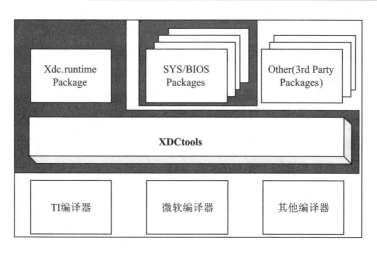

图 6.1 创建应用程序包含的组件

生成相应的 C 源代码、C 头文件和连接命令文件，然后构建并连接到最终的应用程序。图 6.2 所示为一个典型的 SYS/BIOS 应用程序的构建流程。

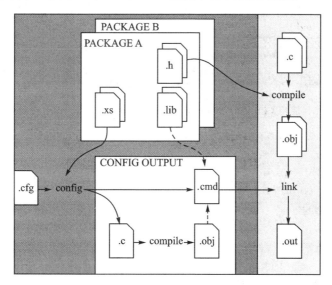

图 6.2 SYS/BIOS 应用程序构建流程

.cfg 文件配置使用简单的 JavaScript 的语法设置属性和调用方法。JavaScript 和 XDCtools 提供的脚本对象合称为 XDCscript。

创建和修改配置文件有两种不同的方式：

➤ 直接用文本的编辑器或 CCS 的 XDCscript 的编辑器写入 .cfg 文件。

➤ 使用 CCS 中嵌入的可视化配置工具（XGCONF）（见图 6.3）。

task0 在配置工具中的设置任务实例对应于以下 XDCscript 代码：

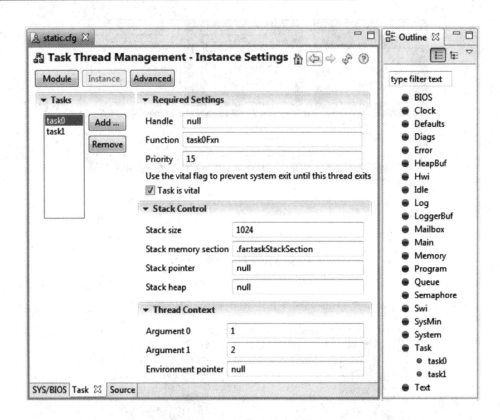

图 6.3 使用 CCS 中的 XGCONF 修改创建和修改 SYS/BIOS 应用程序

```
varTask = xdc.useModule('ti.sysbios.knl.Task');
Task.numPriorities = 16;
Task.idleTaskStackSize = 1024;
VarakParams = newTask.Params;
takParams.arg0 = 1;
takParams.arg1 = 2;
TakParams.priority = 15;
TakParams.stack = null;
takParams.stackSize = 1024;
vartask0 = Task.create('&task0Fxn',takParams);
```

XDCtools 包含提供基本服务的 SYS/BIOS 模块。大多数模块位于 XDCtools 的 xdc.runtimepackage 中。默认情况下,所有的 SYS/BIOS 应用程序在构建时自动添加 xdc.runtime 包。

XDCtools 提供的 C 代码和配置文件的功能大致可分为四类。表 6.2 列出的是 xdc.runtimepackage 中的模块。

表 6.2　C 代码配置 XDCtools 模块

分　类	模　块	描　述
系统服务	System	基本低层次的"系统"服务
	Startup	允许各种功能模块运行在 main() 函数前
	Defaults	设置时间日志记录检查
	Main	设置应用于应用程序代码的事件日志和断言检查选项
	Proram	设置运行时内存大小
存储器管理	Memory	动态/静态创建/释放内存
诊断	Log and Loggers	打印各种系统信息
	Error	诊断错误
	Diags	配置对话框
	Timestamp and Providers	提供 time-stamp API 接口
	Text	提供字符串管理服务
同步	Gate	防止对关键数据结构的并发访问
	Sync	使用 wait() 函数和 singnal() 函数提供线程的基本同步功能

6.1.4　SYS/BIOS 开发流程

基于 SYS/BIOS 的应用程序开发流程,主要分为以下几个步骤:

① 在 CCS 集成开发环境中新建一个基于 SYS/BIOS 的应用程序工程。

② 根据应用需要,配置基于 SYS/BIOS 的应用程序。更改工程的 .cfg 配置文件内容,去除不必要的功能模块,添加应用所需的新模块,添加并配置静态对象。

③ 添加用户代码使用的头文件路径和库文件路径。

④ 根据应用需求,遵循基于 SYS/BIOS 的应用程序开发模式,编码实现特定的功能。

⑤ 编译、链接、调试应用程序,保证代码无语法错误,也无功能上的逻辑错误。

⑥ 复杂度实时分析应用程序,优化工程配置和关键代码,减少程序的空间和时间使应用程序满足应用需求。

由图 6.4 可知,.xs 文件和 .c 配置文件在应用程序编译前被相关工具解释成 .c 文件和 .cmd 文件。.c 文件和 .h 文件被编译生成 .obj 目标文件。最后 .obj 目标文件与 .cmd 文件被链接生成可执行的 .out 文件。

由基于 SYS/BIOS 的应用程序的基本开发流程可知,相对于传统的裸机开发模式,需要解决两个新问题:一个是基于 SYS/BIOS 的工程配置,另一个是基于 SYS/BIOS 应用程序的性能优化。

嵌入式多核DSP应用开发与实践

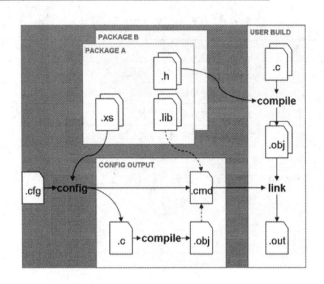

图 6.4　基于 SYS/BIOS 的应用程序开发流程

6.2　IPC 核间通信

伴随多核 DSP 的流行,解决多核 DSP 核间通信的问题成为多核 DSP 能否得到大规模应用的前提与保证。TI 提供了多种内核间通信的手段,其中应用最多并且效率最高的方式是 IPC 和多核导航器。

本节着重对 IPC 进行详细介绍。

IPC 是 SYS/BIOS 的核间通信组件,提供了多处理器环境下处理器之间的通信和处理器与外设之间通信的功能。这些功能包括消息传递、流和链表,它们在单处理器和多处理器配置下透明地工作。IPC 是为运行 SYS/BIOS 应用程序的处理器设计的。

IPC 可以用于以下场合的通信:

➢ 同一内核中的进程间通信;

➢ 运行 SYS/BIOS 的其他处理器的进程之间;

➢ 运行 Syslink 的其他通用处理器的进程之间。

IPC 的设计满足了用户的多种需求。为了提供能够被所有用户使用的模块,IPC 模块在设计时,减少了基础功能的 API 函数。比如,用户不再需要自己管理资源,进程调用会负责管理资源。

6.2.1　IPC 功能架构

IPC 主要由两部分组成:一部分是线程间通信开发包,另一部分是工具包。线程间通信开发包,提供线程间通信需要使用的不同机制和具体的函数接口,供用户开发应用程序时使用,而工具包则提供开发包得以正常工作的功能模块,主要被 IPC 底层实现自动调用。

ti.sdo.ipc 包作为线程间通信开发包,包含可能在应用程序中使用的模块如表 6.3 所列。

表 6.3　IPC 的功能模块架构

模　块	路　径	描　述
GateMP	GateMP	管理被多处理器和多线程互斥访问的共享资源的门
HeapBufMP	ti.sdo.ipc.heaps.HeapBufMP	固定大型的共享内存堆。类似于 SYS/BIOS 的 ti.sysbios.heaps.HeapBuf 模块,但某些配置不同
HeapMemMP	ti.sdo.ipc.heaps.HeapMemMP	大小可变的共享内存堆
HeapMultiBufMP	ti.sdo.ipc.heaps.HeapMultiBufMP	多种固定大小的共享内存堆
IPC	ti.sdo.ipc.Ipc	提供 Ipc_start() 函数,允许启动序列配置
ListMP	ti.sdo.ipc.ListMP	为共享内存和多处理器应用的双连接表
MessageQ	ti.sdo.ipc.MessageQ	大小模块可变的消息传递
TransportShm	ti.sdo.ipc.transports.TransportShm	被消息队列用来通过共享内存与其他处理器远程通信的传输
Notify	ti.sdo.ipc.Notify	底层中断多路复用模块
NotifyDriverShm	ti.sdo.ipc.notifyDrivers.NotifyDriverShm	被 Notify 模块用于在一对处理器之间通信的共享内存通知驱动
SharedRegion	ti.sdo.ipc.SharedRegion	维护多个共享区域的共享内存

　　其中,HeapBufMP、MessageQ 和 Notify 是在多核应用程序中应用频率最高的三个模块。HeapBufMP 作为共享内存中开辟的堆,为应用程序提供固定大小的内存块。MessageQ 作为大小可变的消息传递模块,能在多线程之间传递少量数据,一般用于传递共享内存块的全局地址。Notify 作为底层中断多路复用模块,能在多线程之间发送通知,不能传递数据,一般用于多线程之间同步。

　　ti.sdo.utils 包包含了被 IPC 中模块用做工具的模块,主要有以下几项:

> List. 这个模块为其他使用模块提供双连接表管理器。
> MultiProc. 这个模块在中央位置为多处理器存储处理器 ID。
> NameServer. 这个模块管理被其他模块使用的名字/值对。

6.2.2 IPC 主要模块介绍

1. IPC 模块

IPC 模块主要是初始化不同的 IPC 子系统。所有使用 IPC 模块的应用都必须调用 Ipc_start()函数,该函数执行以下功能:

> 初始化 IPC 使用到的模块和对象;

> 同步多个处理器,以便其能够以任意顺序启动后仍能同步运行。

使用 IPC API 的应用必须包含 IPC 模块头文件和调用 Ipc_start()函数。如果 main()函数调用了 IPC 的 API,那么其调用任意 IPC 的 API 之前必须先调用 Ipc_start()函数。

如果 Notify_start()函数未被调用,则 Ipc_start()函数默认内部调用 Notify_start()。Ipc_start()将会在定义的 SharedRegion 间循环,使其能够建立 HeapMemMP 和 GateMP 实例,这两个实例都是 IPC 模块内部使用的。同样的,该函数还会建立起 MessageQ 和远程核的通信。

在 Ipc_start()使用索引为 0 的 SharedRegion 来创建资源管理表(其他 IPC 模块要在内部使用到该表),因此 SharedRegion"0"必须能被所有的处理器访问。

在 XDCtools 配置文件中,可以如下配置 IPC 模块:

```
Ipc = xdc.useModule(ti.sdo.ipc.Ipc);
```

通过在配置文件中设置相应属性,可以配置 Ipc_start()函数的功能,如是否建立 Notify 模块和 MessageQ 模块。

下面的代码提供了关闭 MessageQ 模块的范例:

```
for(vari = 0;i<MultiProc.numProcessors;i++)
{
        Ipc.setEntryMeta(
    {
        remoteProcId:i,
        setupMessageQ:false,
    }
    )
}
```

如果要配置 IPC 模块同步各处理器的方式,可以如下配置:

```
Ipc.procSync = Ipc.ProcSync_ALL;
```

如果选择 Ipc.ProcSync_ALL,那么 Ipc_start()函数会自动关联和同步所有远程内核。若使用该选项,就不能调用 Ipc_attach()。如果需所有的内核在同一时间启动并且任意两个内核之间都需要连接,那么就使用这个选项。

如果选择 Ipc. ProcSync_PAIR(默认值),那么必须显示调用 Ipc_attach( )来关联到一个特定的远程处理器上。使用该选项后,Ipc_start( )进行系统范围的 IPC 初始化,但是并不会将远程处理器连接起来。

如果选择 Ipc. ProcSync_NONE,则 Ipc_start( )不会同步任何处理器,Ipc_attach( )不会同步远程处理器。但是,与其他选项一样,Ipc_attach( )仍然会建立 GateMP、SharedRegion、Notify、NameServer 和 MessageQ 的访问,因此用户的应用中仍须调用 Ipc_attach( )来连接到将要访问的处理器。需要注意的是,ID 较小的处理器必须先调用 Ipc_attach( )来连接 ID 较大的处理器。比如,处理器 2 只能在处理器 1 调用了 Ipc_attach(2)之后才能调用 Ipc_attach(1)。

用户可以自定义 attaching 或者 detaching 的行为。下面的例子配置了两个 attach 函数和两个 detach 函数:

```
varIpc = xdc.useModule(„ti.sdo.ipc.Ipc");
varfxn = newIpc.UserFxn;
fxn.attach = „&userAttachFxn1";
fxn.detach = „&userDetachFxn1";
Ipc.addUserFxn(fxn,0x1);
fxn.attach = „&userAttachFxn2";
fxn.detach = „&userDetachFxn2";
Ipc.addUserFxn(fxn,0x21);
```

2. MessageQ 模块

(1) 配置 MessageQ 模块

MessageQ 模块支持可变长度消息的结构化发送和接收。每一个 MessageQ 可以有多个 Writer,但只能有一个 Reader。

消息是通过消息队列来发送和接收的。Reader 是从消息队列中获取消息的进程,Writer 是将消息放到消息队列中的进程。Reader 可以调用的函数有:

```
MessageQ_create( ),MessageQ_Get( ),
MessageQ_free( ),MessageQ_delete。
```

Writer 可以调用的函数有:

```
MessageQ_open( ),MessageQ_alloc( ),
MessageQ_put( ),MessageQ_close( )。
```

在 XDCtools 配置文件中,用户可以配置 MessageQ 的属性。当配置 MessageQ 时,必须使能该模块:

```
varMessageQ = xdc.useModule(„ti.sdo.ipc.MessageQ");
```

可以通过以下代码来进行属性的配置：

```
//MessageQ 名字的最大长度
MessageQ.maxNameLen = 32;
//可以动态创建的 MessageQ 的最大数量
MessageQ.maxRuntimeEntries = 10;
//系统中 heapId 的数量
MessageQ.numHeaps = 0;
//放置命名表的段名
MessageQ.tableSection = null;
```

（2）创建 MessageQ 模块

用户只能动态创建消息队列。MessageQ 的对象并非是共享资源，其属于创建该对象的处理器。该进程以如下方式创建消息队列：

```
MessageQ_HandleMessageQ_Create(Stringname
MessageQ_Params * params);
```

当用户创建一个队列的时候，已经指定了一个名字字符串，MessageQ_open()使用该名字来打开一个消息队列。没有名字的消息队列是不能被打开的。

上面函数的第二个参数是 params，该参数是提前定义的。在创建消息队列前需要对该参数初始化。

创建消息的示例代码如下：

```
MessageQ_HandlemessageQ;
Params_ParamsmessageQParams;
SyncSem_HandlesyncSemHandle;
...
syncSemHandle = SyncSem_create(NULL,NULL);
MessageQ_Params_init(&messageQParams);
messageQParams.synchronizer =
SyncSem_Handle_upCast(syncSemHandle);
messageQ = MessageQ_create(CORE0_MESSAGEQNAME,
&messageQParams);
```

（3）打开 MessageQ 模块

写进程必须要在访问已创建的消息队列之前先打开该消息队列。为了获取已创建的消息队列的句柄，写进程必须用以下代码打开消息队列：

```
IntMessageQ_open(Stringname,
MessageQ_QueueId * queueId);
```

该函数有两个参数，第一个参数是一个名字字符串，该字符串必须与需要打开的队列对象所匹配。MessageQ 内部会调用 NameServer_get()来查找与该消息队列关联的 queueId。如果未能查找到该名字关联的消息队列，MessageQ_open()函数会返回 MessageQ_E_NOTFOUND。如果成功打开了消息队列，queueId 会被函数赋予一个值，并且函数会返回 MessageQ_S_SUCCESS。

下面的代码演示了如何打开一个 MessageQ 对象：

```
MessageQ_QueueIdremoteQueueId;
Intstatus;
...
do{
Status = MessageQ_open(CORE0_MESSAGEQNAME,&remoteQueueId);
}
while(status<0);
```

（4）分配消息

MessageQ 模块通过 MessageQ_alloc()和 MessageQ_free()函数来管理消息的分配。下面的代码演示如何分配一个消息：

```
#defineHEAPID 0
MessageQ_Msgmsg;
...
msg = MessageQ_alloc(HEAPID,
sizeof(MessageQ_MsgHeader));
if(msg == NULL){
System_abort("MessageQ_allocfailed\n");
}
```

如上所示，代码使用 MessageQ_alloc()函数来分配消息。该函数有两个参数：第一个参数是 HEAPID，这是由于 Message 必须从堆中分配；第二个参数是分配的消息的大小。

当一个消息分配成功，那么该消息就可以发送到任意队列中。当读进程接收到了消息，它可以将消息释放掉或者重复使用该消息。

消息的长度是可以由用户来指定的，但是任何消息的开始区域必须是一个 MessageQ_MsgHeader 的结构体。举例如下：

```
typedefstructMyMsg{
MessageQ_MsgHeaderheader;
intcommand;
float * address;
}MyMsg;
```

在上面定义的消息结构体成员中，除了 header 是必须有的以外，command 和 address 都是用户自己定义的。用户不能随便修改 header 的内容。

嵌入式多核 DSP 应用开发与实践

所有通过 MessageQ 模块发送的消息都要从 xdc. runtime. IHeap 的实例中分配,比如 ti. sdo. ipc. heaps. HeapBufMP。

MessageQ_registerHeap()为一个堆指定了 MessageQ 的 heapId。当分配消息时用的是 heapId 而不是 heap 的句柄。

用户可以根据自己的需要使用不同的堆来配合消息的使用。比如,对于时间要求高的应用,可以从片上存储区的堆中分配消息;对于时间要求较低的应用,可以从片外存储区堆中分配消息。

CCS 提供了另一种消息的分配方式,即静态分配方式。该方式是不使用堆的。该方式分配的消息,其起始域仍必须是 MsgHeader。为了确保 MsgHeader 的设置是有效的,应用中必须调用 MessageQ_staticMsgInit()函数进行 MsgHeader 的初始化,该函数替代了 MessageQ_alloc()函数对于起始域的初始化功能。

静态分配的消息是不能通过 MessageQ_free()来释放的。

(5) 发送消息

如果打开了消息队列,并且消息已经分配,就可以发送消息了,示例如下:

```
status = MessageQ_put(remoteQueueId,msg);
```

打开队列不是必须的,同样的,可以通过 MessageQ_getReplyQueue()函数来获取队列 ID。示例如下:

```
MessageQ_QueueIdreplyQueue;
MessageQ_Msgmsg;
replyMessageQ = MessageQ_getReplyQueue(msg);
if(replyMessageQ = = MessageQ_INVALIDMESSAGEQ){
System_abort("Invalidreplyqueue\n");
}
status = MessageQ_put(replyQueue,msg);
if(status<0){
System_abort("MessageQ_putwas notsuccessful\n");
}
```

(6) 接收消息

接收消息的示例如下:

```
status = MessageQ_get(messageQ,&msg,MessageQ_FOREVER);
if(status<0){
System_abort("Shouldnothappen;timeoutis forever\n");
}
```

如果没有可用消息,那么该函数将会阻塞,直到等待消息超时。如果等待超时,该函数会返回 MessageQ_E_FAIL。

接收到消息后,用户可以通过以下函数从消息头中获取消息的信息:

```
lMessageQ_getMsgId():获取消息的 ID 号。
lMessageQ_getMsgPri():获取消息优先级。
lMessageQ_getMsgSize():获取消息的大小。
lMessageQ_getReplyQueue():获取返回队列 ID。
```

3. Notify 模块

ti. sdo. ipc. Notify 模块负责管理硬件中断上的软件中断复用。

使用 Notify 的 API 之前,首先要调用 Ipc_start() 函数。该函数建立了 Notify 的必要驱动、共享内存和核间中断。注意,如果 Ipc. setupNotify 设置为 FALSE,用户必须在 Ipc_start() 之外调用 Notify_start()。

为了接收通知,处理器需要调用 Notify_registerEvent() 将一个或者多个回调函数和 eventId 进行注册。回调函数的声明如下:

```
VoidcbFxn(UInt16 procId,UInt16 lineId,UInt32 eventId,
UArgarg,UInt32 payload);
```

注册回调函数代码如下:

```
Intstatus;
armProcId = MultiProc_getId("ARM");
Ipc_start();
status = Notify_registerEvent(armProcId,0,EVENTID,
(Notify_FnNotifyCbck)cbFxn,0x1010);
if(status<0){
System_abort("Notify_registerEventfailed\n");
}
```

当使用 Notify_registerEvent() 时,一个事件注册到多个回调函数。如果注册一个回调函数,可以使用 Notify_register-EventSingle() 函数替代 Notify_registerEvent (),这样做可以提高系统性能。

注册好事件之后,远程处理器可以通过调用 Notify_sendEvent() 来发送事件。如果该事件和中断线都使能了,那么所有的回调函数将会依次调用。

发送事件的示例如下:

```
while(seq<NUMLOOPS){
Semaphore_pend(semHandle,BIOS_WAIT_FOREVER);
status = Notify_sendEvent(armProcId,0,EVENTID,seq,
TRUE);
}
```

嵌入式多核 DSP 应用开发与实践

181

4. SharedRegion 模块

SharedRegion 模块用于多核环境中,多个内核可能需要访问共享内存区域。

在多存储区域系统中,一个难题是不同处理器中的共享区域映射到不同的地址上。如图 6.5 所示,共享区域 DDR2 映射到处理器 0 的本地存储空间的基地址是 0x80000000,而映射到处理器 1 的本地存储空间的基地址是 0x90000000。因此, DDR2 的指针需要被翻译后才能在处理器 0 和处理器 1 之间互通。

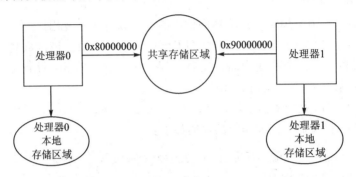

图 6.5　多核访问共享存储区域

SharedRegion 模块自身不使用任何共享内存,因为其状态保存在本地。其 API 使用 systemgate() 来进行进程的保护。

该模块创建一个共享存储区域的查找表。该查找表包含了系统中所有的共享存储区域在不同内核视角下的信息。在查找表中,每个核通过 regionId 来获取特定共享区域的信息。在运行时,该查找表连同共享区域指针提供了快速地址的转换。

查找表包含了共享区域的下列信息:

➢ base　该区域的基地址。不同处理器上该地址是不同的,因为每种处理器的地址规划不同。

➢ len　该区域的长度。每个核是相同的。

➢ ownerProcId　管理此区域的处理器的 MultiProcId。如果指定了所有者,该所有者在运行时创建 HeapMemMP 的实例,其他核打开该 HeapMemMP 的实例。

➢ isValid　布尔型。指示该区域对于该内核是否有效。

➢ cacheEnable　布尔型。指示该区域对于该内核是否可被 Cache。

➢ cacheLineSize　该区域的 Cacheline 的大小。

➢ createHeap　布尔型。指示该区域是否已经创建了堆。

➢ name　该区域的名字。

查找表的最大入口数量是在 SharedRegion.numEntries 静态配置的。入口可以在静态配置添加或在运行时添加。当用户添加或移除了一个处理器的入口时,必须同时更新所有其他的处理器查找表,以保证一致性。入口数越大,查找越慢。

下面的代码演示静态添加查找表的方法：

```
varSharedRegion =
xdc.useModule('ti.sdo.ipc.SharedRegion');
SharedRegion.cacheLineSize = 32;
SharedRegion.numEntries = 4;
SharedRegion.translate = true;
varSHAREDMEM = 0x0C000000;
varSHAREDMEMSIZE = 0x00200000;
SharedRegion.setEntryMeta(0,
{base:SHAREDMEM,
len:SHAREDMEMSIZE,
ownerProcId:0,
isValid:true,
cacheEnable:true,
cacheLineSize:128,
createHeap:true,
name:"internal_shared_mem"});
```

6.2.3　使用 IPC 需要解决的问题

　　IPC 是基于 SYS/BIOS 的核间通信组件，提供上述诸多服务于多核间通信的功能模块。有很多模块的用途相近，那么在具体场景中使用哪一个模块就成为必须考虑的问题，比如 Notify 和 MessageQ 都提供核间通信功能，在具体使用时就要结合具体应用场景来选择其中之一。另外，在实际应用开发中，需要从大的方面结合 IPC 提供的核间通信机制，来分配与调度各个内核上的任务。这在多核并行程序的设计阶段是一个很关键的问题，直接会影响到程序的整体执行性能。最后，在程序性能优化上，IPC 也提供不同的手段从空间和时间两个方面对程序优化，具体的实现细节仍需要结合具体的场景考虑。

6.3　SYS/BIOS 组成

1. 线程模块

　　SYS/BIOS 中的线程是一个特别重要的模型，DSP 开发中往往采用多个线程，每个线程都可以完成一个模块化的功能，因此线程可以使应用程序实现结构化的设计。对于多线程的程序，高优先级的线程可以抢占低优先级的线程，并且线程之间具有一套完备的同步和通信机制。SYS/BIOS 具有下列 4 种线程类型，每种线程都具有不同的执行和抢占特性：

　　① HWI 线程(HWI)，也称为硬件中断或 ISR，硬件中断的优先级最高，用来响

应外部事件。在典型的应用中,片上外围设备触发硬件中断,然后根据设置转入相应的中断响应函数进行关键任务的处理。一般用于相应时间要求在 5 μs 内的程序。

② 软件线程(SWI),即软件中断,具有次高优先级。在这个线程上的程序时间要求不如 HWI 线程,一般在 100 μs 或更长时间。通常用于在 SWI 中断后启动 SWI 线程,使单一 HWI 不至于占用过长时间。

③ 任务线程(TASK),任务的优先级低于中断,每个任务对象在创建时都可以选择自己的优先级,设置范围是 1~16,设置的值越大优先级就越高。每个任务对象都有运行、就绪、阻塞和终止这四种执行状态,并且只可能处在这四种执行状态中的一种。任务模块可以根据任务对象优先级的大小和所处的执行状态进行调度决策,最后将处理器交给优先级最高且处于准备就绪的任务。

④ 空闲循环(IDLE LOOP),是 SYS/BIOS 的后台线程,优先级最低,只在没有硬件中断、软件中断和任务执行的条件下运行,通常运行日常维护程序或省电程序。

⑤ CLOCK 线程,SWI 线程的一种,基于系统时钟。用于执行周期性的程序。

⑥ Timer 线程,HWI 线程的一种,通常在 HWI 线程执行后执行,并继承 HWI 线程的优先级,若需要长时间运行,则将之交给 SWI 线程。

2. 同步模块

可以使用信号量、事件、门、邮箱、队列等方式同步线程。

(1) 信号量

SYS/BIOS 提供了一系列基于信号量(Semaphores)的功能,用于任务之间的同步和通信。信号量通常用来协调在访问共享资源时会发生冲突的任务。信号量模块通过使用 Semaphore_Handle 来提供操作信号量的功能。

信号量可以被声明为计数信号量或者二进制信号量,用于调节任务间的同步性和可能发生的任务间冲突。在计数信号量和二进制信号量中,我们使用相同的应用程序接口(APIs)。

二进制信号量只有两种可能,即可以获得和无法获得。二进制信号量的增量不能大于 1,所以这种信号量最多只能用于两个任务间的信号协调。在性能上二进制信号量优于计数信号量。

计数信号量内部保留可获得多个相关信号源的数目。当计数信号大于 0 时,接收一个信号量,任务间不会发生阻塞。信号量的最大计数值加 1,等于该计数信号量可以协调的最多任务数。

为配置信号量的类型,可用下面的语句来定义配置参数:

```
config Mode mode = Mode COUNTING;
```

函数 Semaphore_create()和 Semaphore_delete()分别用来创建和删除信号量对象。另外,我们也可以静态地创建信号量对象。

下面是创建与删除信号量示例程序:

```
Semaphore Handle Semaphore create(
        Int count,
    Semaphore_ Params * attrs
    Error_ Block  * eb);
Void Semaphore delete(Semaphore_Handle * sem);
```

在一个信号量被创建后,信号量计数值(count)便已被内部初始化。通常情况下,初始化的数值就是信号量要同步的信号源数量。

Semaphore_pend 函数用于等待一个信号量。如果信号量的计数值大于 0,则 Semaphore_pend()会逐步递减信号量计数值,同时返回;否则,该模块就会等待 Semaphore_post()函数触发信号量。

超时参数的定义如下:该参数允许任务可以经历一个延时后再执行。这个延时可以设定为无限期(BIOS WAIT_FOREVER)或是无延期(BIOS_NO_WAIT)。

Semaphore_pend()指令的返回值被用来指示信号量是否成功获得。

用 Semaphore_pend()指令定义延时参数:

```
Bool Semaphore_pend(
    Semaphore_ Handle sem,
    UInt timeout);
```

下面示例是 Semaphore_post()的使用,可以用来标志信号量。如果有任务处于等待信号量的状态,该指令便会将任务从信号量队列中移除,放到准备就绪的队列中。如果没有任务处于等待状态,该函数便会递增信号量参数值然后返回。

用 Semaphore_post()标志信号量:

```
Void Semaphore_post(Semaphore Handlesem);
```

(2) 事件模块(events)

所谓"事件",即线程间提供同步和沟通的方式。这与前面提到的信号量是相似的。不同的是在这个概念中,允许用户指定多个事件(events),这些事件在等待的线程返回之前必须出现。

与信号量类似,一个事件的入口也使用指令 pend,与 post,来定义。然而,Event_pend()的调用是用来识别需要等待的事件,Event_post()调用是用来识别需要触发的事件。

注意:在同一个时间点上,只能有一个任务被挂在事件对象上。

单个事件实例可以管理 32 个事件,每个事件分别对应一个事件 ID 值。事件 ID 通过位屏蔽的方式,对应到事件对象管理的唯一的事件上。

每个事件的功能表现与一个二进制信号量相似。对 Event_pend()的调用,要用到一个 andMask 和一个 orMask。前者由必须要出现的事件的 ID 号组成,后者则由所有可能发生的事件的 ID 组成(至少有一个要发生)。

与前面所说的信号量的概念类似，对 Event_pend() 的调用也要用到一个超时的参数，如果超时，则返回 0。如果对 Event_pend() 调用成功，那么会返回一个 consumed，事件的屏蔽位（mask），即事件的发生满足了对 Event_pend() 的调用条件。之后，任务就可以负责处理所有的消耗（consumed）事件。

只有 TASK 才能调用 Event_pend()，而 Hwis、Swis 和其他线程都可以调用 Event_post()。

Event_pend() 的调用格式如下：

```
UInt Event_pend(Event_ Handle event,
    UInt andMask,
    UInt orMask,
    UInt timeout);
```

Event_post() 的调用格式如下：

```
Void Event_post(Even_Handle event,UInt eventIds);
```

除了支持通过 Event_post() API 隐性触发事件（Implicitly Posted Events）外，有些 SYS/BIOS 对象还支持隐性触发与对象相关的事件。例如，一个 Mailbox 可以被配置成触发一个与对象相关的事件（只要有消息获得，Mailbox_post 就被调用）；这就允许一个任务在等待一个 mailbox 消息和/或一些其他事件发生时，这个任务可以被阻塞。

(3) 门

"门"（Gates）是一种应用 IGateProvider 接口功能的模块。"门"能够防止对风险代码区的并行访问。根据对风险代码区不同的屏蔽方式，"门"也被分为很多种类型。

由于 XDCtools 提供了 xdc. runtime. Gate，这里只讨论 SYS/BIOS 系统提供的"门"模块的应用。

线程可以被更高优先权的线程抢占，而一些区域的代码要在另一个线程执行之前完成前面线程的任务。代码在执行时可能会修改全局变量，这段代码就是我们通常说的风险区域（critical region），这个风险代码区就是这里所说的需要通过"门"来保护的区域。

"门"模块的工作通常基于禁止一些高优先级线程的抢占来实现，如禁止任务切换，禁止硬件中断或者使用二进制的信号量。

所有"门"模块都可通过 key 的使用来实现嵌套。对于基于禁止优先级工作原理的"门"模块，多个线程可以调用 Gate_enter()，但在所有线程调用 Gate_leave() 之前，优先抢占权是不能释放的。这些功能都是通过使用 key 来实现的。调用 Gate_enter() 返回的 key 值必须返回到 Gate_leave() 中。只有最外面的 Gate_enter() 调用才能返回正确的 key，用于释放抢占优先级。

(4) 邮　箱

Ti. sysbios. knl. Mailbox 模块提供了能够管理邮箱的一系列函数。邮箱可以用来在同一个处理器上将 buffer 从一个任务传给另一个任务。

一个邮箱的实例可以用来支持多个读/写任务操作。

邮箱模块可以将一份缓存复制到固定大小的内部缓存。缓冲区的个数和大小在一个邮箱实例被创建时便已初始化。当通过 Mailbox_post()把缓存发送时，完成一次复制。而当通过 Mailbox_pend()把缓存区取回时，下一次复制就发生了。

Mailbox_create()和 Mailbox_delete()分别用来创建和删除邮箱。同样也可以静态地定义一个邮箱模块。

在创立一个邮箱时，我们便可指定内部邮箱缓冲区的数量和每个缓存区的大小。由于在创建邮箱时便指定了缓存大小，所以所有通过该邮箱实例的缓冲区都应为同样的大小。

```
Mailbox_Handle Mailbox create(SizeT bufsize
                    UInt numBufs,
                    Mailbox Params * params,
                    Error Block * eb)
Void Mailbox delete(Mailboxes Handle,handle);
```

Mailbox_pend()用来从一个邮箱中读取缓存。如果没有缓存被读取（即邮箱为空），则 Mailbox_pend()处于阻塞状态。超时参数允许任务等待直到超时，也可以无限期等待（BIOS WAIT FOREVER），或是不等待（BIOS_NO_WAIT）。最小的时间单位为系统的时钟周期。

```
Bool Mailbox_pend(Mailbox Handle handle,
                    Ptr buf,
                    UInt timeout);
```

Mailbox_ post()用来将一个缓冲区传入邮箱。如果缓冲区已无（即邮箱已满），则 Mailbox_post()处于阻塞状态。超时参数允许任务等待超时发生，也可以无限期等待（BIOS_WAIT_FOREVER），或是不等待（BIOS_NO_WAIT）。

```
Bool Mailbox_post(Mailbox Handle handle,
                    Ptr buf,
                    Ulnt timeout);
```

邮箱提供了能够关联各个事件的配置参数。这允许同时等待邮箱消息和另一个事件。邮箱为读任务提供了两个配置参数即 notEmptyEvent 和 notEmptyEventld，以支持事件读取邮箱。这允许一个邮箱读取模块能够使用事件对象去等待邮箱信息。同样，邮箱也为写任务提供了两个配置参数即 noFullEvent 和 notFullEventld。这允许一个邮箱写模块能够使用事件对象去等待邮箱中的可用空间。

当使用事件时,会有一个线程调用 Event_pend()去等待几个事件。当从 Event_pend()中返回时,线程必须要调用 Mailbox_pend()或者 Mailbox_post()。调用哪个取决于是读还是写,此时使用无超时的 BIOS_NO_WAIT 参数。

(5) 队 列

ti. sysbios. misc. Queue 模块支持创立对象列表。一个队列可以看成是一个双向链接的列表,即能够从列表的任何地方插入或移除元素,所以队列的大小是无限制的。

如果想在一个队列中加入结构,那么它的第一个域需要定义为 Queue_Elem 类型。

一个队列是有"头"的,即位于列表的最前面。Queue_ebqueue 可以从列表的后端加入元素,而 Queue_dequeue 可以从排列前端移出并返回元素。结合在一起,这些函数支持了通常意义上的 FIFO 队列。

队列模块中提供了几个用于循环队列的编程接口。Queue_head()指令用于返回队列的头元素(无需将其移除),Queue_next()与 Queue_prev()则会返回队列中的下一个或是前一个元素。

使用 Queue_inSert()和 Queue_remove()指令,一个元素可以在队列中的任意位置被添加或删除。Queue_insert()可以在一个指定元素前端插入元素。而 Queue_remove()可以移除队列中任意一个指定元素。需要注意的是,队列模块不提供在其给定索引处插入和移除元素的接口函数(API)。

队列若被系统中的多个线程共同使用,则可能导致不同的线程对队列中的元素同时进行修改操作,从而打乱队列中的元素。前面所讲的编程接口对这种情况是没有保护功能的。然而,队列还提供两个"原子(Atomic)"接口,可以在对队列进行操作之前屏蔽中断。这些 APIs 中,与 Queue_dequeue()指令对应的是 Queue_get(),与 Queue_enqueue()指令对应的是 Queue_put()。

3. 时间模块

SYS/BIOS 和 XDCtools 中的计时和时钟相关服务包括以下几个模块:

① ti. sysbios. knl. Clock 模块:负责管理内核用来记录时间的周期性系统时钟。所有的 SYS/BIOS API 函数都需要一个超时参数来说明关于时钟周期的时限。Clock 模块用来管理那些间隔一定时钟周期运行的函数。默认情况下,Clock 模块使用 hal. Timer 模块来获得一个基于硬件的时钟。另外,Clock 模块能被用户配置使用由应用提供的时钟源,详细内容请参考*TI SYS/BIOS v6. 34 Real-time Operating System User's Guide* 中的 5.2 节。(Clock 模块替代 DSP/BIOS 的旧版本中的 CLK 模块和 PRD 模块。)

② ti. sysbios. hal. Timer 模块:给使用外围计时的设备提供了标准接口,它隐藏了外围计时设备的任何目标/专用设备特性,计时器的目标/专用设备属性由 ti. sysbios. family. xxx. Timer 模块(例如,ti. sysbios. family, c64. Timer)提供。当计时

器到期时,用户可以用 Timer 模块来选择一个叫做 tickFxn 的计时器。详细内容请参考*TI SYS/BIOS v6. 34Real-time Operating System User's Guide* 中的 5.3 节和 7.3 节。

③ xdc. runtime. Timestamp 模块:给基准测试代码提供时间戳服务,同时可以添加时间戳到日志。它使用 SYS/BIOS 的一个与目标/设备相关的 TimestampProvider 来控制时间戳的实施。详细内容请参考*TI SYS/BIOS v6. 34 Real-time Operating System User's Guide* 中的 5.4 节。

6.4　SYS／BIOS 工程创建和配置

SYS/BIOS 工程创建方法有三种:

① TI 资源管理器。启动 CCS 时可使用这个窗口创建工程并进行所有设置,适用于 CCS5 和更高版本(注意:此种创建方式需要连接到互联网)。

② CCS 新工程向导。从菜单栏中选择 File→New→CCS Project 选项,需要设置设备和平台,适用于 CCS5.2 和更高版本(CCS 5.2 之前的版本不支持 SYS/BIOS v6.34 或更高版本)。

③ 从较低版本中导入原工程。比如在 CCS5.5 中导入 CCS4 的工程文件。在介绍 CCS5.5 时给出导入低版本工程的详细过程,此部分不再详述。

6.4.1　用 TI 资源管理器创建 SYS／BIOS 工程

创建 SYS/BIOS 工程的步骤如下:

① 打开 CCS,在菜单栏中选择 View→TI Resource Explorer 选项。

② 展开 SYS/BIOS,显示 SYS/BIOS→ family→board,Family board 就是用户使用的平台。选择用户创建的例程。在实例列表那一页的上方有关于所选实例的介绍。在开始学习 SYS/BIOS 时,可以选择 Generic Examples 下的 Log Example。

在开始创建用户的应用工程时,用户可以根据目标应用使用内存的大小,选择 Minimal 或者 Typical 例程。对于某些系列的设备,提供与设备相关的 SYS/BIOS 模板(如果使用了 IPC,就可以使用 IPC 模板)。

③ 单击 TI Resource Explorer 右侧的 Step 1,将示例工程导入 CCS。这将在 Project Explorer View 中增加一个新的工程,如图 6.6 所示。

④ 构建的工程需要以 Gexample_nameWGboard 为格式确定工程的名字。用户可以扩展成工程,以便查看或者改变源代码和配置文件。

⑤ 当在 TI Resource Explorer 中选择一个实例后,这一页会提供其他的连接,以帮助完成与实例相关的通用操作。

⑥ 构建工程时单击 Step 2。如果要改变构建选项(如构建器、连接器、RTSC (XCtools)),右击该工程,选择 Properties 选项。

TI Resource Explorer
Packages: SYS/BIOS
Devices: C6000
Topics: All
enter search keyword
Address:
TMS320C6678
Minimal
Typical
Generic Examples
Benchmark Example
C++ Example (bigtime)
Clock Example
Error Example
Event Example
Hello Example
Log Example
Memory Example
Small Example
Static Example
Swi Example
Task Mutex Example
C674x Floating-point DSP
DaVinci DM37xx
DaVinci DM643x
DaVinci DM644x
DaVinci DM646x
Log Example
This module shows how to use Log_info(), Log_error() and Log_warning() in a simple application. It shows how to enable USER1 logs for the Task module in the cfg file.
These are the steps to import the project, build the project, and debug the project.
Step 1: Import the example project into CCS
Click on the link above to import the project. The imported project is available in the Project Explorer view, expand the project node to browse the imported source files. To modify source code, double clicks on the source file within the project to open the source file editor.

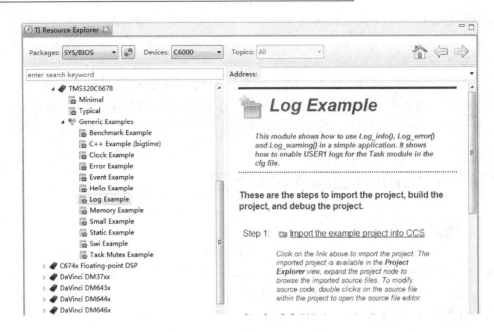

图 6.6　TI Resource Explorer 窗口

⑦ 单击 Step 3 更改连接方式。如果要用 simulator，而不需要硬件连接，则双击工程中的 *.ccxml 文件，打开目标配置编辑器。根据需要更改 Connection，然后单击 save 按钮。

⑧ 单击 Step 4 启动调试会话，并切换到 CCS 调试视图。

Step 1～Step 4 如图 6.7 所示。

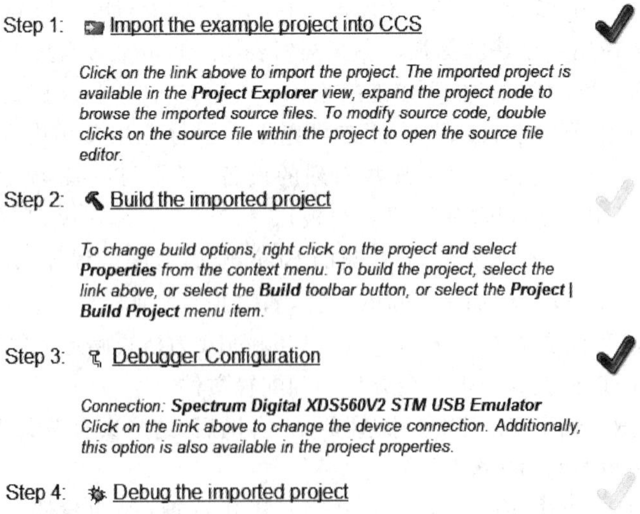

Step 1: Import the example project into CCS
Click on the link above to import the project. The imported project is available in the Project Explorer view, expand the project node to browse the imported source files. To modify source code, double clicks on the source file within the project to open the source file editor.
Step 2: Build the imported project
To change build options, right click on the project and select Properties from the context menu. To build the project, select the link above, or select the Build toolbar button, or select the Project | Build Project menu item.
Step 3: Debugger Configuration
Connection: Spectrum Digital XDS560V2 STM USB Emulator
Click on the link above to change the device connection. Additionally, this option is also available in the project properties.
Step 4: Debug the imported project

图 6.7　SYS/BIOS 创建工程步骤

6.4.2　用 CCS 工程向导创建 SYS /BIOS 工程

1. 创建 SYS /BIOS 平台配置文件

单击 File→New→Project，弹出创建项目选项，如图 6.8 所示。

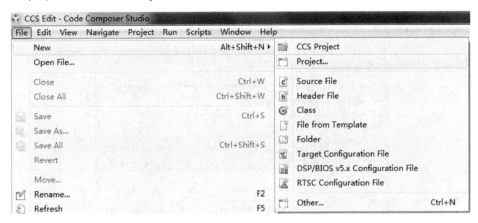

图 6.8　菜单中创建项目

在弹出的对话框中选择 RTSC→New RTSC Platform 选项，单击 Next 按钮，如图 6.9 所示。

图 6.9　创建 RTSC

在弹出的对话框中设置名字、平台、路径,如图6.10所示。

备注:路径不能有非 ASCII 字符,此路径将在下面"新建 SYS/BIOS 工程"中使用到。

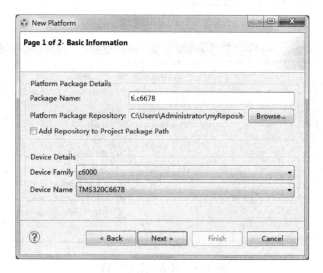

图 6.10 创建平台窗口设置

单击 Next 按钮,弹出如图6.11所示的界面。

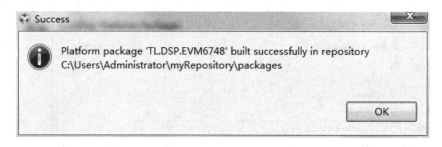

图 6.11 创建平台保存信息

单击 OK 按钮,弹出存储器配置界面,在 Clock Speed(MHz)处填写 CPU 的主频,这里以1000 MHz 为例,选择 Customize Memory 复选项,如图6.12所示。

用户可根据需要修改在 Device Memory 下的缓存及内存配置,也可以添加自定义段(R 读、W 写、X 执行、I 初始化)。

单击 Finish 按钮,弹出如图6.13所示信息,对平台配置信息进行编译。配置成功,弹出配置成功信息窗口,如图6.14所示。

单击 OK 按钮即可完成平台配置文件新建。

2. 新建 SYS/BIOS 工程

单击 File→New→CCS Project,如图6.15所示。

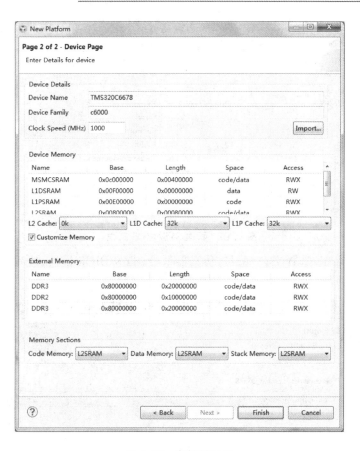

图 6.12 存储器配置

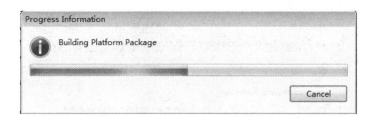

图 6.13 编译配置平台

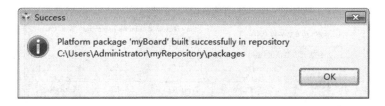

图 6.14 配置成功信息窗口

嵌入式多核DSP应用开发与实践

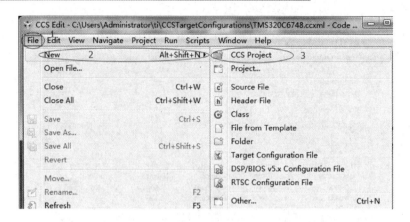

图 6.15　新建 SYS/BIOS 工程

　　输入工程名字,选择平台、型号、仿真器型号、SYS/BIOS 模板,然后单击 Next 按钮,如图 6.16 所示。

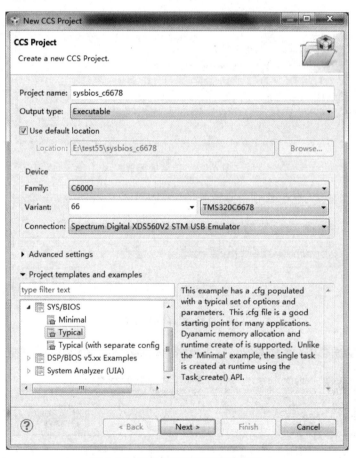

图 6.16　SYS/BIOS 工程配置信息

在弹出的界面中选择 SYS/BIOS 6.35.4.50,接着单击 Add 按钮添加自己创建的平台,如图 6.17 所示。

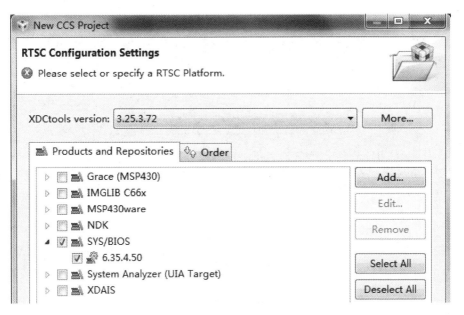

图 6.17　添加配置信息

在弹出的界面中选择 packages 的路径(在创建"SYS/BIOS 平台配置文件"部分已设置),单击 OK 按钮,如图 6.18 所示。

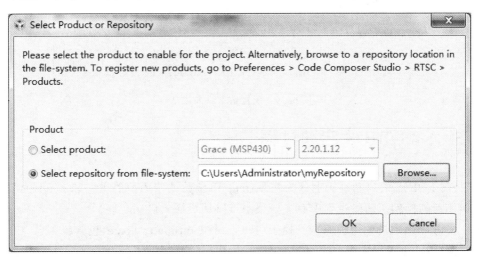

图 6.18　添加配置信息路径

在返回的界面中可以看到新建的平台已经添加成功,如图 6.19 所示。在图 6.19 中 Platform 选择已经新建的平台配置,Build-profile 中设置为 debug。然后单击 Finish 按钮完成工程新建。

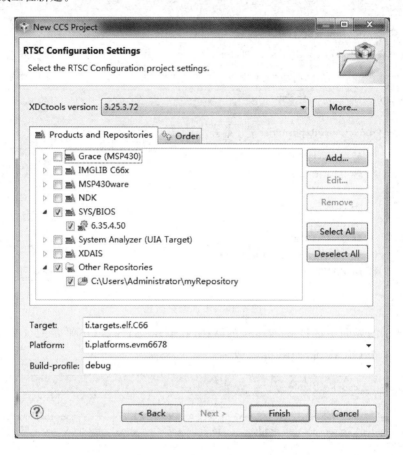

图 6.19 配置信息添加成功

6.5 SYS/BIOS 启动过程

SYS/BIOS 的启动逻辑上分为两段:main()函数被调用前的操作和 main()函数被调用后的操作。两段过程中有多处控制点供用户插入启动功能。

main()函数被调用前完全受控于 XDCtools runtime package,包含:

➢ CPU 重置后立即执行目标 CPU 初始化(初始位置 c_int00);

➢ 在 cinit()之前运行重置功能 reset functions(xdc.runtime.Reset 模块实现);

➢ 运行 cinit()初始化 C 运行环境;

➢ 运行用户提供的 first functions(xdc.runtime.Startup 提供);

> 运行所有模块初始化；
> 运行用户提供的 last functions(xdc. runtime. Startup 提供)；
> 运行 pinit()；
> 运行 main()。

main()函数调用后由 SYS/BIOS 控制，在函数结尾处调用的 BIOS_start()初始化，包括：

> 启动函数，运行用户提供的 start functions；
> 硬件中断使能；
> 时钟启动；
> 软件中断使能；
> 任务启动。

由 SYS/BIOS 的启动序列可知，如果用户需要人为干扰启动序列，添加一些自定义的初始化函数，则需要在适当的控制点插入自定义的挂钩函数。

而对于用户需要实现的应用级的功能模块，则是以任务函数的形式出现。编写应用程序，实际上是在编码操作系统将要调度的任务函数。既可以在.cfg 文件中静态创建任务对象，也可以 main()函数中动态创建任务对象。

编码任务函数，主要是根据实际的任务功能模块的需求，调用 SYS/BIOS 及相关组件提供的函数来实现特定功能。

第7章

硬件设计指南

7.1　电源设计、节电模式和功耗评估

7.1.1　功耗分析

　　TMS320C6678需要多种电源供电来保证DSP各模块的稳定工作,其中包括0.9～1.1 V可变核电压CVDD,1.0 V核电压CVDD1,1.5 V的外设电压和1.8 V的I/O电压。各个电源的功耗情况可以根据TI公司提供的C6678功耗仿真工具进行计算,仿真的功耗情况如表7.1中C6678功耗分析,该统计结果是在假设系统工作在65 ℃环境下,芯片主频为1 GHz,使能DSP各高速外设,并按70%左右的芯片资源使用率的条件下仿真得出。从功耗分析上可以看出,在该假设工作条件下,单片C6678需要0.9～1.1 V可变电压(8.4 A)、1.0 V内核电压(1.6 A)、1.5 V外设电压(0.38 A)和1.8 V的I/O电压(0.015 A)。

表 7.1　C6678 功耗分析

模　块	CVDD/mA	CVDD1/mA	CVDD15/mA	CVDD18/mA	共计/mA
内　核					
内核 0	350.53	1.63	—	—	352.16
内核 1	350.53	1.63	—	—	352.16
内核 2	350.53	1.63	—	—	352.16
内核 3	350.53	1.63	—	—	352.16
内核 4	350.53	1.63	—	—	352.16
内核 5	350.53	1.63	—	—	352.16
内核 6	350.53	1.63	—	—	352.16
内核 7	350.53	1.63	—	—	352.16

续表 7.1

模　块	CVDD/mA	CVDD1/mA	CVDD15/mA	CVDD18/mA	共计/mA
外　设					
DDR3	180.20	1.30	159.83	0.00	341.33
SRIO	21.48	3.27	7.10	—	31.85
NETCP	82.56	0.00	0.00	—	82.56
PCIe	53.95	13.64	8.37	—	75.96
HyperLink					
SPI	8.24	—			8.24
UART	22.25	—			22.25
Timer	17.56	—			17.56
I^2C	11.76	—			11.76
MSMC	84.23	1.52			85.75
Navigator	53.43	1.75			55.18
EMIF16	4.13	0.34	0.01	2.88	7.36
TSIP	0.00	—			0.00
ACTIVITY	3 344.07	34.85	175.11	2.88	3 556.91
BASELINE	5 011.88	1 586.11	205.61	12.92	6 816.52
TOTALS	8 355.96	1 620.96	380.72	15.80	10 373.44

7.1.2　系统总体方案设计

在确定了信号处理平台工作需要的电源电压种类和每种电压需要的峰值电流之后,便可以开始该平台供电方式的选择和电源方案设计。一般而言,可以通过以下几种电源产品获得需要的稳压电源,其各自特点如下:

① 低压差线性电源(LDO),是新一代集成电路稳压器,具有稳定度高、电源纹波小等特点,适合应用在输入、输出压差不大的应用场合。当压差较大,并输出较大电流时,LDO 功耗较大,效率偏低且芯片容易发烫。低压差线性电源的功耗计算方式如下:

$$功耗=(输入电压-输出电压)\times输出电流+输入电压\times静态电流$$

② 开关电源,主要包括输入滤波器、开关管、输出滤波器、控制电路及保护电路,具有电源转换效率高、输出电流大等优点;但是开关电源的噪声和波纹都比较大,需要使用外部 EMI 滤波电路等。

③ 电源模块,是厂商将电源芯片和外围电路一起进行设计和封装,集成在一个模块中提供给用户使用的,有较大的输出功率,且设计难度较低。

结合本设计对电源的需求和几种供电方式的特点,对该信号处理平台需要使用的电源芯片和模块进行选型,对压差大、输出电流高的电源使用电源模块供电,而输入输出压差较小、输出电流低的场合使用低压差线性电源(LDO)供电。为了实现最终的上电顺序控制,要选择有使能或者触发功能的电源芯片或模块。选取电源的最大输出既要满足功耗分析总结的电路需求,还要尽量节省空间和功耗。综合以上基本原则,并参考 TI 公司的电源管理指南和选型方案手册,最终选定如图 7.1 所示的系统的组成框图。

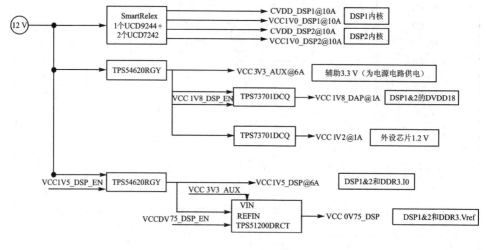

图 7.1　系统组成框图

采用统一的 12 V 电源供电。DSP 的内核电压由一片 UCD9244 和两片 UCD7242 组成:经过 TPS54620 产生的 3.3 V 电源可以为其他的电源电路供电。大部分的模块电源需要经过滤波网络的处理,这样做可以降低电源的纹波和噪声,同时也可以很好地解决 PCB 布线带来的其他干扰问题。

虽然 DSP 不要求内核电压与 I/O 之间有特殊的上电时序,但假如有某个模块的电源处于错误状态时,须保证整个系统的所有电源都不工作;否则,会严重影响器件的使用寿命和可靠性。所以,在本设计中,上电时序为 CVDD,VCC1V0,VCC1V8,VCC1V5,VCC0V75。其中,CVDD 与 VCC1V0 的上电时序通过对 UCD9244 芯片进行编程实现,其他模块的上电时序通过 TPS3808 系列芯片,前一级对后一级产生控制信号实现。掉电时序与上电时序完全相反,这样可以防止大量的静态电流和器件过压情况发生。

任何 DC/DC 变换器在开始设计时,工作频率的选择都是很关键的。它主要取决于 3 个因素:最高效率、最小尺寸和闭环带宽。工作频率高,通常效率就低,设计尺寸小。综合考虑,在本设计中,选择 750 kHz。

在设计的最后,为关键的电源供电部分添加了信号指示灯。上电正常则使 LED 亮,它在电路中的作用主要是方便调试;同时,在电路上电不正常时可以马上发现哪个模块出错,从而很快地找到原因。

7.1.3　电源滤波设计

外部的电源需要经过滤波电路输入给 C6678,滤波电路如图 7.2 所示,具体电路参考 6678EVM 板的原理图和 *Hardware Design Guide for KeyStone Devices*。

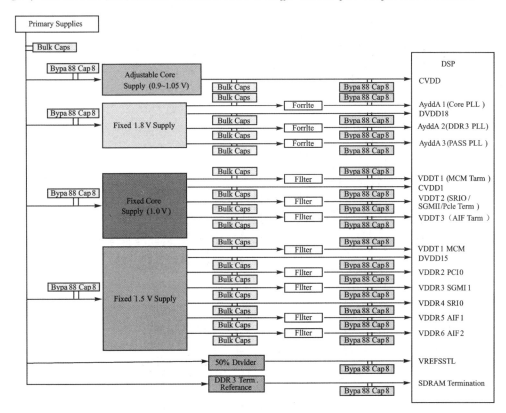

图 7.2　DSP 供电的滤波电路

7.1.4　电源控制电路

UCD9244 芯片是数字 PWM 控制器,能同时控制 4 路输出,开关频率达到 2 MHz,采用 PMBus 1.2 标准(Power Management Bus,电源管理总线)。PMBus 是电源管理总线,是从 SMBus(System Management Bus,系统管理总线)发展过来的,在数字通信总线上与电源转换器进行交流。图 7.3 所示为 UCD9244 的控制电路图,输出电压的调节主要有两种方式:一种是通过 VID 接口,这种方式需要 DSP 或专用集成电路来控制;但本设计中本来就是作为 DSP 的电源,所以采用另一种调节方式,即通过 PMBus 命令语句,对输出电压幅值进行控制,这种方式也更为简单有效。为保证 UCD9244 整体工作,在工作电压输入端增加了旁路电容来减少电压纹波,同时也对高温、过流等异常情况增加了保护措施。

嵌入式多核 DSP 应用开发与实践

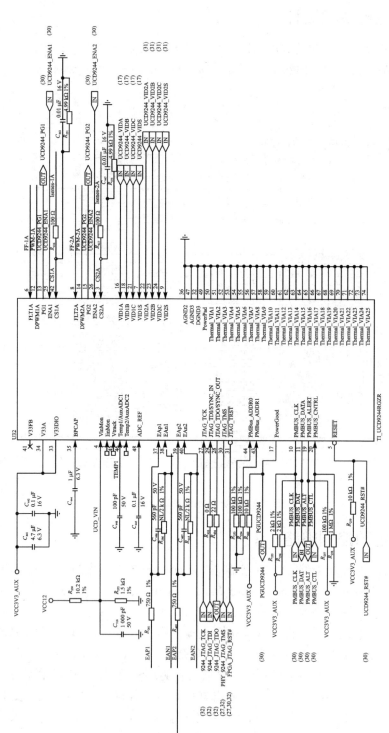

图 7.3　UCD9244控制电路图

UCD7242 是与 UCD9244 完全兼容的驱动芯片,可以驱动两个独立的电源,可以供应 CVDD(内核电压)与 VCC1V0(SRIO、PCIE、SGMII 和 HyperLink)。通过一片 9244 控制两片 7242 来达到为两片 DSP6678 供电的目的。UCD7242 电路中电感值的选择很关键,根据芯片内部结构,电感值可以通过以下公式计算:

$$L = \frac{V_{\mathrm{IN}} - V_{\mathrm{OUT}}}{\Delta I} \frac{D}{f_{\mathrm{s}}}$$

式中:V_{IN} 为输入电压;V_{OUT} 为输出电压;f_{s} 为工作频率;D 为占空比;ΔI 为电感电流峰值。在本设计中,$V_{\mathrm{IN}} = 12\ \mathrm{V}$,$V_{\mathrm{OUT}} = 1\ \mathrm{V}$,$D = 1/12$,$f_{\mathrm{s}} = 750\ \mathrm{kHz}$,$\Delta I = 10\ \mathrm{A}$,可计算出电感 $L \approx 0.122\ \mu\mathrm{H}$。

7.1.5　3.3 V 辅助电路

在整体的系统中,有些芯片是需要 3.3 V 工作电压的,比如 TPS73701,DSPIO 供电;TPS51200 作为 DDR3 的参考电压。图 7.4 所示为采用 TPS54620 芯片作为电压转换芯片的电路,TPS54620 的耐热性能增强,功能齐全,支持高效率,集成了前端和后端的 MOSFET 管,并且输出电压可以调节。在本设计中,用 TPS54620 产生了 3.3 V 和 1.5 V 的电压。如图 7.4 所示,输出电压为

$$V_{\mathrm{OUT}} = \left(1 + \frac{R_{10}}{R_{11}}\right) V_{\mathrm{ref}}$$

式中:R_{10},R_{11} 分别为分压电阻;V_{ref} 为参考电压。经实验设定,$R_{10} = 31.6\ \mathrm{k\Omega}$,$R_{11} = 10\ \mathrm{k\Omega}$;$V_{\mathrm{ref}} = 8\ \mathrm{V}$,可以得出输出电压 $V_{\mathrm{OUT}} = 3.3\ \mathrm{V}$。

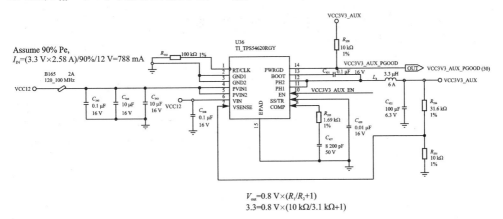

图 7.4　V 辅助电源电路

7.1.6　上电时序控制电路

DSP 的各电压之间需要控制加电顺序,其加电顺序如图 7.5 所示。

C6678 对电源的加电顺序有几种可选的方案,优先选用图 7.6 所示的方案。

嵌入式多核DSP应用开发与实践

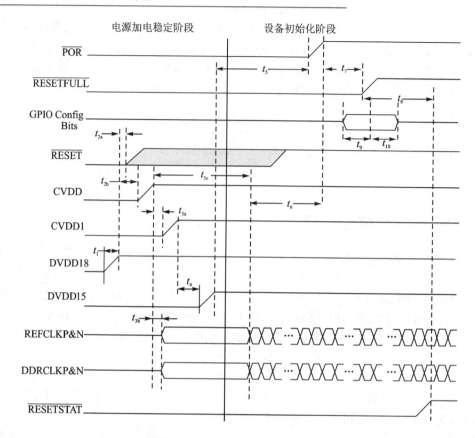

图 7.5 DSP 加电顺序

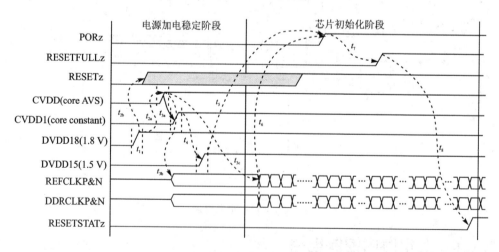

图 7.6 C6678 对电源的加电顺序优选方案

7.1.7　在线软件控制

基于 UCD92xx 的非隔离数字电源系统由控制芯片和功率级芯片构成。功率级芯片由 MOSFET 驱动和功率 MOSFET 组成,包括独立的 MOSFET 驱动(如 UCD7232),或者集成 MOSFET 的功率级芯片(如 UCD7242 和 UCD74120 等)。通过与 UCD92xx 配套使用的在线工具 Fusion Digital Power Designer 可以在线调节反馈环路,提高环路调节的效率。

设计一款基于 UCD92xx 的非隔离数字电源,需要首先选择合适的控制芯片和功率级芯片。当功率级芯片选用 UCD74120 时,因其内部集成了驱动器和 BUCK 上下管,外围只须增加电感和输出电容即可。然后可以使用在线软件工具对整个电源系统进行配置和调节。

UCD92xx 是内部集成 ARM7 核的非隔离数字电源控制器,可以灵活地配置为多路或多相模式,以 UCD9224 为例,可以配置其为双路输出或单路四相并联输出等。UCD9224 内部关键模块包括:

FusionPowerPeripheral:包含输出电压误差的采集,环路补偿及 DPWM 的输出等。

ADC 采样模块:包含 10 个 ADC 接口,用来对外部信息(如温度、电流)和内部信息(温度)进行采集。

模拟比较模块:包含三个模拟比较器,用来完成对过流等故障的快速保护。

ARM7 模块:包含 ARM7 核、Flash 和晶振等。

PMBus 模块:通信接口,用来与上位机进行通信。

SRE 控制等模块:用来控制 BUCK 运行于同步整流还是非同步整流模式。

TI 提供与 UCD92xx 配套的在线工具集:Fusion DigitalPower Designer,包括 offline 模式和 online 模式。offline 模式用来离线配置,而 online 模式可以在线对 UCD92xx 配置和监控。

配置:实现对输出电压幅值及过压/欠压点,上电/下电斜率,输出过流点等的配置。

设计:由客户选定主要功率器件及外围元件参数,再由 Fusion Digital Power Designer 实现对数字电源环路的配置及模拟仿真。

监控:在线对输出电流/电压、输入电压等实时监控。

状态:记录数字电源的各种故障,如过压、过流、欠压等,便于故障定位。

软件设计的整体步骤是:先确定采用的芯片型号;然后确定电源的数量,根据特定的用电设备分配相位(功率级),单相或者多相;再设置电源的工作参数,工作参数有很多,关键的有电压幅值和时序,还有一些过压及高温保护的参数;而后利用软件帮助设计电路原理图;对照设计的仿真结果,要结合时域与频域的情况,如果不满意再修改,满意之后保存为工程文件;最后通过 TIUSB 适配器下载到芯片中即可。

7.2　时钟设计

7.2.1　时钟需求

KeyStone 系列(C66x)的 DSP 芯片对时钟类型的需求如图 7.7 所示。

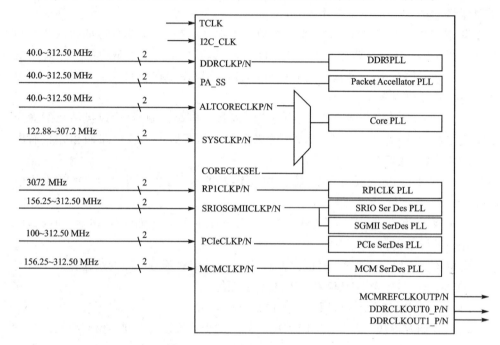

图 7.7　KeyStone 系列 DSP 输入时钟需求

各时钟需求都是一个范围,推荐的频率值如表 7.2 所列。

表 7.2　KeyStone 系列 DSP 输入时钟要求

输入时钟	电平标准	频率输入/MHz			匹配方式	位　置
		最小	典型	最大		
SRIO_SGMII_CLKp SRIO_SGMII_CLKn (if SRIO is used)	UCB 或 LVDS	156.25	250.00	312.50	AC 耦合电容 0.1 μF	终端匹配
SRIO_SGMII_CLKp SRIO_SGMII_CLKn (SRIO not used)	UCB 或 LVDS	156.25	250.00	312.50	AC 耦合电容 0.1 μF	终端匹配

续表 7.2

输入时钟	电平标准	频率输入（MHz）			匹配方式	位　置
		最小	典型	最大		
PCIe_CLKp PCIe_CLKn	UCB 或 LVDS	100.00	250.00	312.50	AC 耦合电容 0.1 μF	终端匹配
PCIe_CLKp PCIe_CLKn	LVDS		30.72		AC 耦合电容 0.1 μF	终端匹配
RPI_CLKp RPI_CLKn	UCB 或 LVDS	156.25	250.00	312.50	AC 耦合电容 0.1 μF	终端匹配
ALTCORE_CLKp ALTCORE_CLKn	UCB 或 LVDS	40.00	250.00	312.50	AC 耦合电容 0.1 μF	终端匹配
PA_SS_CLKp PA_SS_CLKn	UCB 或 LVDS	40.00	250.00	312.50	AC 耦合电容 0.1 μF	终端匹配
SYSCLKp SYSCLKn	UCB 或 LVDS	122.88	153.60	307.20	AC 耦合电容 0.1 μF	终端匹配
DDR_CLKp DDR_CLKn	UCB 或 LVDS	40.00	66.667	312.50	AC 耦合电容 0.1 μF	终端匹配
SYSCLKp SYSCLKn	UCB 或 LVDS	122.88	153.60	307.20	AC 耦合电容 0.1 μF	终端匹配
DDR_CLKp DDR_CLKn	UCB 或 LVDS	40.00	66.667	312.50	AC 耦合电容 0.1 μF	终端匹配

对于 C6678 芯片，没有 RPI_CLK 和 SYSCLK，总共需要输入 6 个 LVDS 时钟，推荐采取交流耦合方式，因为 C6678 的时钟输入缓冲器中已经设置了自己的共模电压和 100 Ω 的差分端接。

88E1111 的输入参考时钟频率可以在 25 MHz 和 125 MHz 两者之间选择，通过 SEL_FREQ 引脚来设置，可以使用单端晶体或者晶振。本板卡上有 3 片 88E1111，其中与 DSP 互连的 2 片工作在 SGMII 模式，与 K7FPGA 互连的 88E1111 工作在 GMII 模式，每片 88E1111 采用独立的时钟源，均选择 25 MHz 时钟，该时钟出独立的晶体产生。

电路板上所有芯片需要的时钟如表 7.3 所列。

表 7.3 时钟需求统计

器件类型	器件名称	时 钟	频率/MHz	通道数	电 平
DSP	TMS320C6678	CORECLKP/N	100	1	LVDS
		DDRCLKP/N	62.5	1	LVDS
		PASSCLKP/N	100	1	LVDS
		SRIOSGMIICLKP/N	312.5	1	LVDS
		PCIe CLKP/N	100	1	LVDS
		MEMCLKP/N	312.5	1	LVDS
GbE PHY	88E1111	参考时钟	25	3	晶体

7.2.2 时钟电路设计

1 路 125 MHz EMAC 工作时钟由晶振产生;1 路 50 MHz 的 FPGA 工作时钟由晶振产生;GPHY 所需的 3 路 25 MHz 时钟由独立的晶体产生。下面不再描述。

1. DSP 各时钟输入频率及锁相环设置

C6678 的 6 个输入时钟都是通过内部的锁相环倍频之后生成最终的工作时钟,而各输入时钟都是一个范围,锁相环的倍频数也都可以设置。为了产生需要的工作时钟,可选的输入时钟频率和倍频数有多种组合方式。C6678 输入时钟频率及 PLL 的设置见表 7.4。为了降低 PCB 上时钟的频率,减少干扰,应尽量将外输入时钟降低。

表 7.4 C6678 输入时钟频率及 PLL 的设置

时钟引脚	功 能	频率/MHz	PLL 倍频数	RATESCALE	输出频率或速率
CORECLKP/N	系统时钟	100	10	N/A	1 GHz
DDRCLKP/N	DDR3 控制器参考时钟	62.5	10	N/A	625MHz
PASSCLKP/N		100	10	N/A	1 GHz
SRIO SGMII CLKP/N	SRIO 接口参考时钟	312.5	8	1/2	1.25 Gb/s
			8	1	2.5 Gb/s
			10	1	3.125 Gb/s
			16	1	5 Gb/s
PCIeCLKP/N	PCIe 接口参考时钟	100	50	2	2.5 Gb/s
			50	1	5 Gb/s
MEMCLKP/N	HyperLink 接口参考时钟	312.5			

注意:上述输入频率和 PLL 设置值的确定参考了以下文档:

➢ *TMS320C6678 DATASHEET* ;

➢ *Phase-Locked Loop (PLL) Controller for KeyStone Devices User's Guide* ;

➤ *Key Stone-SRIO User Guide*；

➤ *Key Stone-PCIe User Guide*；

➤ *Hyper Link for KeyStone Devices User's Guide*。

各输入时钟频率的确定方法如表 7.5 所列。

表 7.5　C6678 输入时钟频率的确定方法

时钟引脚	频率确定方法
ALTCORECLKP/N	在系统上电时配置引脚可以设置系统锁相环,但是此时对应输入频率是有限的离散值,选取其中频率最小值为 100 MHz
DDRCLKP/N	为了能够与 ALTCORECLKP/N 共用 CDCL6010 芯片,充分利用该芯片设置 DDRCLKP/N 50 MHz,系统上电,DDR 默认的倍频数为 20,输出 500 MHz,可通过软件修改倍频寄存器来修改频率
PASSCLKP/N	为了与另一片 CD6010 芯片设计相同,降低设计复杂度,所以设置频率为 100 MHz
SRIOSGMIICLKP/N	如果 DSP 设置为 SRIO 加载,SRIO 的速率可以通过配置引脚来设置,但是此时对应输入频率是有限的离散值,选取其频率为 312.5 MHz
PCIe CLKP/N	为了与另一片 CD6010 芯片设计相同,降低设计复杂度,所以设置频率为 100 MHz
MEMCLKP/N	如果 DSP 设置为 HyperLink 加载,HyperLink 的速率可以通过配置引脚来设置,但是此时对应输入频率是有限的离散值,选取其频率为 312.5 MHz

2. 时钟驱动芯片

根据时钟需求统计,选用 TI 推荐的 1 驱 10 的时钟芯片 CDCL6010RGZ(见图 7.8) 3 片即可满足需求。

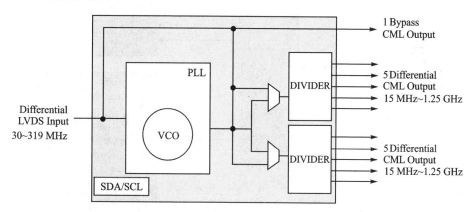

图 7.8　CDCL6010 的原理框图

CDCL6010RGZ 有以下特点：

➤ 1.8 V 单电源供电；

➤ LVDS 时钟输入,频率范围为 30～319 MHz；

➤ 低抖动(jitter):400fs RMS(Root Meam Square,均方根)；

➢ PLL 可直通输出；

➢ 输出为差分 CML 电平,可满足 ANSITIA/EIA－644－A－2001LVDS 标准；

➢ 最多 11 个时钟输出,一个专用输出直通输出,其余 10 个时钟输出分两组,每组可编程输出频率,频率范围为 15～1 250 MHz；

➢ SDA/SCL 配置管理接口；

➢ 紧凑的 QFN48 封装；

➢ 功耗 640 mW,工业级温度范围为－40～＋85 ℃。

CDCL6010 的时钟输出频率计算方式如下：

$$F_{OUT} = F_{IN} \times N/(M \times P)$$

式中：$P(P0,P1) = 1,2,4,5,8,10,16,20,32,40,80；M = 1,2,4,8；N = 32,40$。

同时要求：

30 MHz$<(F_{IN}/M)<$40 MHz；

1 200 MHz$<(F_{OUT} \times P)<$1 275 MHz。

采用 1 片 CDCL6010 来分别产生 2 路 62.5 MHz 时钟和 3 路 312.5 MHz 时钟,方案如图 7.9 所示。

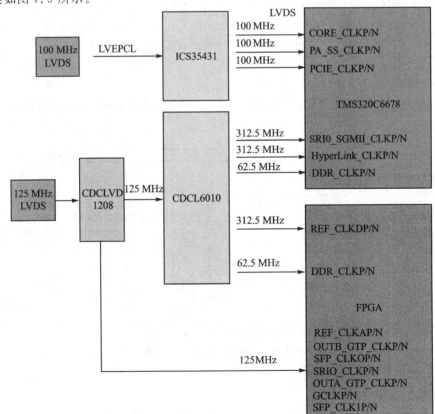

图 7.9　时钟产生方案

各时钟的分频倍频因子设置如表 7.6 所列。

表 7.6 时钟芯片的设置

芯 片	输入频率/MHz	输出频率/MHz	P	M	N	VCO 频率/MHz
CDCL60100 组	125	312.5	4	4	40	
CDCL60101 组		62.5	2	4	32	

各时钟必须在 POR♯ 复位完成之前提供给 DSP,具体要求如表 7.7 所列。

表 7.7 DSP 时钟与复位的输入关系

时钟类型	配置条件	时 序
DDRCLK	无	$\overline{POR}$ 变成高电平前保持 16 μs
SYSCLK	CORECLKSEL=0	SYSCLK used to clock the core PLL. It must be present 16 μs before $\overline{POR}$ transitions high
	CORECLKSEL=1	SYSCLK only used for AIF, Clock most be present before the reset to the AIF is removed
ALTCORECLK	CORECLKSEL=0	ALTCORECLK is not used and should betide to a static state
	CORECLKSEL=1	ALTCORECLK is used to clock the core PLL. It must be present 16 μs before $\overline{POR}$ transitions high
PASSCLK	PASSCLKSEL=0	PASSCLK is not used and should be tied to a static state
	PASSCLKSEL=1	PASSCLK is used as a source for the PA_SS PLL. It must be present before the PA_SS PLL is removed from reset and programmed
SRIOSGMLLCLK	An SGMII port will be used	SRIOSGMIICLK must be present 16 μs before $\overline{POR}$ transitions high
	SGMII will not be used, SRIO will be used as a boot device	SRIOSGMIICLK must be present 16 μs before $\overline{POR}$ transitions high
	SGMII will not be used, SRIO will be used after boot	SRIOSGMIICLK is used as a source to the SRIO SerDes PLL. It must be present before the SRIO is removed from reset and programmed
	SGMII will not be used, SRIO will not be used	SRIOSGMIICLK is not used and should be tide to astaticstate

续表 7.7

时钟类型	配置条件	时 序
PCIECLK	PCIE will be used as a boot device.	PCIECLK must be present 16usec before $\overline{POR}$ transitions high
	PCIE will be used after boot	PCIECLK is used as a source to the PCIE SerDes PLL. It must be present before the PCIE is removed from reset and programmed
	PCIE will not be used	PCIECLK is not used and should be tied a static state
MCMCLK	MCM will be used as a boot device	MCMCLK must be present 16usec before $\overline{POR}$ transitions high
	MCM will be used after boot	MCMCLK is used as a source to the MCM SerDes PLL. It must be present before the MCM is removed from reset and programmed
	MCM will not be used	MCMCLK is not used and should be tied a static state

时钟与复位的具体时序参数设计见复位电路设计。

CDCL6010 通过 I^{2}C 接口进行的锁相环设置,将 4 片 CDCL6010 的 I^{2}C 接口连接到 FPGA 上,通过 FPGA 编程实现设置功能,其中 3 片的访问通过地址线来区分,连接原理如图 7.10 所示。

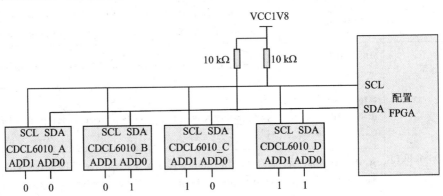

图 7.10 CDCL6010 设置电路的设计

地址线 ADD[1:0]通过 1 kΩ 电阻上拉和下拉来实现 1 和 0。

3. 晶振选型

C6678 对输入时钟的抖动有较高的要求,尤其是 SERDES 时钟,要求小于 4ps,本设计中已经选取了低抖动的时钟驱动芯片 CDCL1610,另外时钟源也统一选择低振动的 LVDS 差分晶振。(*Hardware Design Guide for KeyStone Devices* 中的 3.4 节不建议使用单端时钟。)

差分晶振选用 XO75L － AGTL － 125 和 XO75L － AGTL － 50,其主要特征如下:

① 3.3 V 供电;

② 输出电平:LVDS;

③ 带三态使能引脚;

④ 频率稳定度为 $\pm 100 \times 10^{-6}$;

⑤ 对称性:45%～55%;

⑥ 抖动:3 ps RMS;

⑦ 工作温度为 －40～85 ℃;

⑧ 封装为 7 mm×5 mm×2 mm。

单端时钟选用 XO75 － NAGTC － 50,其主要特性如下:

① 3.3 V 供电;

② 输出电平为 3.3 V LVCMOS;

③ 频率稳定度为 $\pm 50 \times 10^{-6}$;

④ 对称性:45%～55%;

⑤ 抖动:5 ps RMS;

⑥ 工作温度为 －40～85 ℃;

⑦ 封装为 7 mm×5 mm×1.7 mm。

4. 外输入时钟设计

系统通过 XJ3 输入两个 LVPECL 的差分时钟,PEREFCLK＋/－是系统 PCIe 外输入参考时钟,1E_CLK＋/1E_CLK－为板间 GTX 参考时钟。V5 FPGA 的 GTP 输入时钟为 LVDSAC 耦合时钟,因此需要采用如图 7.11 所示的端接。

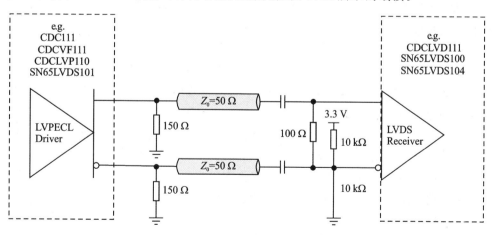

图 7.11　LVPECL 至 LVDS 的交流端接

1E_CLK＋/－时钟需要通过驱动产生 3 路 LVDS 时钟输出给 K7FPGA 的 3 个 GTX 模块,K7FPGA 的 GTX 输入时钟为 LVDSAC 耦合时钟。本方案拟采用一片 SY89830UK4I 对输入的 1E_CLK＋/－ LVPECL 时钟进行驱动,产生 4 路 LVPECL 时钟输出,然后通过如图 7.11 所示的端接方式转换为 LVDSAC 时钟信号输出给 GTX 模块。

5. 时钟耦合、端接方式

差分晶振输出 LVDS 电平,CDCL6010 要求输入 LVDS 电平,输出的是 CML 电平,C6678 要求输入 LVDS 电平,不同器件之间采取交流耦合的方式,端接方式如图 7.12 所示。

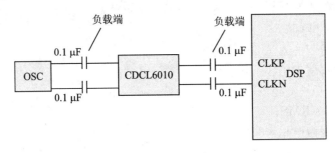

图 7.12　时钟耦合、端接方式

注意:①DSP 的输入时钟引脚内部已经设计了 100 Ω 差分端接。②CDCL6010 的输入时钟引脚内部已经设计了 100 Ω 差分端接。

6. PCB 指导

时钟是电路板上的关键信号,走线时要保证信号的质量,同时要保证对外部电路影响小。PCB 设计遵循以下原则:

➢ 走线尽量短。
➢ 尽可能在同一层走线,如果在 PCB 板越层必须保证阻抗相同。
➢ 如果走内层,时钟线必须走在两个平面之间,紧邻地或电源平面,并且两个时钟走线层不能相邻。
➢ 要保证同步的时钟线有相同的过孔数,并且等长控制在时钟周期的 5% 之内。
➢ 差分 P/N 端走线延迟差不能超过 5 ps。
➢ 过孔和端接必须放置在对信号质量没有影响的位置。
➢ 单端时钟线必须为 50(1±0.05) Ω 阻抗,差分时钟线必须为 100(1±0.05) Ω 阻抗。
➢ 所有的微带线必须与地或电源平面相邻。
➢ 所有单端信号都要加端接,差分时钟要确认是否需要加端接。
➢ 时钟源(晶振和晶体)下方应当有地平面。

7.3　复位电路设计

7.3.1　复位需求统计

电路板上各器件的复位需求及设计如表 7.8 所列。

表 7.8　复位需求及设计

器件类型	器件名称	引脚名	要　求
DSP	TMS320C6678	POR#	1.8 V
		RESETFULL#	1.8 V
		RESET#	1.8 V

7.3.2　复位电路及时序设计

DSP 复位分两种情况：上电复位和外输入复位。DSP 上电复位的时序要求如图 7.13 所示，上电复位与 POWERGOOD 信号和锁相环 LOCK 信号有关，芯片要求上电完成后至少 100 μs(t_3)才能脱离 RESET# 复位，同时要求时钟锁定(CLK_LOCK)后至少 16 μs(t_2)才能脱离 POR# 复位。根据上述需求，电路时钟按照图 7.13 所示的时序图进行上电复位设计，其中 t_2/t_3 较小的值为 1 ms(即在 POWERGOOD 和 CLK_LOCK 信号上升沿 1 ms 之后 RESET# 无效)，t_4/t_5 固定设置为 1 ms。

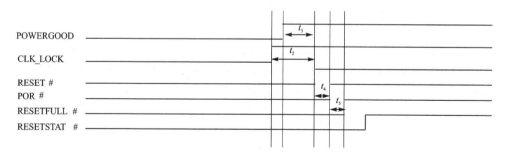

图 7.13　DSP 上电复位时序

外输入复位有两种情况：一种只复位 DSP，另一种复位所有可以复位的器件。FPGA 根据前面板复位按钮输出的 ADMA_RESETn 或者板内的 full_reset 产生 RESETFULL# 信号，复位时序如图 7.14 所示。

如果需要单独产生 DSP 复位信号，可以根据连接至 K7 FPGA 的 warm_reset 产生。FPGA 的按键复位的产生原理如图 7.15 所示。

嵌入式多核DSP应用开发与实践

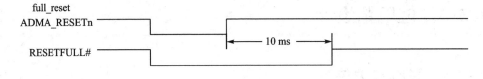

图 7.14　外输入复位时序

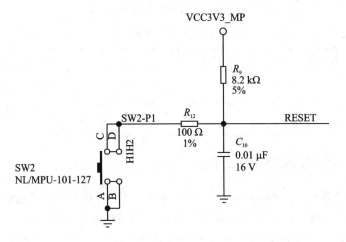

图 7.15　按键复位产生原理

7.4　DDR3 接口设计

7.4.1　DDR3 技术综述

　　为了配合多核数字信号处理平台强大的运算能力和数据通信带宽,必须引入高速存储技术,存储器的容量和带宽也是衡量数字信号处理平台性能的一项基本指标。DDR3 存储器是目前高端计算机系统应用最广泛的高速动态存储器,具有高带宽、高密度、低功耗等技术特点。

　　DDR3 在传输速率上明显优于传统的存储技术,DDR3 通过使用预取架构可以解决存储单元内部数据总线频率(核心频率)较低的瓶颈。通过内部总线每一次从存储单元预取 8 b 数据,均在 I/O 端口的上下沿触发传输,共需要 4 个时钟周期来完成 8 b 的传输,因此 DDR3 的 I/O 时钟频率是存储单元核心频率的 4 倍,而在 I/O 时钟频率的上下沿也都有数据传输,从而使得数据实际传输频率达到核心频率的 8 倍,如核心频率为 200 MHz 的 DDR3 - 1600,I/O 时钟频率为 800 MHz,其数据传输频率可达到 1600 MHz。这与 DDR2 的 4 b 预取存储技术相比,DDR3 数据传输效率实现了翻倍增长。

　　DDR3 存储器在提升存储性能的同时还降低了功耗,表现在其核心电压进一步得到降低。DDR3-SDRAM 的核心电压为 2.5 V,DDR2 的核心电压为 1.8 V,而 DDR3 的核心电压已经降至 1.5 V。此外,异步复位(reset)、根据温度自刷新 (SRT)、局部自刷新(PASR)等新技术的应用,也使得 DDR3 有更好的带宽功耗比。

在保障信号完整性方面,DDR3 存储系统将参考电压分为 VREFCA 和 VEEFDQ,分别为命令、地址信号和总线数据信号进行供电;使用 ZQ 校准功能,通过 ZQ 引脚连接 240 Ω 的参考电阻,使用命令集和校准系统自动校准输出驱动导通电 阻和片上终端匹配电阻;DDR3 的命令、地址和控制线均采用 Fly - B 拓扑结构代替 DDR2 采用的 T 型拓扑结构,从而减少了走线分支、长度和同时开关的信号数,抑制 了信号反射,降低了同步开关噪声,强化了信号和电源的质量。

7.4.2　TMS320C6678 的 DDR3 控制器

C6678 中的 DDR3 控制器用于 DDR3-SDRAM 的访问,它在 C6678 存储映射中 的起始地址为 0x80000000,其主要特征如下:

> 支持 JESD79 - 3CDDR3-SDRAM 标准;
> 数据位宽为 64 b/32 b/16 b;
> 寻址空间为两个 CE,最大 8 GB;
> 最高速率为 DDR3 - 1600;
> 列地址选通脉冲时间延迟为 5,6,7,8,9,10,11;
> Bank 数为 1,2,4,8;
> 突发长度为 8;
> 页大小为 256,512,1 024,2 048;
> 支持自动初始化和自刷新(Self-refresh);
> 支持 ECC。

C6678 的 DDR3 控制器使用外部 1.5 V 参考电压供电,共有两个差分输出时钟 DDRCLKP/N[1:0]和两个 DDR3 外部片选信号 DDRCE[1:0],用于扩展两个独立 的外部存储空间。其全部控制信号如图 7.16 所示。

7.4.3　DDR3-SDRAM 选型

DDR3-SDRAM 的主要生产厂家为美光、英飞凌、三星和现代等。现阶段产品数 据宽度为 4 b、8 b 和 16 b,单片的最高容量为 8 Gb。电路设计首选美光公司的 MT41J64M16JT - 125(有工业级的),其容量为 1 Gb,(其兼容 2 Gb 容量的 MT41J128M16HA - 125 和 4 Gb 容量的 MT41J256M16RE - 125,其商业级芯片也 与 SUMSUNG 的 1 Gb 容量的 K4B1G1646E-HCK0(只有商业级的)兼容),主要特 征如下:

> 供电为 1.5 V;
> 时钟周期为 1.25 ns@CL=11(DDR3 - 1600);

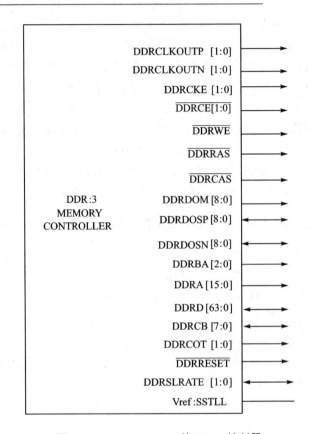

图 7.16　TMS320C6678 的 DDR3 控制器

➢ 位宽为 16 b；

➢ Bank 数为 8；

➢ 页大小为 1 024，即列地址为 10 b；

➢ 刷新时间为 64 ms，8 192 次@0～85 ℃，32 ms，8 192 次@85～95 ℃；

➢ 封装为 96 引脚 FBGA，8 mm×14 mm。

➢ 工作温度：商业级为 0～95 ℃，工业级为－40～95 ℃（尾缀 IT），汽车工业级
为－40～105 ℃（尾缀 AT）。

7.4.4　DDR3 电路设计

4 片 DDR3 芯片的控制线、时钟线和地址线需要采用 Fly-by 拓扑结构与 DSP 的
DDR3 接口相连，而数据信号 DDRD 和数据选通信号 DDRDQS 仍通过点对点（P2P）
的拓扑结构进行连接。采用 Fly-By 拓扑结构虽然可以减少信号的反射，提高信号
完整性，但也会使得信号到达 SDRAM 时产生不同的传播延迟。DDR3 系统中的读
平衡（read leveling）和写平衡（write leveling）特性可以通过调整每组位线的时序关
系，使得点到点的数据选通信号和时钟信号与相应的地址及控制信号在接收端达成

同步。通过 Fly－By 拓扑结构连接的控制线和地址线需要通过 39.2 Ω 的低公差电阻进行端接，连接到 V_{tt} 电平(0.75 V)，而时钟线则需要通过同样阻值的电阻以及一个 $0.1\ \mu F$ 的电容端接到 DVDD15(1.5 V)电平上。此外，上述的终端匹配电阻应该摆放在 Fly－By 拓扑结构中最后一片 DDR3-SDRAM 芯片处。本设计中 DDR3 接口与 4 片 DDR3-SDRAM 的连接方法如图 7.17 所示。

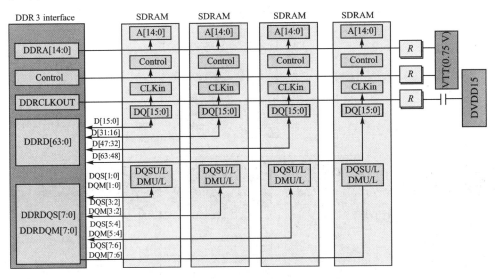

图 7.17　DDR3 存储芯片的 Fly－By 拓扑连接

7.4.5　PCB 设计中的注意事项

1. 拓扑结构

DDR3-SDRAM 对走线拓扑的要求与 DDR2－SDRAM 不同，如图 7.18 所示。前者要求 Fly－By 型拓扑，后者要求 T 形拓扑。Fly－By 型拓扑是一种特殊菊花链形拓扑，它不允许有短线。DDR3-SDRAM 的信号线分数据线、地址线和控制线，在 DDR3 占用两个 RANK 时，所有信号线都有多个负载，走线都会涉及拓扑结构问题，要求采用 Fly－By 型拓扑。

2. 端　接

DDR3-SDRAM 上有三类走线：①数据线；②地址、控制线；③时钟线。其端接要求不同，见图 7.18，数据线不需要端接；地址、控制线采用电阻并行端接；时钟线采用并行阻容端接，具体方法见表 7.9。

为了提高信号质量和降低寄生参数的影响，TI 公司推荐端接电阻和电容选用 0402 封装。

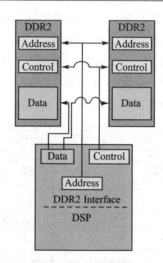

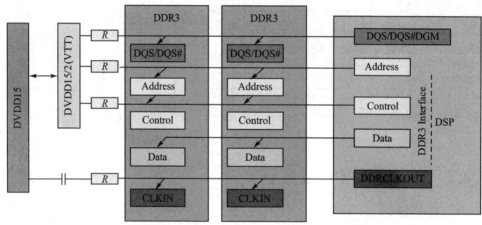

图 7.18　DDR2 与 DDR3 走线拓扑的比较

表 7.9　DDR3 的端接

信号类型	端接方式	端接大小	走线长度
数据线	无	—	—
地址、控制线	并行电阻端接	$R=39\ \Omega$, 1% 精度, $V_{tt}=0.75\ V$	端接走线<500 mil, 另一端直接连接到 V_{tt}
时钟线	并行阻容端接	$R=39\ \Omega$, 1% 精度, $C=0.1\ \mu F$, $V_{tt}=1.5\ V$	端接走线<500 mil, 另一端直接连接到 V_{tt}

注：1 mil＝0.001 in＝0.025 4 mm。

3. 走线规则

DDR3 具有非常高的访问速度,在 PCB 走线时也有较高的要求,具体要求见表 7.10。

表 7.10 DDR3 走线规则

要 求	细 则
一般规则	• SDRAM 部分的电源、地平面要求连续,高速线不允许跨越 PCB 层。 • 单端线阻抗 50 Ω,差分线阻抗 100 Ω。 • 所有的地址、控制线都要按照 Fly - By 拓扑走线。 • 注意微带线和带状线的传输延迟不同。 • 强烈建议 DSP 与 SDRAM 之间的走线是专有的区域,该区域内不允许走其他的信号线,如果同一层中必须要走其他信号线,那么必须与任何 SDRAM 信号线之间有足够远的距离(大于 4 倍线间距)。 • 建议走线时将信号分为四组,每组信号采用相同的规则: <table><tr><td>网域组</td><td>信号组</td></tr><tr><td>数据线</td><td>DQS[8:0],DQS♯[8:0],DQ[n:0],CB[7:0]</td></tr><tr><td>地址线</td><td>BA[2:0],A[n:0] Command lines</td></tr><tr><td>控制线</td><td>CSn(DDRCEnz),CKEn,ODTn,RESET♯</td></tr><tr><td>时钟线</td><td>CK and CK♯: DDRCLKOUTP/N</td></tr></table>
地址线	• 地址线必须参考固定的电源或地平面,地平面更好。 • 地址线要远离数据线。 • 地址线长度必须＜4.5 in(114.3 mm)。 • 所有的地址线必须做等长控制,长度控制在时钟线的±20 mil(0.5 mm)以内。 • 推荐地址线之间的间距≥12 mil(0.3 mm),地址线与其他走线之间的间距≥20 mil(0.5 mm)
控制线	• 控制线必须参考固定的电源或地平面,电源平面更好。 • 控制线要远离数据线。 • 所有的控制线必须做等长控制,长度控制在 40 mil(1 mm)以内
数据线	• DQS 和 DQS♯ 必须走差分线,两根线之间长度差≤2 mil(0.05 mm)。 • 所有的数据线必须与数据选通信号线保证等长,长度控制在选通信号的±10 mil(0.5 mm)以内。 • 推荐的设计:布局顶层线,并且相邻完整地平面,没有过孔
时钟线	• 时钟线必须按差分走线,差分两根线间长度差≤2 mil(0.05 mm)间距最小为线宽的 2 倍。 • 时钟线长度≤4 in(101.6 mm)。 • 建议差分时钟线的长度比地址和控制线稍长,因为相同长度的差分线比单端线延迟小。 • 在走线时强制要求 DQS/DQS♯ 和 CLKOUTP/N 与相应的字节对应的数据线保持相同的关系。要求 DQS0,CLKx 与 Byte0 的数据线保持等长

要　求	细　则
电源	• DDR3-SDRAM 的 V_{ref} 电源需要使用 0.01 μF 和 0.1 μF 电容去耦,推荐 0402 封装或更小。 • 去耦电容与 DDR3 引脚之间的走线最窄 30 mil(0.75 mm),尽量短,该走线与其他走线间距至少 15 mil(0.375 mm)。 • V_{ref} 走线最好在顶层。 • V_{tt} 的源与 V_{tt} 引脚之间尽量近。 • V_{tt} 引脚处需要增加一个 0.1 μF 的去耦电容和一个 10～22 μF 的低 ESR 的陶瓷电容

7.5　EMIF16 接口设计

7.5.1　EMIF16 接口介绍

EMIF16 是 C6678 的外部存储器控制接口,可以实现与多种异步存储器如 ASRAM、NOR 和 NAND 存储器的无缝连接,它只有异步传输模式。C6678 的 EMIF16 接口数据位宽为 16 b,地址位宽为 24 b。EMIF16 的特点如下(接口定义如表 7.11 所列):

➢ 4 个片选最大支持 256 MB 的异步访问;

➢ 8 b/16 b 数据位宽;

➢ 每个片选空间都有可编程的访问周期;

➢ 支持 NOR Flash 的页读/写或分页模式的读操作;

➢ 支持 8 b 或 16 b 的 NAND Flash 芯片的 1 b 或 4 b ECC;

➢ 大小端可选。

表 7.11　EMIF16 接口信号定义

信号名称	信号方向	信号描述
EMIFD[15:0]	I/O	数据线
EMIFA[23:0]	O	地址线
EMIFCE#[3:0]	O	片选
EMIFBE#[1:0]	O	字节使能
EMIFWAIT[1:0]	O	等待状态
EMIFWE#	O	写使能
EMIFOE#	O	输出使能
EMIFRnW	O	读/写使能

注:1 信号方向中:I 表示输入(Input);O 表示输出(Output);I/O 表示双向(Input/Output)。

2 信号名后加"#"字符的表示低有效;否则,表示高有效。

7.5.2 EMIF16 存储空间分配

本板卡中 EMIFA 接口需要与 NOR Flash、NAND 相连，NOR Flash 用于存储程序。根据不同的需求，其存储空间的分配如表 7.12 所列。

表 7.12 EMIF16 存储空间分配

存储空间名称	存储对象	数据位宽/b	寻址空间大小/MB	起始地址	备 注
EMIFCE0(CS2)	NOR Flash	16	32	0x70000000	加载程序必须在此空间
EMIFCE1(CS3)	NAND Flash	8	64	0x74000000	

7.5.3 NOR Flash 接口设计

为了实现 Flash 引导功能，TI 公司要求必须把 Flash 挂在 EMIF CE0 空间，可以采用 8 b 或 16 b 宽度，本设计采用 16 b 宽度接口。NOR Flash 选用 MICRON 公司的 JS28F256P30BF，其引脚定义如表 7.13 所列。其主要特征如下：

> 异步接口：
> 位宽为 16 b；
> 容量为 256 Mb(32 MB)；
> 封装为 56 引脚 TSOP，14 mm×20 mm；
> 工艺为 65 nm；
> 供电为 1.8 V；
> 工作温度为工业级−40～85 ℃。

表 7.13 NOR Flash(JS28F256P30BF)引脚定义

引脚符号	类 型	功 能
A[MAX:1]	Input	地址输入
DQ[15:0]	Input/Output	数据输入/输出
ADV#	Input	地址有效信号
CE#	Input	片选使能
CLK	Input	时钟线
OE#	Input	输出使能
RST#	Input	复位
WAIT	Output	等待信号
WE#	Input	写使能
WP#	Input	写保护
VPP	Power/Input	电源线
VCC	Power	电源线

续表 7.13

引脚符号	类 型	功 能
VCCQ	Power	电源线
VSS	Power	地线

DSP 与 NOR Flash 的连接原理如图 7.19 所示。EMIF16 与 NOR Flash 连接信号说明如表 7.14 所列。

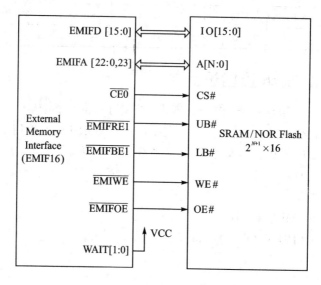

图 7.19 EMIF16 与 NOR Flash 的接口示意图

表 7.14 EMIF16 与 NOR Flash 连接信号说明

EMIF16 引脚	NOR Flash 引脚	描 述
EMIFD[15:0] $\overline{\text{EMIFD}}$[7:0]	IO[15:0]/ IO[7:0]	数据 I/O 引脚
EMIFA[23:0]	A[N:0]	外部地址线输出
$\overline{\text{EMIFCE}}$[3:0]	CS#	CE 片选空间,低电平有效
$\overline{\text{EMIFBE}}$[1:0]	UB#/LB#	低电平有效
$\overline{\text{EMIFOE}}$	OE#	低电平有效
$\overline{\text{EMIFWE}}$	WE#	低电平有效
EMIFRnW	—	读使能

注意:EMIF16 在接 SRAM 或 Flash 时,地址线的映射与传统方式不同,当数据位宽为 16 b 时,EMIFA[22:0,23]⇔A[N:0];当位宽为 8 b 时,EMIFA[21:0,23,22]⇔A[N:0]。

7.5.4　NAND Flash 接口设计

NAND Flash 可以永久存储大容量的数据,C6678 每个 CE 空间最大支持64 MB (512 Mb)的寻址空间,本设计选用与开发板上兼容的 NAND Flash 芯片 ST 公司的 NAND512R3A2DZA6E,其引脚定义如表 7.15 所列。其主要特征如下:

➢ 位宽为 8 b;

➢ 容量为 512 Mb(64 MB);

➢ 封装为 63 引脚 FBGA,9 mm×11 mm;

➢ 供电为 1.7～1.95 V;

➢ 工作温度为工业级—40～85 ℃(其商业级版本为 0～70 ℃)。

表 7.15　NAND Flash(NAND512R3A2DZA6E)引脚定义

引脚名	定　义
IO[8:15]	数据输入/输出
IO[0:7]	数据输入/输出、地址输入、命令输入
AL	地址锁存使能
CL	命名锁存使能
$\overline{E}$	芯片使能
$\overline{R}$	读使能
$\overline{RB}$	忙信号
$\overline{W}$	写使能
$\overline{WP}$	写保护
VDD	电源
VSS	地
NC	悬空
DU	不使用

DSP 与 NAND Flash 的连接原理如图 7.20 所示。

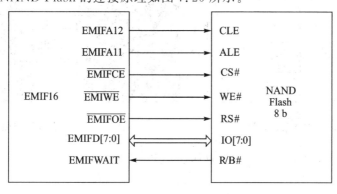

图 7.20　EMIF16 与 NAND Flash 的接口示意图

EMIF16 与 NAND Flash 连接信号说明如表 7.16 所列。

表 7.16　EMIF16 与 NAND Flash 连接信号说明

NAND Flash 引脚	类　型	功　能
ALE	输入	地址锁存输入
CLE	输入	指令锁存
CS#	输入	片选
WE#	输入	写信号
RE#	输入	读信号
IO[15:0]/IO[7:0]	I/O	数据 I/O
R/B#	输出	忙信号

从目前 TI 公司的文档来看,单个 EMIF 空间最多支持 64 MB 的 NAND Flash。如果后续可以支持更大容量的 NAND Flash,则可以替换为完全兼容的 Miron 公司的 MT29F8G08ABBCAH4IT:C 或者 MT29F16G08ABBCAH4IT:C,容量分别为 1 GB 和 2 GB.

7.6　SRIO 接口设计

7.6.1　设计原理

C6678 的 SRIO 配置成 x4 模式@5 GHz,直接与 FPGA 等接口相连,如图 7.21 所示。

DSP 与 FPGA 之间的点对点连接原理如图 7.22 所示,连接采取交流耦合方式,耦合电容靠近接收端。

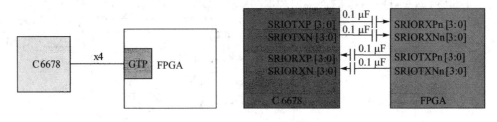

图 7.21　SRIO 互连设计　　　　图 7.22　x4 SRIO 互连原理

DSP SRIO 的锁相环支持的设置如表 7.17 所列。

嵌入式多核 DSP 应用开发与实践

表 7.17 DSP SRIO 锁相环设置

参考时钟/MHz	PLL 倍频	全速/(Gb·s⁻¹)	半速/(Gb·s⁻¹)	4 分频/(Gb·s⁻¹)	8 分频/(Gb·s⁻¹)
312.50	8	N/A	5.000	2.500	1.250
312.50	5	6.250	3.125	N/A	N/A
156.25	20	3.125	1.5625	N/A	N/A
156.25	16	N/A	N/A	2.500	1.250
156.25	10	6.250	3.125	N/A	N/A
125.00	25	N/A	6.250	3.125	N/A
125.00	20	N/A	5.000	2.500	1.250
125.00	12.5	N/A	3.125	N/A	N/A

DSP SRIO 的锁相环可以通过寄存器 SRIO_SERDES_CFGPLL 的 MPY 进行设置,如表 7.18 所列。

表 7.18 SRIO_SERDES_CFGPLL 寄存器 MPY

地 址	PLL 倍频因子	地 址	PLL 倍频因子
00010000b	4x	00111100b	15x
00010100b	5x	01000000b	16x
00011000b	6x	01000001b	16.5x
00100000b	8x	01010000b	20x
00100001b	8.25x	01011000b	22x
00101000b	10x	01100100b	25x
00110000b	12x		

本板设计时,DSP SRIO 外输入时钟选取 312.5 MHz。

7.6.2 PCB 设计中的注意事项

设计中的注意事项如下:

➤ 按照 5 GHz 来设计。

➤ SRIO 必须按照差分走线,差分两端延迟要求≤1 ps,长度为 5.4～7.1 mil,本板设计严格要求控制在 1 mil。

➤ 所有的发送差分对必须在同一层走线,差分对之间的延迟要求≤15 ps,本板设计严格要求控制在 10 mil。

➤ 所有的接收差分对必须在同一层走线,差分对之间的延迟要求≤15 ps,本板设计严格要求控制在 10 mil。

➤ 发送和接收信号必须参考完整地平面。

➤ 走线上的过孔不允许超过两个,并且所有的网络必须过孔相同。另外,需要考虑过孔对时序和负载的影响。

➤ 差分阻抗必须为 100 Ω。

7.6.3　GbE 设计

1. 设计原理

C6678 有两个 GbE 接口,并且内部集成了一个三端口的 GbE 开关,其特点如下:

➤ 两个 10M/100M/1000M 的以太网口,具有 SGMII MAC 接口。

➤ 无阻塞的开关交换。

➤ 集成管理 PHY 的 MDIO 模块。

GbE 模块结构图如图 7.23 所示。

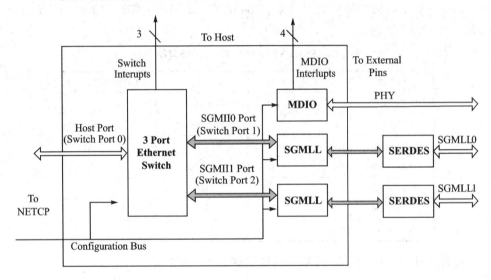

图 7.23　GbE 模块结构图

C6678 有两个 SGMII 接口,都通过 PHY 芯片,连接到前面。双网卡接口方案如图 7.24 所示。

2. PHY 芯片选型

将 GbE0 通过 PHY 芯片转换为 1000BASE－T 标准输出,原理如图 7.25 所示。

此电路中,PHY 芯片实现 SGMII 与 1000BASE－T 之间的转换,参照 6678EVM 板的设计,PHY 芯片选择 Marvell 的 88E1111。该芯片的原理框图如图 7.26 所示。

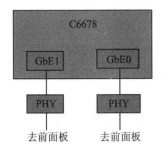

图 7.24　双网卡接口方案

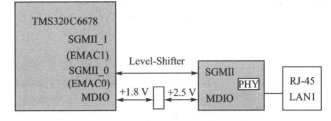

图 7.25　GbE0 的连接原理

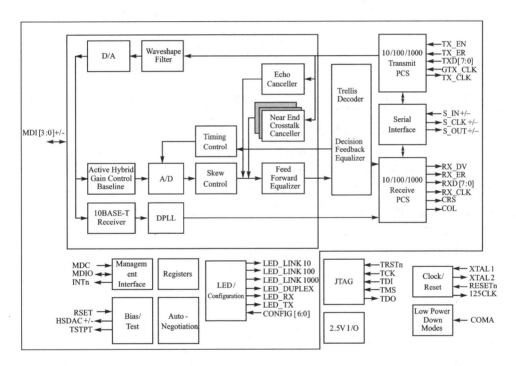

图 7.26　88E1111 的原理框图

88E1111 的主要特点如下：

➢ 支持 10/100/1000BASE‐T 标准；

➢ 支持 GMII、TBI、RGMII、RTBI 和 SGMII 接口；

➢ 支持 MDIO 管理接口；

➢ I/O 供电 2.5 V，兼容 3.3 V 电平，核电压 1.0～1.2 V；

➢ 低功耗为 0.75 W；

➢ 117 引脚 TFBGA、96 引脚 BCC 或 128 引脚 PQFQ 封装。

3. PHY 工作模式设置

PHY 有多种工作模式，通过 CONFIG[6:0] 和 SEL_FREQ 引脚来设置。SEL_

FREQ 用来选择输入的参考时钟频率,低电平为 125 MHz,高电平为 25 MHz,设计为电阻跳线可选。CONFIG[6:0] 的设计比较复杂,每一个 CONFIGn 引脚都对应 3 b 的设置位,这 3 b 状态在芯片脱离复位时被设置。CONFIG[6:0] 的设置关系如表 7.19 所列。

表 7.19　CONFIG[6:0] 的含义

引　脚	位[2]	位[1]	位[0]
CONFIG0	PHYADR[2]	PHYADR[1]	PHYADR[0]
CONFIG1	ENA_PAUSE	PHYADR[4]	PHYADR[3]
CONFIG2	ANEG[3]	ANEG[2]	ANEG[1]
CONFIG3	ANEG[0]	ENA_XC	DIS_125
CONFIG4	HWCFG_MODE[2]	HWCFG_MODE[1]	HWCFG_MODE[0]
CONFIG5	DIS_FC	DIS_SLEEP	HWCFG_MODE[3]
CONFIG6	SEL_TWSI	INT_POL	75/50 OHM

各设置位的设置值以及相应的含义如表 7.20 所列。

表 7.20　芯片设置

设置位	设置值	含　义
PHYADDR[4:0]	GbE1:00001b GbE2:00010b	在 MDC/MDIO 模式时 PHY 的地址
ENA_PAUSE	1b	使能暂停
ANEG[3:0]	1110b	自动协商配置模式
ENA_XC	1b	使能交叉
DIS_125	1b	禁止 125 MHz 时钟
HWCFG_MODE[3:0]	0100b	硬件配置模式
DIS_FC	1b	禁止自动检测 fiber/copper
DIS_SLEEP	1b	禁止休眠
SEL_TWSI	0b	MDIO 接口选择
INT_POL	0b	中断接口极性
75/50OHM	0b	终端匹配电阻选择
SEL_FREQ	1b	选择输入 25 MHz 参考时钟

CONFIG[6:0] 的值通过 PHY 的一些输出引脚来设置,这些引脚由硬件设置了固定的值,如果 CONFIGn 需要设置某固定值,那么将输出引脚直接连接到 CONFIGn 即可。可用做设置固定值的引脚如表 7.21 所列。CONFIG[6:0] 与这些引脚的连接关系如表 7.22 所列。

表 7.21 引脚固定值的映射

引 脚	位[2:0]
VDDO	111
LED_LINK10	110
LED_LINK100	101
LED_LINK1000	100
LED_DUPLEX	011
LED_RX	010
LED_TX	001
VSS	000

表 7.22 设置引脚连接关系

引 脚	设置值	硬件连线引脚
CONFIG0	001	LED_TX
CONFIG1	100	LED_LINK1000
CONFIG2	111	VDDO
CONFIG3	011	LED_DUPLEX
CONFIG4	100	LED_LINK1000
CONFIG5	110	LED_LINK10
CONFIG6	000	VSS

具体电路可参考如图 7.27 所示的原理图。

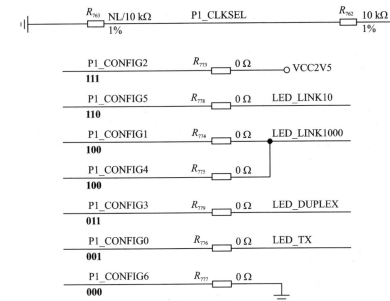

图 7.27 设置引脚连接原理

4. 接口电平转换

C6678 的 MDIO 接口电平为 1.8 V,而 88E1111 的 MDIO 接口电平为 2.5 V,它们之间需要电平转换,电路选用 C6678EVM 板上推荐的 PCA9306DCUT,原理设计如图 7.28 所示。

5. 复位、中断和时钟

PHY 的复位信号和中断信号直接连接到 FPGA 上。参考时钟设计为 25 MHz。

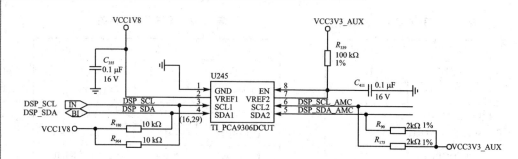

图 7.28　MDIO 电平转换

6. JTAG 电路

PHY 芯片的 JTAG 不使用,其中 TRST♯引脚通过 4.7 kΩ 电阻接地。

7. 电　源

PHY 的 I/O 供电为 2.5 V,内核选择 1.2 V,还有一个模拟 2.5 V 供电需求,2.5 V 的 I/O 电压直接从电源芯片获取,然后经过一个磁珠后产生模拟 2.5 V,如图 7.29 所示,电源上需要增加一些去耦电容。

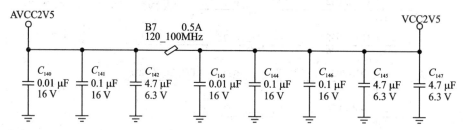

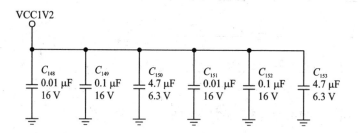

图 7.29　PHY 的供电

8. PCB 设计注意事项

PCB 设计须注意:

➢ SGMII 部分连线按照 1.25 GHz 来设计,PHY 与 RJ‑45 之间走线按照 250 MHz来设计。

- 必须按照差分走线,差分两端延迟要求≤5 ps,长度为 27.3~35.4 mil,本板设计严格要求控制在 1 mil。
- 所有的发送差分对必须在同一层走线,差分对之间的延迟要求≤10 ps,本板设计严格要求控制在 20 mil。
- 所有的接收差分对必须在同一层走线,差分对之间的延迟要求≤10 ps,本板设计严格要求控制在 20 mil。
- 发送和接收信号必须参考完整地平面。
- 走线上的过孔不允许超过两个,并且所有的网络必须过孔相同。另外,需要考虑过孔对时序和负载的影响。
- 差分阻抗必须为 100 Ω。

7.7　SPI 接口设计

C6678 有一个 SPI 接口,只能工作于主模式,接口上有两个片选 SPISCS[1:0],所以可以连接两个从设备,如图 7.30 所示。

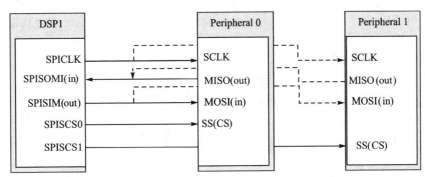

图 7.30　SPI 连接两个从设备的原理

7.8　I²C 接口设计

I²C 接口外接一片 EEPROM,EEPROM 选择 MicroChip 公司的 24AA1025T-I/SN,其主要特点如下:

- 容量为 1 Mb;
- 供电电压为 1.7~5.5 V;
- 最大时钟率为 400 kHz;
- 温度范围为工业级−40~85 ℃。

该芯片在 I²C 上地址可设,由 A[2:0]三个引脚来设置,如图 7.31 所示。

嵌入式多核 DSP 应用开发与实践

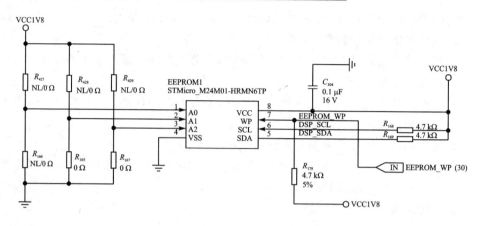

图 7.31　I^2C EEPROM 连接原理

7.9　外中断设计

234

　　C6678 的外中断分为可屏蔽中断和不可屏蔽中断，GPIO[0:15]产生可屏蔽中断，其中 GPIO[0:7]与 CORE[0:7]一一对应，GPIO[8:15]可以给任意内核发中断，也可以使用一个 GPIOn 给多个内核同时发中断。（参阅 *TMS320C66x DSP Core Pac User Guide* 中的第 9 章"Interrupt Controller"和 *TMS320C6678 Data Mannual* 中的 7.5 节"Interrupt"）所以，电路设计可将中断信号接入到 FPGA，然后通过 FP-GA 的 GPIO 给多个 DSP 触发中断，如图 7.32 所示。

　　可屏蔽中断有专门的外输入引脚 NMI♯，该引脚需要配合 CORESEL[0:3]和 LRESETNMIEN♯信号选择对哪一个内核产生 NMI♯中断。在本系统中将通过 NMI♯引脚与配置 FPGA 连接。

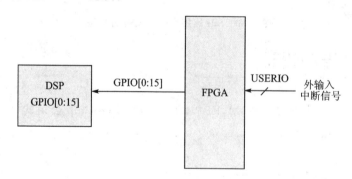

图 7.32　DSP 外中断设计

7.10　JTAG 仿真

板上 DSP 都通过 JTAG 来访问调试,其调试接口如图 7.33 所示。

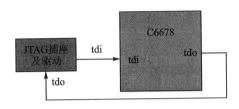

图 7.33　DSP JTAG 连接方案

C6678 的 JTAG 接口仍采用传统的 14 芯接插件,接插件与 DSP 芯片之间采用 TXS0108EPWR 进行电平转换和驱动,DSP 的 JTAG 信号为 1.8 V 电平,将对外的 JTAG 接插件上的供电设计为 3.3 V。

设计注意事项:

➢ TCK 建议采用并行端接,来提高信号质量。

➢ EMU0/1 是双向信号,用于 HS-RTDX 功能。

➢ TCK 和 EMU0/1 走线长度不超过 3 in(76.2 mm)。

➢ TCK 和 EMU0/1 与其他信号线之间最少保持 5 mil 间距。

➢ 信号线之间的等长控制在时钟线的 200 ps 之内,电路设计严格要求控制在 200 mil 之内。

➢ 走线阻抗要求 50 Ω。

➢ EMU 信号的走线拓扑和端接采取如图 7.34 所示的方式,端接电阻值为 10 Ω。

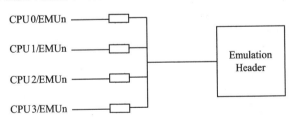

图 7.34　仿真器端接

7.11　硬件设计检查表

硬件设计检查表如表 7.23 所列。

嵌入式多核 DSP 应用开发与实践

236

表 7.23　硬件设计检查表

序　号	项　目	检查内容
1	电源	① 对于不同 DSP,每一路电压的输入电流值都应满足 DSP 运行的需求,须使用对应 DSP 的功耗计算表进行计算: C6670 Power Consumption Model C6657 Power Consumption Model C6678 Power Consumption Model ② CVDD 供电部分必须支持 SmartReflex。在 DSP 上电时,CVDD 初始电压应为 1.1 V。在 DSP 复位时,VCNTL[3:0]会输出一个值表示 DSP 核真正要求的电压。电源模块应该在 10 ms 内把 CVDD 电压从 1.1 V 调整到 VCNTL[3:0]所表示的值。注意,DSP 核要求的电压值是以 DSP 电源输入引脚为参考点的,电源模块设计需要考虑电源模块输出到 DSP 输入引脚之间的压降。 ③ 电源部分的去耦和 Bulk 电容以及各路电压的滤波设计应满足 TI 要求,如果某些外设不需要使用,那么对应的 AVDDAn、VDDRn 或 VDDTn 可以直连到对应的电压上,不需要再做额外的滤波设计。 ④ VCNTL 信号应使用 4.7 kΩ 电阻上拉到 DVDD18,RSV01 上拉到 DVDD18,而 RSV08 (C665x 为 RSV10)下拉到地,其他 RSV 引脚悬空。 ⑤ 如果使用 UCD92xx 为 CVDD 供电,需要注意其 VCTL 输入为 3.3 V,需要做 1.8～3.3 V 的转换。 ⑥ 上电启动顺序(各个电源,时钟和复位信号之间的时序关系)必须按照数据手册的要求设计。 资料: *Hardware Design Guide for KeyStone Devices* www.ti.com/processorpower
2	时钟	① 所有时钟源采用 AC 耦合。 ② 输入时钟的要求需满足 KeyStone 硬件设计手册要求。 ③ 对于未使用的时钟输入引脚,P 端应做对应上拉到 CVDD,N 端通过 1 kΩ 电阻接地。 ④ 除 RP1CLKP/N 和 RP1FBP/N 为 LVDS 信号应上拉到 DVDD18,其余为 LJCB 信号上拉到 CVDD。 ⑤ 把 SYSCLKOUT 连到一个测试点,这往往是定位硬件问题要测的第一个测试点。 资料: *Clocking Design Guide for KeyStone Devices* *Hardware Design Guide for KeyStone Devices*

序　号	项　目	检查内容
3	boot	① CVDD 有效前所有时钟应为高阻态。 ② 除 LENDIAN 引脚内部为上拉外,其余 BOOTMODE 引脚均为内部下拉,如果与内部方向相反,应使用 1 kΩ 电阻上拉或下拉,如果方向相同,应使用 4.7 kΩ 电阻做上拉或下拉。 ③ POR 和 RESETFULL 应该用电阻下拉,POR 和 RESETFULL 解复位(拉高)之前应确保电源和时钟输入稳定。RESET 引脚应该用电阻上拉。 ④ 如果 LRESET 和 NMI 输入未被使用,LRESET 和 NMI 可悬空,但应确保 LRESETN-MIEN 拉高到 1.8 V。 ⑤ CORECLKSEL 和 DDRSLRATE1:0 要一直保持用户需要的输入状态。 资料: *KeyStone Architecture Bootloader User Guide* *TMS320C6678 Multicore Fixed and Floating-Point Digital Signal Processor* *TMS320C6670 Multicore Fixed and Floating-Point System-on-Chip* *TMS320C6655/57 Fixed and Floating Point Digital Signal Processors*
4	GPIO	① GPIO 在上电过程中为 BOOTMODE 输入引脚,在 POR 低有效时必须给定合适的输入。 ② 作为 GPIO 引脚时通常需要串联 22 Ω 或者 33 Ω 的电阻,根据 IBIS 模型仿真来获得。 ③ 空闲的 GPIO 引脚可以连接 LED 灯或测试点以方便调试。 资料: *General-Purpose Input/Output (GPIO) forKeyStone Devices User's Guide* *TMS320C6655/57 CYP IBIS Model* *TMS320C6670 CYP IBIS Model* *TMS320C6678 CYB IBIS Model*
5	HyperLink	① 如果未使用 HyperLink,则对 HyperLink 引脚采取悬空操作(不含 MCMCLKP/N),MCMCLK P 端接 CVDD,N 端接地。 ② 如果只使用部分 HyperLink Lane,则未使用的 Lane 悬空。 ③ 未使用 HyperLink 时,电源部分 VDDR 仍需要有去耦电容,EMI 滤波器可以不加。 资料: *HyperLink for KeyStone Devices User's Guide* *SerDes ImplementationGuidelines for KeyStone I Devices*
6	I²C	① 未使用 I²C 模块时,所有 I²C 引脚可以悬空,建议拉高 SCL 和 SDA 至 1.8 V。 ② SCL 和 SDA 应上拉到 1.8 V,通常采用 4.7 kΩ 电阻,如果负载较多,则需通过仿真计算使用更小的电阻。 ③ 不支持 2.5 V 和 3.3 V 电压,如需与此类器件互连,须通过电压转换(PCA9306)。 资料: *Inter-Integrated Circuit (I²C) for KeyStone Devices User's Guide* *PCA9306 Dual Bidirectional I²C Bus and SMBus Voltage-Level Translator Data Sheet*

嵌入式多核 DSP 应用开发与实践

238

序号	项　目	检查内容
7	EMAC	① MDIO 接口采用 1.8 V LVCMOS,在与非 1.8 V 的 PHY 芯片连接时,须使用 PCA9306 实现电平转换。 ② SRIO 和 EMAC 共用时钟输入 SRIOSGMIICLK,如都未使用,则 P 端接 CVDD,N 端接地。 ③ 未使用 EMAC 时,所有引脚可以悬空,但电源输入 VDDR 仍需加上去耦电容。 资料: *Gigabit Ethernet Switch Subsystem for KeyStone Devices User's Guide (C667x)* *Ethernet Media Access Controller (EMAC) User's Guide for KeyStone Devices (C665x)* *SerDes Implementation Guidelines for KeyStone I Devices*
8	DDR3	① DDRSLRATE 应接 1.8 V 或地,一般情况使用下拉接地,DDRSLRATE 引脚均为内部下拉,如果上拉到 1.8 V 应使用 1 kΩ 电阻,如果下拉,应使用 4.7 kΩ 电阻。 ② DDR3 未使用的情况下,所有引脚可悬空,DDR3CLK P 端接 CVDD,N 端接地,VREFSSTL 应始终连接 0.75 V。 ③ PTV 电阻为精度 1% 的 45.3 Ω,PTV 引脚通过该电阻接地。 ④ DDRRESET 引脚末端应接 DVDD15 而非 V_{tt}(0.75 V),以前的某些 EVM 板设计存在错误。 ⑤ DDRCLKOUT 端接与非时钟信号引脚不同。 ⑥ Fly - By 信号与存储器的连接应该按字节顺序,依次为 0,1,2,3,(ECC),4,5,6,7(ECC 可以不用)。 ⑦ DDR3 不能使用共享的 ZQ 阻抗,应设置单独的 ZQ 阻抗。 资料: *KeyStone Architecture DDR3 Memory Controller User's Guide (SPRUGV8)* *DDR3 Design Guide for KeyStone Devices Application Report (SPRABI1)*
9	SRIO	① 未使用 SRIO 时,所有引脚可以悬空,但电源输入 VDDR 仍需加上去耦电容。 ② SRIO 和 EMAC 共用时钟输入 SRIOSGMIICLK,如都未使用,则 P 端接 CVDD,N 端接地。 资料: *SerDes Implementation Guidelines for KeyStone I Devices Application Report* *Serial RapidIO (SRIO) for KeyStone Devices User's Guide* *SerDes Implementation Guidelines for KeyStone I Devices*
10	PCIe	① 未使用 PCIe 时,所有引脚可以悬空,但电源输入 VDDR 仍需加上去耦电容。 ② PCIe 用时钟输入 PCIECLKP/N,如未使用,则 P 端接 CVDD,N 端接地。 ③ 隔直电容应置于 Rx 端而非 Tx 端。 资料: *PCI Express (PCIe) for KeyStone Devices User's Guide* *SerDes Implementation Guidelines for KeyStone I Devices*

序　号	项　目	检查内容
11	AIF2	① 主时钟 SYSCLKP/N 和帧同步时钟（RP1CLK 或者 ALTFSYNCLK）应保持同源且无相互漂移。 ② 未使用 AIF2 时，所有引脚可以悬空，但电源输入 VDDR 仍需加上去耦电容。 ③ AIF2 用时钟输入 SYSCLKP/N，RP1CLKP/N，如未使用，则 P 端接 CVDD，N 端接地。 资料： *Antenna Interface 2（AIF2）for KeyStone I Devices User′s Guide* *SerDes Implementation Guidelines for KeyStone I Devices*
12	UART	① UART 接口应在 1.8 V 电压下工作。 ② 如果未使用 UART，所有 UART 引脚可以悬空。 ③ 如果需要外接 3.3 V 的器件，则需要做电平转换，可采用 SN74AVC4T245 的方案。 资料： *KeyStone Architecture Universal Asynchronous Receiver/Transmitter（UART）User Guide* *SN74AV4T245 Product page*
13	SPI	① SPI 接口应在 1.8 V 电压下工作。 ② SPI 接口未使用时，所有 SPI 引脚可以悬空。 ③ 如果需要外接非 1.8 V 的器件，需要做电平转换，可采用一片 TXB0304 或者两片 SN74AVC2T245（＜3.6 V）的方案。 资料： *KeyStone Architecture Serial Peripheral Interface（SPI）User Guide* *TXB0304* *SN74AV2T245 Product page*
14	EMIF	① 应使用 IBIS 模型仿真以获得 EMIF16 串联电路的大小。 ② 未使用 EMIF16 时，其引脚可悬空。 资料： *KeyStone Architecture External Memory Interface（EMIF16）User Guide*
15	TSIP	① TSIP 为边缘触发，建议在时钟源端加上串联电阻以降低信号毛刺。 ② 未使用 TSIP 时，TSIP 各引脚可悬空。 资料： *KeyStone Architecture Telecom Serial Interface Port（TSIP）User Guide*

续表7.23

序　号	项　目	检查内容
16	JTAG	① DSP 上的 JTAG 接口可以支持三种连接方式。 　标准模式:仅使用 TDO,TDI,TCK,TCK_RET,TRST,TMS。TCK 应该伴随 TDI 一起连到 DSP,然后伴随 TDO 连到 JTAG 头上的 TCK_RET 引脚。 　HS-RTDX 模式:标准模式+EMU0 和(或)EMU1。 　Trace Port:标准模式+EMU[18:0]。 ② JTAG 接口支持 1.8 V 电压规范,如果 Emulator 不能支持 1.8 V,须做电压转换(TXS0108)。 ③ 如果未使用 JTAG,TRST 必须下拉(4.7 kΩ),其余引脚可以悬空。 ④ 使用 JTAG 时,如下图 TMS,TDO,TDI,TCK 及 TRST 应做相应上下拉电阻。 ⑤ 如果 JTAG 链上有多个器件,建议增加配置电阻用于调试时旁路某些器件。 ⑥ 使用引脚 14 或引脚 20 的 JTAG 设计时,引脚 TDIS(引脚 4)必须接地。 资料: *TXS0108 Product page*

7.12　电路设计小技巧

7.12.1　Ultra Librarian 的使用

Ultra Librarian 是一款能够生成 ORCAD、A/D、Mentor 等各种原理图库和 PCB 封装库的操作软件。

Ultra Librarian 官网下载地址:http://webench.ti.com/cad/ULib.zip,操作界面如图 7.35 所示。

1. 生成 Cadence Allegro 的 PCB 封装库

步骤如下:

① 从网上下载元器件的.bxl 文件(一般 TI 官网比较齐全),如图 7.36 所示为 TMS320C6678.bxl 文件下载,下载地址为

http://www.ti.com/product/TMS320C6678/quality。

② 打开 Ultra Librarian 软件,在 Load Data 中打开.bxl 文件,根据 Cadence Allegro 的版本选择相应的版本,如图 7.37 所示。

③ 单击 Export to selected tools 后,软件会自动调用 Cadence Allegro(需要选择两次软件)生成相应的 PCB 文件,然后将.dra 文件和.psm 文件复制到你想放置的

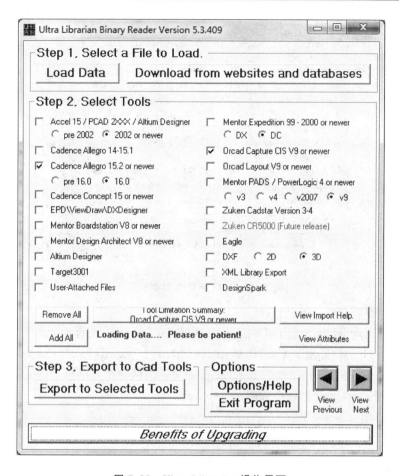

图 7.35　Ultra Librarian 操作界面

CAD/CAE symbols

Part #	Package | Pins	CAD File (.bxl)	STEP Model (.stp)
TMS320C6678	FCBGA (CYP) | 841	Download	-

图 7.36　TMS320C6678.bxl 文件下载

地方就大功告成了。

2. 生成 Orcad Capture CIS 的原理图库

步骤如下：

① 从网上下载元器件的.bxl 文件(一般 TI 官网上比较齐全)。

② 打开 Ultra Librarian 软件,在 Load Data 中打开.bxl 文件,选择 Orcad Cap-

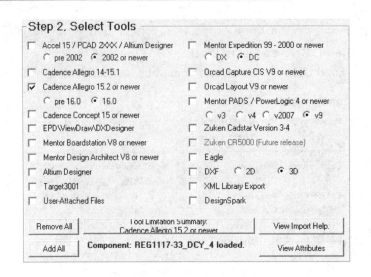

图 7.37　Allegro 版本封装设置

ture CIS 复选项。

③ 单击 Export to Selected Tools 后,生成 log. txt 日志文件。

④ 启动 Orcad Capture CIS,选择 File→Import Design 选项,打开 Import Design 对话框,选择 EDIF 选项卡,根据 log. txt 日志文件提供的文件路径,选择. edf 数据文件和. cfg 配置文件。设置效果如图 7.38 所示。

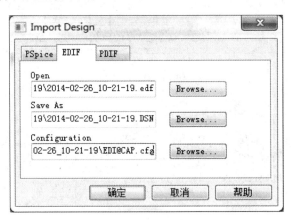

图 7.38　Orcad 路径设置

⑤ 单击"确定"按钮后,就会生成. olb 文件,这就是生成的原理图文件,直接使用 Orcad Capture CIS 打开即可。

注:当然也可以同时选择 Cadence Allegro 和 Orcad Capture CIS 可以一次性生成数据文件,再进行后续操作。

7.12.2　Cadence 模块化复用

在使用 Allegro PCB 进行复杂电路设计时,往往会遇到一部分电路被反复使用的情况,设计者可以按照之前的经验很快做出相同的设计,但是这无疑浪费了不少时间。尤其对于大规模复杂设计,如果设计者浪费时间在反复的工作上,这是严重的损失。Allegro PCB 允许设计者一开始就将复用模块设计好,以后只要直接调用复用模块即可直接用以设计更复杂的电路板了。

这对于大规模集成设计无疑是非常好的选择,它不仅让设计者不必花费时间在相同模块的反复设计上,而且更有利于电路的模块化设计和团队合作设计。

1. Orcad 模块复用

(1) 设计复用模块

首先在复杂设计之初,确定复用模块,然后对它进行设计。复用模块的设计与普通 PCB 设计流程相似,包括原理图设计、DRC 检查、导出网表、PCB 设计和原理图反向标注的整个流程。

① 在 Capture 页面中画好复用模块的原理图,设定好元件封装,完成 DRC 检查,做好元件编号等,原理图设计如图 7.39 所示。

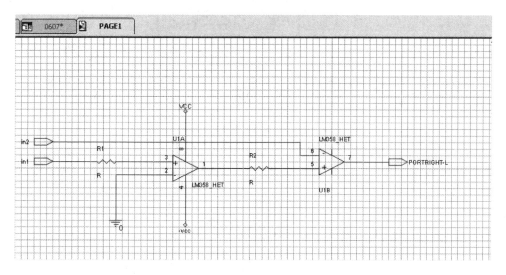

图 7.39　原理图设计

注意:检查元件属性是否设为 current properties。

② 对设计执行 Tools/Annotate 进行原理图标注,在 PCB Editor Reuse 选项卡中选择 Generate reuse module 和 Renumber design for using modules 复选项,选中 Unconditional 单选项,如图 7.40 所示。

③ 执行 Tools/Design Rules Check 进行电路 DRC 检查,正确无误后执行

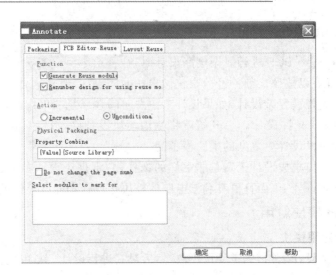

图 7.40　原理图标注设置

Tools/Create Netlist 命令生成网表,并导入 PCB 设计中,如图 7.41 所示。

图 7.41　生成网表设置

④ 复用模块的 PCB 设计。

在 Allegro PCB Editor 中对该复用模块进行设计,如图 7.42 所示,完成设计后执行 Tools/Create Module 命令,并选复用模块所有元件、网络、连线等的信息。

然后输入坐标值,或者按下 Enter 键即保存该模块,这里注意模块的取名。该复用模块文件(* . mdd)的文件名一定要定义为:DSN NAME_ROOT SCHEMATIC NAME.mdd——DSN NAME 为该复用模块对应的原理图设计 * . dsn 文件名,ROOT SCHEMATIC NAME 是该模块原理图所在页面的名称。这里若定义不对,则模块复用时找不到. mdd 文件。

如图 7.43 所示,按照原理图的模块设计和对应页面名称为该模块.mdd 文件取名。

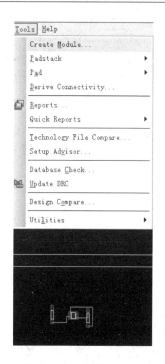

图 7.42 PCB 设计复用

图 7.43 保存复用模块

⑤ 模块原理图反向标注。

在模块的 PCB 设计中,执行 File/Export/Logic 命令导出 PCB 设计网表,在原理图设计页面执行 Tools/Back Annotate 对原理图进行反向标注。

反向标注完成后,模块内的元件将添加 REUSE_ID、REUSE_ANNOTATE 等复用属性,如图 7.44 所示。

嵌入式多核 DSP 应用开发与实践

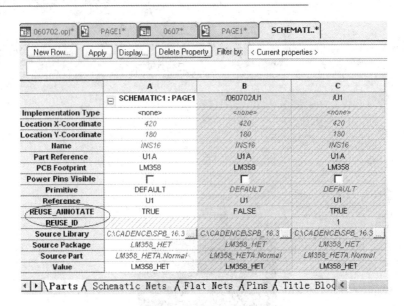

图 7.44　模块复用设置

这样,这个模块的设计就完成了,接下来在设计中即可直接调用该模块了。

(2) 模块调用

上面模块已经制作完成,下面新建原理图工程,就可以直接调用模块电路进行原理图、PCB 设计。

① 在新的原理图设计中,打开 Place Hierarchical Block 对话框,在 Reference 文本框中写入新建模块名,在 Implementation Type 下拉列表中选择 Schematic View 选项,在 Implementation name 文本框中输入先前模块原理图设计中的页面名称,在 Path and filename 文本框中选择相应的原理图设计文件(* . DSN),然后在新建原理图中画出 Block,可自动形成模块对应的 Block 如图 7.45 所示。

② 完成新的电路原理图设计,然后执行 Tools/Annotate 命令,对所有元件(包括 module 元件)的标示符重新排列,如图 7.46 所示。

③ 执行 Tools/Annotate 命令,在 PCB Editor Reuse 选项卡中,选择 Renumber design for usingreuse modules 复选项,Incremental 单选项以及在 Select modules to mark for 列表框中的模块设计;在 Packaging 选项卡中选择 Do not change the page number 选项,如图 7.47 所示的设置。

④ 原理图 DRC 检查,并导出网表,将它导入 PCB Editor,执行 Place/Manually 命令,弹出 Placement 对话框,复用模块内的元件呈黄色,并出现 M 字符,如图 7.48 所示。

⑤ 此外,在 Placement 对话框的 Placement List 选项卡中选择 Module instances 选项,如图 7.49 所示,显示出电路中的复用模块。

⑥ 选择 Module instances 中的复用模块,即可放到电路板合适的位置,也可以

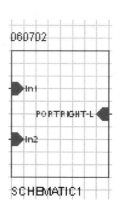

图 7.45 原理图模块调用

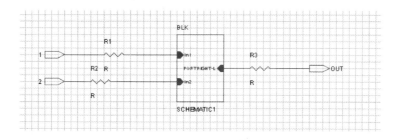

图 7.46 元件重新标号

图 7.47 模块标号设置

通过坐标精确定位。

　　模块复用的注意事项：

　　① 当复用模块已经放在电路中使用，重新修改复用模块的端口后，在使用的原理中右击这个模块，选择 synchronize up 选项，可实现修改的同步。

　　② 在复用模块中，不能使用 Room 属性，否则可能与使用复用的电路图混淆。

图 7.48　Placement 对话框

图 7.49　Placement List 选项卡

　　③ 复用模块中不能使用全局变量，特别是电源和地，使用端口传递数据。

④ 复用模块内部修改后,只要端口没有变,则在使用它的原理图不用同步。

⑤ 做好的模块文件用在 PCB 中后,若需要修改这部分文件,在修改完成后,在原 PCB 中使用 update symbol 功能,选相应的 module,之后更新即可,注意生成 .mdd文件时原点的选择,否则更新后会出现走线错位的现象。

注意:如果 .mdd 文件路径的设定不正确,则会找不到 .mdd 文件。

2. Allegro 模块复用

下面从 Allegro PCB(16.3)开始,详细阐述模块复用设计的具体步骤。

① 如图 7.50 所示的两个电路模块,它们在原理图中的电路也是一样的,对于这两个相同的电路模块,只要在 PCB 中做好其中的一个模块,则另一个模块通过复用的方式,即可快速完成,对于那些复杂的模块,复用的优势会更明显。

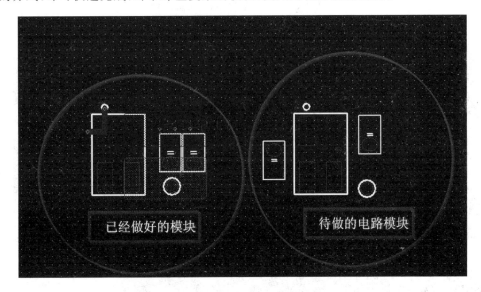

图 7.50　相同电路模块示意图

② 先做好一个模块,如图 7.50 左边模块所示,接下来通过模块复用操作,完成右边的布局布线。

③ 切换到 Placement 的工作模式,如图 7.51 所示。

④ 切换模式后,全选做好的模块,此时已经做好的模块的器件会高亮,将鼠标放在器件上,右键选择 Place replicate create 选项,创建待复用的模块,如图 7.52 所示。

⑤ 单击 Place replicate create 后,被选中模块的元素会高亮,也有些不会高亮(没有被选中),此时需要在右侧面板 find 选项卡中选中相关的元素,然后再对着模块选择,如图 7.53 所示,直到全部选中。

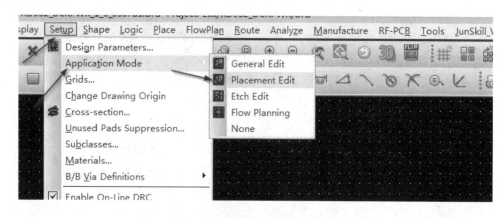

图 7.51　切换到 Placement 模式

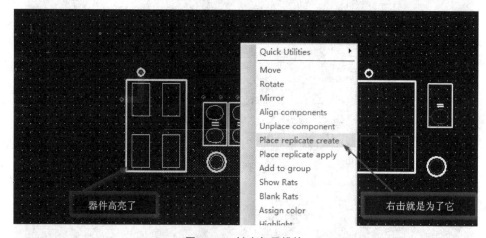

图 7.52　创建复用模块

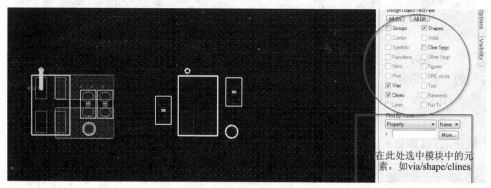

图 7.53　选择复用模块

　　⑥ 右击菜单,选择 done 命令,然后单击,在弹出的对话框中输入.mdd 文件的名称和保存位置如图 7.54 所示。

图 7.54　保存复用模块

⑦ 在 Allegro PCB 中，设置 .mdd 的路径。Allegro 菜单中，选择 setup-user preferences，弹出 User Presference Editor 对话框，如图 7.55 所示。

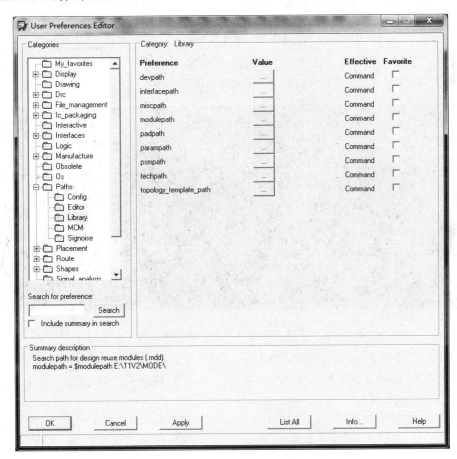

图 7.55　User Presference Editor 对话框

在 Library 路径中，选择 modulepath，设置模块保存复用路径。

⑧ 利用 .mdd 文件，进行模块复用：在 Placement Edit 模式下，选中另一个模块的全部器件，右击，如图 7.56 所示。

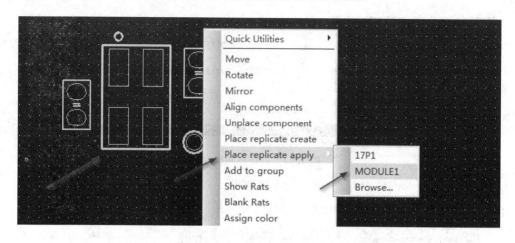

图 7.56　选择复用模块

⑨ 此时完成这个模块的布局布线,如果有多个相同的模块,就重复使用这个 .mdd 文件,这样,就完成了模块的复用,效果如图 7.57 所示。

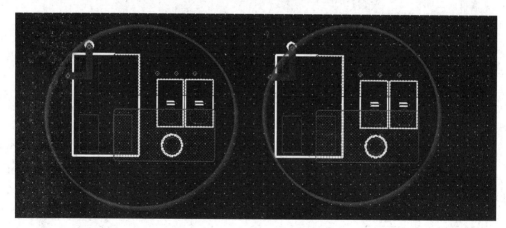

图 7.57　模块复用实际效果

⑩ 在有些情况下,结合板子的实际情况及其他因素,可能需要对模块的布局进行整体调整,此时先更新其中的一个模块,然后再进行刷新,以达到更新所有模块的目的。

第**8**章

TIC66x 多核 DSP 自启动开发

8.1 概　述

在 DSP 程序的调试阶段,可执行文件(*.out)存放在主机 PC 的硬盘上,需要调试时,程序员在 CCS 界面中,由 JTAG 仿真器将可执行代码加载(load)到 DSP 的内存中运行调试。但是,当软件成熟之后准备上市时,嵌入式设备要脱离调试用的 PC 独立工作。这时,可以根据应用以及系统设计不同,选用不同的自启动(Boot)模式,将可执行代码加载到 RAM 中运行。可执行代码可以放在嵌入式单板的 Flash 中,也可以通过主机接口/以太网等存放在其他主机上,嵌入式设备在上电时,需要一个自动启动(如:将可执行代码从 Flash 加载到内部 Memory 并运行)的过程。这个过程就是通常所说的自启动过程或者叫 Boot。

首先回顾一下单核的 C6000 系列 DSP 的加载,在 ROM 或 Flash 中的数据断电后不会丢失,嵌入式产品中的程序一般都是存在这两种介质中。在 ROM Boot DSP 模式下,C621x/C671x/C64x 系列的 DSP EDMA(外部直接存储器存取)会自动地从 CE1 存储器映射空间(对 6416 是 0x64000000)复制 1 KB 的代码到地址 0x00000000(在 DSP 内部的 SRAM),其间 CPU 被停止,然后 CPU 才从地址 0 开始运行。

这样,如果应用程序的机器码小于 1 KB,可以把这些机器码烧录到 Flash 中的前 1 KB(此 Flash 必须接到地址空间的 CE1,对 641x 系列是地址 0x64000000),DSP 一复位,程序就自动由 EDMA 加载进 DSP 内部 SRAM 开始执行。这个加载过程称为 First Level Bootloader(第一级加载)。读 Flash ROM 的操作完全是硬件自动控制的,时序是默认的时序,如果 CPU 跑到 600 MHz,EMIF - B(外部存储器接口 B)时钟 6 分频,读 1 KB 大约用 0.83 ms。

如果程序的机器码大于 1 KB,不妨假定应用程序的主体代码(>1 MB)已经被烧写在 CE1 上的 Flash 之中,而且没有占用 CE1 的起始 1 KB,利用这 1 KB 写个简单的汇编程序,把应用程序的主体代码从 Flash 中复制到 DSP 的内部 SRAM,然后再跳转到 C 语言环境初始化程序的入口处 _c_int00,启动的任务就可以完成。这 1 KB的程序称为 Second Lever Bootloader(第二级启动加载程序)。

对于 C66x 多核 DSP,Boot 过程有所不同,下面介绍 C66x 多核启动的过程。

C66x DSP 的 ROM 引导加载程序(ROM Boot Loader, RBL)是固化在 DSP 内部的一段程序,当 DSP 完成 Reset 之后,它将用户的应用程序从慢速非易失性外部 Memory (如 Flash Memory)或者外接的主机传送到内部的高速 Memory 中并执行。RBL 永久性存储在 DSP 的 ROM 中,其起始地址是 Ox20B00000。

　　配置电路主要是指 DSP 的全局控制引脚,用于 DSP 的初始化设置和状态控制,如加载方式设置等。C6678 的配置引脚电平均为 1.8 V LVCMOS。

　　DSP 在上电复位时,会根据配置引脚的状态来设置其工作模式,如表 8.1 所列,其中 PCIESSMODE[1:0]、BOOTMODE[12:0] 和 LENDIAN 与 GPIO[15:0] 引脚复用,在复位上升沿时锁存(datasheet 上的时序图说明的是用 POR♯ 的上升沿锁存,但是勘误表上说明是 RESETFULL♯ 的上升沿锁存,EVM 板上的电路更明确一些,应该在 RESETSTAT♯ 信号变高之前都应在 GPIO 引脚上输出要设置的状态,RESETSTAT♯ 变高之后要保持 3~4 个 48 MHz 时钟周期);PCIESSEN 和 PACLKSEL 是专用配置引脚,应该一直保持稳定状态。

表 8.1　C6678 配置引脚定义

配置引脚	引脚标号	IPD/IPU	功能描述
LENDAN	H25	IPU	大小端模式 (LENDIAN)选择: 0= 大端模式 1= 小端模式
BOOTMODE[12:0]	J28,J28,J26,J25,J27, J24 K27,K28,K26, K29,L28,L29,K25	IPD	自启动配置引脚,有些引脚可同时用作 GPIO
PCIESSMODE[1:0]	L27,K24	IPD	PCIe 子系统选择: 00＝PCIe 配置 EP(End Point)模块 01＝ PCIe 传统 EP 模式 (不支持 MSI) 10＝PCIe 配置 RC 模式 11＝保留保留
PCIESSEN	L24	IPD	PCIe 子系统使能选择: 0= 禁止 1= 使能
PACLKSEL	AE4	IPD	包加速器时钟选择: 0= SYSCLK/ALTCORECLK (CORECLKSEL 引脚配置) 配置为锁相环输入 1＝PASSCLK 配置为锁相环输入

C6678 支持多种自启动方式,这些方式通过引脚 BOOTMODE[12:0]来设置,其中 BOOTMODE[2:0]用来选择自启动器件,BOOTMODE[9:3]用来对所选的自启动器件进行设置,BOOTMODE[12:10]用来设置 DSP 的系统锁相环,其中 BOOTMODE[9:3]的含义根据自启动器件的不同而不同,详细含义见相关芯片的数据手册。

8.1.1　DSP 启动过程

对于数字信号处理芯片来说,它的内部 ROM 空间有限,厂家事先在 ROM 中固化了一些程序和查找表。上电后,程序指针自动指向 ROM 中的一个称为 Bootbader 的小程序,这段程序使用 DSP 在上电之后进行一系列初始化,然后根据期间配置的不同选择从外部存储器件或主器件中搬移代码。C66x 系列 DSP 片内 BootLoader 的起始地址固定为 0x20B00000。

DSP 芯片的代码加载主要依靠各个接口实现。未来适应不同的系统需求,TI 公司的 C66x 系列支持的自启动模式有 SPI、I^{2}C、EMAC、SRIO、PCIe、并口 EMIF16 NOR Flash 等。具体采用哪种方式加载代码由 BOOTMODE[12:0]引脚决定,DSP 在上电脱离复位以后会读取这几个引脚的值,BootLoader 根据引脚的值来选择相应的代码加载程序,例如,当 BOOTMODE[12:0]= b101 时,选择主 I^{2}C 启动模式,BootLoader 在对 DSP 进行一系列初始化之后,利用 I^{2}C 接口从外部 EEPROM(器件地址为 0x51)中搬移代码到内部 RAM 中,搬移完毕就自动跳转到代码的入口地址处开始运行程序。其中,EMIF16 NOR Flash 模式是不用上位机参与、比较简单、独立成系统的一种,大多独立 DSP 系统采用该方式。

本小节以 TMS320C6678 为例说明多核 DSP 的加载过程。

在 C6678 的片内地址空间 0x20B00000 到 0x20B1FFFF 间集成了一块 128KB 的内部 ROM 程序,即引导加载程序 RBL。引导加载程序是 C6678 出厂时固化在 ROM 中的,用户不能改变,在 DSP 复位或上电时,实现将 DSP 代码从外部接口读入内部高速 RAM。启动过程大致可分为主机引导和内存引导启动,在内存引导启动过程代码从一个外部内存的加载初始应用程序到内部的内存来执行。如果是主机模式,启动程序配置 DSP 在被动状态,等待代码将 DSP 应用程序由外部主机写入 RAM 开始执行。为适应不同的系统要求,RBL 提供了几种启动的执行方式,不同的引导方式如表 8.2 所列。

表 8.2　RBL 支持的板卡启动方式

引导方式	说　明
EMIF16 引导	应用程序通过一个 16 位的 EMIF 接口从外部异步执行
SRIO 引导	应用程序由外部主机通过 SRIO 以消息传递模式或指令模式传递
PCIe 引导	外部主机通过 PCIe 总线地址映射传输应用程序到片上的内存

引导方式	说　明
I²C 引导	从 I²C EEPROM 读取引导表配置 RBL,加载应用程序到的指定数据块
SPI 引导	DSP 加载 Boot Table 的应用程序到 SPI 总线连接的 Flash
以太网(EMAC)引导	外部主机通过以太网接口与由 DSP 内核时钟或 SerDes 时钟驱动的包加速器传输应用程序
HyperLink 引导	被动的引导模式,主控端需要负责配置内存和直接引导 DSP 加载应用程序

8.1.2　多核启动原理

RBL 支持的启动引导模式只能加载 C66x 系列 DSP 芯片的主内核即内核 0,而 DSP 芯片的从内核都在执行一个 Idle 命令,等待 IPC 中断对其进行唤醒。因此在做多核 DSP 引导加载时,内核 0 还负责启动从内核的任务。内核 0 正常启动后,首先辅助搬移各个从内核的程序代码到相应的核,其次将从内核的程序入口地址赋值到相应核的 Boot_magic_address 寄存器,最后内核 0 分别向从内核发送一个 IPC 中断来进行唤醒从内核。

根据多核启动的原理,结合实际程序的设计需求,给出了两种不同方式的多核启动方式,如图 8.1 所示。下面以 NOR Boot 模式为例进行说明。

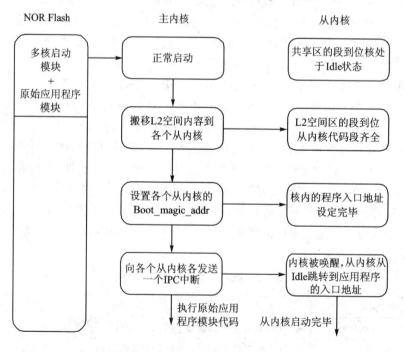

图 8.1　一次引导加载进行多核启动

具体步骤包括：

第 1 步，在主内核的应用程序中添加多模启动模块代码，因此添加功能后的应用程序包括了多核启动模块和原始应用程序模块。

第 2 步，将该引用程序代码以引导表的方式烧录 NOR Flash。

第 3 步，主内核正常启动加载后，执行多核启动模块代码，它包括三个部分：首先，将整个主内核的 L2 存储器的空间内容复制到其他几个从内核；然后，将从内核程序的入口地址（同主内核）赋值给各个相应核的 Boot_magic_address 寄存器；最后，主内核分别向从内核发送一个 IPC 中断来唤醒从内核，从内核开始执行代码。

第 4 步，应用程序的多核启动模块代码执行完成后，开始执行原始的应用程序模块。这种设计方式能够成功的原理是，C66x 系列 DSP 的应用程序可放置的存储空间只有 L2 在各个核中是不同的，通过主内核复制从内核整个 L2 的存储空间内容，相当于各个从内核的应用程序代码也下载完毕。这种方式的优点是各个核代码一致，只须烧录一次程序，操作上比较简单，但同时各个核的 L2 空间放置了其他核的内容，会导致 L2 空间产生一定的浪费。

主内核和从内核使用不同的应用程序代码，各个核间相互独立。在这种应用场景中，需要使用二次引导加载的方式进行多核启动。二次引导加载进行多核启动的过程如图 8.2 所示。

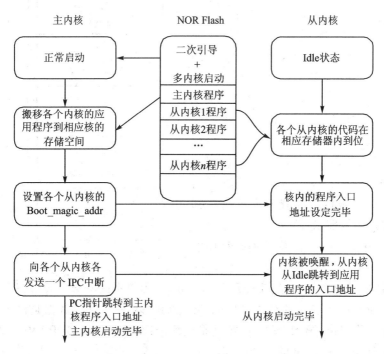

图 8.2　二次引导加载进行多核启动

具体步骤包括：

第 1 步，在二次引导程序中添加多核启动模块代码。

第 2 步，分别将二次引导程序、主内核程序、多个从内核程序以引导表的方式烧入 NOR Flash 中。

第 3 步，主内核正常启动二次引导程序。该引导程序的功能包括四个部分：首先，根据引导表的格式分别读取各个核应用程序到该核的相应存储空间上，并且保存各个核的程序入口地址值；其次，将从内核程序的入口地址值赋值给各个相应核的 Boot_magic_address 寄存器；再次，主内核分别向从内核发送一个 IPC 中断来唤醒从内核，从内核开始执行代码；最后，主内核的 PC 指针跳转到该核的应用程序的入口地址开始执行新的代码。

这种多核启动设计方式，各个核的应用程序代码不同，从而可以充分使用各个核的 L2 存储空间，但需要使用到二次引导方式。

8.1.3　启动数据的生成

用 TI 公司的编程工具 CCS5.1 编译链接生成后缀名为.out 的可执行文件，称为通用目标文件格式（COFF）文件。.out 文件中含有一些定位符号和文件头等信息，这些信息能够被仿真器识别，仿真器可以从 COFF 文件中提取有用的程序，并把提取的程序加载到 DSP 的 L2SRAM。但是，如果启动时，COFF 文件中的一些信息不能被识别，而且因含有的无效信息较多，COFF 文件比较大，因此要对 COFF 文件进行提取和精简处理。使用 TI 公司的十六进制转换工具（Hex6x.exe），对.out 文件进行简化处理，由此生成的启动代码主要由三部分构成，如图 8.3 所示。

图 8.3 中，第一个 32 位数据是程序的入口地址；最后一个 32 位数据 0x00000000

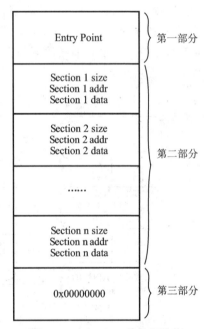

图 8.3　Boot Table 的数据结构

是启动代码的结束标志；中间部分是主体部分，由程序中的若干 Section 构成。所有的 Section 都有一个统一的结构，以 Section 为例，第一个 32 位数据是此 Section 的大小，以字节为单位；第二个 32 位数据是此 Section 在 L2 或 DDR2 中存放的首地址；剩下部分是此 Section 的数据内容。

利用 Hex6x.exe 将.out 文件转换成.hex 文件，并最终转换为一个头文件的命令如下：

hex6x-boot-a-e _c_int00-orderL-memwidth32-romwidth32-o evm6678.btbl test.out

Bttbl2Hfileevni6678.btblevm6678.hevin6678.bin

hfile2arrayevm6678.hevm6678_boot.hdatabuffer

8.2　EMIF16 方式

NOR_Flash 加载方式下 BOOTMODE[9:3]的含义如表 8.3 所列。

表 8.3　NOR_Flash 加载模式

9	8	7	6	5	4	3
保留	Wait Enable	Sub-Mode			保留	

位	域	值	功能描述
9:8	保留	0~3	保留
7	等待使能	0	禁止等待使能
		1	使能等待
6:5	子模式	0	休眠启动
		1	EMIF16 自启动
4:3	保留	0~3	保留

8.3　主从 I²C 方式

I²C 加载分两种模式:主模式和从模式。主模式时,DSP 主动从程序 ROM 中读取程序进行加载,而从模式时,DSP 被其他 I²C 主设备进行加载,本节只考虑主模式加载。

另外,在 I²C 加载方式时,器件配置使用 10 b 寄存器而不是 7 b,BOOTMODE[12:3]的含义如表 8.4 所列。

表 8.4　I²C 加载模式

12	11	10	9	8	7	6	5	4	3
保留	Speed	Address	Mode(0)	参数表					

位	域	值	功能描述
12	保留		保留

续表 8.4

位	域	值	功能描述
11	速率	0 1	I²C 的数据速率设置为 20 kHz I²C 的快速模式数据速率设置为 400 kHz(不超过)
10	地址	0 1	在 I²C 总线地址 0x50 启动 I²C EEPPOM 在 I²C 总线地址 0x51 启动 I²C EEPPOM
9	模式	0 1	主模式 从模式
8:3	参数表	0～63	确定从 I²C EEPROM 读取的配置表的索引
4:3	保留	0～3	保留

锁相环设置

在 SPI 和 I²C 加载时,C6678 的主 PLL 处于直通模式,需要依赖加载的程序来配置。除此之外,加载方式上电加载时锁相环的设置方法如表 8.5 所列。

表 8.5　锁相环设置

BOOTMODE [12:10]	Input Clock Freq/MHz	800 MHz Device			1 000 MHz Device			1 200 MHz Device			PA＝350 MHz		
		PLLD	PLLM	DSP 时钟	PLLD	PLLM	DSP 时钟	PLLD	PLLM	DSP 时钟	PLLD	PLLM	DSP 时钟
0b000	50.00	0	31	800	0	39	1 000	0	47	1200	0	41	1 050
0b001	66.67	0	23	800.04	0	29	1 000.05	0	35	1 200.06	1	62	1 050.053
0b010	80.00	0	19	800	0	24	1 000	0	29	1 200	3	104	1 050
0b011	100.00	0	15	800	0	19	1 000	0	23	1 200	3	20	1 050
0b100	156.25	24	255	800	4	63	1 000	24	383	1 200	24	335	1 050
0b101	250.00	4	31	800	0	7	1 000	4	47	1 200	4	41	1 050
0b110	312.50	24	127	800	4	31	1 000	24	191	1 200	24	167	1 050
0b111	122.88	47	624	800	28	471	999.989	31	624	1 200	11	204	1 049.6

输入时钟为 50 MHz 时,BOOTMODE[12:10]可设置为 000b。

C6678 的 I²C Boot 是通过 I²C 总线读取挂载在总线上的 EEPROM 中的 IBL 读取参数表配置 RBL 加载应用程序到的指定数据块。可以操作主 I²C 模式或从模式,在主模式的 DSP 读取带有镜像文件的 I²C 从设备。在从模式,DSP 为 I²C 连接的从设备,主设备大多是另一个 DSP 或 FPGA。

8.3.1　单核启动模式

单核启动包括:RBL、IBL、应用程序。对于 I²C 启动,需要做的主要有 4 步:

① 编译 IBL,不同版本的 IBL,其目录下的内容有些差别。编译 IBL 需要的工具有 TIC GEN compiler CGT_C6000_7.x 和 MinGW。

② 将编译好的 IBL 写到 EEPROM 中,并根据需要修改 EEPROM 中的 IBL 配置。

③ 将应用程序写到 NOR Flash 或 NAND Flash 中:首先要编写格式转化工具,将 CCS 生成的应用程序复制到格式转化工具中,将 ELF 格式的.out 转换成 CCS 格式的数据文件.dat,然后将该.dat 文件写到 NOR Flash 或者 NAND Flash 即可。

④ 将拨码开关拨到相应的启动模式。C6678 板卡 NOR Boot 的 BOOTMODE[]=101000100010000,NAND Boot 的 BOOTMODE[]=101010000010000。

8.3.2　多核启动模式

多核启动包括核内 RBL、IBL、MAD 和应用程序。

采用 pre-link 模式:在这种操作模式下的 MAP 工具为应用程序段做地址分配和调用 pre-linker。这种模式适合用于多核,应用程序开发人员使用 MAP 工具协助地址分配,使多核应用之间的通用代码共享。

采用 MAD 引导的多核装载的过程有以下几步:

① 在启动时,DSP 设备将运行 ROM 引导装载程序。将加载并运行在 I²C EEPROM 上载好的 IBL。

② IBL 将从 tftp 服务器(MAD 文件也可以存储在板上的 NOR/NAND Flash 中)下载 MAD 镜像文件到 DDR 中,给 IBL 配置了一个执行程序的入口地址。在非 MAD 引导的情况下,此地址将是运行程序下载的入口地址。在 MAD 引导的情况下,IBL 配置为跳转到 MAD 加载的入口地址。

③ MAD 引导加载程序情况下,加载应用程序段,在每个配置好的核的运行地址开始执行程序。

8.4　SPI 方式

在 SPI 加载方式下,配置使用 10 b 而不是 7 b,BOOTMODE[12:3]的含义如表 8.6 所列。

表 8.6　SPI 加载模式

12	11	10	9	8	7	6	5	4	3
模式		4/5 引脚	地址宽度	芯片选择		参数表		保留	

位	域	值	功能描述
12:11	模式	0	SPI 时钟上升沿输出数据。下降沿锁存输入数据。
		1	数据是在 SPI 时钟第一个上升沿随后的半个周期输出。输入的数据是在上升沿锁存 SPI 时钟。
		2	SPI 时钟下降沿输出数据。上升沿锁存输入数据。
		3	数据是在 SPI 时钟第一个下降沿和随后的半个周期输出。输入的数据是在下降沿锁存 SPI 时钟

续表 8.6

位	域	值	功能描述
10	4/5 引脚	0	使用 4 引脚模式
		1	使用 5 引脚模式
9	地址宽度	0	使用 16 b 地址
		1	使用 24 b 地址
8:7	芯片选择	0～3	芯片选择字段值
6:5	参数表	0～3	指定要加载的参数表
4:3	保留	0～3	保留

当 BOOTMODE[2:0]=110b 时,DSP 选择 SPI 方式自启动。上电后,待执行的代码以参数表的形式从 SPI 外挂的 Flash 存储器中被读取并加载。这些表格和代码必须事先按照特定的数据格式烧录在 Flash 中,以备加载。

8.4.1　SPI 总线的工作原理

SPI(Serial Peripheral Interface)是 Motorola 公司提出的一种串行外围接口协议,包括主/从两种模式,具有 I/O 资源占用少、协议实现简单、传输速度快、收发双工、支持绝大部分处理器芯片等优点。现在很多芯片都集成了这种通信协议。TI 公司的 C66x DSP 也集成了 SPI 接口,用于连接 SPIROM,加载启动代码,且只工作在主模式。

C66x 内核 DSP 的 SPI 通信原理很简单,如图 8.4 所示为 SPI 时序图。它以主从方式工作,有一个主设备(DSP)和一个或多个从设备,通常需要 4 根线(对于单向传输的情况,3 根也可以),它们是 MISO、MOSI、CLK 和 CS 信号。对各信号的描述如下:

➢ MOSI 主设备数据输出,从设备数据输入;

➢ MISO 主设备数据输入,从设备数据输出;

➢ CLK 时钟信号,由主设备产生;

➢ CS 从设备使能信号,由主设备控制。

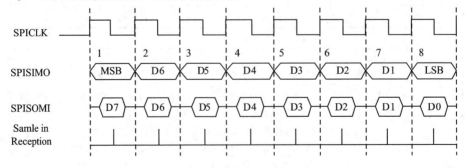

图 8.4　SPI 时序图

其中,片选信号 CS 允许在同一总线上连接多个 SPI 设备。CLK 提供时钟脉冲,MOSI 和 MISO 基于此脉冲完成数据传输。数据在时钟上升沿或下降沿时改变,在紧接着的下降沿或上升沿被读取。

8.4.2　SPI 启动的实现

SPI 启动时,DSP 的片外 Flash 中存放启动参数表和启动数据两部分内容,其中启动参数表用于配置 SPI 启动过程中的信息,如代码长度、启动模式、地址总线宽度、数据总线宽度、起始地址大小等。DSP 上电后,首先从 Flash 地址 0 处加载该参数表,存储到 L2 SRAM 里保留的启动配置信息空间中,然后根据该参数表的设置配置 SPI 接口,从而进行启动数据的搬移。

启动数据也是分块存储,每块数据长度为 286 字节,包含 4 字节的头部(2 字节长度+2 字节校验位),其余为有效程序数据,如表 8.7 所列。

表 8.7　SPI 启动参数表

基地址	名　称	基地址	名　称
0	启动数据长度	18	数据宽度
2	校验位	20	引脚数
4	自启动模式	22	芯片选择
6	端口号	24	读地址高字节
8	锁相环高字节	26	读地址低字节
10	锁相环低字节	28	CPU 时钟
12	选项	30	Bus 时钟
14	模式	32	总线时钟
16	地址宽度		

在得到需要加载的程序文件后,利用工具 hex6x.exe 将.out 文件转化成.hex 文件,将转化的文件按照数据块的格式写入 Flash 中,并在偏移量为 0 的地址中写入启动参数表,在参数表中的读地址低字节、读地址高字节中写入启动数据块的起始地址,便完成了 SPI 启动的准备工作,整个流程如图 8.5 所示。

SPI 启动方式是把程序固化在板卡上的 Flash 存储器中,上电后,DSP 片内的 Boot Loader 在检测到启动方式为 SPI 时,会自行初始化 SPI 接口,从 Flash 的起始地址开始搬移启动代码,首先搬移的是启动参数表,并把该表存储在表 8.7 所列的启动信息表中,然后以此为参考来搬移真正的应用程序数据。搬移完毕后跳转到程序入口地址开始执行。

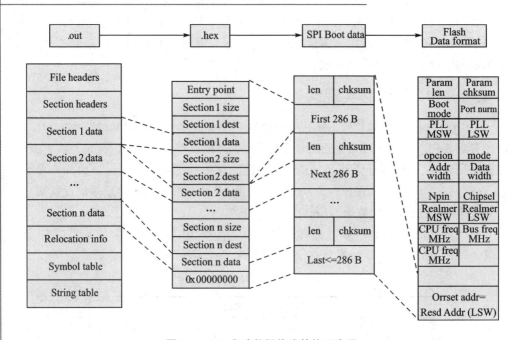

图 8.5　SPI 启动数据格式转换示意图

8.4.3　SPI NOR 启动步骤及注意事项

SPI NOR 启动步骤如下：

第 1 步，DSP 启动的 RBL 只接受 Boot table 文件格式，编译生成的 ELF 或者 COFF(.out)文件需要转换成 Boot table 格式才能使用，转换工具为 hex6x(hex6x 所在目录为 C:\ti\ccsv6\tools\compiler\c6000_7.x.xx\bin)。

CMD 文件是 hex6x 的输入，格式一般为：

```
simple.out
    - a
    - boot
    - e _c_int00
ROMS
{
ROM1: org = 0x0C000000, length = 0x100000, memwidth = 32, romwidth = 32
files = { simple.btbl }
    }
```

一般只需更改输入.out 文件和输出的 btbl 文件的名字和路径，支持绝对路径和相对路径，其中 length 须根据用户使用的 memory 的大小进行相应的调整，只要长度大于用户使用的空间即可；起始地址 0x0C000000 无需更改为用户地址，不影响结果。

```
C:\Users\a0282268\Documents\TI\Code\Keystone I\Boot\K1\SPI_Bootloader>hex6x.exe
simple.rmd
Translating to ASCII-Hex format...
  "simple.out"  ==> .text    (BOOT LOAD)
  "simple.out"  ==> .cinit   (BOOT LOAD)
  "simple.out"  ==> .const   (BOOT LOAD)
  "simple.out"  ==> .switch  (BOOT LOAD)
```

多核启动代码应分别使用 hex6x 生成对应的 btbl 文件格式,然后使用 mergebtbl 进行合并。

```
mergebtbl core0.btbl core1.btbl multi_core.btbl
```

第 2 步,使用 b2i2c 工具将第 1 步生成的 btbl 文件转换成 i2c/spi 启动的格式, b2i2c 工具和源代码可以在 C:\ti\mcsdk_2_01_02_06\tools\boot_loader\ibl\ src\ util\ btoccs 里找到。

```
C:\Users\a0282268\Documents\TI\Code\Keystone I\Boot\K1\SPI_Bootloader>b2ccs simp
le.btbl.i2c simple.i2c.ccs
```

第 3 步,使用 b2ccs 工具将第 2 步生成的 i2c 文件转换成 CCS 可识别的 ccs 文件。

```
C:\Users\a0282268\Documents\TI\Code\Keystone I\Boot\K1\SPI_Bootloader>b2ccs simp
le.btbl.i2c simple.i2c.ccs
```

第 4 步,使用 Romparse 工具将第 3 步生成的 ccs 文件和 spi 启动的参数合并生成 i2crom.ccs,romparse 的源代码在 C:\ti\mcsdk_2_01_02_06\tools\boot_loader\ibl\src\ util\romparse 目录下,此处注意按照自己的 SPI NOR 的模式修改 spi.map 文件,比如片选信号。

```
C:\Users\a0282268\Documents\TI\Code\Keystone I\Boot\K1\SPI_Bootloader>romparse n
ysh.spi.map
```

在 i2crom.ccs 里修改以下对应位置的 51 为 00:

0x00500000	0x00500000
0x00320000	0x00320000
0x40200002	0x40200002
0x00010018	0x00010018
0x00040000	0x00040000
0x00000000	0x00000000
0x03200000	0x00000000
0x01f40051	0x03200000
0x04000000	0x01f40000
0x00000000	0x04000000

第 5 步,使用 byteswapccs 工具将 i2crom.ccs 转换成大端,RBL 只工作在大端模式下,因此,如果需运行在小端模式下,编译生成的小端格式的文件须进行转换。如果编译时使用了大端模式配置并将运行在大端的 DSP 下,可以直接将 i2crom.ccs 更名成下一步需要的文件名。

```
C:\Users\a0282268\Documents\TI\Code\Keystone I\Boot\K1\SPI_Bootloader>byteswapcc
s i2crom.ccs spirom_le.dat
```

第 6 步,使用 SPI NOR writer 在 CCS 下将文件写入 NOR Flash,SPI NOR writer 的文件在 mcsdk_2_01_02_06\tools\writer\nor\evmc6670l 目录下,需要注意该烧写器代码仅对应 EVM 板,用户自己使用的 NOR Flash 参数和 DSP 的参数可能与 EVM 不一致,需要修改重新编译才能使用,不同的 EVM 板对应的 platform 源文件在 C:\ti\pdk_C66xx_1_1_2_6\packages\ti\platform\evmc6657l\platform_lib\src 目录下。根据 NOR writer 的说明文档进行操作即可,注意 writer 需要的 bin 文件格式无需通过转换得来,只须将第 5 步的文件改名放在对应位置即可。

第 7 步,烧写完成以后,将自启动模式置于 SPI NOR Flash 启动,如不成功,可考虑按下述方式检查:

① 确定 DSP 是否正常启动,测量 SYSCLKOUT 引脚是否稳定输出时钟信号,连接 JTAG 读取 DEVSTAT 确定 Boot Mode 设置是否正确。

② 连上 JTAG 后,可检查 PC 指针的值是停留在 RBL(0x20B0000)还是已经运行用户代码。

③ 测量 SPI 线上时钟是否稳定。

④ 使用 JTAG 读取 SPI ROM 内容并与写入的数据比较,检查是否正确。

⑤ 如果修改了 spi.map 的时钟,修改回低速率时钟再做测试。

⑥ 多核启动每个核的 cmd 文件务必使用全局地址 0x1x8xxxxx 而不是本地地址 0x008xxxxx,因为 ROM 的读取和写入都由内核 0 完成,使用本地地址无法找到对应的写入地址。

⑦ DDR3 必须初始化之后才可使用,如果使用 DDR 的内存作为 Boot 段须考虑使用二次 Boot,二次 Boot 可以参考 C:\ti\mcsdk_2_01_02_06\tools\boot_loader\examples\srio\srioboot_ddrinit 目录下的代码。

⑧ 如仍有问题,请到 deyisupport 多核论坛提出,请将上述步骤中测试的结果都描述清楚,有助于快速定位问题。

8.5　SRIO 方式

C6678 支持的 SRIO 协议为 2.1 版本,传输速率即 1.25 Gb/s,2.5 Gb/s,3.125 Gb/s,使用 4x 模式。当 DSP 处于 SRIO 自启动模式时,将代码直接写入 DSP 内存并中断,DSP 立即从自启动模式跳转到正常模式,执行加载的代码。

上电复位后 C6678 的 SRIO 默认 ID 是 0xff(8 b ID)或 0xffff(16 b ID)。

在 SRIO 加载方式下,BOOTMODE[9:3]的含义如表 8.8 所列。

表 8.8　SRIO 加载模式

9	8	7	6	5	4	3
Lane Setup	Data Rate		Ref Clock		保留	

位	域	值	功能描述
9	端口设置	0	端口配置为 4 端口，每端口 1 位（4-1×端口）
		1	端口配置为 2 端口，每端口 2 位（2-2×端口）
8:7	传输速率	0	传输速率 = 1.25 Gb/s
		1	传输速率 = 2.5 Gb/s
		2	传输速率 = 3.125 Gb/s
		3	传输速率 = 5.0 Gb/s
6:5	参考时钟	0	参考时钟 = 156.25 MHz
		1	参考时钟 = 250 MHz
		2	参考时钟 = 312.5 MHz
4:3	保留	0～3	保留

（1）程序文件格式的转换

① 使用代码转换工具 hex6x.exe 转换 ELF 格式的.out 文件成为十六进制格式的自启动文件。

② 使用 Bttbl2Hfile.exe，hfile2array.exe 将 boottable 文件转换为一个 DAT 格式文件。

③ 复制生成文件到\srioboot_examp\src，使 bootimage 链接到 DSP 的启动程序中。

（2）DSPboot 过程

DSPboot 工程使用多核程序包的 BIOS 支持库来初始化 DDR，它首先从 SRIO 连接的 DSP 中通过 SRIO 将 DDR 的初始化程序的代码读入内核 0 的 L2RAM 中，然后写入 DDR 初始化引导程序的入口地址到内核 0 的 Boot Magic Address 中。在 DSP 上运行的 RBL 检测到内核 0 发起的入口地址，跳转到开始启动初始化 DDR。DDR 的初始化代码在初始化 DDR 正确后将继续校验 SRIO Boot Magic Address。SRIO 自启动引导流程如图 8.6 所示。

然后将应用程序从 DSP 引导到本地的 DDR 内存启动板卡上，写入应用程序的入口地址到内核 0。内核 0 开始启动并打印启动信息，再通过 write_boot_magic_number()和一个 IPC 中断发送到 DSP 内部的从内核，写入入口地址启动从内核，程序会跳转到从内核上运行的写 boot 地址命令开始启动，每个核都将写入 0xBABEFACE 到对应的 SRIO Boot Magic Address。

打开超级终端或 TERA 终端连接，设置波特率为 115 200 b/s，数据 8 位。无奇偶校验，停止位和流量控制，连接主机的 CCS5，加载和运行 srioboot_example_evm66xxl.out 程序。CCS 控制台将显示以下消息：

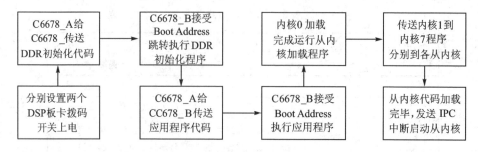

图 8.6　SRIO 自启动引导流程图

···[C66xx_0]TransferbootcodeviaSRIOsuccessfully

超级终端会显示以下消息：

SRIO Boot Hello Wodd

Example Version 01.00.00.01:Booting Hello World image on
Core 0 from SRIO

······Booting Hello World image on Core7 from Core0

8.6　以太网方式

在 GBE 加载方式下，BOOTMODE[9:3]的含义如表 8.9 所列。

表 8.9　GBE 加载模式

9	8	7	6	5	4	3
时钟选择		外部链接		设备 ID	保留	

位	域	值	功能描述
9:8	时钟选择		PLL 的输出频率必须为 1.25 Gb/s
		0	X8,156.25 MHz 的时钟输入
		1	X5,250 MHz 的时钟输入
		2	X4,312.5 MHz 的时钟输入
		3	保留
7:6	外部链接	0	MAC 连接到 MAC,自动协商
		1	MAC 连接到 MAC ,MAC 连接到 PHY
		2	MAC 连接到 MAC,强制链接
		3	光纤连接到 Mac
5	设备 ID	0~7	此值用于以太网准备帧的设备标识域中
4:3	保留	0~3	保留

C6678 芯片网络通过 MARVEL 控制芯片与外部 RJ－45 网络接口相连,通过 MDIO 对 MARVEL 芯片的控制,从而实现与 PC 通信。

DSP 内的 RBL 主要配置 SerDes、SGMII、SWITCH 以及多核导航器,通过千兆 以太网接口接收自引导表。这些最初的配置是通过查询与启动模式相关的 DEVSTAT 寄存器和引导网络自引导的参数表。在启动模式选定后,PA 子系统的 时钟主要参考主锁相环的参考时钟或 SerDes 参考时钟。网络自引导代码加载流程 如图 8.7 所示。

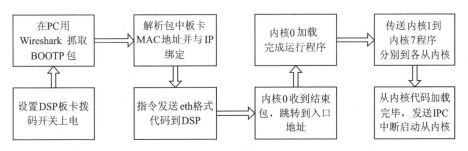

图 8.7　网络自引导代码加载流程

① 使用 arp 指令查看网络缓存区链接状态。Arp-a 检测网口外接的设备。

② 使用 hex6x.exe 将 .out 文件生成 .hex 文件:要有 *.cmd 文件和 hex6x.exe 和 *.out 文件。

③ 编译生成 .eth 网络 boot 格式文件:最好将编译工具放到本目录下编译,转化 得到 .eth 网络文件。

④ 获取板卡的 MAC 地址:正确配置板卡的拨码开关。配置正确以后 PC 就能 收到板卡发出的 BOOTP 包(3 s 周期),设置 C6678 的 BOOTMODE[ ] ＝ 010000100111000。查看板卡的 MAC 地址:通过 Wireshark 抓包获取板卡的 MAC 地址。

⑤ 传输 boot 文件:MINGW 环境里面运行指令,绑定板卡的 MAC 地址和 IP, 设置板卡的地址为 192.168.1.2,PC 端的地址为 192.168.1.1。文件传输指令 pesendpkt.exesimple.eth192.168.1.2。发送文件到板卡内存。传输文件成功后,板 卡可以停止向 PC 发送 MAC 地址,并且可以看到 PC 向板卡利用 UDP 协议传输 DSP 内核 0 的代码。Wireshark 抓取网络数据包结果如图 8.8 所示。

将内核 0 的代码存到 DSP 的内存,此时内核 0 仍处于自启动的 EMAC 加载模式, 当发送完毕代码后,向内核 0 发送结束数据包。根据 EMAC 加载协议,当内核 0 收到 该包后则从加载模式转为正常模式,PC 指针从指定的程序入口地址处开始运行。

⑥ 在内核 0 加载程序,编写内核 1 到内核 7 的加载程序,通过网络读入内核 N 各个核的代码程序到对应的 RAM 中,如果 7 个从内核的代码相同,只用读入一次从 内核代码,加载到 7 个核中,内核 0 向 7 个从内核发送 IPC 中断触发运行程序。观察 程序跳转地址到设定的地址处,验证程序运行结果。

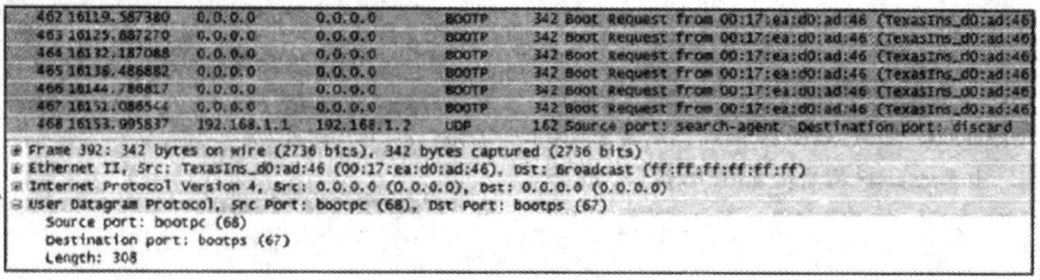

图 8.8　Wireshark 抓取网络数据包

8.7　PCIe 方式

8.7.1　PCIe 启动原理

在 PCIe 加载方式下,BOOTMODE[9:3]的含义如表 8.10 所列。

表 8.10　PCIe 加载模式

9	8	7	6	5	4	3
保留	BAR 配置				保留	

位	域	值	功能描述
9	保留		保留
8:5	Bar 配置	0~0xf	
4:3	保留	0~3	保留

当 BOOTMODE[2:0]=b100 时,DSP 选择 PCIe Boot。在 PCIe Boot 模式下,由主机负责配置 DSP 的内存空间,直接将所有代码写到 DSP 存储空间来实现代码加载的过程。DSP 上电脱离复位后,Boot Loader 负责配置 PCIe BAR(Base Address Registers)以及窗口的数目和大小。PCIe 接口本身的上电逻辑由外部引脚 PCffiS-SEN 控制。相关寄存器的配置信息可通过 I²C Boot 或 PCIe Boot 参数表的默认值来获得。

此外,PCIe Boot 过程中,Boot Loader 会通过中断控制器来配置中断子系统,然后使 DSP 执行 IDLE 指令。当主机发送应用程序代码到 DSP 内存后,如果 Boot_Magic_Address 寄存器(地址 0x1087fffc,存放应用程序的首地址)不为 0,则 Boot Loader 会从该寄存器复制首地址到程序计数器 Program counter,并查询 MSI 应用寄存器,从而产生中断唤醒 DSP,使其执行应用程序。相反,如果 Boot_Magic_Address 寄存器的值为 0,则 Boot Loader 会使 DSP 一直处于 IDLE 状态直到该值不为 0。

8.7.2　PCIe 启动分析

实现 DSP 的 PCIe 启动,需要考虑 PCIe 接口的特殊性质,即必须在主机启动过程中识别 PCIe 设备。对于插接在主机上的 DSP 板卡来说,如果主机系统已经启动,由于 DSP 本身发生复位或者启动时间滞后都可能造成 PCIe 设备无法识别。因此,在进行 PCIeboot 测试过程中,如果需要反复下载代码,则使 DSPS 次重新启动就需要考虑 DSP 复位后 PCIe 设备的识别问题。

此外,为了使系统支持多模的功能,而又不经常占用 PCIe 总线,在仪表启动时,会在 DSP 的外部存储器中暂存多套代码,DSP 在运行中根据需要进行代码之间的切换,完成多种功能、制式的转换。加载代码、触发模式切换的功能也由 PCIe 来实现。

针对以上需求,这里主要设计实现两种方式的 PCIe 启动方案。

1. 单模式代码加载启动

根据 PCIe 启动的流程,DSP 脱离复位进入 PCIe 启动模式后,PC 端将代码直接加载至 DSP 的内存,并使其运行起来。

2. DDR3 多模式代码加载切换

在仪表启动时,PC 端通过 PCIe 启动初始化 DSP 的 DDR3 存储器,然后发送多套代码存储在 DDR3 中,而 DSP 在运行中会根据上位机给出的信号进行多套代码之间的切换,从而完成多种功能、制式的转换。PCIe 加载功能在系统启动时使用即可。

8.7.3　单模式加载启动实现

根据 PCIe 启动的流程,在 DSP 脱离复位进入 PCIe 启动模式后,PC 端将代码直接加载到 DSP 的内存,加载完毕后,通过 MSI 中断保证 DSP 自动运行程序。

在 PC 端需要实现以下几个功能:

① 启动文件格式转换:将基带板 DSP 的.out 可执行文件转换成头文件。

② 程序代码的加载过程:基带板卡初始化,获得板卡句柄;建立 PC、DSP 之间内存映射关系,完成 PCIe 输入地址翻译逻辑;提取程序入口地址,根据各段的长度、地址信息依次加载各段代码,直到段长度为 0 时,完成代码加载;写入程序首地址到 Boot_Magic_Address 寄存器。

③ 触发 DSP 进行 PCIe 启动:PC 发送 MSI 中断到 DSP,此时 DSP 检测到中断,并发现首地址寄存器不为 0 即跳转到相应地址单元执行程序,PCIe 启动完成。

将上述 PCIe 自启动各模块功能均验证完毕后,整合成一个 VC6.0 工程,编译后得到 pcie_diag.exe。生成 pcie_diag.exe 的主函数流程如图 8.9 所示。

在 DSP 板卡上电,进入 PCIe 自启动模式并被 PC 识别后,运行 pcie_diag.exe,加载 DSP Boot table、写入程序入口地址并触发 MSI 中断,就可使 DSP 成功自启动。

整个流程如图 8.10 所示。

嵌入式多核 DSP 应用开发与实践

272

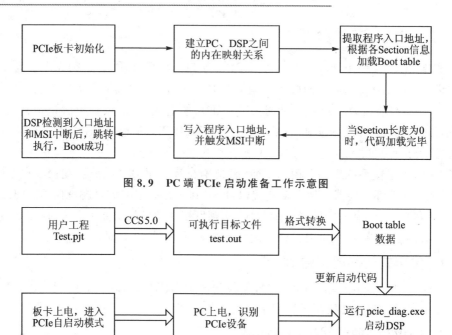

图 8.9 PC 端 PCIe 启动准备工作示意图

图 8.10 PCIe Boot 实现流程图

基于上述方案,用户只需要替换 Boot table 数组的内容,即可任意加载自己的应用程序,并可以通过 CCS5.1 窗口或者自己设置的 LOG 信息显示应用程序的执行情况。图 8.10 中展示了一次 PCIe 自启动过程,从图中可以看出,应用程序成功找到 PCIe 设备,并提取 Boot table 的入口地址信息为 0x0083a560,Boot table 共分为 3 段,全部加载至内核 0 的 L2RAM 后,写入入口地址并触发中断,最后成功配置 DSP,从电路板上的工作状态指示灯也进一步确认了 DSP 启动成功。

```
PCIE diagnostic utility.
Application accesses hardware using WinDriver.
Access PCIE application register …
Boot entry address is 0x83a560
Total 3 sections ,0xb190 bytes of data written to core 0
DSP code send finished…
```

8.7.4 多核启动实现

对于多核启动的情况,需要在用户代码生成阶段,在内核 0 的应用程序中添加写入其他核的程序入口地址,并触发其他核的 IPC 中断操作。然后将多个核的 .out 文件经格式转换后合并到一个数组中,根据上述单核启动的方法实现所有内核代码的加载。加载完毕后,内核 0 首先启动,执行自身应用程序,该程序会首先写入其他核

的入口地址到对应单元中,并触发 IPC 内核间中断通知各内核,其他核在检测到 IPC
中断后,会响应中断,读取自己的入口地址并跳转到入口执行程序。

8.7.5　DDR3 多模代码加载启动实现

在 DSP 启动时,PC 端需要通过 PCIe 接口在 DSP 的 DDR3 中存储多套代码,并
能实时地选择让 DSP 执行其中的某套代码。设计步骤如下:

① 上电时,DSP 正常进行 PCIe 启动,PC 端首先加载一段代码到 L2,该代码运
行后初始化 PLL、DDR3,并配置 MSI 中断,清除 Boot_Magic_Address 寄存器,进入
空闲等待。

② PC 检测到 DSP 的 Boot_Magic_Address 为 0 后,通过 PCIe 接口把多套代码
依次写入 DDR3 的不同地址空间中进行存储。每套程序都应是完整的,包含 entry
address、section length、section addr、section data 等所有信息,便于 DSP 端的搬移程
序从 DDR3 空间获取程序在 L2 中执行的真正信息。

③ 根据用户切换代码的需要,PC 端向 DSP 的一个通用寄存器(PCIe GPR0)中
写入 DDR3 中的首地址,并触发 MSI 中断,使 DSP 响应中断并进行代码搬移。

④ 用户在 DSP 端须运行一段 C 代码 boot_Fun,独立于. text 段,存储在 L2 的
固定地址,作为 MSI 中断的服务函数。一旦 DSP 响应 MSI 中断,就执行该 C 代码,
负责搬移数据、检测入口地址并跳转至入口处,自动执行。

以上步骤③可以反复执行。每次代码切换时,由 PC 告知程序在 DDR3 中的首
地址,触发中断,DSP 响应中断后,停止当前任务,跳转到 boot_Fun 函数入口,进行
程序搬移、入口检测及跳转执行。

对于上述方案,步骤①和②的工作在前面的单模代码加载启动方案中已经实现,
不再赘述。这里主要描述步骤③和④。

MSI 中断清除:DSP 响应中断后,需要配置 IRQ_EOI 寄存器,意味着相应的中
断事件已经被处理,否则 CPU 会认为该中断事件尚未处理,对于 PC 后续触发的
MSI 中断不响应。

综上,PC 端触发中断的示例程序如下:

```
WDC_WriteAddr32(hDev,0,MSIO_IRQ_STATUS,1);      //清除中断标志
WDC_WriteAddr32(hDev,0,MSI_EOI,4);              //清除 MSIO,8,16,24
//写入程序存储在 DDR3 中的首地址到 PCIe GPR0 中
WDC_WriteAddr32(hDev,0,PCIE_GPR0,0x80000000);
WDC_WriteAddr32(hDev,0,MSIOJRQ_ENABLE_SET,1);   //使能中断
WDC_WriteAddr32(hDev,0,MSIJRQ,0);               //触发中断
```

以上程序可处在一个 while 循环中,每次需要切换任务,用户设置不同的标志,
进行不同的代码切换。

综上,多模代码加载切换的整体流程如图 8.11 所示。

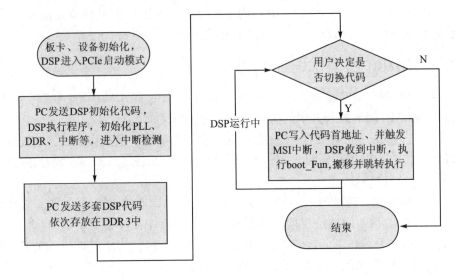

图 8.11　DDR3 多模代码切换功能流程图

8.8　HyperLink 方式

在 HyperLink 加载方式下，BOOTMODE[9:3]的含义如表 8.11 所列。

表 8.11　HyperLink 加载模式

9	8	7	6	5	4	3
保留	数据速率		参考时钟		保留	

位	域	位	功能描述
9	保留		保留
8:7	数据速率	0	1.25 Gb/s
		1	3.125 Gb/s
		2	6.25 Gb/s
		3	12.5 Gb/s
6:5	参考时钟	0	156.25 MHz
		1	250 MHz
		2	312.5 MHz
4:3	保留	0~3	保留

第 9 章

C66x 多核编程指南

9.1 应用程序编程框架

现代软件开发,已从 20 世纪的面向过程编程发展到当前的面向框架编程。软件开发经验已证明:框架化、模块化的开发方式提高软件开发效率,提高代码质量及代码重用率。然而,在嵌入式编程中,由于长期缺乏完善的开发框架和可用的 API,开发人员依旧利用 C 语言或汇编语言与底层硬件打交道,凡事亲力亲为,这必然会增加嵌入式开发的入门门槛,降低代码的重用性(不过这些缺点,对于程序员来说确是好事,入门门槛高、开发复制率低意味着高付出高回报)。基于这点,TI 公司发布了一套 DSP 算法标准——TMS320 DSP Algorithm Standard,规范了 DSP 算法软件的开发,并提供了类似 C++ 语言类的封装方式的算法接口,使得算法集成变得简单统一。

9.1.1 XDAIS 标准

如果你对 TMS320 DSP Algorithm Standard 还陌生,那么提起另一个名字:XDAIS,就顺眼多了。在 Codec Engine 文档中经常看到的 XDAIS,实际上就是 TMS320 DSP Algorithm Standard 的另一个名字。根据 TI 公司官方白皮书,XDAIS 标准一共提供了 39 项规则、15 条指南。这些规则和指南一共分为 4 个部分,如图 9.1 所示。

只要你的算法满足 XDAIS 标准,你也可以像笔记本上打上的 Vista Capable 那样,在算法上面打上 TI 公司的认证图标。

9.1.2 IALG 接口

XDAIS 标准里含有 39 项规则,15 条指南。这些标准和指南几乎涵盖了整个 DSP 开发的生命周期,例如使用 TI 公司的 C 语言,所有 C6x 算法必须支持低位优先。具体的规则可以参考*TMS320 DSP Algorithm Standard Rules and Guidelines User's Guide*,本文不再讨论。

XDAIS 作为一个 DSP 的开发框架,定义了一些接口:

嵌入式多核 DSP 应用开发与实践

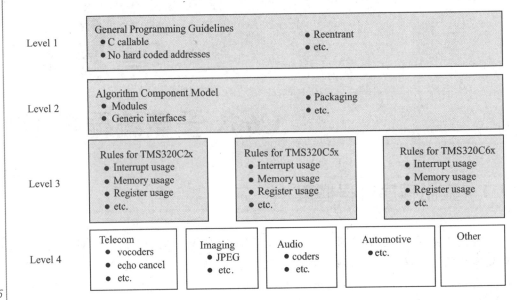

图 9.1　XDAIS 标准

> IALG——算法实例对象的创建定义了独立于框架的算法接口。

> IDMA2——C64x 和 C5000 使用统一的 DMA 资源处理方式定义的算法接口。

> IDMA3——C64+ 和 C5000 使用统一的 DMA 资源处理方式定义的算法接口。

TMS320 DSP Algorithm Standard API Reference 指出,所有的算法都必须实现了 IALG 接口,IALG 接口最主要的工作就是定义算法中需要使用的内存,提高片上系统内存使用效率,XDAIS 与应用程序之间的关系如图 9.2 所示。

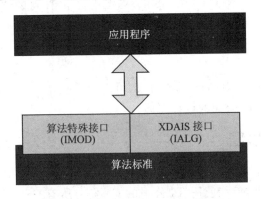

图 9.2　XDAIS 与应用程序之间的关系

XDAIS 的 API 是基于 C 语言的,而 C 语言是面向过程的,因此不存在面向对象里拥有的封装、继承、重构等特性,那么,应用程序是如何实现接口的呢? 对于这点,

XDAIS 设计了一个名为 IALG_Fxns 的 v-table：

```
Typedef struct IALG_Fxns{
    Void * implementationId;
    Void (* algActivate)(IALG_Handle);
    Int(* algAlloc)(const IALG_Params *,struct IALG_Fxns * *, IALG_MemRec *);
    Int  (* algControl)(IALG_Handle,  IALG_Cmd, IALG_Status *);
    Void (* algDeactivate)(IALG_Handle);
Int  (* algFree)(IALG_Handle, IALG_MemRec *);
    Int(* algInit)(IALG_Handle, const IALG_MemRec *,IALG_Handle,const IALG_Params *);
```

开发人员只要遵循以上 v-table 定义的函数指针格式,实现自己的函数即可。这些函数的作用大体上与函数名类似,框架的调用过程如图 9.3 所示。

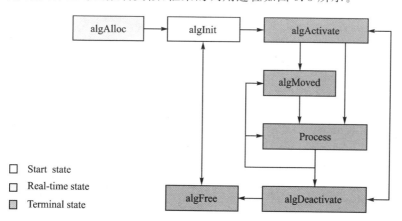

图 9.3　算法调用过程

9.1.3　XDM 标准

这里可能有人要问,既然 TI 公司已经有适用于 DSP 开发全过程的 XDAIS 标准,为什么又扩展出 XDM 标准? 因为 XDAIS 几乎涵盖了 DSP 开发的整个生命周期,是一个非常庞大的东西。如果里面的接口、准则、规定要开发人员一一实现,工作量很大。因此,TI 公司在 XDAIS 基础上又扩展了一个 XDM 标准,用来为数字信号处理提供一个轻量级的框架,总体上说,就是在 XDAIS 的基础上扩展了一个名为 Digital Media 的接口(XDM),然后根据数字图像处理的要求,提供了一个名为 VISA 的 API 集合,其底层远离,但用的仍是 XDAIS 的内容。

这样,XDM 标准与应用层的关系如图 9.4 所示。

嵌入式多核 DSP 应用开发与实践

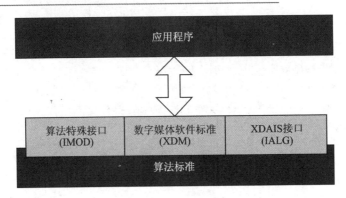

图 9.4　XDM 标准与应用层的关系

XDM 接口实际上扩展了 IALG 接口,在其上增加了 process 和 control 方法,例如 VISA API 中的 IVIDENC1 接口的 v-table 定义如下:

```
    Void( * algMoved) (IALG_Handle, const IALG_MemRec * ,IALG_Handle,const IALG_Params * );
    Int( * algNumAlloc)(Void) ;
} IALG_Fxns ;
typedef struct IVIDENC1_Fxns{
    IALG_Fxns    ialg;
    XDAS_Int32  ( * Process)( IVIDENC1_Handle handle , IVIDEO1_BufDescIn  * inBufs,
        XDM_BufDesc * outBufs, IVIDENC1_InArgs * inArgs, IVIDENC1_OutArgs * outArgs);
    XDAS_Int32 ( * control ) ( IVIDENC1_Handle handle, IVIDENC1_Cmd id,
        IVIDENC1_DynamicParams * params , IVIDENC1_Status * status) ;
    }IVIDENC1_Fxns ;
```

而数字媒体软件标准 XDM 的调用过程如图 9.5 所示。

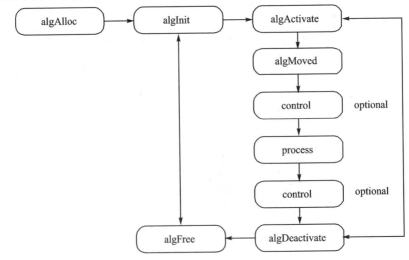

图 9.5　XDM 调用过程

9.1.4　VISA API

　　TI 公司扩展 XDM 的目的是为数字图像处理提供一个轻型的框架。为此，TI 公司根据数字图像处理的分类，封装了一套名为 VISA 的 API 集合（这里的 VISA，不是信用卡 VISA，而是 Video、Image、Speech 和 Audio 的简称），基本覆盖了数字信号处理的所有需求：

　　IVIDENCx：视频编码通用接口 Generic interface for video encoders；

　　IVIDDECx：视频解码通用接口 Generic interface for video decoders；

　　IAUDENCx：音频编码通用接口 Generic interface for audio encoders；

　　IAUDDECx：音频解码通用接口 Generic interface for audio decoders；

　　ISPHENCx：语音编码通用接口 Generic interface for speech encoders；

　　ISPHDECx：语音解码通用接口 Generic interface for speech decoders；

　　IIMGENCx：图像编码通用接口 Generic interface for image encoders；

　　IIMGENCx：图像解码通用接口 Generic interface for image decoders。

　　在编码引擎的算法创建过程中，开发一个算法程序往往是从实现这些接口开始。例如，要做一个 H264 的编码算法，需要从实现 IVIDENCx 开始。这样，在编码引擎的开发领域里，DSP 端开发流程如图 9.6 所示。

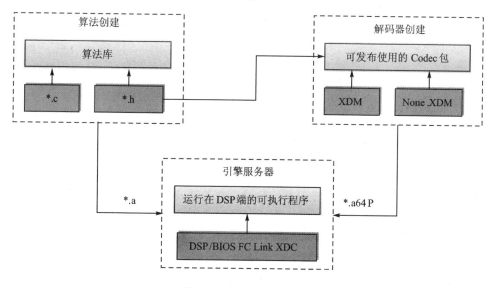

图 9.6　DSP 端开发流程

9.2　应用程序映射到多核导航器

　　在过去，主要是通过提升硬件的性能（如主频）等来提高系统的运算处理性能，很少通过软件来提高系统的整体性能。而现在,随着多核处理器的出现,对程序员提出了更高的要求,要求程序员能将应用程序合理分配,以发挥多核的优势。

任务的并行性是指软件当中并行地执行相互独立的任务。在单核处理器中,不同的任务享用一个处理器,而在多核处理器中,任务相互独立运行,使得执行效率更高。

9.2.1　并行处理模型

将程序映射到多核处理器的第一步就是确定任务的并行性,并选择一种最合适的处理模型。两种最主要的模型是主/从模型和数据流模型。OpenMP 模型也可用于多核 DSP 编程,但使用较少。

1. 主/从模型

主/从模型(Master/Slave,如图 9.7 所示)描述的是一种控制集中、执行分布的模型。主内核负责安排不同的执行线程,并将数据传递给从内核。这种应用通常包含许多小的独立线程。这种软件通常包括大量的控制代码,且经常随机访问内存,每次访问内存的执行计算量很小。这种应用通常运行在高级操作系统上(如 Linux),由高级操作系统来负责整个任务的调度。

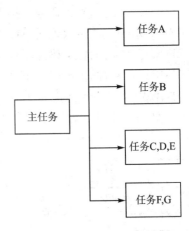

图 9.7　主/从模型

主/从模型由于线程的活动是随机的,每个线程对系统资源的要求是不同的,所以需要实现实时负载平衡。

2. 数据流模型

数据流模型(Data Flow Model,见图 9.8)代表分布式控制和执行。每个核使用不同的算法处理一块数据,接着数据传输至其他的核进行下一步处理。最先开始任务的核经常与从传感器或者 FPGA 提供初始数据的输入接口连接。调度是由数据的可用性触发的。符合数据流模型的应用通常包含巨大的、计算复杂的、相互依赖的组件,而这些组件并不适合单核工作。

挑战:如何划分核与核之间的复杂成分组件,保持快速的数据流速度。

高数据速率需要核与核之间良好的存储带宽以及传递时的低延迟换手时间。

3. OpenMP

OpenMP 是一种在共享内存并行体系(Shared-Memory Parallel,SMP)中应用发展多线程的应用程序编程接口。它主要包括可以在并行程序上运用的编译器指令、例程和环境变量。进入多核时代后,必须使用多线程编写程序才能让各个 CPU

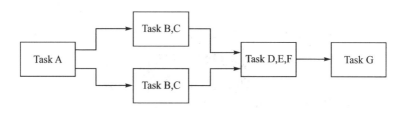

图 9.8　数据流模型

核得到充分利用。在单核时代,通常使用操作系统提供的 API 来创建线程,然而,在多核系统中,情况发生了很大变化,如果仍然使用操作系统 API 来创建线程会遇到一些问题。具体地说,有以下 3 个问题:

(1) CPU 核数扩展性问题

多核编程需要考虑程序性能随 CPU 核数的扩展性,即硬件升级到多核后,能够不修改程序就使程序性能增长,这要求程序中创建的线程数量随 CPU 核数而变化,不能创建固定数量的线程,否则在 CPU 核数超过线程数量的机器上运行,将无法完全利用机器性能。虽然通过一定方法可以使用操作系统 API 创建可变化数量的线程,但是比较麻烦,不如 OpenMP 方便。

(2) 方便性问题

在多核编程时,要求计算均摊到各个 CPU 核上,所有的程序都要并行化执行,从而对计算的负载均衡要求很高。在同一个函数内或同一个循环中,也要求将计算分摊到各个 CPU 核上,需要创建多个线程。操作系统 API 在创建线程时,需要线程入口函数,但这个需求很难满足,除非将一个函数内的代码手工拆成多个线程入口函数,这将大大增加程序员的工作量。使用 OpenMP 创建线程则不需要入口函数,非常方便,可以将同一函数内的代码分解成多个线程执行,也可以将一个 for 循环分解成多个线程执行。

(3) 可移植性问题

目前,各种主流操作系统的线程 API 互不兼容,缺乏事实上的统一规范,要满足可移植性须自己写一些代码,将各种不同操作系统的 API 封装成一套统一的接口。OpenMP 是标准规范,所有支持它的编译器都是执行同一套标准,不存在可移植性问题。

OpenMP 在 fork-join 模型上可以实现。一个 OpenMP 程序是从存放在序列区域的(sequential region)初始线程(主线程)开始执行的。随后由"♯pragma omppar-allel"提示,另加的工作线程会自动由调度程序产生。这些工作线程会在并行代码处同时执行任务。当并行区域结束后,程序会等待所有线程终结,然后恢复成单线程执行进入下一个顺序区域。具体流程如图 9.9 和图 9.10 所示。

"♯pragma omp for"工作共享结构使得 for 循环可以分布到多线程中去。

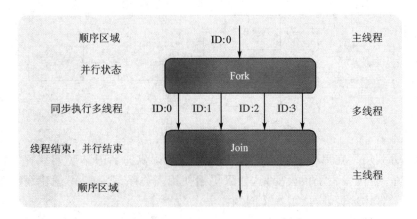

图 9.9　OpenMP fork-join 模型

序列代码
```
for(i=0;i<<N;i++)  {a[i]=a[i] + b[i]; }
```

并行执行程序
```
#pragma omp parallel
{
    Int id, I, Nthrds, istart, iend;
    id = omp_get_thread_num();
    Nthrds = omp_get_num_threads();
    Istart = id * N / Nthrds;
    iend = (id+1) * N / Nthrds;
    for(i=istart;i<iend;i++)  {a[i] = a[i] + b[i];}
}
```

并行共享结构
```
# pragma omp parallel
# pragma omp for
    For(i=0;i<N;i++)  {a[i] = a[i] + b[i];}
```

图 9.10　工作共享结构

9.2.2　识别并行任务

在应用程序中识别确认并行任务仍是挑战,因为它必须人工处理。TI 公司正在研发一种代码生成工具,尝试将程序员写的源代码自动地映射分配至相应的内核上去执行。即便如此,多核系统的映射和调度任务仍需要仔细规划。应用程序的设计由四步处理操作来指导。

这四步操作依次是:①划分;②通信;③整合;④映射。

1. 划分(partitioning)

把一个应用程序划分成若干个基础成分,并对其计算复杂度进行评估分析。它主要表现在对于每个软件组件耦合度和内聚程度的分析。

把程序划分成模块和子系统主旨是寻找耦合度低、内聚度高的断点处。如果一个模块有太多的外界依赖,它应该与其他模块组合在一起。这样可以降低耦合度,增强内聚力。与此同时,也要考虑模块的规模是否适合单个核进行数据处理。

2. 通信(communication)

在确定了软件的各个模块后,所要做的是估量出各模块之间控制和数据通信的需求。控制流程图可以用来确定独立的控制线路,从而帮助决定系统中的并发任务。数据流流程图可以帮助确定目标和数据的同步需求。

图 9.11 所示为一个控制流程图,展示了模块间的执行路径。控制流程图用来创造一种度量,其帮助模块组化达到最大化全局吞吐量。

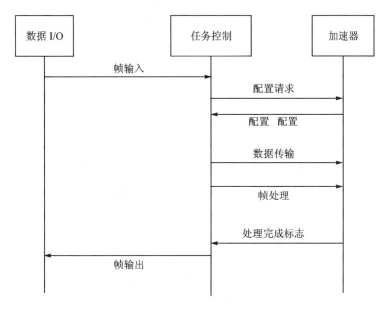

图 9.11　控制流程图

数据流确定识别必须是在模块间传递的数据,这可以用来创造出一种数据传输量和数据传输率的测量方法。数据流流程图也展示出模块与外部实体的交互级别。通过流程图,可以帮助模块成组时最小化内核间传输的数据量。图 9.12 展示了一个数据流的例子。

3. 整合(combining)

在整合阶段,要决定将划分阶段确定的任务进行整合是否有用且是必要的。整合的主要目的是减少任务的数量,增大每个任务的大小。整合也包括决定是否值得去复制数据或者计算。高耦合度、低运算要求的相关模块将统一成组。高复杂性、高通信代价的模块要被拆分成更小的模块,使得单个模块具有更低的运算代价等。

4. 映射(mapping)

映射这个步骤将完成分配模块、任务和子系统到单个处理核上的操作。使用之前三个步骤的结果,确定事件的并发性和模块的耦合性,同时也要考虑可以利用的硬件加速器以及与在硬件上运行软件模块的依赖关系。

嵌入式多核 DSP 应用开发与实践

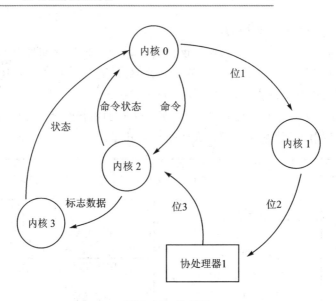

图 9.12　数据流

对于每一个模块的吞吐量(throughput)要求而言,必须把消息传递的延迟、同步处理等因素考虑进去。要求严格的延时问题可以通过调整模块的划分,减少系统整体的通信步数来解决。当多核需要共享诸如 DMA 引擎或关键存储区域时,硬件旗语可以用来保证它们之间的同步,以防止对资源访问的冲突。对于一个资源的阻塞次数必须从系统整体的效率加以考虑。

嵌入式处理器具有分级存储器体系。最好将数据的操作放在缓存上,以减少访问外部存储器接口引起的性能下降。重构软件模块,目标是提高缓存的使用效率。

当一个特定的算法或重要的循环处理对系统的要求超过单核的能力时,可以考虑数据并行处理来分散任务对系统性能的需求。所以,在划分步骤时,要把可扩展性考虑在内。

映射这一步骤需要经过多次任务分配和并行效率测试,以获得最佳的优化方案。这里没有一种可应用于所有应用程序的可借鉴的方法。

9.3　多核通信

TI 公司新的 KeyStone 架构多核处理器 TCI66x 和 C66x 以及之前的 TCI64x 和 C64x 系列多核处理器都提供了几种支持处理器之间的通信机制。所有的核都能够访问内存映射设备,这意味着任何一个核都能够读/写任何一块内存,并且有核与核之间事件通知支持,如 DMA。最后,这两个系列中还有硬件支持核与核之间的仲裁决策,可以在资源共享的过程中决定拥有权。

核与核之间的通信交流主要由两部分组成:数据迁移和通知(包括同步)。

9.3.1　数据迁移

数据的物理移动可由以下几种技术完成:

➤ 使用共享的信息缓冲区:发送方和接收方访问相同的物理内存。

➤ 使用专用的内存:在专属的发送和接收缓冲区中有转换器。

➤ 过渡内存缓冲区:内存缓冲区的拥有权从发送方转给接收方,但其中的内容不传送。

对于每种技术,都有两种方法读/写内存内容:CPU 装载/存储和 DMA 传递。

1. 共享内存

使用共享的内存并不意味着共享权完全一样,而是说在内存中设立信息缓冲区,发送方和接收方都可以访问。发送方将信息发送到共享缓冲区,并通知接收方;接收方将内容从信息源缓冲区复制到目的源缓冲区,并再次通知发送方缓冲区已空,以此取回信息。当多核系统在共享内存中读取数据时,其先后顺序显得尤为重要。

2. 专用的内存(dedicated memories)

数据的传递可在核与核之间直接交流,也可以通过 KeyStone 内置的多核导航器来完成。像共享内存一样,设立专用的区域保存数据也分为通知和转移两个阶段,这两个阶段可以通过 push 和 pull 机制完成,这取决于不同的使用个例。

在 push 模型中,发送方负责将接收缓存填满,而在 pull 模型中,接收方负责从发送缓存中取回数据。

两者的不同只在于通知。当使用 pull 模型时,如果对于远程读请求的系统开销(overhead)比较大,我们会舍弃 pull 模型,而选择使用 push 模型。然而,如果资源和接收方结合得很紧密,由接收方来控制数据的传输,对于更紧密的管理存储器是有利的。

使用多核导航器可以减少处理内核在实时计算过程中的工作。多核导航模式下,专用内存间的数据传输可按以下步骤进行:

① 发送方使用预先定义好的结构(称为描述符)。描述符号可以直接传递数据,或者传输指向发送数据缓冲区的指针。

② 发送方把描述符号压入与接收方关联的硬件队列。

③ 接收方可以获取数据。

为了通知接收方可以接收数据,多核导航器提供了多种通知方式。后续有相关章节将介绍这部分内容。

3. 过渡内存(transitioned memory)

接收方和发送方使用同一物理内存是可能的,但是它不像上述共享内存转移,共同内存(common memory)不是临时的。实际上,缓冲区的拥有权是转换的,但是数据不进行消息路径的移动。发送方传递给接收方一个指针,然后接收方从原始的内存缓冲区中使用已有的内容。

消息显示顺序如下：

① 发送方在内存中产生数据。

② 发送方通知接收方数据已经准备好/数据拥有权可以给予。

③ 接收方直接使用内存。

④ 接收方通知发送方数据已经准备好/数据拥有权可以给予。

如果应用中数据流是对称的，接收方可以在返回对内存的拥有权之前切换为发送方的角色，并使用同一缓存完成消息传递。

4. OpenMP 中的数据转移

程序员可以在 OpenMP 编译器指令中通过使用例如 private、shared 和 default 等语句来管理数据的使用范围。变量定义的举例如下：

```
# pragma omp parallel for default (none) private (i, j, sum)
Shared(A, B, C)
{
for(i = 0,i < 10,i ++ ){
sum = 0;
for( j = 0; j < 20;j ++ )
sum + = B[i][j] * C[j]
A[i] = sum;
    }
}
```

9.3.2　多核导航器数据移动

多核导航器对消息进行封装（就是我们提到的描述符），然后在硬件队列中移动传递。队列管理子系统（QMSS）是多核导航器控制硬件队列行为的核心部分，它控制着硬件队列的行为并使能描述符的传递。数据包直接内存存取（PKTDMA）负责描述符在硬件队列与外设之间的传递。其中，QMSS 中有一个基础数据包直接内存存取，它可以搬移属于不同内核的线程的数据。当一个核需要把数据搬运到另一个核时，这个核将数据放入一个缓存中，这个数据缓存区与描述符相关联，然后将描述符压入队列。之后所有的操作，全部由 QMSS 负责。描述符被压入属于接收核的队列。有不同的通知机制，通知接收内核所需要的数据已经准备完毕。

使用多核导航器队列进行处理核之间的数据搬移（data movement），可以使发送内核以"激发和遗忘（fire and forget）"的方式搬移数据，同时使内核从复制数据的负担中解放出来。这使得处理内核间以一种宽松的方式相连接成为可能，从而使发送内核不会被接收内核阻塞。

9.3.3　通知和同步

多核工作模式需要具备同步处理核以及在核之间发送通知的能力。一种代表性的同步方式是由一单核完成所有的系统初始化,其他核必须等待直到初始化结束,才能继续执行。并行处理中的交叉点(fork and joint points)需要内核之间具备同步的能力。

通知和同步(notification and synchronization)可以利用多核导航器完成,也可以由 CPU 来执行。核间的数据传输需要进行通知。如前所述,多核导航器提供了多种方法来通知接收方数据已经准备好。对于没有导航器的数据传输,发送方使用共享、专用或者暂存存储器,将通信消息数据准备好发送给接收方,通知接收方的机制是必需的。这个过程可以由直接或间接发信号,或者通过原子仲裁来完成。

1. 直接发信号

设备支持简单的外设,直接 IPC 发信号如图 9.13 所示。允许处理核产生某一物理事件给另一个处理内核。外设包括一个标志寄存器来显示事件的起源,从而通知 CPU 可以进行相应的操作。

流程的具体步骤如下:

① CPU A 向 CPU B 的核间通信(IPC)控制寄存器写信号。

② IPC 事件在中断控制器中产生。

③ 中断控制器通知 CPU B。

④ CPU B 查询 IPC。

⑤ CPU B 清除 IPC 标志。

⑥ CPU B 进行相应的操作。

2. 间接发信号

如果使用第三方的工具来搬运数据,间接发信号如图 9.14 所示。如 EDMA 控制器,那么核间的信号传递可以由此传输完成。也就是说,通知随着数据移动在硬件中完成,而不是在软件中进行控制。

流程具体步骤如下:

① CPU A 通过 EDMA 配置并且触发传输。

② EDMA 完成事件产生,并中断控制器。

③ 中断控制器通知 CPU B。

3. 原子仲裁(atomic arbitration)

TCI6486 和 C6472 设备的共享 L2 Memory 控制器中有支持原子操作指令的硬件监护设备,而在 TCI6487/88 和 C6474 设备中有旗语外设支持原子操作指令,因为这两个设备中没有共享 L2 Memory。KeyStone 系列的设备同时有原子仲裁的指令也有信号量外设。在所有的设备中,CPU 可以原子地(atomically)获得设备的锁定(lock),修改任何共享资源,释放锁定的资源给系统。

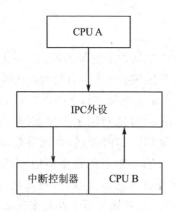

图 9.13　直接 IPC 发信号

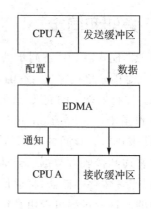

图 9.14　间接发信号

　　硬件保证获得锁存这个操作自身是原子性的,也就是说,在任何时间只有一个内核可以拥有它。硬件无法保证与锁存相关的共享设备是被保护的。当然,锁存是硬件工具,允许软件通过图 9.15 所示的原子仲裁流程给出的定义保证操作的原子性。

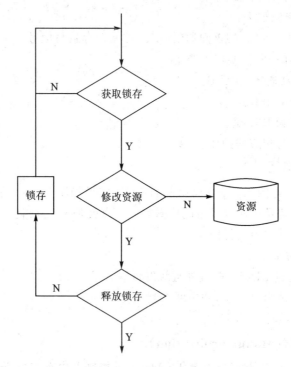

图 9.15　原子仲裁流程

9.3.4　多核导航器的通知方法

　　多核导航器封装消息,就是前面提到的描述符(descriptors),它包含了要传输的数据;然后在硬件队列中移动传递。每一个目的地拥有一个或多个专用的接收队列。在接收队列中,多核导航器采用以下方法使接收方存取描述符:

(1) 非阻塞式轮询(non-blocking polling)

采用这种方法,接收方检查接收队列中是否有正在等待的描述符。如果没有描述符,接收方继续它的执行。

(2) 阻塞式轮询(blocking polling)

采用这种方法,接收方阻塞它的执行,直到在接收队列中出现描述符,然后它会继续处理描述符。

(3) 基于中断的通知

采用这种方法,当新的描述符被压入接收队列时接收方将收到一个中断。这种方法保证了对于新描述符的快速响应。当新描述符到达后,接收方进行上下文切换,开始处理新描述符。

(4) 延迟的中断通知(delayed (staggered) interrupt notification)

当到达的新描述符频率过高时,导航器会对中断进行配置,使得只有当队列中的描述符数量达到可编程的数量(水位)时才发送中断;或者在第一个描述符到达后的一个特定时间之后进行。这种方法减少了接收方对于上下文切换的开销。

(5) 基于服务质量(QoS)的通知(QoS-based notification)

多核导航器支持服务质量通知机制,用来优化外设之间数据流的传输。这种方式通过一种特定的视角(延时或加速 delaying or expediting)按照预先设定的服务质量参数来评估每一数据流。这一机制也可以用于内核间传输不同重要级别的消息。

QoS 固件具有在系统中规划包传输的功能,且保证包在核或外设之间的传输不相互交叠。为了支持 QoS 的功能,在多核导航器中规划了 QoS PDSP 协处理器,专门负责队列之间描述符的传输。

QoS 系统的主要功能在于数据包队列的安排。有两种数据包队列,分别是进入队列(QoS ingress queues)和最终目的队列(final destination queues)。最终目的队列又分为主机队列(lost queues)和外设出口队列(peripheral egress queues)。主机队列的终点在主机,事实上也是被主机接收。出口队列(egress queues)的目的地是一个物理上实实在在的外设出口。当进行传输量调整时(shaping traffic),只由 QoS PDSP 写入主机队列或出口队列。对于没有传输量调整的传输(unshaped traffic),只须写入 QoS 进入队列。

在传输过程中需要进行流量整形时,QoS PDSP 的工作是将包从 QoS 进入队列转移到最终目的队列。系统中有一个指派的队列集合,填入到 QoS PDSP 中,称为 QoS 队列。QoS 队列是简单的队列,它由 PDSP 中运行的固件来控制。

9.4　数据传输引擎

目前,TI 公司 KeyStone 设备的数据传输引擎是增强型 DMA(EDMA)模块和数据包 DMA(PKTDMA,数据包直接内存存取)模块。为了设备间的高速通信,有多个不同的传输引擎,取决于通信选择的物理接口。有些传输引擎自带 PKTDMA,可以实现数据传出或者传入外部引擎。高传输速率的外设有:Antenna Interface,Serial RapidIO,Ethernet,PCI Express,HyperLink。

1. 数据包直接内存存取

数据包直接内存存取(PKTDMA)是多核导航器的一部分。每一个 PKTDMA 拥有独立的硬件通路,利用每个传输方向上的多 DMA 通道,实现数据的接收和发送。对于发送数据,PKTDMA 转换描述符中的数据成比特流。接收比特流数据被封装在描述符中,并路由(routing)到预先定义的目的地中。

多核导航器的其他部分是 QMSS。当前,多核导航器有 8 192 个硬件队列,可以支持 512 KB 的描述符。它包括一个队列管理器、一个多核处理器(PDSP)及一个中断管理单元。队列管理器控制队列,而 PKTDMA 负责将描述符在队列之间传递。上面提到的通知方法由 PDSP 处理器来控制。队列管理器负责将描述符路由到正确的目的地。

有些外设或协处理器,需要将数据路由到不同的核或者目的地,因而它们自带内部的 PKTDMA。此外,一个特殊的 PKTDMA,我们称为基础数据包直接内存存取(infrastructure DMA),它驻留在 QMSS 中,用来支持核间的通信。

2. EDMA

通道与参数 RAM 可以由软件划分为几个区域,这些区域可以分配给一个内核。触发事件到传输通道的路由以及 EDMA 中断是完全可编程的,对于其所有者可以灵活配置。所有的事件、中断以及通道参数控制都是可以独立控制的。也就是说,一旦该设备分配给一个核,则这个核不需要仲裁就可以访问 EDMA。

3. 快速 I/O 接口

直接 I/O(DirectIO)和信息协议(messaging protocols)两者均允许每个处理核的正交(orthogonal)控制(就是相互独立,不受影响的控制)。对于 DSP 初始化的直接 I/O 传输,可使用读取储存单元(Load-Store Unit,LSU)操作。不同设备拥有 LSU 的个数不同,它们是相互独立的,每一个都可以提交传输给任何物理链接。LSU 可以分配到不同的内核,分配好后内核在访问时就不需要仲裁了。另外,LSU 根据需要可以分配给任何内核,在这个过程中,需要使用一个信号量资源给 LSU 委派一个临时的掌控权。与以太网外设相似,消息传递允许在多传输通道单独控制。当使用消息协议时,一个特殊的 PKTDMA 用来负责将接收到的数据路由到目的内核（根据目的地 ID、邮箱或者邮件的值），以及将核的带外消息路由到外部。在每个核为自己的消息传输配置多核导航器之后，多核导航器将完成数据传输，这个过程对于用户是透明的。

4. 以太网接口

网络协处理器（NetCP）支持以太网通信。它拥有两个 SGMII 端口（10M/100M/1 000M）以及一个内部端口。一个特殊的包加速模块支持基于 L2 地址值（高达 64 个不同的地址）、L3 地址值（高达 64 不同地址）、L4 地址值（高达 8 092 地址）或者它们之间的任意组合的寻址。另外，包加速器可以计算 CRC 校验，以及其他的纠错以帮助输入/输出数据的纠错。一个特殊的安全引擎可以做数据包的加密与解密操作，以支持 VPN 或者其他应用对安全的要求。

一个内部的 PKTDMA 嵌入网络协处理器 NetCP 中，同时负责传出、传入以及网络协处理器 NetCP 内部的数据传输，并将包路由到预设的目的地。

5. 天线接口

AIF（Antenna Interface）2 天线接口支持许多无线标准，比如 WCDMA、LTE、WiMAX、TD-SCDMA 和 GSM/EDGE。AIF2 可以使用自身的 DMA 模块进入直接模式或者利用 PKTDMA 进入基于数据包的访问方式。

当直接 I/O 被使用时，内核将负责管理传输的进出。在很多情况下，出天线数据来自 FFT 引擎（FFTC），进天线数据流向 FFTC。使用 PKTDMA 和多核导航系统，可以方便地实现 AIF 与 FFTC 之间的数据传输，无需任何其他内核的介入。

每个 FFTC 引擎都拥有各自内部的 PKTDMA。多核导航器可以配置将天线接收的数据直接发送到 FFTC 引擎以便处理，也可以从 FFTC 读出数据进行下一步处理。

队列子系统中的 128 个队列被分配给 AIF2。当一个描述符进入这些队列之一时，一个阻塞（pending）信号被发送给与 AIF 相关的且合适的 PKTDMA，同时数据被读取并经过 AIF2 接口发送。类似的，到达 AIF 的数据被 PKTDMA 打包封装成描述符，根据事先的配置，路由描述符到目的地，通常这个目的地是处理 FFT 的 FFTC。

6. PCIe 接口

TCI66xx 以及 C66xx 设备的 PCI 引擎支持三种模式的操作，分别是 root complex、endpoint 和 legacy endpoint。PCIe 外设使用内嵌的 DMA 控制数据从外部直接到片内/外存储器的输入/输出。

9.5　共享资源管理

当在设备上共享资源时，系统中所有处理内核遵循统一的协议显得尤为重要。协议取决于共享资源，但是所有的处理内核必须遵守相同的规则。

核与核之间的资源管理可以通过直接发信号（direct signaling）或者原子仲裁（atomic arbitration）来实现。在一个处理内核中，可以使用全局标志或者 OS 旗语。不推荐在核间的仲裁中使用简单的全局标志，因为确认更新是否为原子操作，需要花费很大的系统开销。

1. 全局标志

全局标志（global flags）通常在单核单线程模式中使用。虽然基于软件结构的全局标志可以运用于多核环境，但是这是不被推荐的。主要是因为多核之间全局标志的操作系统开销太大，其他方法例如使用 IPC 和旗语信号会更为高效。

2. OS 旗语信号

所有多任务操作系统都包含了支持共享资源仲裁和任务同步的旗语信号（semaphores）。在单核情况下，这些旗语信号本质上也是一个由系统控制的全局标志，用来跟踪什么时间共享资源被一个任务占有，或者根据旗语收到的信号决定一个线程应该什么时间被阻塞或者被执行。

3. 硬件旗语信号

硬件旗语信号（hardware semaphores）只有当仲裁发生在处理核之间时才需要。对于单核的仲裁，完全没有优势，OS 可以较少花费来完成任务。当仲裁在处理核之间发生时，硬件支持是很必要的，以保证更新操作是原子化的。

4. 直接信号

随着信息的传递，直接信号（direct signaling）可以用来进行简单的仲裁。如果只有小部分资源在处理内核间共享，可以使用 IPC 信号方法。可以遵循"通知-确认"（notify-and-acknowledge）握手协议传递对资源的占用信息。TCI66xx 以及 C66xx 系列 KeyStone 设备中有一套硬件寄存器可以很方便地实现核间的中断、事件/通知、确认等信息。

9.6　存储器管理

在多核设备编程中，处理模型方面的考虑是非常必要的。在 C6678 中，每个核都有本地 L1/L2 内存空间，并且平等地使用共享内部存储器和外部存储器。通常每个核都从共享存储器中执行相应的代码，而数据大多存储在本地存储器中。

如果每个内核都有自己的代码和数据空间，那么就不能使用本地地址，而应使用全局地址。这意味着每个核都应有其独立的工程，共享区域应该在每个核的映射表中定义。每个核都用同一全局地址来访问相同的区域。

图 9.16 所示是每个核与设备内部资源连接的结构。在 L2 存储器外部，有一个交换中心资源（SCR）通过一个交换网连接着所有内核、外部存储器接口和片上外设。

每一个核对于配置资源（访问外设控制寄存器）和 DMA 交换网络来说都是主设

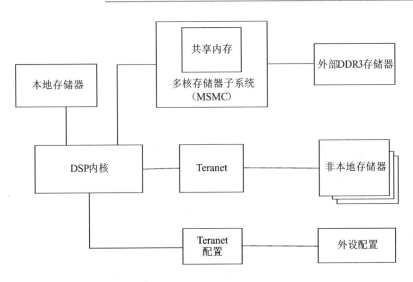

图 9.16　内核与内部资源链接

备。另外,每个核都有连接到 DMA 交换网络的从接口,通过该接口 DMA 可以访问内核的 L1 和 L2SRAM。

系统中每一个从设备(比如定时器控制、DDR3SDRAM、每个核的 L1/L2SRAM)都在设备存储器映射表中有一个专用地址,以便主设备的访问。

每个核内部以及代码和数据存储器都与 CPU 和二级存储器直接相连。本地核的 L1/L2 存储器在存储器映射表中有两个入口。其他核可以通过全局地址来访问,本地内核可以通过全局地址和局部地址来访问。举例来说,地址 0x10800000 是内核 0 L2 存储器的全局地址,内核 0 可以通过 0x10800000 或者 0x00800000 来访问该存储器。其他内核必须使用 0x10800000 来访问该存储器。

所有内核通过存储器子系统多核模块(MSMC)来访问共享内存。每个核与MSMC 之间都有直接的主接口。MSMC 仲裁和优化所有来自主设备对于共享存储器的访问请求。外部存储器控制器(XMC)寄存器和增强型存储器控制器(EMC)寄存器管理 MSMC 接口,提供存储器保护和 32~36 b 地址转换的功能,使得能够访问高达 8 GB 的外部存储器。

1. 缓存一致性

唯一由硬件保证而不需要软件管理一致性的是同一核内 L1D 缓存与 L2SRAM之间的一致性。硬件保证了 L2 中的任何更新都能够反映到 L1D 缓存中。C6678 不支持自动缓存一致性管理,因为自动缓存一致性管理会带来功耗和延迟问题。

对于 L2 缓存,各内核间并未保持预取一致性,用户必须自己管理内存一致性——禁用该段存储区的预取功能或者在必要时无效预取的数据。

TI 公司提供了一系列用于维护缓存一致性和预取一致性的 API 函数,包括缓存行无效(cacheline invalidate)、缓存行写回(cacheline writeback)和写回-无效

(writeback-invalidate)操作。

另外,如果 L1 的任何部分配置为存储器映射 SRAM,那么可以使用植入到内核的小型页引擎(paging engine,即 IDMA)来进行 L1 与 L2 之间的线性块状的数据传输,这种传输可以与 CPU 的运行并行执行,传输过程不需要 CPU 的干预。

2. 外设驱动

在 TMS320C6678 中,所有的外设都是共享的,任何内核在任何时间都可以访问。在 DSP 启动的过程中要做好外设的初始化工作,可以通过外部 host、I^2C EEP-ROM 中的参数表或者通过应用代码初始化序列。

通常来讲,外设是通过外设内建 DMA 资源或者 EDMA 控制器来访问存储器地址的。外设基于一种路由策略接收和发送数据,该路由策略使用了多核导航器和 PKTDMA。

因此,当使用一种路由外设(比如 SRIO 类型 9 或者类型 11,或者 NetCP 以太网协处理器)时,必须要初始化外设硬件、相应的 PKTDMA 和相应的队列。每一种路由外设都有专用的传输队列,该队列在硬件上与 PKTDMA 相连接。

每当一个描述符被压入一个 Tx 队列,PKTDMA 都会等待一个挂起信号,该信号会提示 PKTDMA 弹出描述符、读取描述符所连接的缓冲区、将数据转换成比特流、发送数据、回收描述符到空闲描述符队列中。注意,所有内核在发送数据到外设时都使用相同的队列。通常,每个 Tx 队列都连接到一个通道,例如,SRIO 有 16 个专用队列和 16 个专用通道,每个队列在硬件上都连接到一个通道上。如果基于通道编号设置了优先级,将同一描述符压入不同的队列会导致发送数据时不同的优先级。

当外设的发送固定时,可以从通用队列集或者特殊队列集选择接收队列,特殊队列集基于通知方式,当一个描述符可以被处理时,就告知相应的内核去处理。对于拉取(pulling)方式,可以使用通用队列。特殊中断队列在需要特别快响应的场合使用。收集队列用于减小延迟的通知方式的上下文切换。

3. 数据存储及访问

数据存储器的选择首先基于数据如何被传输和接收,还有 CPU 访问数据的模式及定时。理想状态下,所有的数据都分配到 L2SRAM。但是,DSP 内部的存储空间往往是有限的,因此需要一些数据和代码放置到片外的 DDR3SDRAM 中。

典型情况是这样的,运行时间要求高的函数使用的数据放到本地 L2SRAM 中,而对时间要求不那么苛刻的数据,如统计数据就放到 DDR3 中。当运行时数据必须要放到片外时,通常最好通过 EDMA 和 DDR3 与 L2SRAM 的乒乓缓冲结构来移动数据,而不是通过 Cache。这样做仅仅是一种控制开销和性能的权衡。当通过 Cache 访问 DDR3 中由 DMA 搬运的数据时,一定要注意缓存一致性的维护。

9.7　C66x 代码优化

在 DSP 嵌入式程序编写过程中，由于 C 语言是大家最为熟悉的计算机语言，而且具有通用性，简单易读，便于安排程序结构，由于 DSP 架构的特殊性，在实现算法或应用的基础上，可以优化代码，提高 CPU 处理的性能。

TMS320C6000 编译器将 C 代码编译成效率更高的汇编源代码来提供对高级语言的支持。为了使代码达到最高的效率，编译器必须确定指令间的相关性。

相关性是指令间的依赖关系，即一条指令必须在另一条指令完成后才能执行。只有不相关的指令可以并行执行。当编译器不了解指令是否相关时，一般会默认指令相关，防止相关指令并行执行引起错误。为了使编译器了解指令的相关性，可采用以下方法：

➢ 使用关键字 const 标识变量的存储单元不会被函数改变。

➢ 联合使用-pm 选项和-o3 选项可以确定程序级优化，所有源文件都被编译。

➢ 为模块的中间文件。

➢ 使用-mt 选项向编译器说明，在代码中不存在存储器相关。

除了上述方法外，为了提高程序运行效率，还有很多方法可以单独使用或者联合使用，从而使程序的运行效率得到极大提升。

9.7.1　使用内嵌函数

C6000 编译器提供了许多内嵌函数，它们直接对应着 C66x 指令，可以快速优化 C 代码。如果不使用这些内嵌函数，对于有些指令，用 C 语言直接实现是很麻烦且效率很低的。内嵌函数用下画线(_)特别标示，其使用方法与调用函数一样。

例如，下面这段函数的代码执行需要耗时几十周期，但是这段复杂代码的功能完全可以用_sadd()来实现，仅需要一个周期即可完成。

```
        intsadd(inta,intb)
{

    intresult;
    result = a + b;
    if(((a^b)&0x80000000) = 0)
        {
            if((result^a)&0x80000000)
            {
                result = (a<0)? 0x80000000:0x7fffffff;
            }
        }
    return(result);
}
```

为了提高 C6000 数据处理速率,应使一条 Load/Store 指令能访问多个数据。C66x 有与内嵌函数相关的指令,比如_add2( )、_mpyhl( )、_mpylh( )等,这些操作数以 16 位数据形式存储在 32 位存储器的高位部分或者低位部分。当程序需要对一连串短整型进行操作时,可以使用"字"一次访问两个短整型数据,然后使用 C66x 相应指令来处理数据。

9.7.2　软件流水

软件流水是一种安排循环内的指令运行方式,使循环的多次迭代能够并行执行的一种技术。使用-o2 和-o3 选项编译 C 程序时,编译器就从程序内收集信息,尝试对程序循环做软件流水。

图 9.17 所示为一个软件流水循环。图中 A、B、C、D 和 E 表示一次迭代中的各阶段。此图中最多可以同时做 5 次迭代。图中阴影部分称为循环内核。在循环内核中,所有的 5 个阶段并行执行。内核前面执行的过程称为流水循环填充,内核后面执行的过程称为循环排空。

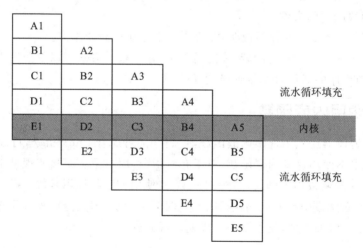

图 9.17　软件流水循环

由于代码循环出现在关键性能区域,因此为了改进代码性能,应从下述几方面考虑:

1. 循环次数

循环次数是一个循环执行的次数。循环计数器是用来对每次迭代进行计数的变量。当循环计数等于循环次数时,循环结束。

如果编译器能够确定循环迭代至少执行 n 次,n 就是已知的最小循环迭代次数。在某些时候,编译器能自动地确定这条消息。但是,用户可以用 MUST_ITERATRE 和 PROB_ITERATE 伪指令提供这条消息。

最小安全循环次数就是软件流水形式的循环安全执行所必需的次数。所有的软件流水循环都有一个最小安全循环迭代次数。如果最小循环迭代次数不高于最小安全循环迭代次数，即有了冗余的循环。

总体来说，最有效的软件流水的循环按递减记数形式对循环进行计数。

2. 冗余循环

某些时候编译器不能肯定最小循环迭代次数大于最小安全循环迭代次数，编译器就会产生两种执行循环程序的输出版本：用软件流水的版本和不用软件流水的版本。显然，这样使代码尺寸增大，并且影响代码性能。

在编译时可以用-ms0 或-ms1 选项，通知编译器不要产生循环的两种版本，编译器将只产生一种版本的软件流水循环的程序。为了帮助编译器仅生成循环的软件流水版本，用 MUST_ITERATE 伪指令或者-pm 选项来帮助编译器确定最小循环次数。

3. 循环展开

循环展开是指把小循环迭代展开以让循环的每次迭代出现在代码中。这种优化方法可以增加并行执行的指令书。当单次迭代操作并没有充分利用C66x 结构的所有资源时，可使用循环展开来提高性能。

有 3 种循环展开的方法：

① 编译器自动执行循环展开；

② 在程序中用 UNROLL 伪指令建议编译器做循环展开；

③ 用户自己在 C 代码中展开。

4. 推测执行

-mh 选项有助于编译器消除软件流水循环的填充与排空，间接地减轻寄存器的压力。在可能减少排空代码和消除冗余循环的情况下，使用该选项可以获得更简洁的代码和更佳的性能。此选项可以导致循环读取超出数组结尾的数据，一次用户要保证其安全性。

9.7.3　混合编程

在 C 语言中使用线性汇编有 4 种形式：

① 使用单独的汇编代码模块，并将它们与编译后的 C 模块连接。

② 在 C 源代码中使用内核函数直接调用汇编语言，如前所述。

③ 在 C 源代码中直接内嵌汇编程序。

④ 在 C 源代码中使用汇编语言变量和常量。

下面将详细介绍这几种编程技术。

1. C 语言中调用汇编模块

C 代码可以访问定义在汇编语言中的变量和调用函数，并且汇编代码可以访问

C 变量和调用 C 函数。汇编语言和 C 语言接口须遵循如下规则：

① 必须保存寄存器 A10～A15、B3 和 B10～B15，同时还要保存 A3。如果使用常规的堆栈，则不需要明确保存堆栈。换句话说，只要任何被压入堆栈的值在函数返回之前被弹回，汇编函数就可以自由地使用堆栈。任何其他寄存器都可以自由地使用而无须首先保存它们。

② 中断函数必须保存它们使用的所有寄存器。

③ 当从汇编语言中调用一个 C 函数时，第一个参数必须保存到指定的寄存器中，其他的参数置于堆栈中。只有 A10～A15 和 B10～B15 被编译器保存。C 函数能修改任何其他寄存器的内容。

④ 函数必须根据 C 语言的声明返回正确的值。整形和 32 位的浮点值返回到 A4 中，双精度、长双精度、长整形返回到 A5：A4 中。结构体的返回通过将它们复制到 A3 的地址来进行。

⑤ 除了全局变量的自动初始化外，汇编模块不能使用 .cinit 段。在 C 语言启动程序中假定 .cinit 段完全由初始化表组成。将其他的信息放入 .cinit 中将破坏表，并会产生不可预料的结果。

⑥ 编译器将连接名分配到所有的扩展对象上。因此，当编写汇编代码时，必须使用编译器分配的相同的连接名。

⑦ 任何在汇编语言中定义的且在 C 语言中访问或调用的对象或函数，都必须以 .def 或 .global 伪指令声明。这样可以将符号定义为外部符号并允许连接器对它识别和引用。

2. C 语言中直接嵌入汇编语言

在 C 源代码中，可以使用 asm 语句将单行的汇编语言插入由编译器产生的汇编语言文件中。该功能是对 C 语言的扩展，即 asm 语句。该语句提供了 C 语言不能提供的对硬件的访问。asm 语句类似于调用一个名为 asm 的函数，其参数为一个字符串常量。语法格式为：

```
asm("汇编正文");
```

编译器将参数串直接复制到编译器的输出文件，汇编正文必须包含在双引号内。所有的字符串都保持它原来的定义。使用 asm 语句需要注意以下事项：

➤ 特别小心不要破坏 C 环境，编译器不会对插入的指令进行检查。

➤ 避免在 C 代码中插入跳转或者标号，因为这样可能会对插入代码或周围的变量产生不可预测的后果。

➤ 当使用汇编语句时不要改变 C 代码变量的值，因为编译器不检查此类语句。

➤ 不要将 asm 语句插入改变汇编环境的伪指令中。

➤ 避免在 C 代码中创建汇编宏指令和用 -g 选项编译。C 环境调试信息和汇编宏指令扩展并不兼容。

3. C 语言中访问汇编变量

在 C 程序中访问汇编语言中定义的变量或者常量有时候很有用。完成这样的操作有几种方法,这取决于何时何地被定义:一个变量或者常量在.bss 段定义或者不在.bss 段定义。

(1) 访问汇编语言的全局变量

在.bss 段或者以.usect 命名的段访问未初始化的变量很简单:

① 使用.bss 或者.usect 伪指令定义变量。

② 当使用.usect 时,变量定义在一个非.bss 段内,必须在 C 语言中声明为 far。

③ 使用.def 或者.global 伪指令定义为外部变量。

④ 在汇编语言中名字之前以下画线开头。

⑤ 在 C 语言中,将变量声明为外部,然后正常访问。

举例如下:

在汇编语言中定义变量:

```
.bss_var1,4,4
.globalvar1
_var2.usect"mysect",4,4
.global_var2
```

在 C 代码中这样使用这些变量:

```
externintvar1;
farexternintvar2;
var1 = 1;
var2 = 2;
```

(2) 访问汇编语言的常量

可以使用.set、.def 和 global 伪指令在汇编语言中定义全局的常量。或者利用一个连接赋值语句在一个连接命令文件中定义它们。这些常量只能通过特殊运算符在 C 语言中访问。

对于正常的在 C 语言或汇编语言中定义的变量,符号表包含了变量值的地址,对于汇编常量,符号表包含了常量的值。编译器不能指明在符号表中哪些是常量值哪些是地址。

如果用户试图通过名称访问一个汇编器的常量,编译器会尝试从符号表中的地址获取一个值。这不是用户所期望的,为了组织此类操作,用户必须使用取地址运算符来取值。举例如下:

在汇编语言中定义一个常量:

```
value_four.set4
.global_value_four
```

在 C 程序中如下使用该常量：

```
externintfour;
#defineFOUR((int)(&_value_four))
for(i=0;i<FOUR;i++){};
```

9.8　线性汇编

由于线性汇编在发挥 TMS320C6678 高性能中起到了非常大的作用，因此这里专门把线性汇编作为独立一节进行详细介绍。本节以一个常用的简单函数为例，介绍如何将 C 代码改写为线性汇编函数。

9.8.1　C 代码改写为线性汇编

下面是一个常用的浮点点乘函数的 C 代码：

```
Void RSP_RealVectMultRealVect_c(float * src0,float * src1,
float * dst,intlen)
{
inti;
for(i=0;i<len;i++)
dst[i]=src0[i] * src1[i];
}
```

这个函数非常简单，其目的是实现两个实向量的点乘。在开启了三级优化（-o3），开启-k 选项，保留汇编过程中的 asm 文件，以便进行查看，编译后打开 Debug 文件夹下的 asm 文件，可以看到该函数的循环内核：

```
LDW.D1T1 * A6++,A4
||LDW.D2T2 * B5++,B4
NOP4
MPYSP.M1XB4,A4,A3
NOP2
NOP1
SPKERNEL4,0
||STW.D1T1A3, * A5++
```

上面的汇编程序首先加载了 src0 里的一个数到 A4 寄存器、src1 里的一个数到 B4 寄存器，4 个空指令后，A4 和 B4 里的两个数相乘，将结果放到 A3 里面，在等待 3 个空指令后，将 A3 的值存入目的地址中。

在上面这段程序中，可以看到，一个周期的循环（即进行了一次点乘），共使用了两次 D1 单元，一次 D2 单元，一次 M 单元，共消耗 9 个时钟周期。汇编程序中插入了 NOP 指令的原因是,LDW 指令是单周期指令,但是其需要 4 个延迟间隙才能将数据从内存中加载到寄存器中,因此在 4 个 NOP 后,才可以对寄存器中的数据进行操作。

由于开启了三级优化,编译器会对程序进行软件流水处理,我们看一下编译器生成的软件流水信息。

```
A - sideB - side
. Lunits00
. Sunits00
. Dunits2 * 1
. Munits10
. Xcrosspaths10
. Taddresspaths2 * 1
Longreadpaths00
Longwritepaths00
Logicalops(. LS)00
Additionops(. LSD)00
Bound(. L. S. LS)00
Bound(. L. S. D. LS. LSD)11


Searching for software pipeline schedule at...
ii = 2 Schedule found with 5 iterationsin parallel
Done
```

从上面这段内容中可以看出,一次循环中,D 单元和 T 单元是程序运行效率之瓶颈所在。由于在一次循环中,A 侧使用了两次 D 单元,B 侧使用了一次 D 单元。为了方便分析,我们把软件流水列表,见表 9.1。

表 9.1　点乘代码的软件流水功能单元安排

时钟周期	0	1	2	3	4	5	6	7	8	9	10	11	12
. D1	LDW0		LDW1		LDW2		LDW3		LDW4	STW0	LDW5	STW1	LDW6
. D2	LDW0		LDW1		LDW2		LDW3		LDW4		LDW5		LDW6
. M1						MPYSP0		MPYSP1		MPYSP2		MPYSP3	
. L1													
. L2													
. S1													
. S2													

　　该表为循环软件流水之前的模迭代间隔排表,表中每一行代表一个功能单元,每一列代表在循环中特定周期执行的指令。指令下面的数字代表正在执行的该条指令属于哪次循环迭代。

　　根据表 9.1,可以确定最小迭代间隔。软件流水通过有效地利用资源来提高代码的性能。循环的最小迭代间隔是循环相邻连续的两次迭代开始之间必须等待的最小周期数,迭代间隔越小,执行一个循环所用的周期越少。循环中使用最多的资源数和数据相关性决定了最小迭代间隔。例如,如果在一个循环中有 4 条指令都是用.S1 单元,则最小迭代间隔最少为 4,由于使用同一资源的 4 条指令不能并行执行,因此,至少需要 4 个独立的周期来执行每一条指令。

　　在上例中,在一个循环中 2 条指令使用了.D1 单元,因此最小迭代间隔为 2。该段代码 1024 点向量点乘在软件仿真平台上的执行周期为 2087,在硬件仿真平台上,如果将所有的数组都放在.L1 中,那么执行周期为 3 137。

　　下面,我们寻求继续提高函数执行效率的方法。

　　首先,把上面的 C 函数改写为线性汇编函数。

```
.global RSP_RealVectMultRealVect
RSP_RealVectMultRealVect.cprocsrc0,src1,dst,len
.regai0,bi0
.regcntr
MVlen,cntr
.no_mdep
LOOP
LDW * src0 ++ ,ai0
LDW * src1 ++ ,bi0
MPYSPai0,bi0,ai0
STWai0, * dst ++
[cntr]SUBcntr,1,cntr
[cntr]BLOOP
.endproc
```

　　上面的程序包含了线性汇编函数的一般规则。先定义函数名称,然后写出形参表。上面的函数中,函数名称是 RSP_RealVectMultRealVect,形参有 4 个,分别是:src0,src1,dst,len。它们分别代表着两个相乘向量的首地址、一个结果向量的首地址和向量长度。

　　.cproc 是一个伪指令,线性汇编代码要包含在.cproc 和.endproc 的过程中,否则汇编优化器不能优化代码。

　　.no_mdep 是一条伪指令,用于通知汇编器存储器各操作之间无相关性。在执行读取或存储指令时,汇编优化器并不知道访问对象的地址,因此汇编优化器通常默认存储器各操作之间存在相关性。例如,在线性汇编代码中有以下循环线性汇编:

```
LOOP:
LDW * reg1 ++ ,reg2
ADDreg2,reg3,reg4
STWreg4, * reg5 ++
[reg6]SUBreg6,1,reg6
[reg6]BLOOP
```

汇编优化器会确保在下次 .reg1 中读取数据之前完成向 .reg5 存储数据的操作。如果要存储的 .reg5 的地址不是 .reg1 读取的下一个地址,则会导致一个次优的循环,这对于 reg5 指向 reg1 的下一个地址的循环是很有必要的,并且表明该循环存在循环的执行路径。

大多数循环不是这样,可以通知汇编优化器更积极地安排存储器操作。用户可以通过在线性汇编函数中使用 .no_mdep 伪指令或者在编译线性汇编文件时用-mt 选项来实现。

线性汇编代码的编写比较清晰易懂,把 len 的参数赋值给名为 cntr 的寄存器,用 cntr 来计算循环次数。在循环内核,首先将 src0 中的一个数加载到名为 ai0 的寄存器中,将 src1 中的一个数加载到名为 bi0 的寄存器中,然后将 ai0 与 bi0 相乘,其结果放入 ai0,并将 ai0 存入 dst 中。做完这些操作,要将 cntr 计数器的值减一,判断是进入下一个循环还是跳出函数。

打开编译器的-o3 和-k 选项,可以看到汇编出的循环内核代码如下:

```
LDW. D2T2 * src0' ++ ,ai0'
||LDW. D1T1 * src1 ++ ,bi0
NOP4
MPYSP.M1Xai0',bi0,ai0
NOP2
NOP1
SPKERNEL1,0
||STW. D1T1ai0, * dst ++
```

由于使用了硬件循环,因此这里看不到跳转指令和计数器自减指令。硬件循环使用内嵌的硬件计数器,避免了在程序中花费额外的指令和代码执行时间来进行循环次数的记录工作,这样极大地提升了代码的运行效率。

仔细观察上面的程序,可以看出其与 C 代码版本的函数汇编结果基本相同。可以预见,其程序执行时间也与 C 代码版本基本相同。下面查看一下编译器产生的软件流水信息,软件流水信息也证实了这一点:

```
A - sideB - side
.Lunits00
.Sunits00
.Dunits2 * 1
```

```
.Munits10
.Xcrosspaths10
.Taddresspaths2 * 1
Longreadpaths00
Longwritepaths00
Logicalops(.LS)00
Additionops(.LSD)00
Bound(.L.S.LS)00
Bound(.L.S.D.LS.LSD)11


Searching for software pipeline schedule at...
ii = 2 Schedule found with 5 iterationsin parallel
Done
```

这段代码 1 024 点向量点乘在软件仿真平台上的执行周期为 2 070，在硬件仿真平台上，如果将所有的数组都放在 L1 中，那么执行周期为 3 114。

9.8.2　线性汇编使用 SIMD 指令

单指令多数据 SIMD(Single Instruction Multiple Data)，其中的单指令能够复制多个操作数，并把它们打包在大型寄存器的一组指令集，在同一时间内执行同一条指令。以加法指令为例，单指令单数据(SISD)的 CPU 对加法指令译码后，执行部件先访问内存，取得第一个操作数；之后再一次访问内存，取得第二个操作数；随后才能进行求和运算。而在 SIMD 的 CPU 中，指令译码后几个执行部件同时访问内存，一次性获得所有操作数进行运算。这个特点使 SIMD 特别适合于多媒体应用等数据密集型运算。

对于 9.8.1 小节所示的代码，.D 单元在每个时钟周期使用 LDW 或者 STW 指令，仅仅能够加载或者存储一个字。对于上述代码，通过观察其软件流水信息，得知该程序进一步提升效率的瓶颈在于.D 单元。C6678 的指令集中有 LDDW 和 STDW 的指令，该指令能够一次加载或者存储两个字。DMPYSP 指令一个周期能够进行两次浮点数据的乘法。充分利用这些 SIMD 指令，可以大幅度提高程序运行效率。

下面将 9.8.1 小节的代码进行改写，如下所示：

```
.global RSP_RealVectMultRealVect_SIMD
RSP_RealVectMultRealVect_SIMD.cprocsrc0,src1,dst,len
.regail:ai0,bi1:bi0
.regcntr
.no_mdep
MVlen,cntr
SHRcntr,1,cntr
LOOP
```

```
LDDW * src0 ++ ,ai1:ai0
LDDW * src1 ++ ,bi1:bi0
DMPYSPai1:ai0,bi1:bi0,ai1:ai0
STDWai1:ai0, * dst ++
[cntr]SUBcntr,1,cntr
[cntr]BLOOP
.endproc
```

在这段代码中,首先从 src0 和 src1 中一次分别加载两个浮点数,然后将其对应相乘,再一次存储到 dst 中。从上面的描述可以看出,一次循环可以进行两次浮点数的相乘,循环次数为二分之一数组长度。因此,这里加入了 SHR 指令,对 cntr 计数器进行右移一位的操作,使得计数器计数长度减半。

由于该段代码一次循环使用两次.D1 单元、一次.M1 单元、一次.D2 单元,所以该段代码的最小循环迭代周期仍然为 2,即意味着平均两个周期就可以执行一次循环。但是,由于此时一个循环可以进行两次浮点数相乘,所以这段代码的效率要比线性汇编代码效率高 1 倍。

最后的测试结果也证实了这一点。该段代码 1024 点向量点乘在软件仿真平台上的执行周期为 1047,在硬件仿真平台上,如果将所有的数组都放在 L1 中,则执行周期为 1579。

9.8.3　循环展开

虽然 9.8.2 小节代码的效率比 C 代码的效率已经提升 1 倍,但是还是可以改进的。当资源没有充分利用时,可以通过循环展开来提高代码性能。仔细查看循环迭代信息可以发现,每两个周期中,.D2 单元仅仅被 LDDW 指令使用一次,这导致了.D2 单元的浪费,没有发挥处理器的全部性能。下面将使用循环展开技术来进一步提升代码的性能。

循环展开,是一种牺牲程序的尺寸来加快程序的执行速度的优化方法。可以由程序员完成,也可由编译器自动优化完成。循环展开通过将循环体代码复制多次实现。循环展开能够增大指令调度的空间,减少循环分支指令的开销。循环展开可以更好地实现数据预取技术。

在 9.8.2 小节的例子中,如果一次循环中包含两个之前的循环,即一次循环中共进行 4 次 LDDW 指令的加载,一次 QMPYSP 指令的相乘,两次 STDW 指令的存储。这样修改过后,一次循环可以处理 4 个浮点乘法。使用资源的情况是:6 个.D 单元以及 1 个.M 单元。因此最小循环迭代周期计算如下:6÷2=3。这样,平均在 3 个周期内,可以完成 4 个浮点乘法,平均一个浮点乘法需要 0.75 周期。

但是需要注意的是,这个程序对于循环次数是有要求的,循环次数只能是 4 的整数倍。按照上面的思路,将程序修改如下:

嵌入式多核 DSP 应用开发与实践

```
.global RSP_RealVectMultRealVect_UNROLL
RSP_RealVectMultRealVect_UNROLL.cprocsrc0,src1,dst,len
.regai3:ai2,ai1:ai0,bi3:bi2,bi1:bi0
.regcntr
.no_mdep
MVlen,cntr
SHRcntr,2,cntr
LOOP
LDDW * src0 ++ ,ai1:ai0
LDDW * src1 ++ ,bi1:bi0
LDDW * src0 ++ ,ai3:ai2
LDDW * src1 ++ ,bi3:bi2
QMPYSPai3:ai2,ai1:ai0,bi3:bi2,bi1:bi0,ai3:ai2,ai1:ai0
STDWai1:ai0, * dst ++
STDWai3:ai2, * dst ++
[cntr]SUBcntr,1,cntr
[cntr]BLOOP
.endproc
```

选择-o3,-k 后编译该代码,汇编后的软件循环流水信息如下:

```
A - sideB - side
.Lunits00
.Sunits00
.Dunits3 * 3 *
.Munits10
.Xcrosspaths12
.Taddresspaths3 * 3 *
Longreadpaths00
Longwritepaths00
Logicalops(.LS)12(.Lor.Sunit)
Additionops(.LSD)00(.Lor.Sor.Dunit)
Bound(.L.S.LS)11
Bound(.L.S.D.LS.LSD)22
Searching for software pipeline schedule at...
ii = 3Schedule found with 5 iterationsin parallel
Done
```

从上面的循环流水信息可以看出,程序编译结果与我们所期望的完全一致。此时,.D 单元的分配非常平衡,每次循环共使用 6 次.D 单元,并且 A 侧和 B 侧各占去 3 个,达到了.D 单元最高的使用效率。

性能测试结果如下:

该段代码 1024 点向量点乘在软件仿真平台上的执行周期为 801，在硬件仿真平台上，如果将所有的数组都放在 L1 中，那么执行周期为 1340。再一次大幅度提升了程序运行的效率。

9.8.4　解决存储器冲突

TMS320C6000 系列不同芯片有不同的内存配置，但多数 TMS320C6000DSP 采用如图 9.18 所示的交叉存储器方案，图中每个方框中的数字代表 1 字节地址，一个从 bank 0 取字节的指令(LDB)读取地址 0 中的字节 0，从 bank 0 取半字(LDH)同样也是取地址 0 中的字节 0 和字节 1 的值，LDW 从地址 0 取一个字，就是从 bank 0 和 bank 1 中取 0~3 字节的值。

0	1	2	3	4	5	6	7
8	9	10	11	12	13	14	15
⋮	⋮	⋮	⋮	⋮	⋮	⋮	⋮
$8N$	$8N+1$	$8N+2$	$8N+3$	$8N+4$	$8N+5$	$8N+6$	$8N+7$

图 9.18　6000 交叉存储器方案

因为每个存储体都是单端口器件，所以每个周期对每个 bank 仅允许一次访问，如果在某一给定周期对一个存储体有两次访问就将导致存储器堵塞，即当存储器读取第 2 个数据时，芯片内所有流水操作将停止一个周期，此时再读出第 2 个数，如果两个存储器操作不是对同一个存储体，则允许每个周期有两个存储器操作。

程序的汇编代码循环内核中一部分如下所示：

```
SPMASKL1,S1,L2
||MV.L2Xdst,dst'
||ADD.L18,src0',A3
||ADD.S1X8,src1,A17
||LDDW.D1T1 * src1'++(16),bi1;bi0;
||LDDW.D2T2 * src0 ++(16),ai1'';ai0''
```

可以看出，在一个周期内，有两个存储器访问指令，分别访问 src1 和 src0，如果这两个地址在同一 bank 中，那么就有可能发生存储器冲突，导致的结果就是代码效率降低。为了避免这种情况发生，有两种办法：一种办法是将 src1 的地址和 src0 的地址用预处理指令 DATA_MEM_BANK 指定到合适的 bank 上，防止同时访问时冲突；另一种方法是使用.mptr 指令。

当汇编优化器知道两个存储器操作发生存储体冲突时，其安排循环迭代时就会避免将这两个操作并行处理。存储体分析需要的信息是基地址、偏移地址、步长、数据宽度和迭代步长。数据宽度可以由存储器访问指令给出。迭代步长由软件流水安排决定。基地址、偏移地址和步长通过 .mptr 指令和加载/存储指令给出。

我们在代码基础上增加以下 3 条指令：

```
.mptrsrc0,RS
.mptrsrc1,RS
.mptrdst,RS
```

这 3 条指令通知编译器在汇编时要注意防止同时访问 src0,src1,dst 这 3 个地址。对其进行编译,生成的汇编代码变为(部分):

```
SPMASKL1,L2
||MV.L2Xdst,dst'
||MV.L1Xsrc1,src1'
||LDDW.D1T1 * A3 ++ (16),ai3';ai2';
||LDDW.D2T2 * src0 ++ (16),ai1":ai0";
SPMASKL2
||ADD.L2X8,dst,B9
||LDDW.D1T1 * A20 ++ (16),bi3;bi2;
LDDW.D1T1 * src1' ++ (16),bi1;bi0;
```

从上面的代码可以清楚地看出,编译器在进行汇编时,特意将 LDDW 存储器访问指令进行了处理,使得不同时访问 src0,src1 地址。这样就可能避免存储器访问冲突,提高代码的执行效率。

最后的测试结果也证实了这一点。该段代码 1024 点向量点乘在软件仿真平台上的执行周期为 797,在硬件仿真平台上,如果将所有的数组都放在 L1 中,那么执行周期为 832。

通过以上的测试可以看出,运用本小节中介绍的技术,可以大幅提高程序运行效率。表 9.2 所列为本小节测试结果统计。

表 9.2　函数优化测试结果

函数名称	函数介绍	1024 点浮点点乘消耗时间
RSP_RealVectMultRealVect_c	C 代码向量浮点点乘	3 137
RSP_RealVectMultRealVect	线性汇编向量浮点点乘	3 114
RSP_RealVectMultRealVect_SIMD	使用 SIMD 的线性汇编向量浮点点乘	1 579
RSP_RealVectMultRealVect_UNROLL	循环展开的线性汇编向量浮点点乘	1 340
RSP_RealVectMultRealVect_BANK	解决了存储器冲突的线性汇编向量浮点点乘	832

多核编程

在过去 50 年中,摩尔定理精确地预测了集成电路的晶体管数量每两年翻 1 倍。为了将这些晶体管转换成相应级别的系统性能,芯片设计者进行了如下努力:提升时钟频率(需要更深的指令流水线);提升指令级并行(需要并行进程和分支预测);提升存储器性能(需要更大的缓存);降低功耗(动态功耗管理)。

这 4 个方向的努力在发展的过程中都遇到了瓶颈:

➢ 频率的提升变得缓慢——时钟速率提升减慢,半导体设备体积小导致布线困难。

➢ 指令级并行受限于具体应用的内部并行度。

➢ 存储器性能受限于存储器速度和处理器速度的巨大鸿沟。

➢ 更高的频率带来了更大的功耗,使得散热成为难题。

在单片芯片中使用多个处理器内核能够满足用户的使用需求,而不需要大幅度提升主频。芯片设计者可以选择使芯片性能和功耗的最佳平衡点的频率。多核技术简化了流水线结构设计,大幅度提升了每瓦功耗下的处理器性能。

309

9.9　TI 代码优化设计文档

TI 公司官网提供了以下 4 个相关代码优化设计的参考文档,下面对这 4 个相关的文档做简要介绍:

➢ *TMS320C6000 Programmer's Guide* (SPRU198K);

➢ *Optimizing Loopson the C66x DSP* (SPRABG7);

➢ *Hand-Tuning Loops and Control Code on the TMS320C6000* (SPRA666);

➢ *TMS320C6000 Optimizing Compiler User's Guide* (SPRU187U)。

1. SPRU198K

TMS320C6000 Programmer's Guide(SPRU198K)

文档下载链接:http://www.ti.com/lit/ug/spru198k/spru198k.pdf。

此文档是很经典的介绍 C 优化的文档,可以作为学习 C6000 优化的教科书。

TMS320C6000 Programmer's Guide (SPRU198K)

下面是文档目录如图 9.19 所示。

这个文档的第 2～4 章需要仔细琢磨,关键内容大约 90 页。表 9.3 列出了每个章节的导读,对初学者较有帮助。

表 9.3　SPRU198K 主要内容

重点章节	页　码	导　读
2. Optimizing C/C++ Code	2-2	优化 C/C++代码,包括写代码,编译代码
2.1 Writing C/C++ Code	2-2	写代码,仅做了解
2.2 Compiling C/C++ Code	2-4	编译代码,仅做了解
2.2.1 Compiler Options	2-4	介绍了重要的编译选项-g,-o3,-k-mw,-mi,-mh,-pm
2.2.2 Memory Dependencies	2-7	介绍了什么是存储器以来以及使用 restrict
2.3 Profiling Your Code	2-12	这部分有些过时了,可以不看。TIFAE 开发了一个很好的分析工具,采用勾子函数的办法可以分析函数的执行次数和消耗的时钟周期数。需要 6.1 版本以上的编译器才能支持
2.4 Refining C/C++ Code	2-14	精简 C/C++代码
2.4.1 Using intrinsics	2-14	介绍使用 intrinsic 优化代码,有 intrinsic 的列表。不过仅限于 C64+,其实除了 load/store 的操作之外,intrinsic 基本和 DSP 指令是一一对应的,所以可以参考 TMS320C66x DSP CPU and Instruction Set Reference Guide sprugh7. pdf,较全的 intrinsic 可以在 ..\compiler\c6000\include\c6x. h 中找到
2.4.2 Wide Memory Access for Smaller Data Widths	2-28	举例说明怎样最大限度利用 DSP D 单元的存取位宽(64 bits)。包括使用_nassert()和 MUST_ITERATEpragma 等
2.4.3 Software Pipelining	2-46	比较重要的章节,介绍了几个关键的预编译指令
3 Compiler Optimization Tutorial	3-1	编译优化实例
4. Feedback Solutions	4-1	这一章非常重要,介绍了怎样理解编译器的反馈信息。编译器在优化时是着力于代码中的循环的,因为循环消耗最多的时钟周期。编译器能输出 asm 文件,asm 文件中有每个循环优化后的 pipeline 信息。读懂这些信息能指导我们消除瓶颈,进一步提升循环的效率。优化其实是个反复调整的过程:代码优化→编译→读编译反馈的 pipeline 信息→下一轮代码优化……有经验的工程师看了 asm 文件中有每个循环优化后的 pipeline 信息后就可以明确那些循环已经达到优化极限,那些还有提升空间。这样可以做到有的放矢
5. Optimizing Assembly Code via Linear Assembly	5-1	可以略过,这种优化方法目前基本不使用

图 9.19　SPRU198K 文档目录

通过学习这个文档,就能掌握 C6000 优化的基本方法。不过优化是需要经验积累的,尤其是 DSP 的几百条指令必须经过一段时间的实践才能做到活学活用。C6000 有很多 SIMD 指令,以及配合 SIMD 操作的数据 pack,unpack 指令。

从 C64+ 开始出现了 SPLOOP,这是一个专用的硬件循环缓冲区,可以把代码尺寸较小的循环装到循环缓冲区,而不需要重复地从指令缓存取代码。循环缓冲区最大的好处是减小代码尺寸。而且使用循环缓冲区的循环可以被中断打断。至于 SPLOOP 的专用标识指令不需要深究。一般的优化也不需要了解那么细。

2. SPRABG7

Optimizing Loop son the C66x DSP（SPRABG7）

文档下载链接为 http://www.ti.com/lit/an/sprabg7/sprabg7.pdf。

这个文档针对 C66 的特性对其特有的优化方法做了介绍,有很多实例。对学习 C66 优化比较重要。C66 相对 C64+ 的变化如下:

(1) 改　进

① 增加了 128 b 位宽的数据类型 __x128_t,因为很多 SIMD 指令的操作数是 128 b。

② 增加了浮点指令,包括:加减乘、浮点求倒数、定浮点转换等。浮点指令的引入使得信号链中的算法不再需要定点化。加快了开发进度。但总的来说,C66 的定点计算能力比浮点计算能力强 2～3 倍,所以,运算最密集的地方还是需要用定点算法实现。根据现有经验,在基带处理中使用浮点运算最有效的地方是矩阵求逆和替换除法。

> 矩阵求逆。浮点指令用于矩阵求逆也很有效。
  由于浮点计算精度高,所以一些简单的算法(例如 blockwise)也可以用来做大尺寸(例如 4×4,8×8)矩阵的求逆。

> 替换除法。原来在 C64＋上实现除法使用 SUBC 指令以为相减来做。
  在 C66 上可以按下面的流程:假设要计算 a/b,那么 a,b 定点转浮点→用求倒数指令 rcpsp 计算 $1/b$→$1/b$ 做牛顿插值→浮点计算 a/b 并做定标→浮点转定点。

关于牛顿插值:因为 rcpsp 的结果只有 8 b 精度,所以要通过牛顿插值提高精度,每次插值都能提高 8 b 精度,插值公式为

$$x[n+1] = x[n](2 - v \times x[n])$$

式中: v 是原值; $x[n+1]$ 是迭代的结果。

需要注意的是,循环中的除法,做上述替代比较有效;而单次触发则替换的意义不大。因为浮点指令的延迟比较长。

③ 更宽的 SIMD 操作。C64＋上大量的 SIMD 操作是 2 路的,C66 上大量的 SIMD 操作是 4 路的。例如 DSHR2,DSADD2 等。

④ C66 的 MAC(乘累加)能力提升了 3 倍以上,如表 9.4 所列。

表 9.4　算法性能比较

性　　能	C64x＋	C674x＋	C66x＋
每时钟周期执行定点 16×16 MACs	8	8	32
每时钟周期执行定点 32×32 MACs	2	2	8
每时钟周期执行浮点单精度 MACs	n/a	2	8
每一个周期的算术浮点运算	n/a	6	16
存储位宽	2×64 b	2×64 b	2×64 b
向量大小(SIMD 能力)	32 b (2×64 b,4×8 b)	32 b (2×64 b,4×8 b)	32 b (2×64 b,4×8 b)

(2) 局　限

① C66 的寄存器个数与 C64＋一样,只有 64 个。

② C66 的 D 单元的 load/store 宽度与 C64＋一样只有 64 b。

表 9.5 列出了这个文档的学习重点。

表 9.5　SPRABG7 文档重点

章　节	页　码	导　读
2 Overview of the TMS320C6600	4	TMS320C6600 整体介绍
3 C66x Floating-Point and Vector/Matrix Operations and Optimizations	7	C66x 浮点运算和矩阵运算
3.1 Floating-Point Arithmetic	7	介绍了用浮点的复乘求倒指令优化循环的例子
3.2 Complex Matrix Operation and Vector Operations using Advanced C66x Fixed-Point Instructions	22	介绍了 cmatmpyr1 结合 sadd2 指令计算 4×4 复矩阵乘与 4×4 复矩阵的代码优化
3.3 Matrix Inversion Considerations	27	简单描述了 C66x 用于矩阵求逆运算的优势,没有例子
4 Additional Tuning Techniques for C66x Software-Pipelined Loops	28	针对 C66x 软件流水循环附加调整技术
4.1 Reducing Register Pressure in the TMS320C66x	28	结合 MMSE equalizer 的例子介绍了怎样解决寄存器压力过大的问题。C66 的寄存器个数与 C64＋ 相同,在使用了占用大量寄存器的指令(例如矩阵乘和更宽的 SIMD)以后很容易出现寄存器压力过大的问题。所谓寄存器压力过大就是由于循环中有大量临时变量。编译器没有足够的寄存器分配给这些临时变量,编译器不得不减少展开的次数或者把部分局部变量存在堆栈中,这都会导致循环效率的降低。减小寄存器压力过大的主要方法是掺杂使用 4 路 SIMD 指令和 2 路 SIMD 指令。不过这又会影响 AB 数据路径的均衡,所以要找到最好的平衡点需要不断尝试。这里还介绍了使用 DMV 指令消除寄存器压力过大的方法。不过这种方法需要对 pipeline 做细致的分析,只有精简一两个循环时才会用到
4.2 C66x Limitation on Common Sub Expressions(CSE)	42	在 C66 上如果指令的计算结果是 128 b 数,那么一定要定义一个 128 b 临时变量,先把计算结果赋值给这个临时变量,再在其他地方使用这个临时变量
4.3 Live-Too-Long Problem in C6000 C Code	44	解释什么是临时变量

3. SPRA666

Hand-Tuning Loops and Control Code on the TMS320C6000（SPRA666）

文档下载链接 http://www.ti.com/lit/an/spra666/spra666.pdf。

这个文档中的第 1～4 章的内容在*TMS320C6000 Programmer's Guide* 中都有介绍，第 5 章可以着重看看（见表 9.6）。介绍了 Optimizing Control Code 的方法。所谓控制代码就是循环比较少，没有密集运算的代码；或者是有循环，但是循环内部有大量结构体域的操作或者有大量判断的代码。这样的代码通常因为属性的原因编译器不能优化得很好，需要人工进行代码调整。

表 9.6 列出了这个文档的学习重点。

表 9.6　SPRA666 文档介绍

章　节	页　码	导　读
5.1 Restrict Qualifying Pointers Embedded in Structures	36	在结构体中限制条件是不能传递的。 假设有结构体 typedefstruct{ 　　short * data1; 　　short * data2; 　　}s;
5.1 Restrict Qualifying Pointers Embedded in Structures	36	即使我们声明 s 结构体指针为限制条件，但是结构体中的指针 s→data1，s→data2p 仍然是非限制。 解决的办法是代码中定义局部的限制条件指针。把结构体内部的指针赋值给这些局部指针，用局部指针来访问数组。 例如：下面定义了局部指针 ptr1 和 ptr2。把结构体内部指针 s→data1 和 s→data2 赋值给它们。后续的运算使用指针 ptr1 和 ptr2 来访问数据。 short * restrictptr1; short * restrictptr2; ptr1＝s→data1; ptr2＝s→data2;

章 节	页 码	导 读
5.2 Optimizing "If" Statements	42	在循环中如果有复杂的 if/else 分支会导致代码编译出现"Disqualified loop",编译器不能产生软件流水线。这一节通过 7 个小节案例介绍了怎样拆解简化循环中的条件分支: 5.2.1 If-Conversion 5.2.2 "If" Statement Reduction When No "Else" Block Exists 5.2.3 "If" Statement Elimination 5.2.4 "If" Statement Elimination By Use of Intrinsics 5.2.5 "If" Statement Reduction Via Common Code Consolidation 5.2.6 Eliminating Nested "If" Statements [注释]1~6 小节主要是编程技巧 5.2.7 Optimizing Conditional Expressions [注释]多个条件相"与"相"或"要使用 & 和 |,而不要使用 && 和 ||,&& 和 || 其实等效于嵌套循环
5.3 Handling Function Calls	47	介绍了编译器自动内联的原则以及编译选项-oi 的参数对自动内联程度的影响
5.4 Improving Performance of Large Control Code Loops	48	包括两个小节: 5.4.1 Using Scalar Expansion to Split Loops 太大太复杂的循环会导致是由于循环中的运算太多,导致编译器放弃做软件流水线优化。解决这个问题的办法是把大循环分成多个小循环。 5.4.2 Optimizing Sparse Loops 所谓稀疏循环是指循环中有条件判断,当条件成立才执行大量运算,而条件成立的概率不大。优化这种循环的办法是把原来的大循环拆成两个小循环,第一个循环先计算并存储条件成立的索引,第二个循环在按照这个索引列表对满足条件的数据机型处理

4. SPRU187U

TMS320C6000 Optimizing Compiler User's Guide （SPRU187U）

文档下载链接 http：//www.ti.com/lit/ug/spru187u/spru187u.pdf。

可以作为参考文档，图 9.20 示出了此文档的目录，方框中标出了对初学者比较有用的章节。

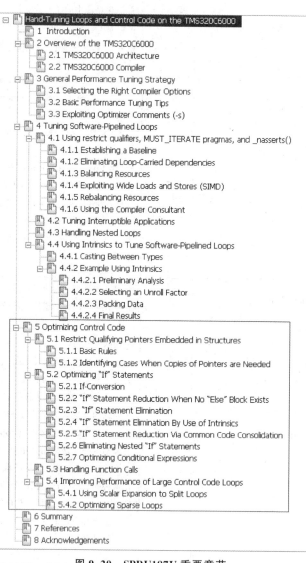

图 9.20　SPRU187U 重要章节

## 第 10 章

C66x 多核 DSP 软件开发实例

10.1　IPC 核间通信实例

10.1.1　概　述

IPC(Inter Processor Communication)顾名思义是核间通信机制。通常作为多核之间的同步机制,允许核与核之间进行直接的通信,以传递信息。该模块内部的寄存器用来实现 IPC 功能,下面逐一介绍。

1. IPC 发生寄存器

IPC 发生寄存器(IPCGRx),可以产生中断,实现内核之间的中断通信。C6678有 8 个 IPCGRx 寄存器(IPCGR0~IPCGR7)。这些寄存器可以被外部的主机或者内核使用给其他的内核产生中断。这个寄存器有两个位域:IPCG 和 SRCSx。PICG决定是否产生中断,而 SRCSx 表示是哪个源发出的中断。具体操作如下:往IPCGRx 寄存器的 IPCG 位域写 1,将使内核产生一个中断脉冲($0 \leqslant x \leqslant 7$)。往SRCS$x$ 位域写 1,同时会将 IPCARx 中相应的 SRCCx 置位。这些寄存器提供了SourceID 位,方便区别是哪个源发出的中断。中断源位的分配与含义都是由软件约定的。任何可以访问 BOOTCFG 模块空间的主机,都可以写这些寄存器。IPCGRx的说明如表 10.1 所列。

2. IPC 应答寄存器

顾名思义 IPC 应答寄存器(IPCARx)(IPC Acknowledgement Registers)是方便核间中断应答的寄存器。C6678 有 8 个 IPCARx 寄存器,这些寄存器也提供了SourceID,用来区分 28 个不同的中断源。中断源位的分配与含义都是由软件约定的。任何可以访问 BOOTCFG 模块空间的主机,都可以写这些寄存器。往该寄存器的 SRCCx 位域写 1,作为对中断的响应。例如,往 IPCAR0 寄存器的 SRCC27 位写1,其结果是将 IPCAR0 的 SRCC27 位清零,且将 IPCGR0 的 SRCS27 位清零。IP-CARx 的说明如表 10.2 所列。

嵌入式多核 DSP 应用开发与实践

表 10.1 IPCGRx 寄存器说明

31	30	29	28	27	8	7	6	5	4	3	1	0
SRCS27	SRCS26	SRCS25	SRCS24	SRCS23~SRCS4		SRCS3	SRCS2	SRCS1	SRCS0	Reserved		IPCG
RW-0	RW-0	RW-0	RW-0	RW-0(per bit field)		RW-0	RW-0	RW-0	RW-0	R-0000		RW-0

R=只读; RW=读/写; -n=复位值

位	域	描 述
31:4	SRCSx	中断源指示。读取内部寄存器位的返回值。写: 0=无影响 1=清除SRCSx
3:1	Reserved	保留
0	IPCG	DSP内部中断产生 读时值为0 写: 0=无影响 1=清除DSP内部中断

表 10.2 IPCARx 寄存器说明

31	30	29	28	27	8	7	6	5	4	3	0
SRCC27	SRCC26	SRCC25	SRCC24	SRCC23~SRCC4		SRCC3	SRCC2	SRCC1	SRCC0	Reserved	
RW-0	RW-0	RW-0	RW-0	RW-0(per bit field)		RW-0	RW-0	RW-0	RW-0	R-0000	

R= 只读; RW= 读/写; -n=复位值

位	域	描 述
31:4	SRCCx	中断源应答读取内部位的返回值。写: 0=无影响 1=清除
3:0	Reserved	保留

此外, IPC 提供了主机 DSP 中断机制, 它的使用与上述核间 IPC 中断类似。通过 IPCGRG 寄存器可以在 HIOUT 引脚上产生一个中断脉冲。这里就不再赘述, 可参见 C6678 的用户手册。

10.1.2 实例详解

本实例主要通过 IPC 实现多核之间的通信, 如图 10.1 所示。系统初始化之后 core 0 通过 IPC 向 core 1 发送一个中断信号, core 1 收到 core 0 的中断之后, 响应并给 core 2 发送 IPC 中断, 以此类推, 直到最后 croe 7 收到 core 6 的 IPC 中断并发送 IPC 中断给 core 0, 实现 8 个核之间 IPC 环回测试。

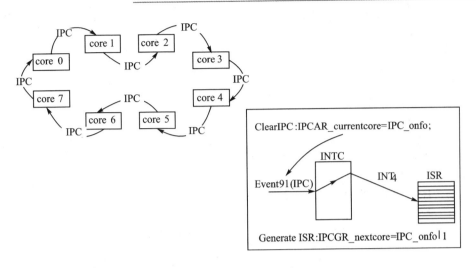

图 10.1　IPC 实例测试流程

10.1.3　源代码详解

1. 主程序

```
# include <c6x.h>
# include <stdint.h>
# include <stdlib.h>
# include <stdio.h>
# include <string.h>

# include <ti/csl/csl_chip.h>
# include <ti/csl/src/intc/csl_intc.h>
# include <ti/csl/csl_cpintcAux.h>

# include "ipc_interrupt.h"

void main()
{
uint32_t i;
uint32_t coreID = CSL_chipReadReg (CSL_CHIP_DNUM);
    //读取当前内核代码编号
TSCL = 0;
intcInit();   //init the intc CSL global data structures, enable global ISR
registerInterrupt(); //register the Host interrupt with the event
for (i = 0; i<1000; i ++)
asm (" NOP 5");
```

```
if (0 == coreID)
{
IssueInterruptToNextCore();//只有核代码为 0 时才运行
}
while(1)
{
asm(" NOP 9");
};
}
```

2. IPC 中断子程序

```
#include <stdint.h>
#include <stdlib.h>
#include <stdio.h>
#include <string.h>

#include <ti/csl/csl_chip.h>
#include <ti/csl/src/intc/csl_intc.h>
#include <ti/csl/csl_cpintcAux.h>

#include "ipc_interrupt.h"

CSL_IntcGlobal EnableState state;
CSL_IntcContext context;
CSL_IntcEventHandlerRecord Record[CSL_INTC_EVENTID_CNT];
CSL_IntcEventHandlerRecord EventRecord;
uint32_t          coreVector[MAX_CORE_NUM];
CSL_IntcObj       intcObj[16];
CSL_IntcHandle    hintc[16];
volatile Uint32 interruptNumber = 0;

/* IPCGR Info */
int32_tiIPCGRInfo[CORENUM] = {
IPCGR0,
IPCGR1,
IPCGR2,
IPCGR3,
IPCGR4,
IPCGR5,
IPCGR6,
IPCGR7
```

```
};
/* IPCAR Info */
int32_tiIPCARInfo[CORENUM] = {
IPCAR0,
IPCAR1,
IPCAR2,
IPCAR3,
IPCAR4,
IPCAR5,
IPCAR6,
IPCAR7
};

    interruptCfg intInfo[MAX_SYSTEM_VECTOR] =
    {
    /* core    event    vector */
    { 0,       91,      CSL_INTC_VECTID_4, &IPC_ISR},
    { 1,       91,      CSL_INTC_VECTID_4, &IPC_ISR},
    { 2,       91,      CSL_INTC_VECTID_4, &IPC_ISR},
    { 3,       91,      CSL_INTC_VECTID_4, &IPC_ISR},
    { 4,       91,      CSL_INTC_VECTID_4, &IPC_ISR},
    { 5,       91,      CSL_INTC_VECTID_4, &IPC_ISR},
    { 6,       91,      CSL_INTC_VECTID_4, &IPC_ISR},
    { 7,       91,      CSL_INTC_VECTID_4, &IPC_ISR},
    };


    /**
     *   @b Description
     *   @n
     *       The functions initializes the INTC module.
     *
     *   @retval
     *       Success -   0
     *   @retval
     *       Error   -   <0
     */
    int32_t intcInit()
    {
        /* INTC module initialization */
        context.eventhandlerRecord = Record;
        context.numEvtEntries       = CSL_INTC_EVENTID_CNT;
```

```
        if (CSL_intcInit (&context) ! = CSL_SOK)
            return - 1;

        /* Enable NMIs */
        if (CSL_intcGlobalNmiEnable () ! = CSL_SOK)
            return - 1;

        /* Enable global interrupts */
        if (CSL_intcGlobalEnable (&state) ! = CSL_SOK)
            return - 1;

        /* INTC has been initialized successfully. */
        return 0;
}

/*    @b Description
 *    @n
 *
 *        Function registers the high priority interrupt.
 *    @retval
 *        Success -    0
 *    @retval
 *        Error   -   <0
 */

int32_tregisterInterrupt()
{
uint32_t i;
uint32_t event;
uint32_t vector;
uint32_t core;
uint32_t coreID = CSL_chipReadReg (CSL_CHIP_DNUM);
CSL_IntcEventHandler isr;

for (i = 0; i<MAX_CORE_NUM; i++)
{
coreVector[i] = 0;
}

for (i = 0; i<MAX_SYSTEM_VECTOR; i++)
{
core   = intInfo[i].core;
```

```c
    if (coreID == core)
    {
    event  = intInfo[i].event;
    vector = intInfo[i].vect;
    isr    = intInfo[i].isr;

    if (MAX_CORE_VECTOR <= coreVector[core])
    {
    printf("Core %d Vector Number Exceed\n");
    }

        hintc[vector] = CSL_intcOpen(&intcObj[vector],event,(CSL_IntcParam * )&vector,
NULL);
        if (hintc[vector] == NULL)
        {
            printf("Error: GEM - INTC Open failed\n");
            return - 1;
        }

        /* Register an call - back handler which is invoked when the event occurs. */
        EventRecord.handler = isr;
        EventRecord.arg = 0;
        if (CSL_intcPlugEventHandler(hintc[vector],&EventRecord) != CSL_SOK)
        {
            printf("Error: GEM - INTC Plug event handler failed\n");
            return - 1;
        }

    /* clear the events. */
        if (CSL_intcHwControl(hintc[vector],CSL_INTC_CMD_EVTCLEAR, NULL) != CSL_SOK)
        {
            printf("Error: GEM - INTC CSL_INTC_CMD_EVTCLEAR command failed\n");
            return - 1;
        }

    /* Enabling the events. */
        if (CSL_intcHwControl(hintc[vector],CSL_INTC_CMD_EVTENABLE, NULL) != CSL_SOK)
        {
            printf("Error: GEM - INTC CSL_INTC_CMD_EVTENABLE command failed\n");
            return - 1;
        }
    coreVector[core] ++ ;
```

嵌入式多核 DSP 应用开发与实践

```
        }
    }

        return 0;
    }
// BOOT and CONFIG dsp system modules Definitions
#define CHIP_LEVEL_REG   0x02620000
// Boot cfg registers
#define KICK0 * (unsigned int * )(CHIP_LEVEL_REG  +  0x0038)
#define KICK1 * (unsigned int * )(CHIP_LEVEL_REG  +  0x003C)
#define KICK0_UNLOCK (0x83E70B13)
#define KICK1_UNLOCK (0x95A4F1E0)
#define KICK_LOCK       0

void IssueInterruptToNextCore()
{
    uint32_t CoreNum;
    uint32_t iNextCore;
    static uint32_t interruptInfo = 0;

CoreNum = CSL_chipReadReg (CSL_CHIP_DNUM);

iNextCore = (CoreNum + 1) % 8; //

printf("Set interrupt from Core % x to Core % d, cycle =  % d\n",CoreNum, iNext-
Core, TSCL);

interruptInfo += 16;

// Unlock Config
KICK0 = KICK0_UNLOCK;
KICK1 = KICK1_UNLOCK;

    * (volatile uint32_t * ) iIPCGRInfo[iNextCore] = interruptInfo;

    * (volatile uint32_t * ) iIPCGRInfo[iNextCore] |= 1;
// lock Config
KICK0 = KICK_LOCK;
KICK1 = KICK_LOCK;
    printf("Interrupt Info % d\n",interruptInfo);


}
```

3. 中断处理子函数

```
void IPC_ISR()
{
volatile uint32_t read_ipcgr;
    uint32_t CoreNum;
        uint32_t iPrevCore;
        CoreNum = CSL_chipReadReg (CSL_CHIP_DNUM);;
        iPrevCore = (CoreNum - 1)%8;
        read_ipcgr = *(volatile Uint32 *) iIPCGRInfo[CoreNum];
        *(volatile uint32_t *) iIPCARInfo[CoreNum] = read_ipcgr; //clear the
related source info
        printf("Receive interrupt from Core %d with info 0x%x, cycle = %d\n",
iPrevCore, read_ipcgr, TSCL);
        interruptNumber++;
        if(CoreNum! = 0)//
        {
IssueInterruptToNextCore();
    }
    else
    {
printf("IPC test passed! \n");
    }
}
```

IPC 实例程序运行结果如图 10.2 所示。

```
[TMS320C66x_0] Set interrupt from Core 0 to Core 1, cycle = 15428
[TMS320C66x_0] Interrupt Info 16
[TMS320C66x_1] Receive interrupt from Core 0 with info 0x10, cycle = 345538
[TMS320C66x_1] Set interrupt from Core 1 to Core 2, cycle = 356597
[TMS320C66x_1] Interrupt Info 16
[TMS320C66x_2] Receive interrupt from Core 1 with info 0x10, cycle = 686593
[TMS320C66x_2] Set interrupt from Core 2 to Core 3, cycle = 697717
[TMS320C66x_2] Interrupt Info 16
[TMS320C66x_3] Receive interrupt from Core 2 with info 0x10, cycle = 1027768
[TMS320C66x_3] Set interrupt from Core 3 to Core 4, cycle = 1038987
[TMS320C66x_3] Interrupt Info 16
[TMS320C66x_4] Receive interrupt from Core 3 with info 0x10, cycle = 1369198
[TMS320C66x_4] Set interrupt from Core 4 to Core 5, cycle = 1380419
[TMS320C66x_4] Interrupt Info 16
[TMS320C66x_5] Receive interrupt from Core 4 with info 0x10, cycle = 1710628
[TMS320C66x_5] Set interrupt from Core 5 to Core 6, cycle = 1721850
[TMS320C66x_5] Interrupt Info 16
[TMS320C66x_6] Receive interrupt from Core 5 with info 0x10, cycle = 2052058
[TMS320C66x_6] Set interrupt from Core 6 to Core 7, cycle = 2063281
[TMS320C66x_6] Interrupt Info 16
[TMS320C66x_7] Receive interrupt from Core 6 with info 0x10, cycle = 2393488
[TMS320C66x_7] Set interrupt from Core 7 to Core 0, cycle = 2404712
[TMS320C66x_7] Interrupt Info 16
[TMS320C66x_0] Receive interrupt from Core 7 with info 0x10, cycle = 2414767
[TMS320C66x_0] IPC test passed!
```

图 10.2　CCS 中运行程序后显示的结果

10.2　VLFFT

10.2.1　概　述

本实例在 TI 公司最新款多核 DSP(包括 C6678 和 C6670)上实现大尺寸单精度浮点 FFT(Very Large FFT,VLFFT)运算。本实例把需要输入的数据放在外部储存器上,并把需要计算的原始数据分配给不同的 DSP 内核。不同的 DSP 内核进行计算然后把数据输出到外部储存器上。该软件可以配置不同的内核参与计算,并且可以计算以下尺寸的 FFT:16 KB,32 KB,64 KB,128 KB,256 KB,512 KB,1 024 KB。

本实例包括两种模式:一种是纯 VLFFT 运算工程;另一种是集成了 STM 模块的 VLFFT 工程,即在 Build option 中的 build variables 中定义了 STM_LIBRARY_ROOT,如果未安装 STM lib 或者 STM 的路径不对,则可能编译报错。如果需要结合 system trace 功能进行学习,请确保 STM 安装路径和编译选项中的安装路径匹配。

本实例可以在以下的 EVM 和 simulators 上运行:C6678 EVM,C6678 Functional Simulator,C6670 EVM,C6670 Functional Simulator。

该项目中有以下几个文件夹,如图 10.3 所示。

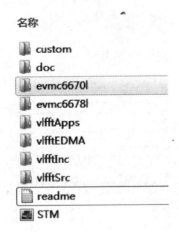

图 10.3　VLFFT 项目文件

① custom 文件夹包含 6670 和 6678 所需要的 platform。在 CCS5.5 导入项目工程文件,右击项目名称选择属性,切换到 RTSC 选项卡,如图 10.4 所示。

② doc 文件夹包含说明文档 Very Large FFT Multicore DSP Implementation Demo Guide。

XDCtools version: 3.25.3.72

📦 Products and Repositories　⚙ Order

▷ ☐ 📦 IMGLIB C66x
▷ ☐ 📦 MSP430ware
▷ ☐ 📦 NDK
▲ ☑ 📦 SYS/BIOS
　　☐ ⚙ 6.35.4.50
　　☑ ⚙ 6.33.2.31　[6.35.4.50]
▷ ☐ 📦 System Analyzer (UIA Target)
▷ ☐ 📦 XDAIS
▲ ☑ 📦 Unknown [com.ti.sdo.edma3]
　　☑ ⚙ 2.11.2
▲ ☑ 📦 Inter-processor Communication
　　☑ ⚙ 1.24.2.27
▲ ☑ 📦 Unknown [com.ti.biosmcsdk.mcsdk]
　　☑ ⚙ 2.0.0.11
▲ ☑ 📦 Other Repositories
　　☑ 📦 ${IPC_CG_ROOT}/packages　[Unresolved]
　　☑ 📦 ${PROJECT_ROOT}/../　[E:/book/vlfft/evmc6678l/../]
　　☑ 📦 ${EDMA3_LLD_INSTALL_DIR}/packages　[Unresolved]
　　☑ 📦 ${TI_MCSDK_INSTALL_DIR}/demos　[Unresolved]
　　☑ 📦 ${TARGET_CONTENT_BASE}　[C:/ti/ccsv5/ccs_base]

图 10.4　项目 XDCtool 的配置

③ evmc6670l 和 evmc6678l 中包含了 C6670 和 C6678 的 project 文件以及 de-bug 的 out 文件和 map 文件等。

④ vlfftApps 文件夹中包含了三个源文件,如图 10.5 所示。

图中,genTestData,c 包含生成 vlfft 原始数据的代码;vlfftApps. c 中有该项目的 main 函数,master core 执行的函数以及 slave cores 执行的函数。

⑤ vlfftEDMA 中包含与 edma 相关的一个头文件和两个源文件,如图 10.6 所示。

⑥ vlfftInc 中包含该项目所需要的头文件,包括 config 的头文件,消息队列的头文件以及 DMA 所需要的头文件等,如图 10.7 所示。

📄 genTestData
📄 system_trace
📄 vlfftApps

📄 vlfftEdmaConfig
📄 vlfftEdmaInit
📄 vlfftEdmaLLD

📄 system_trace
📄 vlfft
📄 vlfftconfig
📄 vlfftDebug
📄 vlfftDMAResources
📄 vlfftMessgQ

图 10.5　vlfftApps 文件夹　　**图 10.6　vlfftEDMA 文件夹**　　**图 10.7　vlfftInc 文件夹**

⑦ vlfftSrc 中包含了运算 FFT 的源文件,如图 10.8 所示。

dft
dmaParamInit
DSPF_sp_mixedRadix_fftSPXSP.sa
DSPF_sp_radix4_fftSPxSP.asm
genTwiddle
messgQUtil
multiTwiddle_1_sa.sa
multTwiddle
transpose_2Cols_rowsX8_cplxMatrix_...
transpose_2Rows_8XCols_cplxMatrix_...
tsc_h.asm
vlfft_1stIter
vlfft_2ndIter
vlfftParamsInit
vlfftUtil

图 10.8　vlfftSrc 文件夹

10.2.2　软件设计

本实例需要 TI 最新的多核 SDK2.0(MCSDK2.0),且包括以下软件:

➤ CCSV5;

➤ DSP/BIOS6.0;

➤ IPC;

➤ EDMA LLD(EnhancedDirect Memory Access Low Level Driver)。

在多核 DSP 上实现大尺寸 FFT 软件设计的目的是通过把计算任务分配给不同的内核,充分运用 DSP 的数学计算能力,来实现运算的最优效果。按时间抽取 FFT 的算法是把一维的非常大尺寸的 FFT 计算转换为二维的 FFT 计算。对于非常大的 N,它可以分解为 $N = N_1 \times N_2$,把一维 FFT 变成二维的 FFT 计算,可以采取以下的步骤:

① 按行计算 N_1 点的 FFT,计算 N_2 次。

② 乘以相位因子。

③ 按行存储计算结果,形成一个 $N_2 \times N_1$ 的矩阵。

④ 按行计算 N_2 点的 FFT,计算 N_1 次。

⑤ 按列储存结果,形成一个 $N_2 \times N_1$ 的矩阵。

在实际计算过程中,每个内核需要计算 N_2/NUM_OF_CORES_FOR_COM-PUTE 个 N_1 点的 FFT 和 N_1/NUM_OF_CORES_FOR_COMPUTE 个 N_2 点的

FFT。内核 0 作为主内核,其他的内核作为子核。IPC 用于实现处理器之间的通信。除了上面列出的 FFT 计算,内核 0 也负责同步所有的子核。

在整个计算过程中,主内核 0 的软件线程和所有子核的软件线程如下:

1. 主内核的软件线程

① FFT 计算开始。

② 主内核 0 向所有子核发送指令,使得所有子核处在 IDLE 状态。

③ 主内核等待所有子核处于 IDLE 状态。

④ 主内核发送指令使所有子核开始第一步的迭代运算。

⑤ 主内核开始第一步迭代运算:

➤ 主内核 0 从 L2SRAM 中取出它要计算的 N_2/NUMOF_CORES_FOR_COMPUTE 列数据。

➤ 主内核 0 计算 N_2/NUMesOF_CORES_FOR_COMPUTE 列 N_1 个点的 FFT。

➤ 对输出乘以相位因子。

➤ 在外部储存器 DDR 中按行储存 N_2/NUM_OF_CORES_FOR_COMPUTE 个 N_1 个点的 FFT,最终形成 $N_2 \times N_1$ 的矩阵。

⑥ 主内核等待所有的子核计算完毕第一次迭代计算。

⑦ 主内核发送指令使所有子核开始第二步的迭代运算。

⑧ 主内核开始第一步迭代运算:

➤ 主内核 0 从 L2SRAM 中取出它要计算的:N_1/NUM_OF_CORES_FOR_COMPUTE 列数据。

➤ 主内核 0 计算 N_1/NUM_OF_CORES_FOR COMPUTE 列 N_2 个点的 FFT。

➤ 在外部储存器 DDR 中按行储存 N_1/NUM_OF_CORES_FOR_COMPUTE 个 N_2 个点的 FFT,最终形成 $N_2 \times N_1$ 的矩阵。

⑨ 主内核等待其他的核完成第二步迭代运算。

⑩ FFT 计算结束。

2. Slavecores 子核的软件线程

① 每个子核等待主内核的命令。

② 收到主内核进行第一步迭代运算的命令之后,每个子核开始第一步迭代运算。

➤ 子核从 L2SRAM 中取出它要计算的 N_2/NUM_OF_CORES_FOR_COMPUTE 列数据。

➤ 子核计算 N_2/NUM_OF_CORES_FOR_COMPUTE 列 N_1 个点的 FFT。

➤ 对输出乘以相位因子。

➤ 在外部储存器 DDR 中按行储存 N_2/NUM_OF_CORES_FOR_COMPUTE

个 N_1 个点的 FFT，最终形成 $N_2 \times N_1$ 的矩阵。

③ 每个子核向主内核发送信息，完成第一步迭代运算。

④ 每个子核等待主内核的命令。

⑤ 收到主内核进行第二步迭代运算的命令之后，每个子核开始第二步迭代运算。

> 子核从 L2SRAM 中取出它要计算的 N_1/NUM_OF_CORES_FOR_COMPUTE 列数据。

> 子核计算 N_1/NUM_OF_CORES_FOR_COMPUTE 列 N_2 个点的 FFT。

> 在外部储存器 DDR 中按行储存 N_1/NUM_OF_CORES_FOR_COMPUTE 个 N_2 个点的 FFT，最终形成 $N_2 \times N_1$ 的矩阵。

⑥ 每个子核向主内核发送信息，完成第二部迭代运算。

根据 N_1 和 N_2 的大小，每个核上计算 FFT 的数目：N_1/NUM_OF_CORES_FOR_COMPUTE 和 N_2/NUM_OF_CORES_FOR_COMPUTE 被分为几个小的数据块，每个数据块包含 8 个 FFT，这样做可以更好地适应有限的外部储存器。

在实际的实现过程中，每个数据块由 DMA 从外部储存器中取出然后放入 L2SRAM 中，并且由 DMA 把 FFT 计算的结果放入外部储存器中。EDMA 中共有 16 个 DMA 存取数据。每个内核用两个 DMA 来在外部储存器（DDR）和内部储存器（L2SRAM）中存取数据。

下面列出了软件计算 $N = N_1 \times N_2$ 尺寸的 FFT 时内存的使用情况。

① 外部储存器（DDR）

输入缓冲区：1 个大小为 N 的复杂单精度浮点数矩阵。

输出缓冲区：1 个大小为 N 的复杂单精度浮点数矩阵。

临时缓冲区：1 个大小为 T 的复杂单精度浮点数矩阵。

② L2 SRAM

2 个大小为 16 KB 的复杂单精度浮点数矩阵。

1 个大小为 8 KB 的复杂单精度浮点数矩阵。

2 个大小为 1 KB 的复杂单精度浮点数矩阵。

2 个大小为 N_2 的复杂单精度浮点数矩阵（相位因子）。

1 个大小为 N_1 的复杂单精度浮点数矩阵（相位因子）。

10.2.3　VLFFT 实验实例

这个大尺寸 FFT 计算实例来自 TI 提供针对 C6678 和 C6670EVM 平台的示例工程。

下面列出了编译和生成项目的步骤：

① 定义一个 windows 系统环境变量，TI_MCSDK_INSTALL_DIR，并且使这个变量指向 MCSDK 2.0 的安装路径。

② CCS5 中导入工程，vlfft evmc66781 或者 vlfft evmc66701，这个工程在以下目录中\demo\vlfft\。

③ 编译 C6678 EVM，打开文件 vlfftconfig. h(目录为\demo\ vlf ft\ vlfftInc)，把常量 EIGHT_CORE_DEVICE 设为 1，常量 FOUR_CORE_DEVICE 设为 0。

④ 编译 CGG70 EVM，打开文件 vlfftconfig. h(目录为\demo\vlfft\ vlfftIncJ，把常量 EIGHT_CORE_DEVICE 设为 0，常量 FOUR_CORE_DEVICE 设为 1。

⑤ 配置 FFT 的大小，打开文件 vlfftconfig，h(目录为\demo\vlfft\vlfftInc)，把下列某一个常量设为 1，其他的设为 0：

VLFFT 16K ；

VLFFT 32K；

VLFFT 64K；

VLFFT 128K；

VLFFT 256K；

VLFFT 512K；

VLFFT 1 024K。

⑥ 配置参与计算的 DSP 内核，打开文件 vlfftconfig. h(目录为\demo\vlfft\vlfftInc)，把常量 NUM_OF_CORES_FOR_COMPUTE 定义为以下的数字：

4_core device；1,2,4；

8_core device；1,2,4,8。

⑦ 在 CCS5 中单击 debug 或者 release 按钮。

在 debug 模式下：vlfft evmc66781. cfg(目录为..\demos\vlfft\evmc66781)或者 vlfftevmc66701. cfg(目录为..\demos\vlfft\evmc66701)中第 92 行到第 95 行中的 4 行应该被注释掉。

```
varMessageQ = xdc. mcxtule(' Li. sdo. ipc. MessageQ');
varNoify = xdc. module(' ti. sdo. ipc. Notify');
Notify. SetupProxy 二 xdc. module('ti. sdo. ipc. family. c647x. NotifyCircSetup');
MessageQ. SetupTransportProxy =
xdc. module('ti. sdo. ipc. transports. TransportShmNotifySetup');
```

在 release 模式下：vlfft_evmc66781. cfg(目录为..\demos\ vlfft\ evmc66781)或者 vlfft_evmc66701. cfg(目录为..\demos\vlfft\cvmc66701)中第 92 行到第 95 行中的 4 行应该保留。

```
varMessageQ = xdc. module(' ti. sdo. ipc. MessageQ');
var Notify = xdc. module(' ti. sdo. ipc. Notify');
Notify. SetupProxy = xdc. module(' ti. sdo. ipc. family. c647x. NotifyCircSetup');
MessageQ. SetupTransportProxy =
xdc. module(' ti. sdo. ipc. transports. TransportShmNotifySetup');
```

⑧ 单击 CCS5 中的 build 按钮,产生.out 文件。

下面介绍如何运行程序:

① 在 C6678 functional simulator 上运行代码,载入 vlfft_evmc66781.out(目录为:\vlfft\evmc66781\\Debug 或者\vlfft\evmc66781\Release)到所有的内核上。不管有多少内核被分配计算 FFT,所有内核都要载入 vlfftevmc66781.out。在所有内核上运行代码。

② 在 C6678 EVM 上运行代码,用 GEL 文档初始化 EVM 的 PLL 和 DDR3,载入 vlfftevmc66781.out(目录为:\vlfft\evmc66781\\Debug 或者\vlfft\evmc66781\Release)到所有的内核上。不管有多少内核被分配计算 FFT,所有的内核都要载入 vlfft_evmc66781.out。在所有的内核上运行代码。

在 simulator 上运行时,完整的工程以及.ccxml 文件的配置如图 10.9 所示。

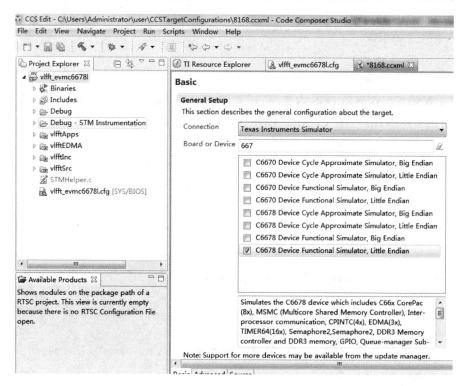

图 10.9　.ccxml 文件的配置

编译整个工程,生成.out 文件(工程编译之前存在.out 文件),launch selected configuration 后,进入 CCS 软件仿真 C6678 模式。工程界面如图 10.10 所示。

将所有的核 group,单击菜单 Run→load→load program,然后运行(F8)输出。VLFFT 运行结果如图 10.11 所示。

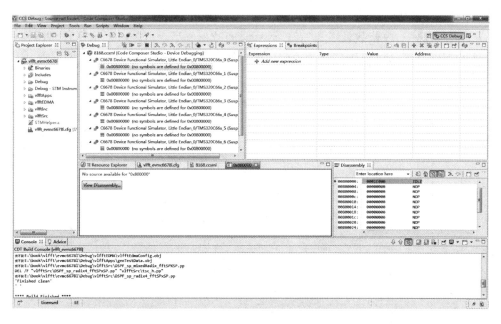

图 10.10 软件仿真模式

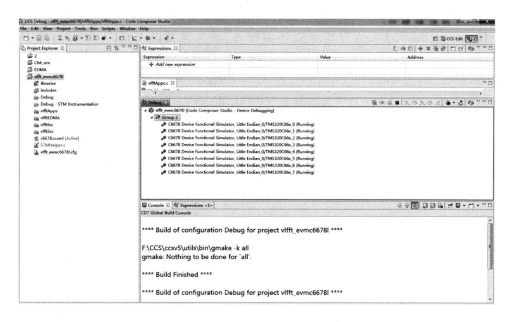

图 10.11 编译并下载程序

10.2.4 运行结果分析

表 10.3 列出了基于 TMS320C6678 多核 DSP 在 1 核、2 核、4 核以及 8 核并行运

算大点数 FFT 所消耗的时间和性能分析。

理想情况下,内核数量增加一倍,运算时间减少一半。但是由于预算时间还包括片外 DDR3 数据通过 EDMA3 传输到内部的延时等,使得运算时间不成明显的正比例关系。

表 10.3　VLFFT 时间和性能对比

FFT 尺寸/KB	TMS320C6678－1 GHz,DDR－1330 MHz 运行 VLFFT 的时间和性能分析/ms			
	1 核	2 核	4 核	8 核
16	0.473	0.261	0.159	0.131
32	0.915	0.478	0.278	0.198
64	1.857	0.922	0.508	0.315
128	4.100	2.004	1.060	0.641
256	8.795	4.323	2.228	1.186
512	18.669	9.291	4.704	3.103
1 024	38.557	19.328	9.605	6.403

运算结果表明:TMS320C6678(1 GHz,DDR－1330 MHz)执行 1 MB 数据的 FFT 运算耗时 6.4 ms,与其他处理器相比,极大地提高了 FFT 的运算效率。TMS320C6678 可以运用于雷达、电子战、医学成像等对时间要求苛刻的应用领域。通过进一步提高 TMS320C6678 的时钟(1.25 GHz,DDR－1600 MHz)、增强多核之间的协处理能力,可以更短时间完成 1 MB 数据的 FFT。

## 第 11 章

TMDSEVM6678L EVM 及视频编解码实现

11.1 EVM 概述

TI 公司基于 TMS320C6678 提供的 EVM 评估板套件包括 TMS320C6678 Lite、TMDSEVM6678LE、TMDSEVM6678LXE 等。

TMS320C6678 Lite 评估模块（EVM）是易于使用、经济高效的开发工具，可帮助开发人员迅速使用 C6678/6674/6672 多核 DSP 进行设计。EVM 包括单个 C6678 处理器和功能强大的连接选项，客户可以在各种系统中使用，它们还可用做独立电路板。

EVM 的仿真功能和软件使客户可以对 C66x DSP 进行编程，设定要在 C6678/4/2 DSP 上实施的算法的基准。

TMDSEVM6678L——TMS320C6678 Lite 评估模块，TMDSEVM6678L EVM 附带 XDS100 板载仿真功能。此外，还可使用通过 JTAG 仿真接头的外部仿真器。

TMDSEVM6678LE——TMS320C6678 Lite 评估模块，带 XDS560V2 仿真功能 TMDSEVM6678LE Lite EVM，对开发人员来说是一款易于使用、低成本的工具，可以利用带有 XDS560V2 仿真的 C6678/C6674/C6672 多核 DSP 着手开发。

TMDSEVM6678LXE——TMS320C6678 Lite 评估模块，带加密保护和 XDS560V2 已启用加密保护的 TMDSEVM6678LE Lite EVM，对开发人员来说是一款易于使用、低成本的工具，可以利用带有 XDS560V2 仿真的 C6678/C6674/C6672 多核 DSP 着手开发。

TMS320C6678、TMDSEVM6678LE 和 TMDSEVM6678LXE 都具有：

➤ 单宽 AMC 类封装；
➤ 单个 C6678 多核处理器；
➤ 512MB DDR3；
➤ 64 MB NAND 闪存；
➤ 1 MB 本地启动的 I^2C EEPROM（可能为远程启动）；
➤ 板载 10/100/1000 以太网端口（第二个端口位于 AMC 连接器上）；

嵌入式多核 DSP 应用开发与实践

> RS - 232 UART；
> 用户可编程 LED 和 DIP 开关；
> 60 引脚 JTAG 仿真器接头；
> 板载 JTAG 仿真,带 USB 主机接口；
> 特定于电路板的 Code Composer Studio 集成开发环境；
> Orcad 和 Gerber 设计文件；
> 多核软件开发套件（MCSDK）；
> 与 TMDSEVMPCI 适配卡兼容。

TMDSEVM6678LE 和 TMDSEVM6678LXE 通过 XDS560V2 支持带 USB 主机接口的嵌入式 JTAG 仿真。

本章主要介绍 TMS320C6678L 开发板,并对 EVM 开发板的开发程序进行分析。

11.1.1　TMDSEVM6678L 概述

TMDSEVM6678L 是一款高性能、高效率的独立开发平台,用户能够对 TI 公司的 TMS320C6678 DSP 进行评估并开发应用。评估模块（EVM）也可以成为 TMS320C6678 的硬件参考设计平台。评估板的系统布局框图如图 11.1 所示,实物图如图 11.2 所示。

TMDSEVM6678L EVM 的主要特点如下：

> TI 公司的多核 DSP - TMS320C6678。
> 512 MB 的 DDR3 - 1333 外部存储。
> 64 MB NAND Flash。

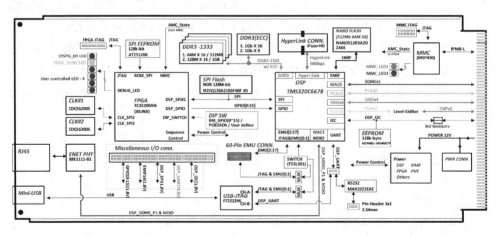

图 11.1　TMDSEVM6678L 评估板系统框图

嵌入式多核 DSP 应用开发与实践

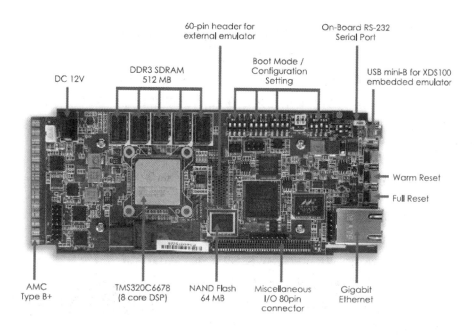

图 11.2　TMDSEVM6678L 评估板实物图

337

> 16 MB SPI NOR Flash。

> 2 个千兆以太网口,提供 10/100/1 000 Mb/s 的数据率。

> 170 引脚 B+ 型 AMC 接口,包含 SRIO、PCIe、千兆以太网和 TDM。

> HyperLink 高性能连接器。

> 用于启动的 128 KB I²C EEPROM。

> 2 个用户 LED 灯、5 组 DIP 开关和 4 个软件控制的 LED 灯。

> RS232 串行接口。

> 80 引脚扩展接口(包括 EMIF、TIMER、SPI、UART)。

> 使用高速 USB2.0 接口的板上 XDS100 型仿真器。

> 支持所有类型外部仿真器的 TI 60 引脚 JTAG 接口。

TMS320C66x 系列 DSP(包括 TMS320C6678)是 TMS320C6000 平台中性能最高的定点/浮点 DSP。TMS320C6678 基于第三代高性能 Veloci TI 超长指令集架构,特别适用于高密度的有线/无线媒体网关基础设施,它为 IP 边界网关、视频转码及译码、视频服务器、智能语音及视频识别等应用提供了一个理想的解决方案。

TMDSEVM6678L 使用 CCS 进行开发,在开发板上有自带的仿真电路以及外部仿真器接口,CCS 可以通过随开发板提供的 USB 连接线与板上仿真电路连接,或者直接使用外部仿真器与开发板进行连接。

基于 SYS/BIOS 操作系统的开发,可以使用 TI 公司提供的多核软件开发套件(MCSDK)。MCSDK 提供高度优化的平台专用基础驱动程序包,可在 C66x 多核器件上进行开发。MCSDK 使开发人员能够对评估平台的硬件和软件功能进行评估,以快速在 TI 高性能多核 DSP 上开发多核应用。

TMDSEVM6678L 可由一个+12 V/3.0 A(36 W)直流电电源供电,可将该外部电源与开发板上的直流电源插孔连接。在开发板内部,+12 V 输入电压通过 DC-DC变压器转换成各器件所需要的电压。TMDSEVM6678L 也可从 AMC 边缘连接器获得电源,当评估板插入 AMC 背板时,就不需要外接+12 V 的电源。

11.1.2　TMDSEVM6678L 电路介绍

1. 启动模式设置

TMDSEVM6678L 有 5 组用于配置的 DIP 开关(见图 11.3),分别为 SW3、SW4、SWS、SW6 和 SW9,共 18 个开关。这些开关决定了开发板启动时的启动模式、启动配置(见表 11.1)、启动设备、Endian 模式、内核 PLL 时钟选择、PCIe 模式选择。详细的设置值可参考 EVM 评估板和具体仿真程序应用。

启动模式配置

图 11.3　Boot 配置开关

表 11.1　启动配置

DIP 开关	DSP	启动模式	优先级功能	
			上位	下拉
BM_GPIO0	GPIO0	LENDIAN	小端	大端
BM_GPIO1	GPIO1	BOOTMODE00	Boot Device	
BM_GPIO2	GPIO2	BOOTMODE01	Boot Device	
BM_GPIO3	GPIO3	BOOTMODE02	Boot Device	
BM_GPIO4	GPIO4	BOOTMODE03	Device Cfg	
BM_GPIO5	GPIO5	BOOTMODE04	Device Cfg	
BM_GPIO6	GPIO6	BOOTMODE05	Device Cfg	
BM_GPIO7	GPIO7	BOOTMODE06	Device Cfg	
BM_GPIO8	GPIO8	BOOTMODE07	Device Cfg	
BM_GPIO9	GPIO9	BOOTMODE08	Device Cfg	
BM_GPIO10	GPIO10	BOOTMODE09	Device Cfg	
BM_GPIO11	GPIO11	BOOTMODE10	PLL Multiplier/I^2C	

续表 11.1

DIP 开关	DSP	启动模式	优先级功能	
			上位	下拉
BM_GPIO12	GPIO12	BOOTMODE11	PLL Multiplier/I²C	
BM_GPIO13	GPIO13	BOOTMODE12	PLL Multiplier/I²C	
BM_GPIO14	GPIO14	PCIESSMODE0	Endpt/RootComplex	
BM_GPIO15	GPIO15	PCIESSMODE1	Endpt/RootComplex	

2. JTAG 仿真电路

TMDSEVM6678L 板上嵌入式 JTAG 仿真电路(见图 11.4),可以使用 USB 连接线将主机与开发板连接。如果用户希望使用外部仿真器,EVM 提供了一个 TI 60 引脚 JTAG 接口,用于高速的实时仿真,可支持所有的标准 TI DSP 仿真器。

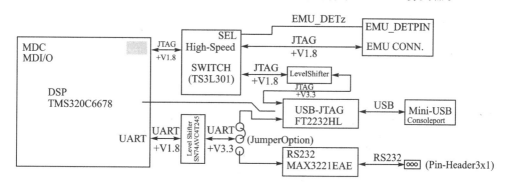

图 11.4　TMDSEVM6678L EVM JTAG 仿真电路

开发板上的嵌入式 JTAG 仿真器为默认的连接到 DSP 的仿真器,当有一个外部仿真器连接到开发板上时,开发板将自动地把仿真控制交给外部仿真器。如果两种仿真器同时被连接,外部仿真器有更高的优先权。

第三种仿真方法为使用 AMC 边缘连接器的 JTAG 端口,用户可以通过 AMC 背板连接到 DSP 。

3. 时钟系统

通过启动时的配置,EVM 可以为 TMS320C6678 DSP 和 FPGA 等电路提供可配置时钟,如图 11.5 所示为 EVM 时钟系统框图。

4. EEPROM 和 NOR Flash 电路

TMS320C6678 的 I²C 模块可被 DSP 用于控制本地外设集成电路(DAC、ADC 等),或者与系统中的其他控制器进行通信。I²C 总线被连接到了一个 EEPROM 和 80 引脚扩展接口。I²C EEPROM 有两个分区,分别存放 I²C 启动程序、PLL 初始化程序和第二级 Boot loader 程序。

嵌入式多核 DSP 应用开发与实践

340

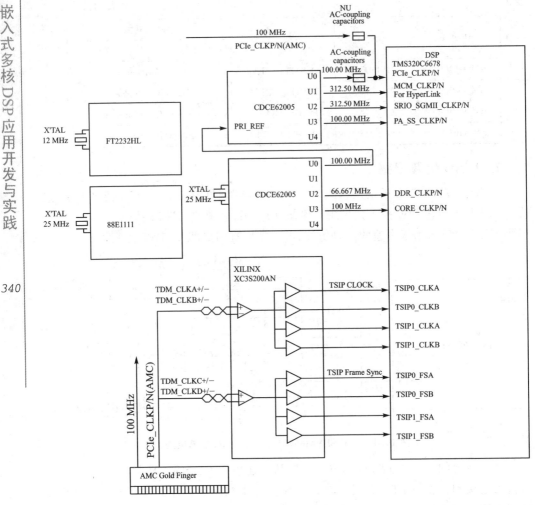

图 11.5　EVM 时钟系统框图

SPI 模块提供了 DSP 与其他 SPI 兼容设备的接口。此接口的主要作用是允许在启动时访问 SPI ROM。16 MB 的 NOR Flash 连接在 DSP 的 CS0，SPI 的 CS1 可以用于 DSP 访问 FPGA 中的寄存器。

5. FPGA

FPGA(Xilinx XC3S200AN)控制 DSP 的复位机制，通过开关 SW3、SW4、SW5、SW6、SW9 将启动模式以及启动配置的数据送入 DSP。FPGA 还提供了 AMC 连接器(见图 11.6)与 DSP 之间 TDM 帧同步和时钟转换。FPGA 可通过其控制寄存器来控制 4 个用户 LED 灯和一个用户开关。所有的 FPGA 寄存器可通过 SPI 接口进行访问。

TMDSEVM6678L EVM 上的 FPGA 的主要特点：

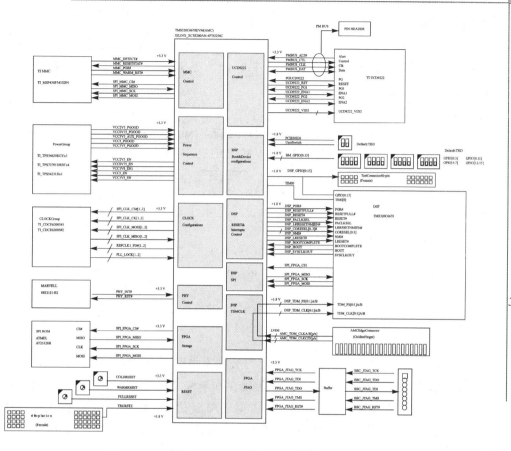

图 11.6　EVM 板 FPGA 连接

> TMDSEVM6678L EVM 电源时序控制。

> TMDSEVM6678L EVM 复位控制。

> TMDSEVM6678L EVM 时钟发生器初始化和控制。

> TMS320C6678 DSP 使用 SPI 接口访问 FPGA 的配置寄存器。

> 为 TMS320C6678 DSP 提供虚拟寄存器,使之能访问时钟发生器的配置寄存器。

> 为 TMS320C6678 DSP 提供虚拟寄存器,使之能通过 PM 总线访问 UCD9222 设备。

> 为 TMS320C6678 DSP 提供用于 DSP 启动模式配置的开关。

> MMC 复位触发接口。

> 提供了 AMC 连接器与 DSP 之间 TDM 帧同步和时钟转换。

> 提供以太网物理层中断(RFU)和复位控制接口。

> 支持复位按钮,用户开关和调试 LED。

6. 千兆以太网接口

TMDSEVM6678L 提供两个 SGMII 千兆以太网端口（见图 11.7）。其中，SG-MII_1(EMAC1)路由到一个千兆 RJ-45 连接器。SGMII_0 (EMAC0)路由到 AMC 边缘连接器的 Port0。

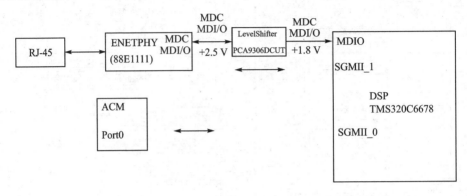

图 11.7　千兆以太网接口

7. Serial RapidIO (SRIO)接口

RapidIO 是由 Motorola 和 Mercury 等公司率先倡导的一种高性能低引脚数、基于数据包交换的互连体系结构，是为满足现在和未来高性能嵌入式系统需求而设计的一种开放式互连技术标准。RapidIO 主要应用于嵌入式系统内部互连，支持芯片到芯片、板到板间的通信，可作为嵌入式设备的背板(Backplane)连接。SRIO 则是面向串行背板、DSP 和相关串行数据平面连接应用的串行 RapidIO 接口。

TMS320C6678 总共有 4 个 RapidIO 端口，所有的 SRIO 端口都被连接到了 AMC 边缘连接器。

8. 外部存储器接口

TMS320C6678 的 DDR3 接口可以连接 4 个 DDR3 1333 设备，在使用 DDR3 EMIF 过程中可通过配置选择使用"narrow(16 b)"，"normal(32 b)"或者"wide(64 b)"模式。

TMS320C6678 的 EMIF16 接口连接到 EVM 上的一个 512 Mb(64 MB) NAND Flash 和 80 引脚扩展接口。EMIF16 模块提供了 DSP 与异步外部存储器的接口，例如 NAND Flash 或 NOR Flash。

9. HyperLink 接口

TMS320C6678 为 companion chip/die interface 提供了 HyperLink 总线（见图 11.1)。这是一个 4 通道的 SerDes 接口，每通道速率可达 12.5 Gb/s。

10. PCIe 接口

PCI - Express 是最新的总线和接口标准。TMDSEVM6678L 上的双通道 PCIe 接口可以连接 DSP 和 AMC 边缘连接器。PCIe 接口是串行连接,提供了较少引脚数、高稳定性、高速的数据传输,传输速率可达每通道 5.0 Gb/s。

11. TSIP 接口

TSIP 模块为电信串行数据流提供了一个无粘接接口。TSIP 0 和 TSIP 1 有4 个通道(见图 11.8),连接到一个电压转换器,将＋1.8 V 转换为＋3.3 V 后连接到 AMC 边缘连接器上。TSIP 可支持 8.192 Mb/s、16.384 Mb/s、32.768 Mb/s 的数据速率。TSIP 接口的 Rx 和 Tx 端口是交叉连接的,可支持交错式和单向的背板 TBM 总线。

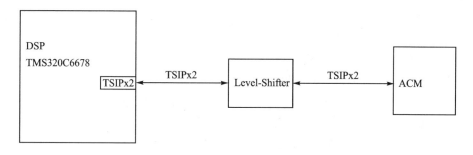

图 11.8　TSIP 接口

12. EVM 其他接口

TMS320C6678 提供了一个串口,用于 UART 通信。这个串口可以连接 USB 或者 3 引脚(Tx,Rx,GND)串口接口,可通过 COM_SEL1 进行选择。

TMDSEVM6678L 使用模块管理控制器(MMC)来支持智能平台管理接口(IP-MI)命令。该 MMC 基于 TI MSP430F5435 混合信号处理器。MMC 的主要作用是,当 EVM 插入 MicroTCA 机箱时,为 MCH 提供必要的信息,并为 EVM 提供有效负载电源。EVM 也提供了一个蓝色 LED(LED 2)和一个红色 LED(LED 1),当 MMC 上电初始化时,这两个 LED 会闪烁。

蓝色 LED(LED 2):蓝色 LED 会在 EVM 插入 MicroTCA 机箱并上电时点亮,当 EVM 获得有效负载电源后,蓝色 LED 熄灭。

红色 LED(LED 1):红色 LED 通常是不亮的,当出现错误时会点亮红色 LED。

TMDSEVM6678L 有一个 80 引脚的接口,连接到 EMIF、I^2C、TIMI[1:0]、TIMO[0:1]、SPI、GPIO[15:0] 和 UART 信号。其中,EMIF、I^2C、TIMI[1:0]、TIMO[0:1]、SPI、GPIO[15:0]是 1.8 V 的电压,而 UART 信号的电压为 3.3 V 。

11.2　多相机视频编解码实现

11.2.1　系统介绍

TI 公司提供了包含有综合而全面的视频、音频和语音编解码组合的全新多媒体解决方案。TMS320C6678 可以帮助实现系统级的低成本、低功耗和高密度媒体解决方案,适用于多媒体网关、IMS 媒体服务器、视频会议服务器以及视频广播设备等领域。

11.2.2　开发包支持

TI 公司提供了面向 TMS320C6678 的视频处理开发包 Multicore Video Software Development Kit(MCSDK-Video),具有以下特点和优势:

> 经过优化的视频编解码器,支持 MPEG-4、H.264、JPEG2000 等;
> 支持多种架构实现:独立开发板、研华 PCI 卡;
> 支持编码、解码以及转码模式;
> 支持图形或文字绘制、帧率转换和三维重建;
> 可以在单内核、一板多内核甚至多板多内核模式下运行。

开发包支持多种格式的优化编解码的快速开发,详见表 11.2。

表 11.2　编解码支持

视　频	JPEG 2000,AVC-Intra 50/100,H.265,H.264 10-bit 4:2:2,H.263,MPEG-4,MPEG-2 4:2:2,JPEG,VC1,SVC,Sorenson Spark encoders and decoders
音　频	AAC,AACv2,AC3,MP3,WMA8,WMA9 编解码
语　音	G.711,G.718,G.722,G.722.1,G.723,G.726,G.728,G.729AB,G.729G,GSM-ARM w/ EFR,GSM-FR,EVRC-B,WBAMR

需要注意的是,TI 公司并没有提供其底层的编解码算法源代码,用户可以使用其提供 XDM 来进行开发,如图 11.9 所示。

11.2.3　性能评估

1. 整体解决方案性能

TMS320C6678 可实现高密度解决方案,能满足多种不同多媒体应用的需求。目前 TI 公司官方提供了两种通信平台(PCIe 和 ATCA)下多核视频(音频)编解码的参考性能,详见表 11.3。

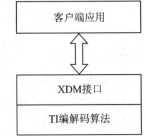

图 11.9　XDM 接口算法调用

表 11.3　多媒体应用系统解决方案性能

多媒体应用	系统解决方案密度(通道数量)	
	PCIe:8 个 C6678 DSP	ATCA:20 个 C6678 DSP
移动语音应用 AMR 编码和解码,12.2 kb/s	11 000	27 500
移动视频应用 H.264 BP 编码和解码,CIF,30 f/s	240	600
网络视频应用 H.264 BP 编码和解码,SD,30 f/s	120	300
高清会议 MCU 与 MRFP H.264 BP 编码和解码,1080p30	12	30
高清广播 AVC-Intra 100,10 b,4:2:2,60 f/s	5	12

2. H.264 BP/MP 编解码测试性能

在 2011 年 12 月发布的文档中,对 H.264 Baseline Profile Encoder 的性能给出了测试结果。测试运行环境为 TMS320C6678 EVM,CCSv4.2.3.00004,code generation tools version 7.2.2。测试样本描述及对应编码所消耗的指令周期数如表 11.4 所列,可见对所列出测试样本的编码都已达到实时。

表 11.4　性能统计

测试描述	平均值	峰　值
mobile.yuv,YUV422/CIF @ 768 kb/s @ 30 f/s with 1 MV, LPF, UMV, Quarter Pixel Interpolation, intra 16×16 300 frames	110	205
mobile.yuv,YUV422/CIF @ 768kb/s @ 30 f/s with 4 MV, LPF, UMV, Quarter Pixel Interpolation, intra 16×16 300 frames	118	224
mobile.yuv,YUV420/CIF @ 768kb/s @ 30 f/s with 1 MV, LPF, UMV, Quarter Pixel Interpolation, intra 16×16 300 frames	101	221
football.yuv YUV420/VGA @ 2.5 Mb/s @ 30 f/s with 1 MV, LPF, UMV, Quarter Pixel Interpolation, intra 16×16 100 frames	265	614
football.yuv UV YUV420/VGA @ 2.5 Mb/s @ 15 f/s with 1 MV, LPF, UMV, Quarter Pixel Interpolation, intra 16×16 100 frames	152	319
fire.yuv, 422/D1 @ 4Mb/s @ 30 f/s with 1 MV, LPF, UMV, Quarter Pixel Interpolation, intra 16×16 100 frames	309	705
fire.yuv, YUV422/D1 @ 4Mb/s @ 30 f/s with 4 MV, LPF, UMV, Quarter Pixel Interpolation, intra 16×16 100 frames	333	770
fire.yuv, YUV422/D1 @ 4Mb/s @ 30 f/s with 1 MV, LPF, UMV, Quarter Pixel Interpolation, intra 16×16, (only base params) 100 frames	785	927

H.264 Baseline ProfileDecoder 针对 Level 1.0 Baseline Profile、Level 2.0 Baseline Profile、Level 3.0 Baseline Profile、Level 3.0 Main Profile 配置的测试结果如

表 11.5(部分)所列。

表 11.5　测试结果

测试描述	平均值	峰　值
D1p720×480_parkrun_420p_IBBP_CABAC_16mv_Progr_4Mbps. 264	561	814
D1p720×480_parkrun_420p_IBBP_CABAC_1mv_Progr_4Mbps. 264	504	713
D1p720×480_parkrun_420p_IBBP_CAVLC_1mv_Progr_4Mbps. 264	387	466
D1p720×480_parkrun_420p_IPP_CABAC_1mv_Progr_4Mbps. 264	492	639
D1p720×480_parkrun_420p_IPP_CAVLC_1mv_Progr_4Mbps. 264	352	434
football_p704×480_IBBP_CABAC_16mv_lntlcd_4Mbps. 264	246	398
football_p704×480_IBBP_CAVLC_1mv_lntlcd_4Mbps. 264	187	238
football_p704×480_IPP_CABAC_1mv_16ntlcd_4Mbps. 264	256	357
football_p704×480_IPP_CABAC_1mv_lntlcd_4Mbps. 264	247	359
football_p704×480_IPP_CAVLC_1mv_lntlcd_4Mbps. 264	182	241
football_p704×480_IBBP_CABAC_16mv_mbaff_4Mbps. 264	633	831
football_p704×480_IBBP_CABAC_4mv_mbaff_4Mbps. 264	583	779
football_p704×480_IBBP_CAVLC_4mv_mbaff_4Mbps. 264	526	753
football_p704×480_IPP_CABAC_4mv_mbaff_4Mbps. 264	592	705
football_p704×480_IPP_CAVLC_4mv_mbaff_4Mbps. 264	469	536

3. JPEG 编解码测试性能

JPEG 编码器测试性能见表 11.6。需要注意计算周期数衡量单位为每像素,所以如果 TMS320C6678 DSP 工作频率为 1 GHz,每帧图像编码为 $13×768×512/(1\,000×1\,024×1\,024)=4.875$ ms。

表 11.6　JPEG 编码器测试性能

测试描述	平均值	峰　值
Measured on input file, lnput_422.yuv with frame size 768×512 at 10:1 compression ratio	13	None

JPEG 逐行解码器性能见表 11.7,耗时最长约每帧 100 ms。

4. MCSDK Video Demo 性能

另外,MCSDK Video 提供了两个 Demo,TI 公司宣称这两个 Demo 都可以实时运行。这两个 Demo 的详细描述如下:

表 11.7　JPEG 逐行解码器性能

测试描述	平均值	峰　值
REMI0003.jpg, 2048 x 1536 , Baseline Sequential Interleave	10	None
REMI0003.jpg, 2048 x 1536 , Baseline Sequential non-Interleave	9	None
remi003_prog.jpg, 2048 x 1536 , Progressive Image	9	None
REMI0003.jpg, 2048 x 1536 , Baseline Sequential Interleave, Sectional Decoding, one row decode for each process call	10	None
REMI0003.jpg, 2048 x 1536 , Baseline Sequential non-Interleave, Sectional Decoding, one row decode for each process call	9	None
remi003_prog.jpg, 2048 x 1536 , Progressive Image, Sectional Decoding, one row decode for each process call	9	None
REMI0003.jpg, 2048 x 1536 , Baseline Sequential Interleave, Sub-Region Decoding, X origin @ 512,length 1024 and Y origin @ 384,length 768	24	None
REMI0003.jpg, 2048 x 1536 , Baseline Sequential non-Interleave, Sub-Region Decoding, X origin @ 512,length 1024 and Y origin @ 384,length 768	29	None
remi003_prog.jpg, 2048 x 1536 , Progressive Image, Sub-Region Decoding, X origin @ 512,length 1024 and Y origin @ 384,length 768	33	None
REMI0003.jpg, 2048 x 1536 , Baseline Sequential Interleave, Sectional based Scaling, scaling the output by 2	34	None
REMI0003.jpg, 2048 x 1536 , Baseline Sequential non-Interleave, Sectional based Scaling, scaling the output by 2	31	None
remi003_prog.jpg, 2048 x 1536 , Progressive Image, Sectional based Scaling, scaling the output by 2	32	None

➤ Demo1 展示了多通道视频转码（译码-编码）性能:内核 0～5 每个内核运行两个通道的转码,每个通道的输入数据为 H. 264 CIF,转码后内核 0～1 输出原尺寸的 H. 264 CIF 数据,内核 2～5 输出调整大小后的 H. 264 CIF 数据。

➤ Demo2 展示了多核高清视频转码性能:输入为 H. 264 D1 数据,内核 7 解码源数据,内核 6 将解码后的 YUV 数据调整大小至 1 080 p,内核 0～5 将 1 080 p YUV 数据编码为 H. 264 格式,最后内核 0 将转码后的 H. 264 1 080 p 数据流发回 PC。

第 **12** 章

KeyStone Ⅰ 自测程序指南

12.1　自测程序概述

　　TI 公司提供的 K1_STK_v1.1(Self Test Kit,STK)自测程序是基于 TI Key-Stone 多核 DSP EVM 电路板提供的测试例程,稍做修改的情况下也可用于用户自行开发的电路板测试。

　　K1_STK_v1.1 测试程序可用于测试使用在 EVM 板的 KeyStone DSP 内部模块的性能,方便进一步的方案评估和分析,也可作为用户开发和评估项目性能的依据。

　　对于 MCU 等简单 CPU 设备,用户可自行根据厂商提供的电路图开发,但是对于像 KeyStone 这样的巨无霸,建议算法和应用先在 EVM 电路板测试,在比较稳定和风险较小的情况下再进行设计和扩展。

　　STK 测试程序是基于片级支持库 CSL(Chip Support Library)开发的。CSL 是 PDK (Platform Development Kit)的底层,而 PDK 是 MCSDK (MultiCore Software Development Kit)的一部分。关于 PDK 和 MCSDK 可参见本书的相关章节。

　　STK 测试程序简单高效,没有使用 SYS/BIOS、LLD 底层驱动和 GEL。所有 DSP 模块的使用和初始化都通过 STK 来完成。

　　STK 测试程序包括了 SRIO、PCIe、AIF2、UART 等外设,以及 Navigator、Memory Test 等常用例程,可供大家开发参考。请大家在使用例程时,注意以下几点:

　　① 导入工程后需要根据计算机上安装的 PDK 路径修改 include options 中 PDK 的路径。

　　② 更新工程 src 中 link 的文件,从 common 中相应的公共文件拉到工程中 src 下面。

　　③ 如果是移植到非 EVM 板上运行,则需要修改 main 函数中输入时钟源的配置。

　　注意:该例程是基于 CCS5.4 开发的,支持 CCS5.4 及以上版本,支持 C66x 内核的 C6678、C6670、TCI6614、C6657 等 KeyStone 系列 DSP。

12.1.1　程序框架

STK 测试程序包括各个接口或硬件模块的测试项目，测试程序执行多个测试用例，覆盖每个模块大部分的使用情况。

STK 测试程序的结构如图 12.1 所示。底层设备的驱动和配置是基于 CSL。

典型的配置接口 API 定义为一个配置结构和配置函数，比如：

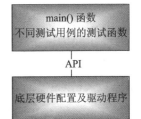

图 12.1　STK 测试程序结构

```
typedef struct {
    Parameter 1;
    Parameter 2;
    ...
} KeyStone_xxx_Config;
KeyStone_xxx_Init(KeyStone_xxx_Config * xxx_cfg);
```

用户进行硬件调试时，只需要修改 API 接口的参数来执行不同的测试用例。底层代码只需要修改用于特殊需求的测试用例。底层代码可以直接用于用户的驱动程序，或者用做用户驱动程序开发的参考代码。如图 12.2 所示为测试项目的目录结构。docs 文件夹存放测试程序的文档说明，auto_test 包含 STK 程序自动测试的脚本文件和测试结果；common 文件夹包含底层的硬件配置和驱动代码。每个模块对应一个测试文件夹，测试程序在各个测试项目的 src 子文件内。

其中描述了常用的底层驱动代码，其他模块特定的底层驱动和测试程序在每个测试指南中进行描述，如表 12.1 所列。

表 12.1　底层驱动代码源文件说明

源文件	描　述
KeyStone_common. c/h	Implementation of APIs for: ➢ PLL configuration; ➢ Timer configuration and watch dog service function; ➢ TSC (Time Stamp Counter) utility functions; ➢ PSC (Power Sleep Controller) functions; ➢ EDMA initialization and EDMA/IDMA copy/fill functions; ➢ L1/LL2 memory protection setup, SL2/DDR MPAX setup and Peripherals MPU setup; ➢ L1/LL2/SL2 EDC setup and error handler; ➢ Exception configuration and handlers for CPU internal exception, memory protection error, bus error, interrupt drop, EDMA error… ➢ Cache/prefetch coherency utility functions; ➢ CIC (Chip Interrupt Controller) initialization

嵌入式多核 DSP 应用开发与实践

源文件	描　述
common_test. c/h	Common test functions including memory test，memory copy，EDMA copy…
CPU_access_test. c/h	Functions test CPU latency for LDDW（Load double word），STDW（Store double word）
CPU_LD_ST_test. asm	Assembly function for LDDW and STDW latency test
INT_vectors. asm	Default interrupt vector table for exception handling
KeyStone_Navigator_init_drv. c/h KeyStone _ Packet _ Descriptor. h	Implementation of APIs for： ➢ QMSS linking RAM initialization； ➢ QMSS descriptor region initialization； ➢ Queue initialization and operations； ➢ QMSS PDSP firmware setup，accumulation and reclamation control； ➢ Packet DMA configuration and channel control
KeyStone_DDR_Init. c/h	DDR3 initialization
KeyStone _ Serdes _ init. c/h	SerDes initialization for SRIO，HyperLink，SGMII …

12.1.2　通用测试方案

每个模块的测试方法或算法不尽相同，详细测试方法可以参考各个模块应用。本小节介绍一些常用的测试方法。

基本的测试方法包括：读/写测试、环回（look back）测试、输出测试和输入测试。

读/写测试的基本步骤：先将 STK 代码写的特殊数据类型（如，0x00，0xffffffff，0x55555555 等）写到目的地址，然后 STK 代码再从目的地址读取，与已知写入的数据进行比较，测试读/写是否正常。通常用于包括内部存储器、EMIF 接口外部存储器，如 DDR3、NOR Flash 和 NAND Flash、SPI 和 I^2C 等接口的 EEPROM 等。也可用于 PCIe、HyperLink 读/写外部存储区域的测试。

环回测试的基本步骤：设置模块为环回模式。当模块为内部环回时，STK 代码设置为内部环回模式。当模块为外部环回时，用户可以通过手动连接外部电缆或导线，或者需要另一端的内核运行程序返回发送数据。与已知发送的数据进行比较，测试环回是否正常。SRIO、HyperLink、PCIe、Ethernet、UART、AIF2 等支持内部和外部环回模式，DMA、SPI、I^2C 等支持内部环回方式。

输出测试通常用于输出数据测量硬件信号，或测试其他内核。例如：SPI 或 UART 连续输出 0x55555555 将在 Tx 引脚产生方形波，这样有利于硬件信号的测量；SERDES 接口连续传输数据以便能测量眼图。

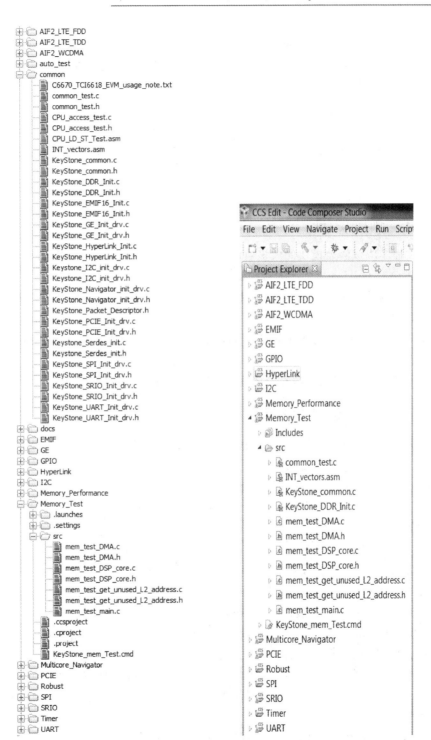

图 12. 2　K1_STK_v1. 1 自测程序目录

输入测试通常用于测试从外部输入的数据,例如:外部信号触发 GPIO 中断。

对于大多数接口测试,内部环回在两个内核之间进行。为了简化 STK 程序,相同的测试程序用在两个内核测试中,用户必须加载相同的程序到内核 0 和 1。程序在运行时检测运行内核的标号。如果是内核 0,执行内核 0 的内核程序;对于内核 1,执行属于内核 1 的程序。

如果内部环回测试通过,而外部测试失败,则通常意味着内部模块工作正常,问题应该在外部信号或其他设备连接的接口。此时应对外部电路进行检测,包括但不仅限于虚焊、短路、器件损坏或者对印刷电路板的信号完整性进行检查,还应分析其根源。

12.1.3　测试范围

测试程序应该涵盖模块的大多数使用情况,例如测试存储器、PCIe、HyperLink、UART 都会对 CPU 和 DMA 进行测试。

测试用例的设计,尽可能与实际情况相匹配。大多数情况下数据的接收是由中断触发的,但也支持轮询方式。

大多数模块可以进行连续测试,而不是简单的一次测试。连续测试可测试设备长时间连续工作的能力。

设计模块的性能测试,应充分考虑加载满负载情况下模块的能力。

12.1.4　EVM 板测试步骤

STK 测试程序可运行在 C6678、C6670、TCI6614 等 EVM 电路板。EVM 板的 CPU 可与自动识别 STK 测试代码。

在 EVM 电路板运行 STK 测试程序有以下几个步骤:

① 下载 K1_STK_v1.1.rar 压缩包并解压到本地硬盘,注意文件夹目录不要出现中文字符。

② 在 CCS 中导入项目。

③ 编译项目,需要设置 CSL 包含路径。默认情况下:

C6678:CSL 头文件安装在 C:\ti\pdk_C6678_1_1_2_6\packages\ti\csl;

C6670:CSL 头文件安装在 C:\ti\pdk_C6670_1_1_2_6\packages\ti\csl;

TCI6614:CSL 头文件安装在 C:\ti\pdk_tci6614_1_02_01_03\packages\ti\csl。

④ 设置 EVM 电路板为 no boot 方式。

⑤ 程序运行在一个内核时,加载内核程序在内核 0;运行所有的内核时,加载内核程序到所有的内核。测试程序运行两个芯片时,通常程序加载芯片 0 的内核 0,芯片 1 的内核 1。

⑥ 对于设备之间的测试,一些测试可能需要在另一个设备前运行一个设备。

默认情况下项目的路径设置如图 12.3 所示。

嵌入式多核DSP应用开发与实践

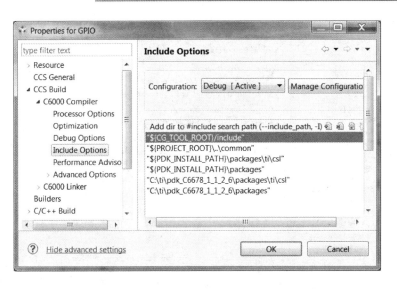

图 12.3　默认设置路径

注意:图中"＄{PDK_INSTALL_PATH}\packages"和"＄{PDK_INSTALL_PATH}\packages\ti\csl"在前,"C:\ti\pdk_C6678_1_1_2_6\packages"和"C:\ti\pdk_C6678_1_1_2_6\packages\ti\csl"在后。

对于 PDK_INSTALL_PATH 环境变量需手动设置路径。设置方法如图 12.4 所示,单击 menu→Preferences,弹出 Preferences 对话框,如图 12.5 所示。

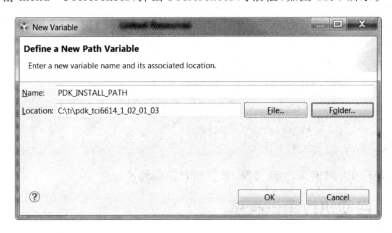

图 12.4　环境变量设置方法

对于 C6678 用户,PDK 使用默认路径,不需要修改安装信息。CCS/编译器基于环境变量 PDK_INSTALL_PATH 会自动产生警告信息(警告信息可能被忽略),然后 CCS 编译器找到头文件绝对路径。当 PDK 安装在其他路径时,CCS 编译器会报错,找不到头文件路径。

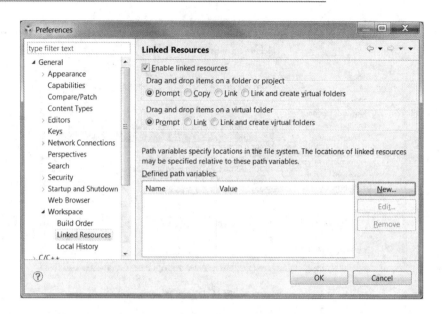

图 12.5 Preferences 对话框

12.1.5 移植程序注意事项

EVM 测试程序主要用于 EVM 板的测试,也可方便移植到用户自行开发的电路板,不过根据情况修改相应的测试程序:

① 根据用户 DDR 硬件电路设计,需要修改 KeyStone_DDR_Init. c 文件。主要是对 PCB 的 DDR 布线进行 sw levelling 分析,设置 DDR 的读/写参数。

② DSP 和 DDR 等运行速率根据需要进行修改:

```
//DSP core speed: 122.88 * 236/29 = 999.9889655MHz
KeyStone_main_PLL_init(122.88,236,29);
//DDR init 66.667 * 20/1 = 1333
KeyStone_DDR_init (66.667,20,1);
```

③ 其他和 EVM 板不一致情况,根据用户需要修改。

12.1.6 自动执行测试程序

STK 提供大约 20 余项测试内容,在 CCS 上运行这些测试程序约需 1 h,在批量电路板运行这些程序不仅浪费时间而且单调乏味。

基于 DSS(Debug Server Script)开发的自动测试脚本文件改善测试效率,并且不需要执行打开的 CCS 软件,本小节主要介绍脚本文件的构成和如何执行脚本文件。

1. 概　述

自动执行测试程序的脚本文件在 STK 安装目录的 auto_test 文件夹,如图 12.6 所示为脚本文件夹的内容。表 12.2 所列为 auto_test 文件夹内容说明。

图 12.6　脚本文件夹内容

表 12.2　auto_test 文件夹内容说明

文　件	说　明
auto_test.bat	The batch file to be used to execute scripts in command window. It setup the environment path of DSS firstly, and then calls DSS to execute the scripts in "auto_test.js"
auto_test.js	JavaScript to execute programs of STK
STK_Log.xml	DSS log file generated during the automation test, can be opened in browser such as Internet Explorer
xxx_ref_result	The folder contains multiple text files, each file includes typical test output of one test program. These files can be used as reference to check the test result on user's board. There may be multiple of folders, C6678_ref_result is the reference result on C6678 device, TCI6614_ref_result is the reference result on TCI6614 device, and so on⋯

在运行脚本文件之前,用户需要根据测试条件和环境修改脚本文件。

① DSS 环境变量如果不是 C:\ti\ccsv5\ccs_base\scripting\bin,需要修改在

auto_test.bat 的环境变量(auto_test.bat 可以用记事本打开并修改)。

```
PATH = % PATH % ;C:\ti\ccsv5\ccs_base\scripting\bin
```

② 在 auto_test.js 文件中修改项目配置文件(.ccxml)目录和测试项目,代码如下:

```
//the configuration file for the target board to run the test programs
var target _ board _ cfg = "C:/Users/a038916/ti/CCSTargetConfigurations/C6678 _ EVM.
ccxml"
//var target_board_cfg = "C:/Users/a038916/ti/CCSTargetConfigurations/TCI6614_EVM.
ccxml"
//var target _ board _ cfg = "C:/Users/a038916/ti/CCSTargetConfigurations/C6670 _ EVM.
ccxml"

//list of test programs and timeout value in ms for execute the program
var test_cases = [
{program: "../AIF2_LTE_FDD/LE/AIF2_LTE_FDD.out"                    ,timeOut:   30000},
{program: "../AIF2_LTE_TDD/LE/AIF2_LTE_TDD.out"                    ,timeOut:   30000},
{program: "../AIF2_WCDMA/LE/AIF2_WCDMA.out"                        ,timeOut:   30000},
{program: "../EMIF/Debug/EMIF.out"                                ,timeOut:  500000},
{program: "../GE/Debug/GE.out"                                    ,timeOut:   40000},
{program: "../GPIO/Debug/GPIO.out"                                ,timeOut:   30000},
{program: "../HyperLink/Debug/HyperLink.out"                      ,timeOut:  300000},
{program: "../I2C/Debug/I2C.out"                                  ,timeOut:  100000},
{program: "../Memory_Performance/Debug/Memory_Performance.out"    ,timeOut:  300000},
{program: "../Memory_Test/Debug/Memory_Test.out"                  ,timeOut: 1000000},
{program: "../Multicore_Navigator/Debug/Multicore_Navigator.out"  ,timeOut:  200000},
{program: "../PCIE/Debug/PCIE.out"                                ,timeOut:  150000},
{program: "../Robust/Debug/Robust.out"                            ,timeOut:  150000},
{program: "../SPI/Debug/SPI.out"                                  ,timeOut:  500000},
{program: "../SRIO/Debug/SRIO.out"                                ,timeOut:  700000},
{program: "../Timer/Debug/Timer.out"                              ,timeOut:   30000},
{program: "../UART/Debug/UART.out"                                ,timeOut:   20000}];
```

配置文件由 CCS 创建并默认保存在 C:/Users/xxxxx/ti/CCSTargetConfigurations 配置文件夹。特别注意:脚本文件中,"/"是文件夹名分离符号,"\"是非法字符。

test_cases 结构体下面的每一行代表一个测试项目,用户能够修改、添加或者去除任意一个测试项目。

任意一个测试项目运行时间多于变量 timeOut 的值(单位为 ms),测试项目终止。推荐设置 timeOut 时间值为正常运行程序时间 2～3 倍。

正常情况,测试程序运行在 C66x 设备的内核 0。用户可以根据需要修改脚本文件以便执行更复杂的测试程序,例如:并行执行多核程序。

2. 执行测试程序步骤

① 在 CCS 软件中编译所有的测试程序(运行脚本文件时不需要 CCS 连接测试板)。此步骤主要是生成测试程序的.out 文件。

② 打开命令行窗口,改变当前路径为 STK auto_test 文件夹,执行批处理文件 auto_test.bat,如图 12.7 所示。在 cmd 命令窗口会列出所有测试程序,用户可以选择想要执行的测试程序。

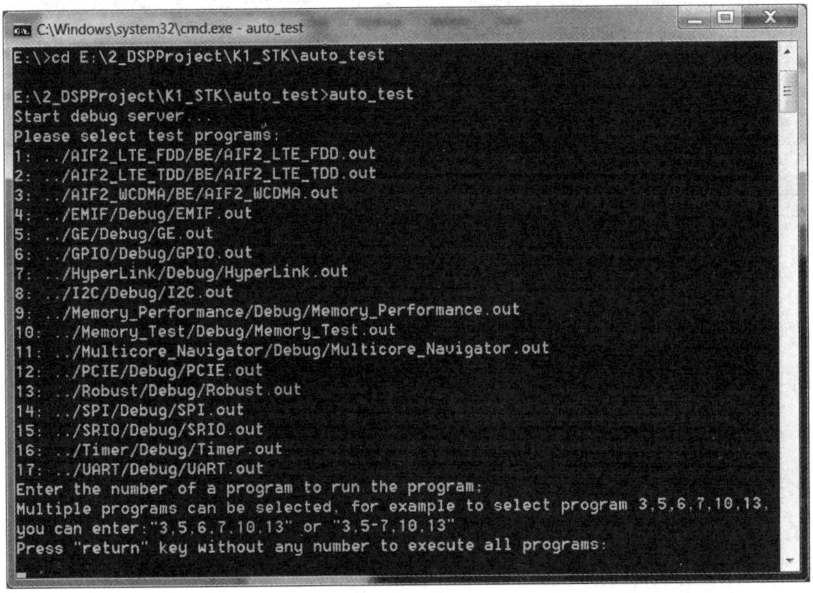

图 12.7　cmd 命令行执行脚本文件

③ 输入选择的执行程序序号。按 return 键执行所有的测试程序。例如输入 "4—17",命令窗口会显示,如图 12.8 所示。

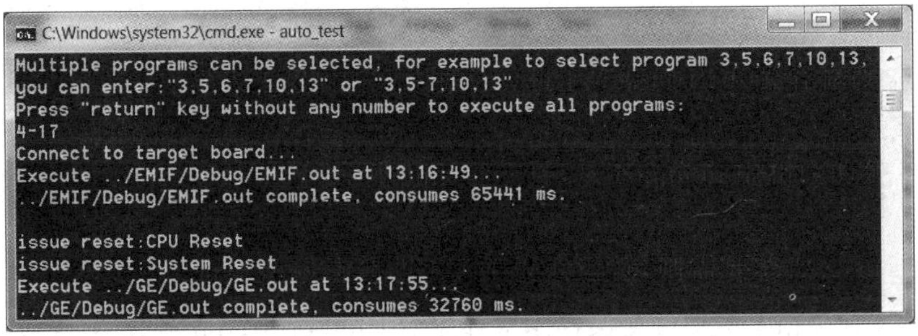

图 12.8　执行程序信息

在每个测试项目之间,脚本会执行 CPU Reset 和 System Reset 信息。

④ 所有测试程序完成后,显示 TEST COMPLETE. 0 exception happened! 时表示:已经执行所有的测试程序并且在预期时间内完成,如图 12.9 所示。

注意:在两个应用程序之间,脚本文件仅仅执行软件复位,有些程序可能需要执行硬件复位。在出现执行错误的时候,如果是因为没有硬件复位导致出现的问题,用户可以手动复位电路板,在脚本文件中单独执行出现问题的测试程序。

图 12.9　测试程序完成

3. 测试结果

DDS 产生的错误和警告信息会在命令窗口显示,更多执行日志会保存在 STK_Log. xml 文件,用户可以用浏览器打开,如图 12.10 所示。

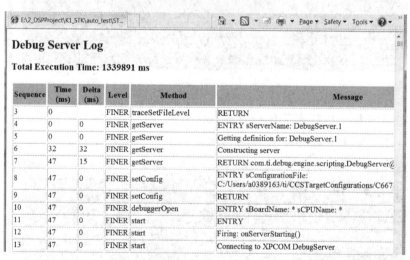

Debug Server Log

Total Execution Time: 1339891 ms

Sequence	Time (ms)	Delta (ms)	Level	Method	Message
3	0		FINER	traceSetFileLevel	RETURN
4	0	0	FINER	getServer	ENTRY sServerName: DebugServer.1
5	0	0	FINER	getServer	Getting definition for: DebugServer.1
6	32	32	FINER	getServer	Constructing server
7	47	15	FINER	getServer	RETURN com.ti.debug.engine.scripting.DebugServer@
8	47	0	FINER	setConfig	ENTRY sConfigurationFile: C:/Users/a0389163/ti/CCSTargetConfigurations/C667
9	47	0	FINER	setConfig	RETURN
10	47	0	FINER	debuggerOpen	ENTRY sBoardName: * sCPUName: *
11	47	0	FINER	start	ENTRY
12	47	0	FINER	start	Firing: onServerStarting()
13	47	0	FINER	start	Connecting to XPCOM DebugServer

图 12.10　调试日志

脚本文件会创建子文件夹保存测试程序的 CIO(print,put 等信息)。文件夹的名字格式为 xxxx_EVM_result。比如,配置文件是 TCI6614_EVM. ccxml,文件名是 TCI6614_EVM_result。而文件夹已经存在的 xxxx_ref_result 是输出参考结果。

运行各个测试程序时,相应的测试结果以 xxxx_test_result. txt 保存。比如,执行 Memory_Test. out 测试程序运行后,CIO 输出文件命名为 Memory_Test_test_ result. txt。

完成运行测试程序后,用户可以用文件比较软件对测试结果和参考结果进行比较,如图 12.11 所示是比较结果。

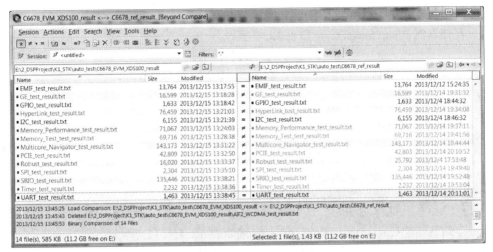

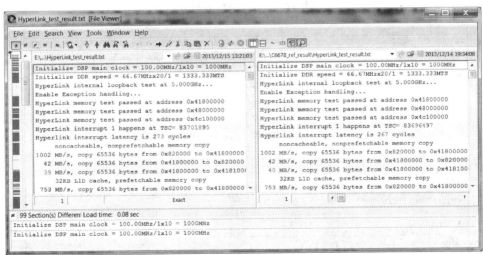

图 12.11　比较测试结果和参考输出结果

注意:

① 脚本文件执行不依赖于 CCS。当脚本文件执行程序时,CCS 可以打开另外一个测试文件并编译。但是,CCS 不能连接到目标板。

② 执行测试程序需要较长时间,当用户想终止执行时,可以使用 Ctrl＋C 快捷键。

③ 用户可以修改脚本文件以便执行更复杂的算法。

12.1.7　测试程序特性总结

TI 公司提供的 K1_STK_v1.1 测试程序主要包括以下 15 项功能测试和性能状态。

1. 存储器测试

存储器测试(memory test)如表 12.3 所列。

表 12.3　存储器测试

项　目	状　态
测试项目	DSP 所有内核,EDMA,IDMA
测试存储器	L1D, L1P, LL2, other core's L1 and LL2,SL2,DDR3,cache,prefetch buffer
算法测试	数据填充模式,地址模式,走比特模式
DDR3 配置	64 b×1333MTS

2. 存储器性能测试

存储器性能(memory performance)测试如表 12.4 所列。

表 12.4　存储器性能测试

项　目	状　态
测试项目	DSP 内核, 所有 EDMA TCs, IDMA
测试存储器	LL2, other core's L2, SL2, DDR3
Cache/Prefetch buffer 配置	No cache and no prefetch; L1 cache and prefetch able; L1 ＋ L2 cache and perfetch able
DSP 内核存储器吞吐量	√
DSP 内核读/写延迟	√
EDMA 存储器吞吐量	√
EDMA 传输	√
不同 ACNT 条件下 EDMA 测试	√
不同索引条件下 EDMA 测试	√
IDMA 存储器吞吐量	√
IDMA 传输	√
DDR3 配置	64 b×1333MTS

3. 多核导航器测试

多核导航器(multicore navigator)测试如表 12.5 所列。

表 12.5　多核导航器测试

项　目	状　态
测试项目	DSP core，QMSS Packet DMA，SRIO Packet DMA，PA packet DMA
测试存储器	LL2，SL2，DDR3
描述符类型	Host，Monolithic
链接存储器	Internal，External
通过 VBUSP 和 VBUSM 操作的内核时钟周期	√
等待队列的中断等待时间	√
描述符累积延迟	√
描述符回收延迟	√
DMA 数据包吞吐量	√
DMA 数据包传输	√

4. Timer 测试

Timer 测试如表 12.6 所列。

表 12.6　Timer 测试

项　目	状　态
一次脉冲中断	√
连续时钟中断	√
特殊占空比方波	√
看门狗	√

5. SRIO 测试

SRIO 测试如表 12.7 所列。

表 12.7　SRIO 测试

项　目	状　态
操作	SWRITE，NWRITE，NWRITE_R，NREAD，message（type11），stream（type9）；
SERDES 通道组合	4x1x，2x2x，1x4x
不同存储缓冲区的测试	LL2，SL2，DDR3
内部环回测试	Digital Loopback，Serdes loopback

项 目	状 态
设备间测试	External line loopback；forwarding back；transfer between two devices
吞吐量测试	√
中断测试	√
速率	5 Gb/s，3.125 Gb/s，2.5 Gb/s，1.25 Gb/s

6. HyperLink 测试

HyperLink 测试如表 12.8 所列。

表 12.8　HyperLink 测试

项 目	状 态
测试项目	DSP 内核，EDMA
不同存储缓冲区的测试	LL2，SL2，DDR3
Cache/Prefetch 缓存配置	No cache and no prefetch；L1 cache and prefetch able；L1 ＋ L2 cache and perfetch able
内部环回测试	Serdes loopback
设备间传输测试	√
完整性测试	数据填充模式，地址测试模式
DSP 内核存储器吞吐量	√
DSP 内核读/写延迟	√
EDMA 存储器吞吐量	√
EDMA 传输	√
中断测试	√
传输速率	3.125 Gb/s，5 Gb/s，6.25 Gb/s

7. PCIe 测试

PCIe 测试如表 12.9 所列。

表 12.9　PCIe 测试

项 目	状 态
测试项目	DSP core，EDMA
不同存储缓冲的测试	LL2，SL2，DDR3

项　　目	状　　态
Cache/Prefetch 缓存配置	No cache and no prefetch；L1 ＋ L2 cache and perfetch able
内部环回测试	Serdes loopback
设备间传输测试	√
完整性测试	数据填充模式，地址测试模式
DSP 内核存储器吞吐量	√
DSP 内核读/写延迟	√
EDMA 存储器吞吐量	√
EDMA 传输	√
中断测试	√
传输速率	5 Gb/s，2.5 Gb/s

8. GE 测试

GE(gigabit ethernet)测试如表 12.10 所列。

表 12.10　GE 测试

项　　目	状　　态
不同存储缓冲区的测试	LL2，SL2，DDR3
内部环回测试	EMAC，SGMII，Serdes loopback
设备间传输测试	External FIFO loopback，data from DSP 0 to DSP 1
吞吐量测试	√
中断测试	√
传输速率	10 Mb/s，100 Mb/s，1 000 Mb/s

9. SPI 测试

SPI 测试如表 12.11 所列。

表 12.11　SPI 测试

项　　目	状　　态
测试项目	DSP core，EDMA
内部存储器测试	√
Flash 测试	数据填充模式，地址测试模式
最大传输速率	66 MHz

10. UART 测试

UART 测试如表 12.12 所列。

表 12.12　UART 测试

项　目	状　态
测试项目	DSP 内核，EDMA
内部环回测试	√
PC 和 EVM 板测试	Echo to PC；continuous data patterns transfer between EVM and PC
最大传输速率	3 Mb/s

11. VCP2 测试

VCP2 测试如表 12.13 所列。

表 12.13　VCP2 测试

项　目	状　态
帧格式	All 3GPP frame formats
性能	Channel density，DSP core cycles，VCP2 decoding time
误码率检查	√

12. Robust C66x 内核测试

Robust C66x 内核测试如表 12.14 所列。

表 12.14　Robust C66x 内核测试

项　目	状　态
测试项目	DSP core，EDMA，SRIO
存储器保护	L1D，L1P，LL2，SL2，DDR，保留 space
EDC	L1P，LL2，SL2，DDR
MPU (Peripherals protection)	√
EDMA 的错误处理	√
中断丢失监测	√

13. EMIF 测试

EMIF 测试如表 12.15 所列。

表 12.15　EMIF 测试

项　目	状　态
NAND Flash	√
NOR Flash	√

14. AIF2 测试

AIF2 测试如表 12.16 所列。

表 12.16　AIF2 测试

项　目	状　态
天线接口标准	CPRI，OBSAI
无线电标准	LTE FDD/TDD，5M/10M/20M；WCDMA
链路速率	2x，4x，8x
并发链接	1～6 links
数据缓冲区	LL2，SL2，DDR3
测试路径	internal loopback，external loopback，two devices

15. I²C 测试

I^{2}C 测试如表 12.17 所列。

表 12.17　I^{2}C 测试

项　目	状　态
内部环回测试	√
EEPROM 测试	√
I^{2}C 传输速率	400 kb/s

12.2　存储器测试

12.2.1　存储器系统概述

KeyStone DSP 存储器架构如图 12.12 所示。

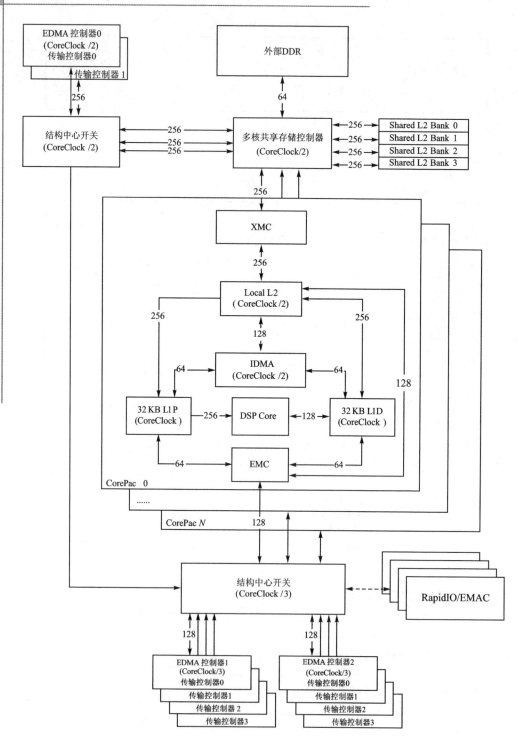

图 12.12 KeyStone DSP 存储器架构

C66x 系列不同型号 DSP,存储空间的大小可能不同,DSP 核和 EDMA 传输控制器的个数也可能不同。表 12.18 比较了 KeyStone Ⅰ 系列中常用的 3 颗 DSP。

表 12.18　存储空间比较

DSP 型号	C6678	C6670	TCI6614
L1D/(KB·核$^{-1}$)	32	32	32
L1P/(KB·核$^{-1}$)	32	32	32
Local L2/(KB·核$^{-1}$)	512	1 024	1 024
Shared L2/KB	4 096	2 048	2 048
DSP 内核个数	8	4	4
EDMA 传输控制器个数	10	10	10

12.2.2　存储器测试算法

本小节介绍几种存储器测试算法,并讨论这几种算法的用途。

1. 数据测试

下面是数据测试的伪代码:

```
for(memory range under test)
fill the memory with a value;
for(memory range under test)
read back the memory and compare thereadback value to the written value
```

通常,这个测试会被执行几次,每次填充的值不一样。常用的填充值包括 055555555,0xAAAAAAAA, 0x33333333, 0xCCCCCCCC, 0x0F0F0F0F, 0xF0F0F0F0, 0x00FF00FF,0xFF00FF00FF00,0xFFFFFFFF,0。

这个测试可以用来检测数据比特粘连(bit-stuck)问题,例如:

如果 written value=0,readback value=0x8,则表示 bit 3 粘连到 1。

如果 written value=0xFFFFFFFF, readback value=0xFFFFFFFE,则表示 bit 0 粘连到 0。

如果能正确地写入并读出 0x55555555(或 0xAAAAAAAA),则说明相邻的两个比特没有粘连;如果能正确写入并读出 0x33333333(或 0xCCCCCCCC),则说明相邻的 4 个比特没有粘连;如果能正确写入并读出 0x0F0F0F0F(或 0xF0F0F0F0),则说明相邻的 8 个比特没有粘连;……

这个算法既可以用来测试数据总线连接,也可以用于测试存储器单元。当用于测试存储器单元时,每一个存储单元都需要读/写所有的值,这将是比较耗时的测试;而用于测试数据总线连接时,只需要把所有的值都读/写一遍就可以了(地址不限)。

2. 地址测试

地址测试的伪代码如下:

```
for(memory range under test)
fill each memory unit with its address value;
for(memory range under test)
read back the memory and compare thereadback value to the written value
```

这个测试可以用来检测地址比特粘连(bit-stuck)问题。例如,如果

written value = 0 at address 0

written value = 1 at address 1

written value = 2 at address 2

written value = 3 at address 3

……

readback value = 2 at address 0

readback value = 3 at address 1

readback value = 2 at address 2

readback value = 3 at address 3

……

则说明地址线的比特 1 粘连,因为地址 0、2 中的数据相同,地址 1、3 中的数据相同。

这个测试的主要目的是测试地址线和存储器中的地址译码单元,但它实际上对所有存储单元都做了数据读/写,所以在一定程度上也测试了数据总线和存储单元。如果由于测试时间的限制,只允许对整个存储器空间进行一遍读/写测试,则这里介绍的地址测试是首选。

3. 走比特测试

走比特测试包括走"1"和走"0"测试。走比特测试即可测试数据,也可以测试地址。

走"1"指测试的数据或地址中只有一个比特为"1",而其他比特为"0",而且连续的访问中每一次"1"的位置都会移动一个比特,看起来好像是"1"在总线上走。而走"0"测试只是把测试的数据反了一下,看起来就像是一个"0"在总线上走。

4. 测试结果分析

从存储器测试结果的初步分析中,如果发现比特粘连或干扰,则需要进一步深入分析原因。

通常原因可能来自于三方面:

① 对于外接存储器,PCB 出问题的可能性比较大。最常见的包括焊接问题或设计问题。例如,某个比特被短接到电源或地。通常可以用万用表测量信号线之间或信号线和电源或地之间的阻抗来定位这种问题。串扰问题的定位则比较复杂,可能需要用示波器来测试所有相关的信号来确定串扰源。

② 存储单元失效。如果是外接存储器,则可以用示波器或逻辑分析仪在总线上监测写入和读出的数据;如果总线上监测到的写数据是对的,而读出的数据是错的,则往往是存储单元失效。

③ 存储控制器失效。如果排除了以上问题而怀疑存储控制器,则可以把好的板子和坏的板子上的控制器互换;如果问题跟着控制器走,则往往说明是控制器失效。

12.2.3 存储器测试 CCS 工程项目

实例工程的目录结构如图 12.13 所示。

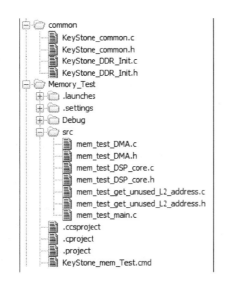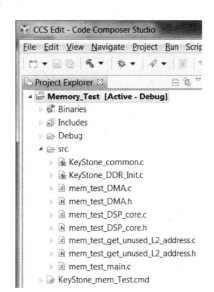

图 12.13 存储器测试工程目录

工程文件在 Memory_Test 目录中。一些通用的初始化代码,如 PLL、EDMA、DDR 的初始化在 common 目录中。主要的测试代码在 Memory_Test\src 子目录中,表 12.19 描述了主要的源文件。

表 12.19 Memory_Test\src 目录源程序概述

源文件	描 述
KeyStone_common	一些常用的公共代码,包括 PLL、EDMA 初始化等。 还包括存储器总线测试的代码,API 是: unsigned int Memory_Data_Bus_Test(unsigned int uiBaseAddress, unsigned int uiBusWidth) unsigned int Memory_Address_Bus_Test(unsigned int uiBaseAddress, unsigned int uiNumBytes, unsigned int uiMAU_bytes)
KeyStone_DDR_Init	DDR 初始化代码

源文件	描　述
DMA_mem_test	基于 EDMA 和 IDMA 的测试实现,主要 API 包括: int EDMA_MEM_Test(unsigned int uiStartAddress, unsigned int uiStopAddress, unsigned int uiDmaBufAddress, unsigned int uiDmaBufSize); int IDMA_MEM_Test(unsigned int uiStartAddress, unsigned int uiStopAddress, unsigned int uiDmaBufAddress, unsigned int uiDmaBufSize);
DSP_core_mem_test	基于 DSP 核的测试实现,主要 API 包括: int DSP_core_MEM_Test(unsigned int uiStartAddress, unsigned int uiStopAddress, unsigned int uiStep);
get_unused_L2_address	解析 .map 文件以确定未用的(可测试的)的 LL2 的起始地址

测试流程由 mem_test_main.c 中的代码控制。基本流程如下:

```
Disable all caches
Test LL2 bus
Test SL2 bus
Test DDR bus
Test Local L1 with IDMA
Test other core's L1 with EDMA
Enable 32KB L1P cache
Test Local L2 with DSP core
Test other core's L2 with DSP core
Test Shared L2 with DSP core
Test 1KB of external memory with DSP core (just cover the data path)
Enable 32KB L1D cache
Test Local L2 with EDMA
Test Local L2 with DSP core
Test other core's L2 with EDMA
Test other core's L2 with DSP core
Test Shared L2 with EDMA
Test Shared L2 with DSP core
Test external memory with EDMA (cover full external memory space)
Test 64KB of external memory with DSP core (just cover the data path and L1D cache)
Enable 256KB L2 cache
Test other core's L2 with DSP core
```

12.2.4　测试配置

测试代码中有多个宏参数可以用来对测试进行配置。

数据测试填充的数值在 DSP_core_mem_test.c 中定义如下。用户可以在这里添加,删除或修改填充的数值。

```
unsigned long longulDataPatternTable[] = {
0x0000000000000000,
0xffffffffffffffff,
0xaaaaaaaaaaaaaaaa,
0x5555555555555555,
0xcccccccccccccccc,
0x3333333333333333,
0xf0f0f0f0f0f0f0f0,
0x0f0f0f0f0f0f0f0f,
0xff00ff00ff00ff00,
0x00ff00ff00ff00ff
};
```

本小节介绍的三个主要测试算法可以通用以下在 DSP_core_mem_test.c 和 DMA_mem_test.c 中定义的宏开关使能或禁用。"1"表示使能,"0"表示禁用。

```
#define BIT_PATTERN_FILLING_TEST   1
#define ADDRESS_TEST   1
#define BIT_WALKING_TEST   1
```

每个存储器都可以通过 KeyStone_mem_test_main.c 中定义的宏开关控制是否被测试。

```
#define LL1_MEM_TEST   1
#define OTHER_L1_TEST   1
#define LL2_MEM_TEST   1
#define OTHER_L2_TEST   1
#define SL2_MEM_TEST   1
#define EXTERNAL_MEM_TEST   1
```

是否用 DSP 和 DMA 测试存储器也可以通过 KeyStone_mem_test_main.c 中定义的宏开关控制。

```
#define TEST_BY_DSP_CORE   1
#define TEST_BY_DMA   1
```

这个测试工程是在 TI 的评估板上实现的。如果要在用户真实的板子上运行,需要根据板子的设计在 KeyStone_DDR_Init.c 中修改相应的 DDR 参数。PLL 倍频系数也可能需要在调用 KeyStone_main_PLL_init()的代码中修改。

要让这些修改后的配置生效,测试工程必须被重新编译。由于测试工程用到了 CSL 中的头文件,在重编之前可能还需要重新指定 CSL 的包含路径。

12.2.5　测试时间分析

测试所用的时间主要取决于存储器大小、DSP 和存储器速度。表 12.20 列出了本小节介绍的所有存储器测试在 TI 的评估板(EVM)上测试所用的时间。

表 12.20　在 EVM 板上的测试时间

EVM 板	C6678 EVM	C6670 EVM	TCI6614 EVM
DSP 速度	1 GHz×8 核	1 GHz×4 核	1 GHz×4 核
DDR 速度	1 333 MTS	1 333 MTS	1 333 MTS
DDR 大小	512 MB	1 GB	1 GB
测试时间/s	155	230	293

总线测试所用的时间只有几百微秒,而存储单元全空间测试所用的时间则很多。其中,超过 90% 的时间都用在对 DDR 的测试上。

对存储单元的数据测试、地址测试和走比特测试所用的时间的比例大概是 10:1:64,因为数据测试读/写了 10 个不同的值,地址测试读/写了 1 个值,而走比特测试读/写了 64 个值。

用户可以根据测试时间的要求选用不同的测试用例。一般可能有三种组合:

① 用毫秒级时间做简单快速的总线测试。

② 用秒级时间做完存储器空间的基本测试。测试用例包括总线测试和地址测试。

③ 用几分钟甚至几十分钟做完存储器空间的完善测试,执行本小节介绍的所有测试用例。

12.3　存储器性能测试

存储器性能测试主要包括:

➢ DSP 内核存储复制吞吐量;

➢ DSP 内核读/写延迟;

➢ EDMA 存储复制吞吐量;

➢ EDMA 传输开销;

➢ 不同数据包 EDMA 测试;

➢ IDMA 存储复制吞吐量;

➢ IDMA 传输开销;

➢ 不同条件下 Cache/Prefetch 缓存配置。

```
# define L1D_TEST_BASE_ADDR (0xf00000)
# define L1D_COPY_SIZE (8 * 1024)

# define CORE1_L2_TEST_BASE_ADDR(0x11800000)

# define ORIGIN_SL2_TEST_BASE_ADDR (0x0C080000)
# define REMAP_SL2_TEST_BASE_ADDR (0x18080000)
# define SL2_LOAD_STORE_SIZE (1024 * 1024)
# define SL2_COPY_SIZE L2_COPY_SIZE

# define DDR_TEST_ADDR (0x88000000)
# define DDR_LOAD_STORE_SIZE (128 * 1024 * 1024)
# define DDR_PAGE_SIZE (1024 * 8)
```

修改文件 Mem_Access_Edma_Performance. c 前几行宏定义可以改变 EDMA 测试的源地址/目的地址、大小和时间等。

```
# define A_COUNT (1024)

# define C1_L1D_TEST_SRC (0x11f00000)
# define C1_L1D_TEST_DST (0x11f02000)
# define L1D_TEST_BCNT ((C1_L1D_TEST_DST - C1_L1D_TEST_SRC)/A_COUNT)

# define C1_L1P_TEST_SRC (0x11e00000)
# define C1_L1P_TEST_DST (0x11e02000)
# define L1P_TEST_BCNT ((C1_L1P_TEST_DST - C1_L1P_TEST_SRC)/A_COUNT)

# define C1_LL2_TEST_SRC (0x11820000)
# define C1_LL2_TEST_DST (0x11840000)
# define C2_LL2_TEST_DST (0x12840000)
# define LL2_TEST_SIZE (C1_LL2_TEST_DST - C1_LL2_TEST_SRC)
# define LL2_TEST_BCNT (LL2_TEST_SIZE/A_COUNT)

# define SL2_TEST_SRC (0x0C080000)
# define SL2_TEST_DST (0x0C140000)
// # define SL2_TEST_SIZE (SL2_TEST_DST - SL2_TEST_SRC)
# define SL2_TEST_SIZE LL2_TEST_SIZE
# define SL2_TEST_BCNT (SL2_TEST_SIZE/A_COUNT)

# define DDR_TEST_SRC (0x88000000)
# define DDR_TEST_DST (0x88100000)
# define DDR_PAGE_SIZE (1024 * 2 * 8)
```

```
// # defineDDR_TEST_BCNT ((DDR_TEST_DST - DDR_TEST_SRC)/A_COUNT)
# define DDR_TEST_BCNT LL2_TEST_BCNT
```

修改文件 Mem_Access_idma_Performance.c 前几行宏定义可以改变 IDMA 测试的源地址/目的地址、大小和时间等。

```
# define L1D_TEST_SRC (0x00f00000)
# define L1D_TEST_DST (0x00f02000)
# define L1D_TEST_CNT ((L1D_TEST_DST - L1D_TEST_SRC))

# define L1P_TEST_SRC (0x00e00000)
# define L1P_TEST_DST (0x00e02000)
# define L1P_TEST_CNT ((L1P_TEST_DST - L1P_TEST_SRC))

# define L2_TEST_SRC (0x00820000)
# define L2_TEST_DST (0x00840000)
# define L2_TEST_CNT (32 * 1024)
```

这个测试工程是在 TI 的评估板上实现的。如果要在用户真实的板子上运行，需要根据板子的设计在 KeyStone_DDR_Init.c 中修改相应的 DDR 参数。PLL 倍频系数也可能需要在调用 KeyStone_main_PLL_init() 的代码中修改。

要让这些修改后的配置生效，测试工程必须被重新编译。由于测试工程用到了 CSL 中的头文件，在重编之前可能还需要重新指定 CSL 的包含路径。

12.4　EMIF 接口存储器测试

EMIF16(External Memory InterFace)是 16 b 外部扩展存储器接口，STK 测试程序测试通常连接在 EMIF 的 NAND Flash 和 NOR Flash。

由于 EMIF 接口的存储器测试方法可采用数据测试、地址测试、走比特测试，这在 12.2.2 小节存储器测试算法中已经详细阐述，本节不再做详细介绍。

12.4.1　CCS 工程项目

实例工程的目录结构如图 12.15 所示。

工程文件在 EMIF 目录中。一些通用的初始化代码，如 PLL、EDMA、DDR 的初始化在 common 目录中。主要的测试代码在 EMIF\src\FLASH 子目录中。表 12.22 描述了主要的源文件。

嵌入式多核 DSP 应用开发与实践

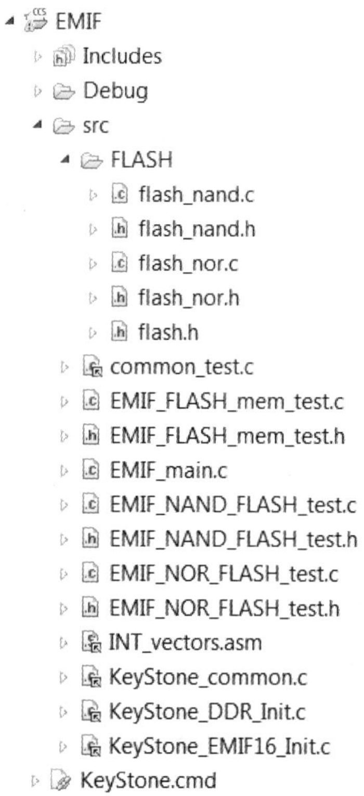

图 12.15　EMIF 接口存储器测试文件目录

表 12.22　存储器性能测试源文件

功能函数	源文件目录	介　绍
KeyStone_EMIF16_init	\common\ KeyStone_EMIF16_Init. c	EMIF 初始化函数
NOR_FLASH_test	\EMIF\src\ EMIF_NOR_FLASH_test. c	NOR Flash 测试主要控制函数
NAND_FLASH_test	\EMIF\src\ EMIF_NAND_FLASH_test. c	NAND Flash 测试主要控制函数
FLASH_MEM_Test	\EMIF\src\EMIF_FLASH_mem_test. c	用固定模式或地址模式填充 Flash，然后验证 Flash
NOR_erase	\EMIF\src\FLASH\flash_nor. c	执行 NOR Flash 底端操作
NOR_writeBytes		
NAND_eraseBlocks	\EMIF\src\FLASH\flash_nand. c	执行 NAND Flash 底端操作

12.4.2　测试配置与程序移植

　　测试代码中通过宏参数可以用来选择对 NAND Flash 或 NOR Flash 测试进行配置。设置"1"表示 NAND Flash 测试，"0"表示 NOR Flash 测试。

```
/ * select between NAND Flash or NOR Flash test * /
#define NAND_Flash_TEST   1
```

STK 测试程序是基于 EVM 板开发的,用户可移植程序到自行开发的评估板。DSP core PLL 需要修改,或者通过 GEL 等其他方法来初始化。

```
//DSP core speed: 122.88 * 236/29 = 999.9889655MHz
KeyStone_main_PLL_init(122.88, 236, 29);
```

对于不同型号的 NAND Flash,需要修改 EMIF_NAND_Flash_test.c 代码:

```
NAND_InfoObj gNandInfo =
{/ * configuration for NAND512R3A2DZA6E * /
0,//CSOffset;
Flash_BUS_WIDTH_1_BYTE,//busWidth;
4096,//numBlocks;
32,//pagesPerBlock;
512,//dataBytesPerPage;
16,//spareBytesPerPage;
1,//numOpsPerPage;
512,//dataBytesPerOp;
16,//spareBytesPerOp;
NAND_NO_ECC //ECC_mode;
};
```

对于不同型号的 NOR Flash,需要修改 EMIF_NOR_Flash_test.c 代码:

```
NOR_InfoObj gNorInfo =
{
CSL_EMIF16_data_REGS,/ * flashBase;              * /
Flash_BUS_WIDTH_2_BYTES,/ * busWidth;            * /
Flash_BUS_WIDTH_2_BYTES,/ * chipOperatingWidth; * /
Flash_BUS_WIDTH_2_BYTES/ * maxTotalWidth;        * /
};
```

对于不同的外部存储芯片,需要修改 EMIF_main.c 中的 EMIF 配置:

```
gNandCeCfg.busWidth = EMIF_BUS_8BIT,
gNandCeCfg.opMode   = NAND_MODE,
gNandCeCfg.strobeMode = SS_STROBE,
gNandCeCfg.waitMode = EMIF_WAIT_NONE,
/ * timing configuration for NAND512R3A2DZA6E * /
gNandCeCfg.wrSetup = 1;//CSL_EMIF16_A0CR_WSETUP_RESETVAL,
gNandCeCfg.wrStrobe = 4;//CSL_EMIF16_A0CR_WSTROBE_RESETVAL,
gNandCeCfg.wrHold = 5;//CSL_EMIF16_A0CR_WHOLD_RESETVAL,
```

```
gNandCeCfg.rdSetup = 1,//CSL_EMIF16_AOCR_RSETUP_RESETVAL

gNandCeCfg.rdStrobe = 7,//CSL_EMIF16_AOCR_RSTROBE_RESETVAL

gNandCeCfg.rdHold = 2,//CSL_EMIF16_AOCR_RHOLD_RESETVAL

gNandCeCfg.turnAroundCycles = CSL_EMIF16_AOCR_TA_RESETVAL,
```

要让这些修改后的配置生效,测试工程必须被重新编译。由于测试工程用到了
CSL 中的头文件,在重编之前可能还需要重新指定 CSL 的包含路径。

12.5　通用模块测试

本节主要介绍 CPU 较为常用的通用模块如 GPIO、I²C、SPI、Timer 和 UART 测试。

12.5.1　GPIO 模块测试

1. 概　述

KeyStone Ⅰ 芯片有 16 个或 32 个 GPIO 引脚(根据 CPU 型号有所不同)。本小
节测试 GPIO 引脚的所有功能。在测试中,GPIO 引脚同时使能上升沿触发和下降
沿触发,触发中断时进入中断服务程序 ISR(Interrupt Service Routine)并记录 GPIO
状态变化。

当没有外部触发源时,内部环回测试 GPIO 内部功能。GPIO 引脚配置为输出,
软件更改 GPIO 输出寄存器值到 GPIO 引脚并触发中断事件,同时可以在 GPIO 引
脚测量信号的变化。通常 GPIO 可以接 LED 发光二极管控制亮和灭,更方便显示
GPIO 的状态。

当内部环回测试被禁止时,所有的 GPIO 引脚配置为输入。在 EVM 板上切换
GPIO 引脚状态,并测试 GPIO 中断是否被触发。

2. CCS 工程项目

如表 12.23 所列为 GPIO 测试工程的特性和测试范围。如图 12.16 所示为测试
项目 CCS 工程文件的根目录。

表 12.23　GPIO 测试

测试案例	状　态
方向	输入,输出
坏回测试	√
中断	√

common 文件夹包括 PLL 等常用初始化代码,GPIO 文件夹包括中断初始化和
驱动。GPIO\src 文件夹包括主要测试代码。GPIO_main.c 文件包括 GPIO 和中断
初始化,以及测试代码。GPIO_verctors.asm 是用汇编语言写的中断向量表。

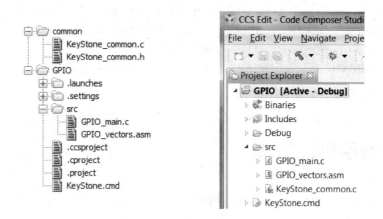

图 12.16　GPIO 测试的 CCS 工程

测试步骤参考 12.1.4 小节所描述的通用测试过程。

3. 测试程序配置

```
#define GPIO_LOOP_BACK_TEST  1
```

GPIO_main.c 中改变宏定义值,可以更改 GPIO 测试模块的方式。设置 GPIO_LOOP_BACK_TEST 为 1 使能环回测试,设置为 0 禁止环回测试。

程序运行结束后,CCS 输出结果和 STK 提供的参考测试结果比对,参考输出结果目录是:auto_test\C6678_ref_result\GPIO_test_result。

12.5.2　I²C 模块测试

1. 概　述

I^2C 是一种常用的控制总线。大部分 KeyStone 芯片集成 I^2C 接口。I^2C 自测程序主要测试以下内容:

➤ 内部环回测试;

➤ I^2C EEPROM 测试;

➤ I^2C 温度传感器测试。

2. 测试方法

(1) 内部环回测试

内部环回测试时,Tx 缓冲区的数据发送到 I^2C Tx 模块,然后环回到 I^2C Rx 模块,最后 Rx 缓冲区接收到数据。对比 Tx 缓冲区和 Rx 缓冲区的数据并计算吞吐量。

内部环回测试主要目的如下:

① 验证 I^2C 控制器的功能和相关的内部模块。如果内部环回测试通过,而外部

测试失败,则通常表示 I²C 控制器和相关的内部模块的工作正常,问题应该出现在外部信号或 I²C 总线上的其他设备。

② 验证吞吐量。吞吐量(b/s)＝时钟速度×8/9。如果预期吞吐量没有实现,通常表示 I²C 时钟分频器与 DSP 核心 PLL 配置不正确。

注意:I²C 时钟速度＝DSP 内核时钟/分频系数,分频系数用整数表示,所以 I²C 时钟速度可能与标准速率不同。例如标准速率是 400 kHz,但分频系数只能配置成 399 kHz 时钟,大多是情况下不影响 I²C 总线发送和接收数据。

(2) I²C EEPROM 测试

STK 测试程序可以测试 EVM 板上的 AT24C512B 或 AT24C1024B 芯片,可以兼容大部分的 I²C EEPROM。

测试 I²C EEPROM 可使用两种算法:数据填充模式和地址数据模式。

数据填充模式:在 EEPROM 存储器范围内写入数值并读回,与写入数据进行比较。通常,这种测试使用不同的值完成若干次测试。常用测试数据包括 0,0xFFFFFFFF,0x55555555,0xAAAAAAAA 等。这个测试可以检测数据位,例如写入值为 0,读回数据为 0x8,说明 bit 3 异常为 1。测试程序也可生成在芯片引脚特殊波形信号,以便信号完整性测试,发送 0x55555555 或 0xAAAAAAAA 时,I²C 数据总线产生方波。

地址数据模式:

written value = 0 at address 0

written value = 1 at address 1

written value = 2 at address 2

written value = 3 at address 3

……

readback value = 2 at address 0

readback value = 3 at address 1

readback value = 2 at address 2

readback value = 3 at address 3

……

这种方式同样可以测试 EEPROM 的数据位是否异常。

(3) I²C 温度传感器测试

I²C 温度传感器是一个 I²C 接口最普遍的用法。I²C 温度传感器测试包括 TMP101、ADT75 和 TMP100 等在内的专用传感器。

测试代码首先初始化温度传感器,之后从温度传感器中读取和打印温度数据。测试代码不能自动判断温度数据异常,需要用户和实际温度数据进行比较。

3. CCS 工程项目

表 12.24 所列为 I²C 工程项目的特性和测试范围。图 12.17 所示为显示测试项

目 CCS 工程文件的根目录。

表 12.24　I²C 工程项目测试

测试案例	状　态
内部环回测试	√
EEPROM 测试	√
I²C 速率	400 kb/s

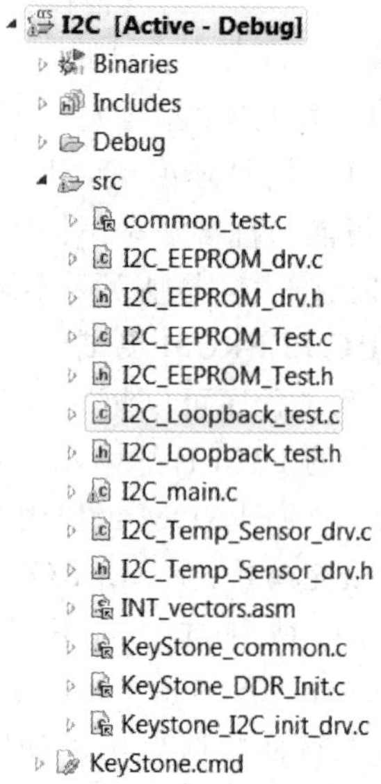

图 12.17　I²C 测试的 CCS 工程文件

I²C 文件夹是工程项目的源文件。common 是通用初始化和 PLL 和 TSC 驱动。I²C\src 子文件夹是主要的源程序。表 12.25 所列为主要源文件程序的描述。

表 12.25　I²C 文件夹源程序描述

功　能	源文件	描　述
I2C_Master_Init	\common\ KeyStone_I2C_Init_drv. c	初始化 I²C 主设备
I²C_read I²C_write		实现 I²C 设备的底端操作
I2C_loopback_test	\I2C\src\I2C_loopback_Test. c	环回数据并校验,测试吞吐量
I2C_EEPROM_Test	\I2C\src\I2C_EEPROM_Test. c	填充 I²C EEPROM 并校验
I2C_EEPROM_read	\I2C\src\I2C_EEPROM_drv. c	实现 I²C EEPROM 设备的底端操作
I2C_EEPROM_write		
GetTemperature	\I2C\src\I2C_Temp_Sensor_drv. c	读取 I²C 温度传感器的温度值

测试步骤参考 12.1.4 小节所描述的通用测试过程。

4. 测试程序配置

① 通过修改 I2C_main. c 宏定义的值来实现测试用例的配置。设置为"1"表示使能测试,设置为"0"表示禁止该项测试。测试项目主要有三个宏定义:

```
#define I2C_LOOPBACK_TEST  1
#define I2C_EEPROM_TEST  1
#define I2C_TEMP_SENSOR_TEST  0
```

② 写入到 EEPROM 数组 uiDataPatternTable[] 位于 I2C_EEPROM_test.c 文件中,用户可以添加修改数组值。

```
unsigned int uiDataPatternTable[] = {0x00000000,0xffffffff,0xaaaaaaaa,0x55555555 };
```

③ 在之前介绍的 I²C EEPROM 测试有两种算法,可以通过修改宏定义的方式确定测试的算法。

```
#define BIT_PATTERN_FILLING_TEST  1
#define ADDRESS_TEST  1
```

5. 移植工程项目

I²C 工程项目基于 EVM 板开发,用户可以移植到自行开发的评估板。

① 测试 I²C EEPROM 时用户需要修改 I2C_EEPROM_drv.c 文件的驱动、I2C_main.c 的 EEPROM 地址和存储空间。

```
#if I2C_EEPROM_TEST
#define I2C_EEPROM_SIZE_KB 64
Uint32 I2C_EEPROM_address = 0x50;
#endif
```

② 测试 I²C 温度传感器时,需要修改 I2C_Temp_Sensor_drv.c 文件的温度传感器驱动,I2C_main.c 的 EEPROM 地址。

```
#if I2C_TEMP_SENSOR_TEST
#define I2C_TEMP_SENSOR_ADDRESS 0x48
#endif
```

③ 用户需要配置 DSP 内核时钟。

```
//DSP core speed: 122.88 * 236/29 = 999.9889655 MHz
KeyStone_main_PLL_init(122.88, 236, 29);
```

用户必须重新编译工程文件以使配置生效。工程项目使用基于 CSL 开发,重新编译工程项目时必须正确配置 CSL 路径。

程序运行结束后,CCS 输出的结果与 STK 提供的参考测试结果比对,参考输出结果目录是:auto_test\C6678_ref_result\ I2C_test_result。

12.5.3　SPI 模块测试

1. 概　述

SPI 是高速异步串行输入接口,用于芯片之间或与外部 Flash 之间的通信。图 12.18 所示为 KeyStone SPI 模块的结构框图。

KeyStone SPI 模块具有以下特性:

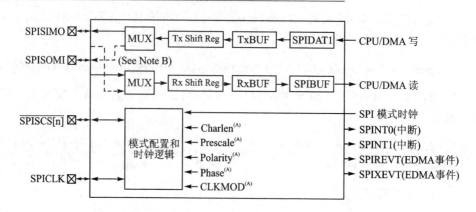

图 12.18　SPI 模块结构框图

> 可编程的 SPI 时钟速率；
> 可编程的字符长度(2~16 b)；
> 可编程的时钟相位；
> 可编程的时钟极性；
> 支持中断触发；
> 支持 DMA 传输。

2. 测试算法和案例

SPI 自测程序包括以下测试案例：

① 内部环回测试；

② EDMA 环回测试；

③ 外部 Flash(N25Qxxx Flash)测试。

基本的测试方式是填充固定的数据(0，0xFF，0x55，0xAA)到目的地址，然后从该地址读回数据并校验。

(1) SPI 内部环回测试

SPI 内部环回测试用于测试 KeyStone 芯片内部的 SPI 发送路径和接收路径(包括发送缓冲区和接收缓冲区)。芯片引脚的 SPICLK、SPISIMO、SPISOMO 设置为功能引脚，引脚 SPISIMO 内部链接到引脚 SPISOMI。数据发送环回测试后作为接收数据存储在接收缓冲区。

如果内部环回测试通过而外部测试失败，则表示内部工作模块正常，问题定位于连接 SPI 的外部信号或芯片。通常可以测试 PCB 的信号完整性。

(2) EDMA 环回测试

SPI EDMA 测试模式，设置 SPI 为内部环回模式。EDMA 发送 Tx 缓冲区的数据到 SPI，然后 EDMA 从 SPI 中接收数据存储到 Rx 缓冲区，最后比较发送缓冲区和接收缓冲区的数据，计算 EDMA 传输吞吐量(总数据传输时间/传输字节数)。

（3）外部 Flash（N25Qxxx Flash）测试

SPI 接口常用芯片是 SPI Flash。STK SPI Flash 测试程序基于 N25Qxxx 系列设计，兼容其他 SPI Flash 芯片。

SPI Flash 测试方法包括数据测试、地址测试，这在 12.2.2 小节存储器测试算法已经详细阐述，此处不再做详细介绍。

3. CCS 工程项目

SPI 实例工程的目录结构如图 12.19 所示。

工程文件在 SPI 目录中。一些通用的初始化代码，如 PLL、EDMA、DDR 的初始化在 common 目录中。主要的测试代码在 SPI\src 子目录中。表 12.26 描述了主要的源文件。

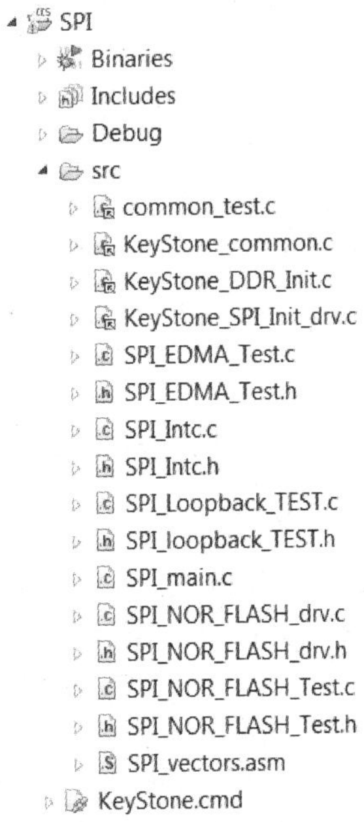

4. 测试配置和程序移植

① 通过修改宏定义的值来实现测试用例如内部环回测试、EDMA 和 Flash 测试的配置。设置为"1"表示使能测试，设置为"0"表示禁止该项测试。

```
# define SPI_LOOPBACK_TEST  1
# define SPI_NOR_Flash_TEST  1
# define SPI_EDMA_TEST1
```

```
▲ 📁 SPI
  ▷ 🦋 Binaries
  ▷ 📄 Includes
  ▷ 📂 Debug
  ▲ 📂 src
    ▷ 📄 common_test.c
    ▷ 📄 KeyStone_common.c
    ▷ 📄 KeyStone_DDR_Init.c
    ▷ 📄 KeyStone_SPI_Init_drv.c
    ▷ 📄 SPI_EDMA_Test.c
    ▷ 📄 SPI_EDMA_Test.h
    ▷ 📄 SPI_Intc.c
    ▷ 📄 SPI_Intc.h
    ▷ 📄 SPI_Loopback_TEST.c
    ▷ 📄 SPI_loopback_TEST.h
    ▷ 📄 SPI_main.c
    ▷ 📄 SPI_NOR_FLASH_drv.c
    ▷ 📄 SPI_NOR_FLASH_drv.h
    ▷ 📄 SPI_NOR_FLASH_Test.c
    ▷ 📄 SPI_NOR_FLASH_Test.h
    ▷ 📄 SPI_vectors.asm
  ▷ 📄 KeyStone.cmd
```

图 12.19　SPI 实例测试程序目录

表 12.26　SPI 测试源文件

源文件	描　　述
KeyStone_SPI_Init_drv. c	SPI 初始化，SPI 的发送和接收功能
SPI_EDMA_Test. c	1. EDMA 初始化 2. EDMA 传输模式配置 3. 传输数据校验
SPI_Loopback_Test. c	内部环回测试
SPI_FLASH_drv. c	SPI Flash 底层驱动
SPI_FLASH_Test. c	写 Flash 并校验
SPI_main. c	配置和控制 SPI loopback/EDMA/Flash 测试

② SPI 测试程序基于 TI 的 EVM 板开发。当 SPI Flash 不同于 EVM 板时，需要修改 SPI_main. c 的代码：

```
# if SPI_NOR_Flash_TEST
```

```
        / * N25Q128 NOR Flash test on C6678 EVM * /
        FlashDataFormat.clockSpeedKHz = 54000;
        iFlash_size_KB = 16 * 1024;
        uiSPI_NOR_Flash_page_size = 256;
        needEraseBeforeWrite = TRUE;
    #endif
```

对于 SPI 接口不同的 Flash,需要修改 SPI 结构体的配置,以下是 SPI Flash 测试代码:

```
/ * data format for Flash test * /
SPI_Data_Format FlashDataFormat =
{
    / * .delayBetweenTrans_ns = * /0,
    / * .ShifDirection        = * /SPI_MSB_SHIFT_FIRST,
    / * .disable_CS_timing    = * /0,
    / * .clockPolarity        = * /SPI_CLOCK_LOW_INACTIVE,
    / * .clockPhase           = * /1,
    / * .clockSpeedKHz        = * /30000,
    / * .wordLength           = * /8
};
```

这个测试工程是在 TI 公司的评估板上实现的。如果要在用户真实的板子上运行,需要根据板子的设计在 KeyStone_main_PLL_init( )中修改相应的 PLL 倍频系数。

```
//DSP core speed: 122.88 * 236/29 = 999.9889655MHz
KeyStone_main_PLL_init(122.88, 236, 29);
```

要让这些修改后的配置生效,测试工程必须被重新编译。由于测试工程用到了 CSL 中的头文件,在重编之前可能还需要重新指定 CSL 的包含路径。

12.5.4　**Timer** 模块测试

1. 概　述

STK 测试程序主要设计和检验 Timer 以下四个特性:

➢ 产生段脉冲并触发中断;
➢ 产生连续时钟并触发中断;
➢ 产生连续方波并触发中断;
➢ 看门狗定时器。

以上测试输出脉冲或时钟信号引脚 TIMO0,方波信号输出引脚 TIMO1。方波和时钟信号的区别在于时钟占空比是 50%,如图 12.20 所示。

中断服务程序 ISR 检测和校验中断是否如预期发生。

设置看门狗定时器触发 NMI，在引脚 TIMO0 产生脉冲。

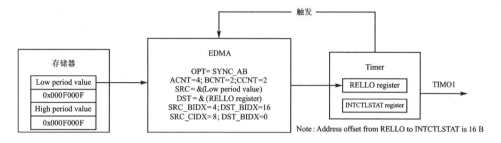

图 12.20　EDMA＋Timer 产生方波信号

2. CCS 工程项目

实例工程的目录结构如图 12.21 所示。

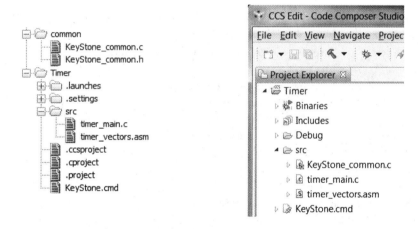

图 12.21　Timer 工程项目目录

工程文件在 Timer 目录中；一些通用的初始化代码，如 PLL、EDMA、DDR 的初始化在 common 目录中；主要的测试代码在 Timer\src 子目录中。表 12.27 介绍了主要的源文件。

表 12.27　测试源文件介绍

功能函数	源文件	介　绍
Timer64_Init	\common\ KeyStone_common.c	配置 Timer 模块
KeyStone_Exception_cfg		使能异常处理和不可屏蔽中断
Exception_service_routine		异常服务程序
KeyStone_main_PLL_init		DSP 内核 PLL 配置

功能函数	源文件	介　绍
generate_pulse_by_timer		使用定时器在 TIM0O 引脚产生脉冲
generate_clocks_by_timer		TIM0O 产生时钟并触发中断
generate_waves_by_timer	Timer\src\ timer_main.c	TIM0l 输出方波,并触发中断。ED-MA 重新加载周期寄存器
watchdog_timer_test		设置看门狗定时器,触发不可屏蔽中断
Timer_Interrupts_Init		初始化定时器
Timer_ISR		定时器中断服务程序

3. 测试配置

Timer 产生的脉冲宽度和时钟/方波的周期在 timer_main.c 前几行宏定义中修改:

```
/* delay (in millisecond) before the timer generate one - shot pulse */
# define PULSE_DELAY_MS 2000
/* period (in millisecond) of the clock generated by timer */
# define CLOCK_PERIOD_MS1
/* number of the clocks generated in this test */
# define NUM_CLOCKS_GENERATED 500

/* period (in millisecond) of the waveform generated by timer */
# define WAVE_PERIOD_MS 1
/* Duty cycle of the waveform (percentage of low period) */
# define WAVE_LOW_PERCENT 66
/* number of the waves generated in this test */
# define NUM_WAVES_GENERATED 500

/* period (in millisecond) of the watch - dog timer */
# define WATCH_DOG_PERIOD_MS 3000
```

以上宏定义的时间单位是 ms,数据转换后配置 PRD 寄存器。Timer 模块时钟=(DSP 内核时钟/6),PRD 寄存器值为

```
PRD = (xxx_MS/1000) * DSP_CLK_HZ/6
    = xxx_MS * (DSP_CLK_HZ/1000)/6
```

程序默认对以下四种均进行测试,用户可通过宏定义进行选择性测试。

```
generate_pulse_by_timer();
generate_clocks_by_timer();
generate_waves_by_timer();
watchdog_timer_test();
```

这个测试工程是在 TI 公司的评估板上实现的。如果要在用户真实的板子上运行,需要根据板子的设计在 KeyStone_DDR_Init. c 中修改相应的 DDR 参数。PLL 倍频系数也可能需要在调用 KeyStone_main_PLL_init()的代码中修改。

要让这些修改后的配置生效,测试工程必须被重新编译。由于测试工程用到了 CSL 中的头文件,在重编之前可能还需要重新指定 CSL 的包含路径。

12.5.5　UART 模块测试

1. 概　述

图 12.22 所示为 UART 模块结构图。KeyStone Ⅰ 芯片有 2 或 1 个 UART 模块

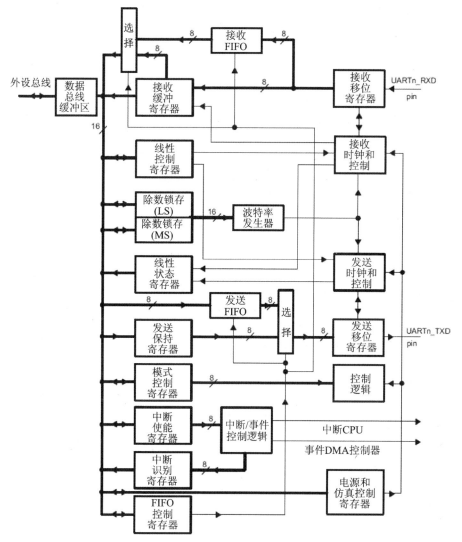

图 12.22　UART 模块结构图

（根据 KeyStone Ⅰ CPU 型号有所不同）。KeyStone Ⅰ UART 主要特性如下：

> ➤ UART 发送：1 起始位＋(5,6,7,8)数据＋1 奇偶校验位＋1 停止位(1,1.5,2)；
> ➤ UART 接收：1 起始位＋(5,6,7,8)数据＋1 奇偶校验位＋1 停止位；
> ➤ 波特率可配置；
> ➤ 16 b 接收和发送 FIFO。

2. 测试方法

(1) 内部环回测试和外部环回测试

UART 可采用内部环回测试和外部环回测试。如图 12.23 和图 12.24 所示。

内部环回测试验证内部的功能和相关的内部模块。如果内部环回测试通过，而外部测试失败，通常表示 UART 模块和相关的内部模块的工作正常，问题应该出现在外部信号或 UART 上的其他设备。

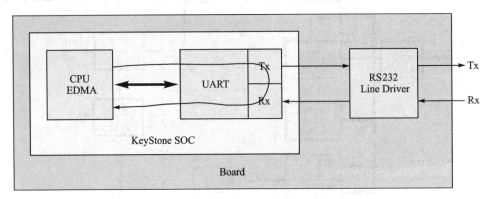

图 12.23　UART 内部环回测试

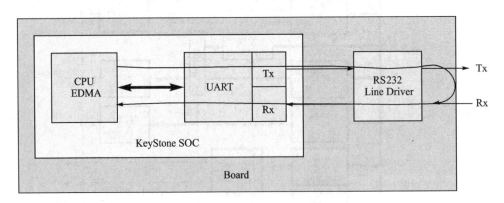

图 12.24　UART 外部环回测试

(2) UART 发送连续数据

UART 发送连续的数据(0～127)到 PC，此项测试主要验证 Tx 发送功能正常。

（3）UART 发送连续数据

UART 连续发送 0x55（或 0xAA），在 Tx 引脚产生连续的方波信号。此项测试主要验证振荡器工作正常。

（4）UART 和 PC 通信

此项测试完整测试 UART 发送和接收功能。

3. CCS 项目工程

实例工程的目录结构如图 12.25 所示。

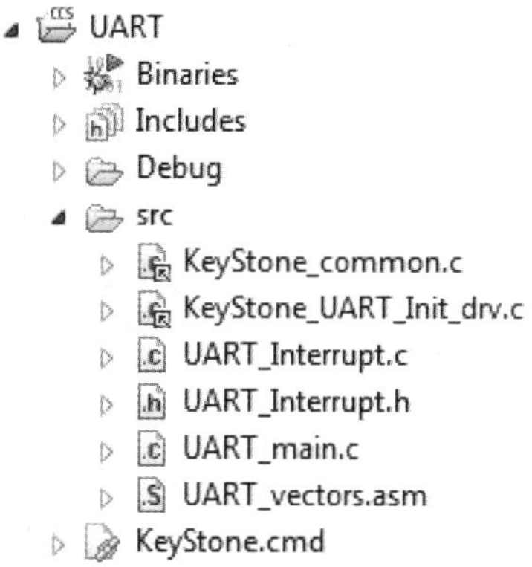

工程文件在 UART 目录中；一些通用的初始化代码，如 PLL、EDMA、DDR 的初始化在 common 目录中；主要的测试代码在 UART/src 子目录中。表 12.28 介绍了主要的源文件。

- UART
  - Binaries
  - Includes
  - Debug
  - src
    - KeyStone_common.c
    - KeyStone_UART_Init_drv.c
    - UART_Interrupt.c
    - UART_Interrupt.h
    - UART_main.c
    - UART_vectors.asm
  - KeyStone.cmd

图 12.25　UART 实例工程源文件目录

表 12.28　UART 测试源文件介绍

源文件	功能函数介绍
UART_main. c	执行 UART 测试模式，包括以下 APIs 接口： KeyStone_UART_config(Uint32 baudRate, 　　　　　　　　　Bool bLoopBackEnable, 　　　　　　　　　UART_Tx_MastertxMaster) KeyStone_UART_loopback_with_throughput(Bool bInternalLoopback) UART_TX_Increase_Sequence() UART_continue_TX_data_pattern(Uint8 dataPattern) UART_Interact_with_PC()
KeyStone_UART_Init_drv. c	执行 UART 初始化和底层驱动 API. 关键 API 包括： KeyStone_UART_init(UART_Config * pUARTCfg, Uint32 uartNum) KeyStone_UART_write(unsigned char * buffer, unsigned intbyteLen, Uint32 uartNum) KeyStone_UART_TX_wait(Uint32 uartNum) KeyStone_UART_read(unsigned char * buffer, 　　　　　　　　unsigned intbuffByteLen, 　　　　　　　　Uint32 uartNum) KeyStone_UART_Error_Handler(Uint32 uartNum)

续表 12.28

源文件	功能函数介绍
UART_Interrupt. c	执行 UART 中断初始化,配置和 ISR 入口: UART_Echo_back(Uint32 rx_cnt, Uint32 uartNum) KeyStone_UART_Rx_ISR() KeyStone_UART_Error_ISR() UART_EDMA_complete_handler(Uint32 tpccNum) KeyStone_UART_EDMA_ISR() KeyStone_UART_Interrupts_Init(BoolbRxIntEnable,Bool bEDMAInter-ruptEnable)

4. 测试配置

测试代码中有多个宏参数可以用来对测试进行配置。

修改 UART_main. c 宏参数配置 UART 测试个数:

```
#define TEST_UART_NUM 0
```

修改 UART_main. c 宏参数配置选择 UART 执行的测试程序:

```
#define UART_INTERNAL_LOOPBACK_TEST
//#define UART_EXTERNAL_LINK_LOOPBACK_TEST
#define UART_TX_INCREASE_SEQUENCE
#define UART_CONTINUE_TX_DATA_PATTERN0x55
#define UART_INTERACT_WITH_PC
```

UART 的配置通过 UART_main. c 定义结构体 KeyStone_UART_confi 实现,如下所示,用户可在 KeyStone_UART_Init_drv. h 修改相应的配置。

```
gUARTCfg.baudRate = baudRate;
gUARTCfg.DSP_Core_Speed_Hz = gDSP_Core_Speed_Hz;
gUARTCfg.dataLen = DATA_LEN_8BIT;
gUARTCfg.parityMode = PARITY_DISABLE;
gUARTCfg.stopMode = ONE_STOP_BIT;
gUARTCfg.autoFlow = AUTO_FLOW_DIS;
gUARTCfg.osmSel = OVER_SAMPLING_16X;
gUARTCfg.fifoRxTriBytes = TRIGGER_LEVEL_14BYTE;
gUARTCfg.txMaster = txMaster;
gUARTCfg.bLoopBackEnable = bLoopBackEnable;
```

这个测试工程是在 TI 公司的评估板上实现的。如果要在用户真实的板子上运行,需要根据板子的设计在 KeyStone_main_PLL_init() 中修改相应的 PLL 参数。

```
//DSP core speed: 100 * 10/1 = 1000MHz
KeyStone_main_PLL_init(100, 10, 1);
```

要让这些修改后的配置生效,测试工程必须被重新编译。由于测试工程用到了 CSL 中的头文件,在重编之前可能还需要重新指定 CSL 的包含路径。

12.6　AIF 模块测试

12.6.1　概　述

天线接口(AIF2)是 KeyStone DSP 器件的一个外设,是用于支持基带 DSP 处理器和天线间的 IQ 数据传输的高速 SERDES 接口。同时,用于基站控制和维护的控制命令也可以通过 AIF2 传输。

KeyStone DSP 可以支持多个无线通信标准,包括 LTE,WCDMA,TD-SCDMA, GSM(仅 OBSAI 模式支持)。

本节主要介绍了 AIF2 的多种工作方式以及工程实例:

① 协议:OBSAI, CPRI。
② 无线标准:LTE (FDD/TDD, normal/extended symbol), WCDMA。
③ 链路速率:2x, 4x, 8x。
④ 天线数据存储位置:LL2,SL2,DDR。
⑤ 数据类型:
➢ 天线数据(AxC 时隙);
➢ 天线数据(AxC 时隙)和通用数据(控制时隙)。
⑥ 数据路径:
➢ 内部环回;
➢ 外部转发环回(两片 DSP 之间)。

用 AIF2 实现 LTE 和 WCDMA 方案的基本框图如图 12.26 和图 12.27 所示。

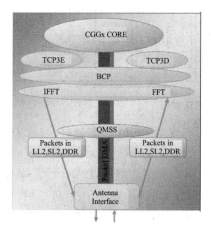

图 12.26　LTE 基带方案中的天线接口

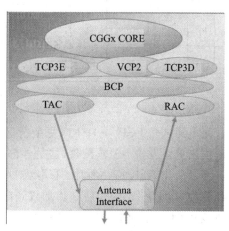

图 12.27　WCDMA 基带方案中的天线接口

393

12.6.2 测试算法

1. 内部环回测试

图 12.28 所示为内部环回测试中的数据传输路径。

内部环回测试的主要目的是验证 AIF2 与 DSP 内部相关的模块的功能。如果 AIF2 内部环回测试失败,通常情况下,应首先检查配置,然后检查输入信号如参考时钟、电源和同步信号等。

2. 外部转发环回测试

图 12.29 所示为两个 DSP 之间数据传输的数据路径。

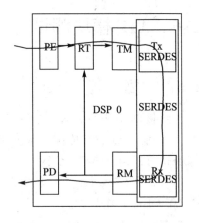

图 12.28 内部环回测试

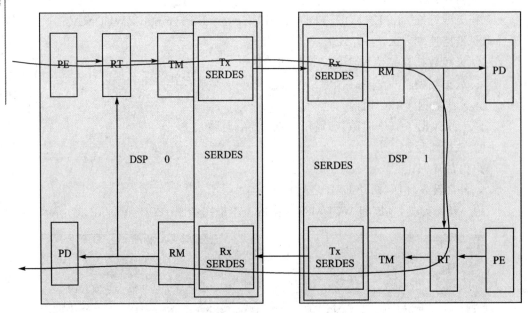

图 12.29 外部转发环回测试

简单测试是 DSP0→DSP1;复杂情况是,DSP1 收到 DSP0 的数据后,通过 DSP1 发送模块重新发给 DSP0 接收,这是外部转发环回测试。

为了简化 STK 应用程序,采用双 DSP 使用同样程序。但是,DSP0 的程序必须加载到内核 0,DSP1 的程序必须加载到内核 1。程序在运行时检测内核核心数,如果是内核 0,则执行 DSP0 的配置和功能。如果是内核 1,则执行 DSP1 的配置和功能。

如果内部环回测试通过,而外部测试失败,表示 AIF2 和内部相关的模块工作正常,稳定定位于外部信号或连接到 AIF2 的其他设备。通常应该检查电路板上的信号完整性,并检查设备的同步信号。

3. LTE 模式测试

如图 12.30 所示为 LTE 模式测试的数据流。

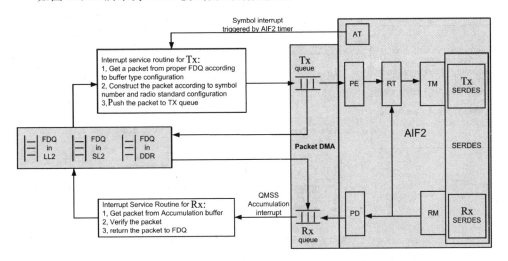

图 12.30　LTE 模式测试数据流

为了验证数据传输,以下的信息填充在 Tx 端数据包的头部和在接收端验证接收的数据:

```
typedef struct
{
Uint32 uiMagicNumber; /* indication of payload head */
Uint32 uiSequenceNum;
Uint16 uiChannelNum;
Uint16 uiSymNum;
Uint32 uiPacketSize;
Bool bGenericPacket;
TestDataPath testDataPath;
}AifTestInfo;
```

4. WCDMA 模式测试

图 12.31 为 WCDMA 模式测试的数据流。WCDMA 模式测试时,有 3 种测试方法:

> RCA 测试;

> TAC 测试;

> 内核测试。

嵌入式多核 DSP 应用开发与实践

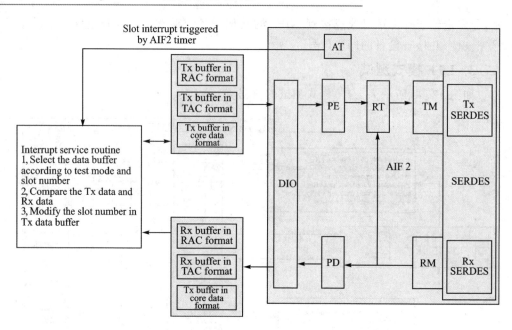

图 12.31　WCDMA 模式测试数据流

每个 AIF2 链接,可以设置以上 3 种类型之一。

12.6.3　AIF2 调试

AIF2 是很复杂的,调试也是相对困难的。

一些普通的调试方法,如断点调试、单步调试,或在 AIF2 运行时使用 printf()函数等都会影响 AIF2 的正常工作,因为 AIF2 是时序敏感系统。一旦用了那些调试方法,AIF2 的时序就会被破坏而不能正常工作。

所以,通常在数据传输完成后,才检查 AIF2 状态以便于调试。另外,有些 AIF2 的状态寄存器是"易失性"的,当你"手动"去检查时,这些状态寄存器的值可能已经改变了。所以,最好的方式是软件将 AIF2 状态寄存器的值存到某个数据 buffer,然后用户可以在传输完成后,查看这个数据 buffer,或者软件将这些信息打印出来。在附带的例子中,aif_debug.c 文件就是用这种方法实现。

对 AIF2 的调试很有帮助的状态包括:

① AD EOP 计数器（24 b）,当达到最大值时,这个计数器将反转。

➤ PKTDMA 方式下,它计数的是包的数目。

➤ DIO 方式下,它计数的是上行数据的突发(data burst)数目(一般是 64 字节)。下行的 DIO 数据没有被计数。

② AT 帧、符号/时隙、时钟数。

③ RM/TM 状态。

④ RM Pi 值。

⑤ 其他的错误或状态。

AIF2 EE 模块监测(见图 12.32)AIF2 内部 18 个模块的错误/状态。对每个模块都有一套记录错误/状态的寄存器。发生在任何模块的错误都可触发中断,并且设置 ERR_ALRM_ORGN 寄存器中的相应比特。

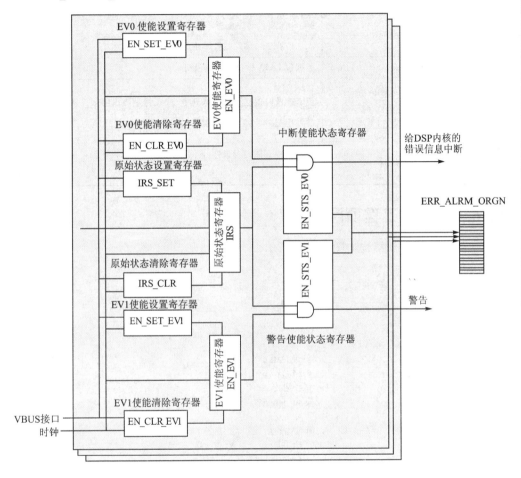

图 12.32　AIF2 EE (Error and Exception) 模块

中断服务程序应该:

① 检查 ERR_ALRM_ORGN 寄存器以确定是哪个模块发生错误;

② 检查该模块的 EN_STS 以确定是什么错误;

③ 清除 IRS。

表 12.29 列出了 AIF2 常见问题和可能原因。

表 12.29 AIF2 常见问题和可能原因

错　误	可能原因
RM Line Code Violations，or RM not in SYNC state.	硬件信号完整性不良，或 AIF 链接对方不正常运行
PI out of window	该 AIF2 事件时序配置不正确
data shift	该 AIF2 AxC 偏移配置不正确
PE DB did not have data for a channel	数据包 DMA 数据传输不及时
PE Symbol index in Navigator protocol specific header did not match for one or more symbol	包未能及时推送到发送队列中，或在特定协议的报头标志指标设置不正确
PKTDMA descriptor starvation	该描述符未能及时返还到 FDQ，或接收数据产生的速度大于处理速度

12.6.4 CCS 工程项目

实例工程的目录结构如图 12.33 所示。

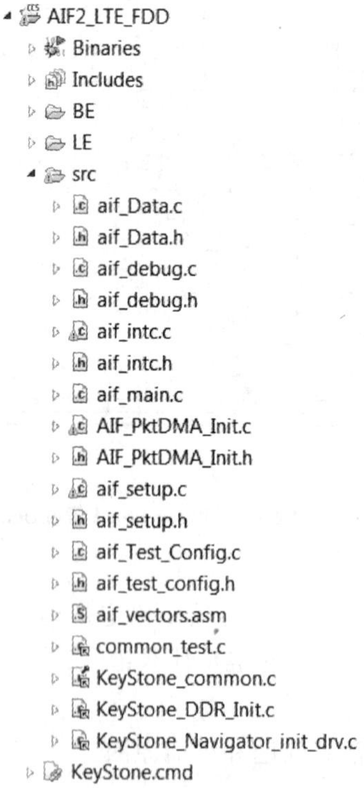

```
▲ 🖥 AIF2_LTE_FDD
    ▷ 🗃 Binaries
    ▷ 📑 Includes
    ▷ 📂 BE
    ▷ 📂 LE
    ▲ 📂 src
        ▷ 🗎 aif_Data.c
        ▷ 🗎 aif_Data.h
        ▷ 🗎 aif_debug.c
        ▷ 🗎 aif_debug.h
        ▷ 🗎 aif_intc.c
        ▷ 🗎 aif_intc.h
        ▷ 🗎 aif_main.c
        ▷ 🗎 AIF_PktDMA_Init.c
        ▷ 🗎 AIF_PktDMA_Init.h
        ▷ 🗎 aif_setup.c
        ▷ 🗎 aif_setup.h
        ▷ 🗎 aif_Test_Config.c
        ▷ 🗎 aif_test_config.h
        ▷ 🗎 aif_vectors.asm
        ▷ 🗎 common_test.c
        ▷ 🗎 KeyStone_common.c
        ▷ 🗎 KeyStone_DDR_Init.c
        ▷ 🗎 KeyStone_Navigator_init_drv.c
    ▷ 🗎 KeyStone.cmd
```

图 12.33 AIF2 实例工程的目录结构

下面的每个文件夹中都包含了一个特定标准的工程：

➢ AIF2_LTE_FDD；

➢ AIF2_LTE_TDD；

➢ AIF2_WCDMA。

表 12.30 列出了示例工程中的源文件说明。

表 12.30　示例工程中的源文件说明

源文件	说　　明
aif_main	main()函数和顶层控制代码
aif_Test_Config	该文件包括测试程序的基本配置。用户可以修改基本参数改变测试模式验证 AIF 的大部分功能。基于基本配置，该文件中的代码计算 AIF 基本参数
aif_setup	根据 aif_test_config 配置模式，设置 AIF 寄存器
aif_Data	这个文件包括发送数据和接收数据的代码处理，发送/接收包的统计信息的收集和总结
aif_PktDMA_Init	这个文件设置 PKTDMA 和 QMSS
aif_intc	这个文件设置中断控制器，包括终端服务子程序
aif_debug	这个文件包括日志、打印功能状态和错误调试

12.6.5　测试工程配置

用户可以在 aif_Test_Config.c 文件中改变配置结构中的初始值，并重新编译工程来验证 AIF2 的大部分功能。

工程默认为 CPRI 模式，可以预定义 AIF2_LINK_PROTOCOL_OBSAI 宏定义来选择 OBSAI 模式，如图 12.34 所示。

AIF2 数据包的缓存可以在 AIF_ PktDMA _Init.c 文件中修改，每一行为一个通道定义了一个数据包的缓存。

以上工程运行在 CCS5.4 环境（CCS5.4 版本以上可运行），CSL 为 pdk_C6670_1_1_2_6。在其他 PC 上使用新的配置文件时，需要指定正确的 CSL 路径。

在其他板上运行工程，需要做以下的修改：

① 在其他板上，如果没有用定时器来触发 AIF2，则需要用其他方法来触发。例如，对一些简单的测试，AIF2 可以用写寄存器的方式手动触发，这种方式可以在 aif_Test_Config.h 文件中使能。

```
// # define AIF2_TRIGGER_MANUALLY
```

② 在其他板上，AIF2 的参考时钟也可能会不同，需要在 aif_setup.c 文件中重新配置。

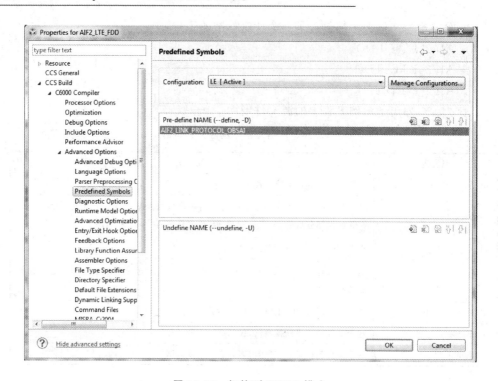

图 12.34 切换到 OBSAI 模式

```
#ifdef AIF2_LINK_PROTOCOL_OBSAI
pllMpy = CSL_AIF2_PLL_MUL_FACTOR_20X; /* 153.6 * 20 = 3072 */
#else
pllMpy = CSL_AIF2_PLL_MUL_FACTOR_16X; /* 153.6 * 16 = 2457.6 */
#endif
```

③ DSP core PLL 和 DDR 配置也有可能需要在 aif_main.c 文件中修改,或者用 GEL,或其他方法来初始化。

```
//DSP core speed: 122.88 * 236/29 = 999.9889655MHz
KeyStone_main_PLL_init(122.88, 236, 29);
//DDR init 66.667 * 20/1 = 1333
KeyStone_DDR_init (66.667, 20, 1);
```

12.7 HyperLink 模块测试

12.7.1 概 述

HyperLink 为两片 DSP 之间提供一种高速、低延迟、引脚数少的通信连接接口。HyperLink 的设计速度最高速率支持 12.5 Gb/s,目前在大部分 KeyStone DSP

上，由于受限于 SerDes 和板级布线，速度接近 10 Gb/s 。HyperLink 是 TI 专有的外设接口。相对于用于高速 SerDes 接口的传统的 8b10b 编码方式，HyperLink 减少了编码冗余，编码方式等效于 8b9b。单片 DSP 为 HyperLink 提供 4 个 SerDes 通道，所以 10 Gb/s 的 HyperLink 理论吞吐率为 $10 \times 4 \times (8/9) = 35.5$ Gb/s $= 4.44$ GB/s.

　　HyperLink 使用了 PCIE 类似的内存映射机制，但它为多核 DSP 提供了一些更灵活的特性。本节还讨论了 HyperLink 的性能，提供了在各种操作条件下的性能测试数据。对影响 HyperLink 性能的一些因素也进行了讨论。

12.7.2　HyperLink 配置

　　本小节提供了一些配置 HyperLink 模块的信息。

1. SerDes 配置

　　SerDes 必须配置成期望的链接速度。图 12.35 所示为输入参考时钟和输出时钟之间的关系。

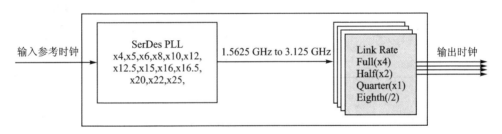

图 12.35　HyperLink SerDes 配置

　　输入参考时钟建议限制在 $156.25 \sim 312.5$ MHz 范围内。SerDes PLL 的倍频系数必须合理配置生成的内部时钟(internal clock) 限制在 $1.5625 \sim 3.125$ GHz 范围内。

　　最后的链接速度由内部时钟(internal clock)驱动，通过 Link Rate 配置来得到。

2. HyperLink 存储映射配置

　　HyperLink 的存储映射配置灵活。HyperLink 的用户手册对此作了详细描述，如图 12.36 所示。这里用实例来详细阐述。

　　在这个例子里面，DSP1 的存储空间映射到了 DSP0 的存储空间窗口 0x40000000～0x50000000。

　　DSP0 可以访问 DSP1 的所有内存空间，包括 LL2，SL2，DDR，就像访问自己的本地的存储空间一样。在 DSP0 上，所有的 Master 都可以通过以 0x40000000 起始的 Outbound 窗口地址来访问 DSP1 的存储空间，但是不同 master 事实上可能访问到 DSP1 上不同的存储空间。原因是 HyperLink 发送侧传输数据时，会将 PrivID 一起传输。接收侧通过 PrivID 值，可以建立不同的地址映射表，对 DSP0 与 DSP1 的内

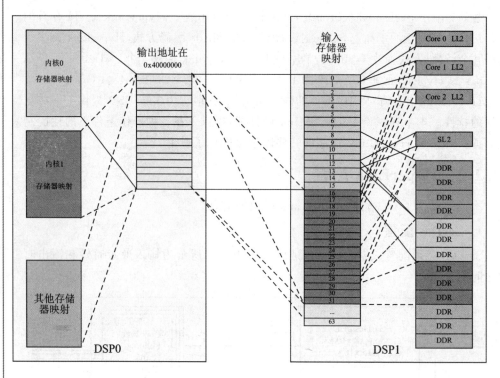

图 12.36　通过 HyperLink 窗口映射到远端不同类型的存储空间

存映射关系的总结见表 12.31。

表 12.31　DSP0 与 DSP1 的内存映射关系

DSP0 本地地址	DSP1 的地址	
	本地内核 0 映射到的远端地址	本地内核 1 映射到远端地址
0x40000000 (16 MB)	0x10000000 (LL2)	0x10000000 (LL2)
0x41000000 (16 MB)	0x11000000 (LL2)	0x11000000 (LL2)
0x42000000 (16 MB)	0x12000000 (LL2)	0x12000000 (LL2)
……	……	……
0x48000000 (16 MB)	0x88000000 (DDR)	0x88000000 (DDR)
0x49000000 (16 MB)	0x89000000 (DDR)	0x89000000 (DDR)
……	……	……
0x4C000000 (16 MB)	0x0C000000 (SL2)	0x0C000000 (SL2)
0x4D000000 (16 MB)	0x8C000000 (DDR)	0x8F000000 (DDR)
0x4E000000 (16 MB)	0x8D000000 (DDR)	0x90000000 (DDR)
0x4F000000 (16 MB)	0x8E000000 (DDR)	0x91000000 (DDR)

通过上表的配置可知：

当 DSP0 的内核 0/1 访问 0x40000000，它事实上访问了 DSP1 上的 LL2 地址空间。

当 DSP0 的内核 0 访问 0x4D000000，它事实上访问了 DSP1 上 DDR 的地址空间 0x8C000000。

当 DSP0 的内核 1 访问 0x4D000000，它事实上访问了 DSP1 上 DDR 的地址空间 0x8F000000。

12.7.3　HyperLink 性能考虑

本小节可使设计者对 HyperLink 访问远程存储空间的性能评估有基本的认识。同时提供了在不同操作条件下获得的性能测试数据。大部分测试是在最理想的测试条件进行的，以评估可以获得的最大吞吐量。

本小节所描述的绝大部分性能数据是在 C6670 EVM 板上获得的。C6670 EVM 板上的 DDR 配置成 1333MTS 64 b 位宽，HyperLink 速率配置成 10 Gb/s。

在本小节中还讨论一些影响 HyperLink 访问性能的因素。

以下是通过 HyperLink 实现存储复制的延迟：

```
flushCache();
startCycle = getTimeStampCount();
for(i = 0; i<accessTimes; i++)
{
        Access Memory at address;
        address + = stride;
}
cycles = getTimeStampCount() - startCycle;
cycles/Access = cycles/accessTimes;
```

一个 DSP 可以通过 HyperLink 来触发另一个 DSP 的中断。HyperLink 传递中断的延迟可通过下列伪代码获得测量：

```
        ……
startTSC = getTimeStampCount();
// manually trigger the hardware event, which will generate interrupt packet to
remote side
    hyperLinkRegs ->SW_INT = HW_EVENT_FOR_INT_TEST;
    asm(" IDLE"); //wait for the queue pending interrupt
    delay = intTSC - startTSC;
    ……
    interrupt void HyperLinkISR()//HyperLink Interrupt Service Routine
    {
    intTSC = getTimeStampCount(); //save the Time Stamp Count when the interrupt happens
    ……
    }
```

以上测试是在内部环回条件下测试。

12.7.4　CCS 工程项目

HyperLink 实例工程的目录结构如图 12.37 所示。

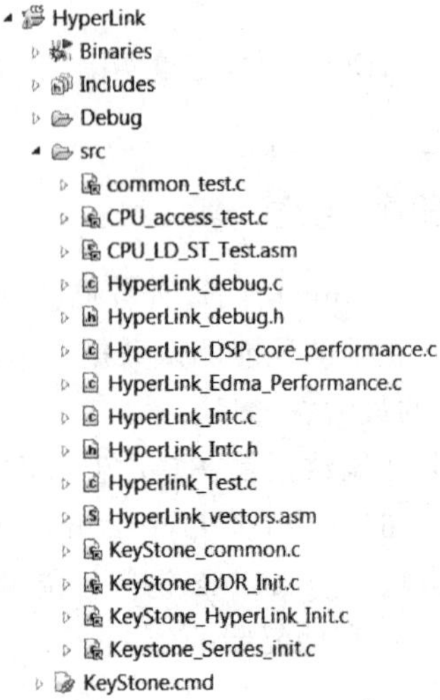

图 12.37　HyperLink 实例工程的目录结构

工程文件在 HyperLink 目录中。一些通用的初始化代码，如 PLL、EDMA、DDR 的初始化在 common 目录中。主要的测试代码在 HyperLink\src 子目录中。表 12.32 介绍了主要的测试源文件。

表 12.32　HyperLink 测试源文件介绍

文　件	函　数	介　绍
KeyStone_HyperLin k_Init. c		Low level 初始化代码
HyperLink_Test. c	HyperLink_config( )	Application level 初始化代码
	HyperLink_Mem_Test( )	这个函数将数据写到远程 DSP 存储空间，然后再都读回来验证数据的一致性，确保通过 HyperLink 传输数据可靠
	HyperLink_Interrupt_Test( )	中断测试在环回模式下进行。人工触发一个中断事件。一个中断包生成，同时环回到这个 DSP 并触发中断到 DSP 内核。函数将会测量从事件触发到进入中断服务函数 ISR 之间的时间延迟

文　件	函　数	介　绍
HyperLink_DSP_core_performance. c	MemCopyTest( )	测量使用 DSP 内核通过 HyperLink 进行存储复制
	LoadStoreCycleTest( )	测量 DSP 内核通过 HyperLink 来访问数据的延迟
HyperLink_Edma_Pperformance. c		测量使用 EDMA 方式通过 HyperLink 进行数据复制的吞吐量

12.7.5　测试配置

测试代码中有多个宏参数可以用来对测试进行配置。

HyperLink_Test. c 文件中用来切换内部环回和外部环回测试的宏定义如下：

```
# define HYPERLINK_LOOPBACK_TEST  1
```

HyperLink_Test. c 文件中的宏定义用来设置测试速率（GHz）：

```
# define HYPERLINK_SPEED_GHZ 5. f
```

测试 HyperLink 吞吐量时，DDR 起始地址在 HyperLink_Test. c 文件中修改：

```
# define DDR_SPACE_ACCESSED_BY_HYPERLINK 0x88000000
```

HyperLink 参考时钟在 main( )函数中修改：

```
hyperLink_cfg. serdes_cfg. commonSetup. inputRefClock_MHz = 312.5 ;
```

HyperLink 中断号通过以下宏定义进行修改：

```
# define HW_EVENT_FOR_INT_TEST   0
```

这个测试工程是在 TI 的评估板上实现的。如果要在用户真实的板子上运行，需要根据板子的设计在 KeyStone_DDR_Init. c 中修改相应的 DDR 参数。PLL 倍频系数也可能需要在调用 KeyStone_main_PLL_init( )的代码中修改。

```
//DSP core speed: 122.88 * 236/29 = 999.9889655MHz
KeyStone_main_PLL_init(122.88, 236, 29);
//DDR init 66.667 * 20/1 = 1333
KeyStone_DDR_init (66.667, 20, 1);
```

要让这些修改后的配置生效，测试工程必须被重新编译。由于测试工程用到了 CSL 中的头文件，在重编之前可能还需要重新指定 CSL 的包含路径。

12.8　多核导航器模块测试

12.8.1　多核导航器介绍

多核导航器(multicore navigator)结构见图 12.38,包括 QMSS(queue manager subsystem)和 PKTDMA (Packet DMA),用它们可实现在器件内部高效的包交换可大大降低 DSP 内核在内部通信方面的负担,从而提高系统的整体性能。

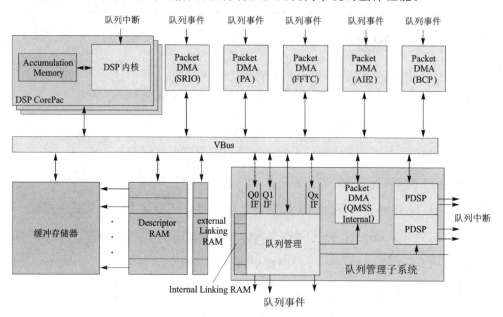

图 12.38　多核导航器结构

硬件队列是多核导航器的基础,KeyStone 系列中不同器件支持的硬件队列的个数可能不一样,有的是 8 192 个,有的是 16 384 个。队列管理器管理这些队列,提供基本的操作包括 PUSH、POP 等。有的器件包含一个队列管理器,有的器件包含 2 个队列管理器。

队列管理器维护的关键数据结构是链接表。每个链接表项占用 64 b,它主要用来表示队列中一个包的链接信息,即当前包的下一个包的指针。每个链接表项都与一个包描述符一一对应。

典型的队列 PUSH 操作过程如下:

① 系统中一个主模块把一个包描述符的地址写到一个队列对应的操作寄存器,这实际上给队列管理器产生一个 PUSH 请求。

② 队列管理器读取这个队列的尾指针找到队列中的最后一个包描述符的链接表项。

③ 队列管理器修改最后一个包描述符的链接表项,让它指向新 PUSH 进来的包描述符的链接表项。

④ 队列管理器修改尾指针,让它指向新 PUSH 进来的包描述符的链接表项。

⑤ 队列管理器修改新包描述符的链接表项为空。

典型的队列 POP 操作过程如下:

① 系统中一个主模块读一个队列对应的操作寄存器,这实际上给队列管理器产生一个 POP 请求。

② 队列管理器读取该队列的头指针,获取队列中的第一个包描述符,把第一个包描述符的地址返回给发起读操作的主模块。

③ 队列管理器读取第一个包描述符的链接表项,找到队列中的下一个描述符的链接表项。

④ 队列管理器修改队列的头指针,让它指向队列中的第二个描述符的链接表项,从而使它变成了第一个描述符。

QMSS 中包含一个内部的链接 RAM,不同器件的链接 RAM 大小可能不一样,有的支持 16K 个链接表项,有的支持 32K 个链接表项。如果用户系统中需要的包描述符超过 16K 个或 32K 个,则可以使用包括 LL2 (Local Level 2 memory),SL2 (Shared Level 2 memory),DDR(Double Data Rate external memory)来存放更多的链接表项,称为 QMSS 的外部链接 RAM。

对主模块而言,PUSH 操作是一个写操作,仅需要几个周期,通常不会让主模块等待;而 POP 操作是读操作,通常需要等待队列管理器的返回值。

为了解决 DSP 内核在 POP 操作时停等时间长的问题,QMSS 内集成了若干个微控制器(PDSP,不同器件内集成的个数可能不同)。用户可配置 PDSP,让它监测某些队列,当队列中有包描述符时,PDSP 把它 POP 出来,把包描述符的指针写到一个累积缓冲区中。累积缓冲区的位置和大小可配,通常累积缓冲区在 DSP 内核的 LL2 中。当 PDSP 填满累积缓冲区时可以给对应的 DSP 内核产生一个中断事件,DSP 内核在中断服务程序中读取累积缓冲区中的包描述符并处理对应的包。由于包描述符累积到了 DSP 内核的 LL2 中,使 DSP 内核读取的时间大大减少了。

PKTDMA 是专门用来做基于包的数据传输的 DMA (Direct Memory Access) 引擎。传统的 EDMA 的传输请求通过参数表(Parameter RAM)来定义;而 PKTDMA 传输请求由包描述符定义,包描述符可以挂到某个硬件队列上。另外,EDMA 支持最大三维的数据块传输,而且数据块之间的偏移可配;而 PKTDMA 仅支持一维线性数据块传输。

本小节讨论 QMSS 和 PKTDMA 的性能,提供在各种条件下测试得到的性能数据,并讨论一些影响多核导航器性能的因素。

如果没有特殊说明,本小节中的性能数据是在 1 GHz 的 C6678 评估板上的实测结果。评估板上的 DDR 是 1333MTS 64 b 位宽。同系列器件性能基本类似,稍有差别。

12.8.2　测试算法

QMSS 的主要性能指标包括 PUSH、POP 操作开销，队列挂起中断的时延，描述符累积的时延，描述符回收的时延。

1. PUSH 操作的开销

下面是 PUSH 性能测试的伪代码：

```
startTSC = TimeStampCount;
for(i = 0; i< Number_of_Descriptors; i++)
{
queueRegs ->REG_D_Descriptor = uiDescriptor[i]; //PUSH
}
AverageCycles = (TimeStampCount - startTSC)/Number_of_Descriptors;
```

2. POP 操作的开销

下面是 POP 性能测试的伪代码：

```
startTSC = TimeStampCount;
for(i = 0; i< Number_of_Descriptors; i++)
{
uiDescriptor[i] = queueRegs ->REG_D_Descriptor; //POP
}
AverageCycles = (TimeStampCount - startTSC)/Number_of_Descriptors;
```

3. 队列挂起中断的时延

队列管理器可以监测一些硬件队列，如果它们非空，则可以给其他主模块产生一个队列挂起的中断。下面是队列挂起中断的时延测试的伪代码：

```
Setup ISR(Interrupt Service Routine) for Queue Pend interrupt
……
startTSC = getTimeStampCount();
queueRegs ->REG_D_Descriptor = uiDescriptor; //push to an empty queue
asm(" IDLE"); //wait for the queue pending interrupt
delay = intTSC - startTSC;
……
interrupt voidQueuePendISR()//queue pending Interrupt Service Routine
{
intTSC = getTimeStampCount(); //save the Time Stamp Count when the interrupt happens
……
}
```

4. 描述符累积的时延

为了解决 DSP 内核在 POP 操作时停等时间长的问题,QMSS 内集成了若干个微控制器(PDSP,不同器件内集成的个数可能不一样)。用户可配置 PDSP,让它监测某些队列,当队列中有包描述符时,PDSP 把它 POP 出来,把包描述符的指针写到一个累积缓冲区中。

下面是描述符累积的时延测试的伪代码:

```
Setup ISR(Interrupt Service Routine) for Accumulation interrupt
Setup accumulation function of PDSP
......
startTSC = getTimeStampCount();
queueRegs ->REG_D_Descriptor = uiDescriptor; //push to an empty queue
asm(" IDLE"); //wait for the queue pending interrupt
delay = intTSC - startTSC;
......
interrupt void QueueAccumulationISR ()//accumulation Interrupt Service Routine
{
intTSC = getTimeStampCount(); //save the Time Stamp Count when the interrupt happens
......
}
```

5. 描述符回收的时延

通常,用 DSP 内核软件回收一个包描述符的过程是:

① 解析包描述符中的"return queue number","return policy"和"return push policy"域。

② 把包描述符 PUSH 到解析出来的"return queue number"。

为了节省 DSP 内核软件的开销,PDSP 提供了描述符回收的功能,可以省掉上述 DSP 内核的第 1 步操作。

使用 PDSP 的描述符回收功能时,DSP 内核软件只需把包描述符 PUSH 到 PD-SP 监测的一个队列即可。PDSP 监测的回收队列是可选的,当有任何包描述符进入这个回收队列时,PDSP 会根据包描述符里的"return queue number"、"return policy"和"return push policy"域的配置把这个包描述符 PUSH 到相应的队列。

由于这个回收功能是由 PDSP 固件实现的,一个包描述符从被 PUSH 到回收队列到 PDSP 把它返回到最终的空闲队列的时延主要由 PDSP 的繁忙程度决定。我们仅测试最简单的情况,即 PDSP 仅做描述符回收一件事。下面是描述符回收的时延测试的伪代码:

```
Setup reclamation function of PDSP
......
```

```
startTSC = getTimeStampCount();
queueRegs ->REG_D_Descriptor = uiDescriptor;//push used descriptor to reclamation queue
wait/poll the descriptor in the FDQ (destination queue)
delay = getTimeStampCount() - startTSC;
```

6. PKTDMA 的性能

PKTDMA 的性能是在环回模式下测得的,也就是说,发送的包被环回到接收端。下面是 PKTDMA 性能测试的伪代码:

```
Setup Packet DMA inloopback mode
......
for(different_packet_size)
{
    Prepare packets for transfer
    startTSC = getTimeStampCount();
    for(number_of_channels)
        push descriptor of a packet to the TX queue of the channel
    wait/poll the packets in the RX queue
    delay = getTimeStampCount() - startTSC;
    throughput = total_data_size/delay;
}
```

以上介绍的每一个测试用例在测试完成后,所有的描述符都应该被循环到原始的自由描述队列中。如果测试存在错误,一些参数会在 Tx 队列或 Rx 队列或其他队列中。因此,每次测试完成后,检查所有这些队列的输入计数器,如果它不是预期的那样,则可打印相关信息并进行调试。

12.8.3　CCS 工程项目

实例工程的目录结构如图 12.39 所示。

工程文件在 Multicore_Navigator 目录中;一些通用的初始化代码,如 PLL、ED-MA、DDR 的初始化在 common 目录中;主要的测试代码在 Multicore_Navigator\src 子目录中。表 12.33 介绍了主要的测试源文件。

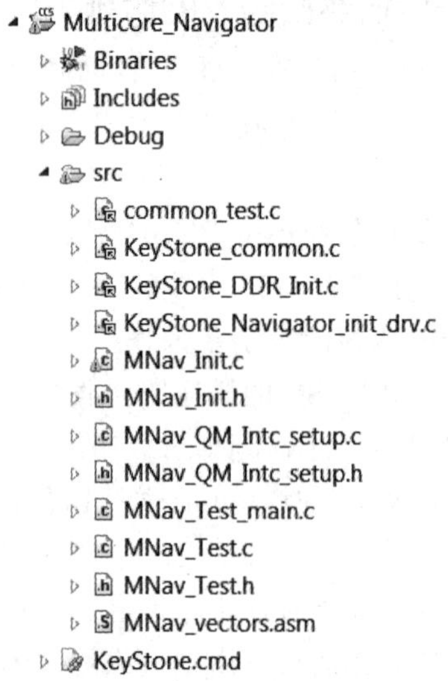

```
▲ 🗃 Multicore_Navigator
  ▷ 🗱 Binaries
  ▷ 📶 Includes
  ▷ 🗁 Debug
  ▲ 🗁 src
    ▷ 🖻 common_test.c
    ▷ 🖻 KeyStone_common.c
    ▷ 🖻 KeyStone_DDR_Init.c
    ▷ 🖻 KeyStone_Navigator_init_drv.c
    ▷ 🖻 MNav_Init.c
    ▷ 🗋 MNav_Init.h
    ▷ 🖻 MNav_QM_Intc_setup.c
    ▷ 🗋 MNav_QM_Intc_setup.h
    ▷ 🖻 MNav_Test_main.c
    ▷ 🖻 MNav_Test.c
    ▷ 🗋 MNav_Test.h
    ▷ 🗋 MNav_vectors.asm
  ▷ 📄 KeyStone.cmd
```

图 12.39　实例测试的 CCS 目录结构

表 12.33　存储器性能测试源文件介绍

源文件	介　绍
MNav_Test_main	不同参数的不同测试用例的高级函数
MNav_Test	测试用例包括：Queue PUST/POP test Queue pend interrupt test Accumulation test Reclamation test PKTDMA test
MNav_init	多核导航器初始化
MNav_QM_Intc_setup	中断设置，包括 CIC 和 INTC 配置
MNav_vectors.asm	汇编语言中断向量表

12.8.4　测试配置

测试代码中有多个宏参数可以用来对测试进行配置。

QMSS 和 PKTDMA 通过 MNav_test_main.c 中宏定义使能或禁用。"1"表示使能，"0"表示禁用。

```
#define TEST_QUEUE_MANAGER 1
#define TEST_QM_PACKET_DMA 1
#define TEST_PA_PACKET_DMA 1
#define TEST_SRIO_PACKET_DMA 1
```

描述符累积测试的 PDSP firmware 可以通过 MNav_Init.h 宏定义配置。如果定义 ACC_48_CHANNEL，使用 48 通道 firmware；否则，第一个 PDSP 使用 32 通道 firmware，第二个 PDSP 使用 16 通道 firmware。

这个测试工程是在 TI 的评估板上实现的。如果要在用户真实的板子上运行，需要根据板子的设计在 KeyStone_DDR_Init.c 中修改相应的 DDR 参数。PLL 倍频系数也可能需要在调用 KeyStone_main_PLL_init() 的代码中修改。

要让这些修改后的配置生效，测试工程必须被重新编译。由于测试工程用到了 CSL 中的头文件，在重编之前可能还需要重新指定 CSL 的包含路径。

12.9　鲁棒性测试

12.9.1　概　述

KeyStone 器件提供了多种协助客户建立鲁棒性应用的特性。其鲁棒系统如

图 12.40 所示。

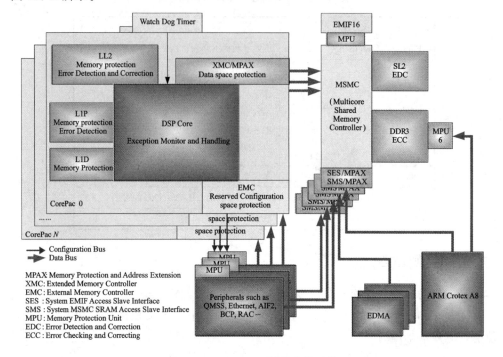

图 12.40　KeyStone 器件鲁棒系统

在 LL2、L1P 及 L1D 中集成了内存保护模块；LL2、SL2 及 DDR 控制器中集成了错误检查纠正模块；L1P 中集成了错误检测模块。STK 测试程序还包括 EDMA 错误检测、看门狗定时器、中断丢失检测等。

本小节适用于 KeyStone Ⅰ 系列 DSP，例程在 TCI6614 EVM，C6670 EVM，C6678 EVM 上进行了验证。对于其他的 KeyStone 器件包括 KeyStone Ⅱ 系列，基本功能都是一样的，一些细节上的些许差异请参阅相应器件手册。

12.9.2　测试算法

1. 内存保护

配置内存访问权限，当 master 访问存储器时，检查访问权限；当拒绝访问时发生异常。STK 让其中的 DSP 内核、EDMA 或 SRIO master 访问存储器触发异常。

L1 内存保护的伪代码是：

```
Configure the L1 memory as all cache and deny any other masters' access at initializa-
tion;
Access the L1 memory to trigger error;
```

LL2 内存保护的伪代码是：

Modify the related MPPA access permission according to the data address;
Access the protected memory to trigger error;

SL2/DDR3 存储保护的伪代码是：

Modify the MPAX configuration;
Access the protected memory to trigger error;

外部存储空间保护的伪代码是：

Modify the related MPU MPPA access permission according to the address;

Access the protected memory to trigger error;

文档 Memory Protection On KeyStone Devices（SPRWIKI9012）中讨论了 Key-Stone 器件上的内存保护属性，表 12.34 列出了不同内存保护模块的差异。

系统中有多个 master 和 slave，位于 slave 输入端口的保护模块用于阻止来自其他 master 对该 slave 的非法访问；位于 master 输出端口的保护模块用于阻止该 master 对所有其他 slave 的非法访问。

每个内存页、分片或范围的保护属性都是可编程的。

通常 L1 被配置为 cache，此时所有 L1 相关的内存保护属性寄存器应该清零从而阻止其他 master 的对 L1 的访问。

表 12.34　各种内存保护模块

内存保护模块	系统中的位置	页/分区/范围		备　注
		位　数	尺　寸	
L1D 内存保护	从端口	16	2 KB	每个内核都有独立的 L1D,L1P, LL2 及 XMC
L1P 内存保护	从端口	16	2 KB	
LL2 内存保护	从端口	32	(LL2 size)/32	
XMC MPAX	主端口	16	可编程的	
SMS MPAX	主端口	8	可编程的	每个权限 ID 都有一组 SMS 及 SES
SES MPAX	主端口	8	可编程的	
MPU	从端口	1～16	可编程的	不同器件的 MPU 对应不同的可配范围及内存宽度

2. ED /ECC

ED/EDC(Error Detection and Correction)用于存储器软错误(soft error)。软错误是一个错误的信号或数据，但是并不意味着硬件被破坏。

L1P 仅支持 ED，LL2、SL2 和 DDR 支持 ED/EDC。EDC 测试的伪代码是：

```
Pend the EDC;
Inject error;
Enable EDC;
Access data to trigger the error;
```

KeyStone 器件各级存储器中都实现了 EDC 机制,表 12.35 对不同存储器模块的实现机制进行了比较。

表 12.35　KeyStone 存储器中实现的 EDC 机制

存储器	检错/b	纠错/b	分区尺寸
L1P	1	N/A	64
内核 L2	2	1	128
Shared L2 (MSMC)	2	1	256
DDR	2	1	64

3. 看门狗定时器

对应看门狗定时器的基本知识,请参考*KeyStone Architecture Timer64 User Guide*(SPRUGV5)中"看门狗定时器模式"章节。

定时器 $0\sim(N-1)$ 可用于 N 个内核的看门狗。在 TCI6614 中定时器 8 是 ARM 的看门狗定时器。

在看门狗模式下,定时器倒计时到 0 时产生一个事件。需要由软件在倒计时终止前向定时器写数据,然后计数重新开始。当计数到 0 时,会产生一个定时器事件。看门狗定时器事件可以触发本核复位、器件复位或者 NMI 异常,这可以通过配置相应器件手册中描述的"复位复用寄存器(RSTMUXx)"来选择。

使用看门狗事件触发 NMI 异常具有更高的灵活性,在 NMI 异常服务函数中,错误的原因及某些关键的状态信息可以被记录下来,或者上报给上位机来进行故障分析,如果它不能自恢复则可以再由软件来复位器件。

4. EDMA 错误检测

关于基本的 EDMA CC 错误信息可以参考*KeyStone Architecture Enhanced Direct Memory Access*(EDMA3)*Controller User Guide*(SPRUGS5)中的"错误中断"章节。

关于基本的 EDMA TC 错误信息可以参考*KeyStone Architecture Enhanced Direct Memory Access*(EDMA3)*Controller User Guide*(SPRUGS5)中的"错误产生"章节。

所有的 EDMA 错误事件都可作为异常被路由到内核。

事件丢失错误是一种最常见的 EDMA CC 错误,意味着 EDMA 不能按要求及时完成数据的传输,或者错误的事件触发了不应该的 EDMA 传输。

总线错误是一种最常见的 EDMA TC 错误,通常意味着 EDMA 访问了错误的地址(如预留地址或受保护的地址)。

5. 中断丢失检测

中断丢失或遗漏是实时系统中常见也是常被忽略的问题。中断丢失检测是一种用于捕捉这种异常的有效方法。对基本的中断丢失检测信息参考"*TMS320C66x DSP corePAC User Guide*(SPRUGW0)"中"中断错误事件"章节。

软件系统应该对路由到 DSP 内核且有对应软件服务的中断使能中断丢失检测。在所有中断配置完毕后可以添加如下代码使能中断丢失检测:

```
gpCGEM_regs ->INTDMASK =  ~IER; / * only monitor drop of enabled interrupts * /
```

注意: 当使能中断丢失检测并在 CCS/Emulator 下使用断点或单步进行调测时,由于在仿真停止时中断没有被响应,所以此时中断丢失错误上报的概率很高。如果想忽略它,可以在调测时暂时对某些或全部中断关闭中断丢失检测,但是注意不要忘记在正式发布的程序中重新使能该功能。

12.9.3 CCS 工程项目

本小节相关的例程可以在 TCI6614 EVM、C6670 EVM 及 C6678 EVM 上测试通过。工程文件在 Robust 目录中;一些通用的初始化代码,如 PLL、EDMA、DDR 的初始化在 common 目录中;主要的测试代码在 Robust\src 子目录中。图 12.41 所示为例程目录结构,表 12.36 介绍主要的测试源文件。

在 EVM 板上运行例程的步骤如下:

① 解压例程,将 CCS workspace 切换到解压后的文件夹;

② 在 workspace 中导入工程;

③ 如果发生代码修改对工程重新编译,也许需要在编译选项中修改 CSL 保护路径;

④ 设置 EVM 板上的器件加载模式为 No boot 模式;

⑤ 将代码加载到 DSP 内核 0,运行;

⑥ 查看 CCS stdout 窗口浏览测试结果。

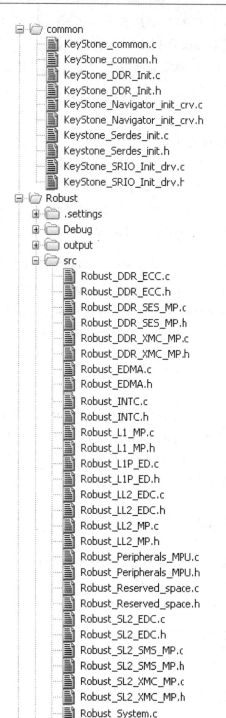

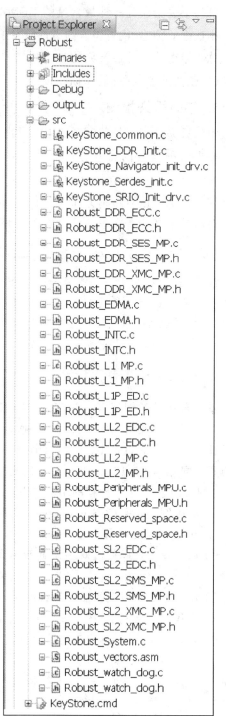

图 12.41 例程目录结构

表 12.36　测试源文件介绍

源文件	功能函数	介　绍
Keystone_common. c/h	L1P_EDC_setup LL2_EDC_setup LL2_EDC_scrubbing_timer_set-up KeyStone_SL2_EDC_enable Robust_Interrupts_Init KeyStone_MSMC_MP_interrupt_en KeyStone_MPU_interrupts_enable KeyStone_Exception_cfg	初始化中断
Robust_xxx. c/h	L1D_MP_test L1P_MP_test LL2_MP_test XMC_SL2_MP_test XMC_DDR_MP_test SMS_SL2_MP_test SES_DDR_MP_test peripheral_MP_test Reserved_Space_Test	实现以下内存保护功能： L1D,L1P,LL2, XMC_SL2, XMC_DDR, SMS_SL2, SES_DDR, Slave MPU, reserve space protection
	L1P_ED_test LL2_EDC_test SL2_EDC_test DDR_ECC_test	实现 EDC/ECC 特性： L1P ED, LL2 EDC, SL2 EDC, DDR ECC
	watch_dog_test EDMA_ERROR_test INT_drop_test	实现鲁棒性特性： Watch-dog error, EDMA error handling, Interrupt drop error

12.9.4　测试配置

Robust\src 文件夹中的每个 c 文件都包含一个测试用例代码。主函数在 Robust_System. c. 在 Robust_System. c 的开头有一些宏定义,用于使能或关闭一个测试用例。

```
# define L1D_MP_TEST    1
# define L1P_MP_TEST    1
# define LL2_MP_TEST    1
# define XMC_SL2_MP_TEST    1
# define XMC_DDR_MP_TEST    1
# define SMS_SL2_MP_TEST    1
# define SES_DDR_MP_TEST    1
# define PERIPHERAL_MP_TEST    1
# define L1P_ED_TEST    1
# define LL2_EDC_TEST    1
# define SL2_EDC_TEST    1
# define DDR_ECC_TEST    0/ * only for EVM with ECC memory * /
# define EDMA_ERROR_TEST    1
# define WATCH_DOG_TEST    1
/ * reserved space test can not safely return, thus other tests after this will not run,
to run following tests, this test must be disabled. * /
# define RESERVED_SPACE_TEST    1
/ * interrup drop test can not safely return, thus other tests after this will not run,
to run following tests, this test must be disabled. * /
# define INT_DROP_TEST    1
# define BIT_PATTERN_FILLING_TEST    1
# define ADDRESS_TEST    1
# define BIT_WALKING_TEST    1
```

　　如果使能多个测试用例,每个用例会依次执行。由于程序并不能总是安全地从异常服务程序中返回,因此有可能在一个测试用例后输出如下信息,然后测试流程被终止。

```
Exception happened at a place can not safely return!
```

　　如果出现这种情况,则可以关闭这个测试用例,重新运行其他的测试用例。

　　这个测试工程是在 TI 的评估板上实现的。如果要在用户真实的板子上运行,则需要根据板子的设计在 KeyStone_DDR_Init. c 中修改相应的 DDR 参数。PLL 倍频系数也可能需要在调用 KeyStone_main_PLL_init( )的代码中修改。

　　要让这些修改后的配置生效,测试工程必须被重新编译。由于测试工程用到了 CSL 中的头文件,在重编之前可能还需要重新指定 CSL 的包含路径。

第 **13** 章

星载毫米波 SAR – GMTI 系统
数字中频接收机

13.1 总体设计

合成孔径雷达 SAR(Synthetic Aperture Radar)是现代雷达技术的重大突破,在军事侦察、地质普查、灾情勘查、遥感等领域应用广泛。而星载 SAR-GMTI(Ground Moving Target Indication)系统具有地面(海面)大面积侦察、监视和运动目标检测、跟踪、定位的能力,是航天侦察的重要手段之一,具有重要的军事应用价值。与空载系统相比,星载系统具有轨道高、覆盖范围广、安全性高等优点;与星载光学侦察系统相比,SAR 系统具有全天候、全天时、探测隐蔽目标能力强、提供丰富的地表散射特性信息等优点。遥感系列卫星的成功发射为我国星载 SAR-GMTI 的系统论证、需求分析、性能评价等奠定了良好的基础。

星载毫米波 SAR-GMTI 系统数字中频接收机项目来源于国家自然科学基金研究项目,本章主要介绍用 C6678＋FPGA 实现数字中频接收机的设计原则、硬件架构和软件架构,以及接口设计。

13.1.1 设计原则

设计指导思想是,应用软件无线电技术,实现中频信号数字化处理,通过软件模块实现模拟信号的 A/D 采集、DBF 处理、数据压缩等处理功能;同时,尽量选用可编程器件。选取的技术方案应在现阶段经过努力可以实现,并保持一定的先进性。

星载毫米波 SAR-GMTI 系统是由天线系统、射频单元和数字单元组成的,如图 13.1 所示。

数字中频接收机的主要功能是,接收星载毫米波 SAR-GMTI 系统模拟接收机输出的 32 通道中频数据(距离向 8 通道,做 8 通道 DBF 处理,方位向共 4 通道),接收 PRF 触发信号,完成模拟信号的 A/D 采集、数字下变频、DBF 处理、BAQ 压缩;接收监控定时单元的辅助数据与压缩后数据打包输出;发送数字中频接收机遥测数据到监控定时单元;由外部基准频率源提供数字中频接收机基准时钟。

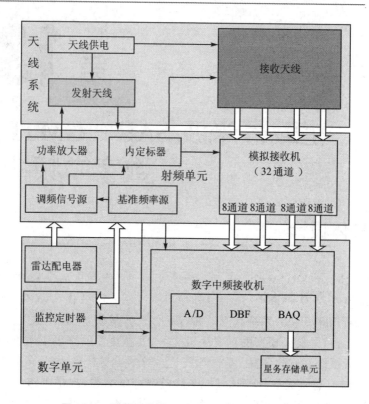

图 13.1　星载毫米波 SAR – GMTI 系统组成框图

13.1.2　硬件架构

　　数字中频接收机主要由定时控制单元、数据采集单元、数据处理单元、电源模块、背板及机箱组成,其组成如图 13.2 所示。

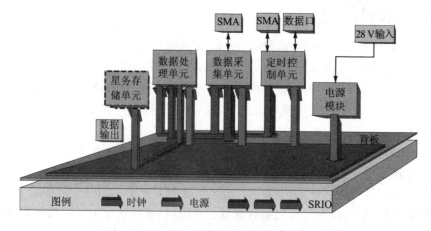

图 13.2　硬件系统组成框图

定时控制单元从基准频率源获取基准时钟,经处理后提供采样时钟给数据采集单元及数据处理单元;从监控定时器接收辅助数据及 PRF 触发信号,发送给数据采集单元、数据处理单元。

数据采集单元主要完成对模拟中频输入信号的 A/D 转换,并将数字信号通过高速数据接口传输至数据处理单元。

数据处理单元是数字中频接收机的核心处理单元,主要完成数字正交下变频、DBF 处理、BAQ 压缩等功能;接收定时控制单元的辅助数据,完成数据打包组帧;将组帧数据通过高速数据接口传输至星务存储单元。

电源单元完成输入 28 V,并将其转换成 +12 V、+5 V、+3.3 V。

13.1.3　软件架构

数字中频接收机软件主要包括:数据采集模块、数据处理模块。数据采集模块主要完成对模拟信号的 A/D 采集,并通过高速数据接口(SRIO)把数据传输到数据处理模块;数据处理模块主要完成数字正交解调、DBF处理、BAQ 压缩、数据组帧,并把数据通过高速数据接口输出。软件模块结构框图如图 13.3 所示。

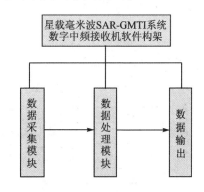

图 13.3　软件模块结构图

13.1.4　接口设计

1. 对外接口

系统对外接口框图如图 13.4 所示。

数字中频接收机的外部接口如表 13.1 所列。

表 13.1　数字中频接收机的外部接口

序　号	名　　称	接口类型	方　　向	备　　注
1	基准时钟	SMA	输入	
2	模拟信号	SMA	输入	32 路
3	辅助数据信号	RS422	输入	报文
4	AGC 控制信号	RS422	输出	
5	备用控制信号	LVDS	输入/输出	
6	遥测信号	离散 IO	输出	各个单元工作状态
7	PRF 触发信号	SMA	输入	

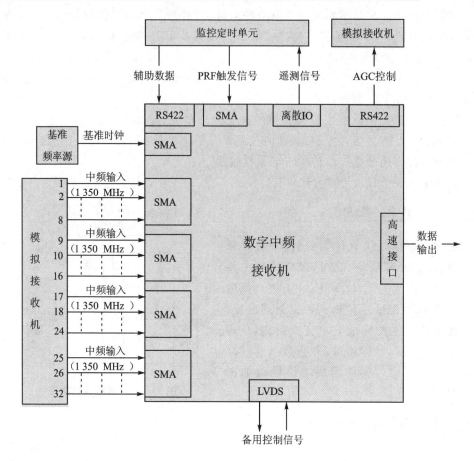

图 13.4　数字中频接收机外部接口

2. 内部接口

数字中频接收机内部接口关系如表 13.2 所列。

表 13.2　数字中频接收机的内部接口

序　号	名　　称	接口类型	方　　向		备　注
			从	到	
1	A/D 采样时钟	SMA	定时控制单元	数据采集单元	
2	相干工作时钟	SMA	定时控制单元	数据采集单元、数据处理单元	
3	辅助数据信号	RS422	定时控制单元	数据处理单元	背板
4	A/D 输出数据	SRIO	数据采集单元	数据处理单元	
5	压缩处理数据	SRIO	数据处理单元	星务存储单元	
6	预留接口	离散 I/O			

13.2　硬件设计

1. 定时控制单元

定时控制单元的组成框图如图 13.5 所示。

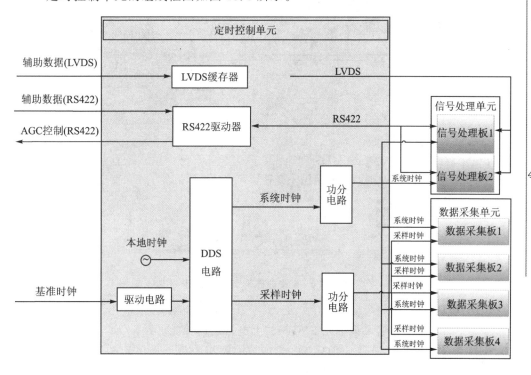

图 13.5　定时控制单元框图

2. 数据采集单元

32 路模拟信号按每个方位通道 8 个距离单元为处理模块,共 4 个 8 路采集模块。下面以其中 1 个 8 路采集单元为例进行说明,其余 3 个 8 路采集单元实现相同的功能。数据采集单元框图如图 13.6 所示。

数据采集单元的主要功能:

① 1 片 ADC 完成 4 路模拟数据采集,通过外部 DDR2 进行实时存储。8 路模拟数据共需 2 片 ADC、1 片 V5Q FPGA 完成数据采集。

② 接收 2 路外部同源采样时钟,分别为 2 个 ADC 模块提供采样时钟。

③ 接收外部系统工作时钟,为 FPGA 提供系统时钟。

④ 电源管理及监控模块实现数据采集单元的供电、上电顺序的控制、复位控制。

⑤ DDR2 实现数据采集单元大数据处理时的存储功能。

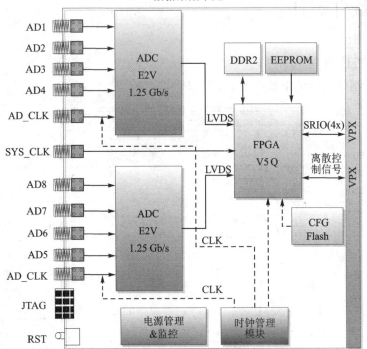

图 13.6　8 路数据采集单元框图

⑥ EEPROM 存储数据采集单元上 ADC 模块的初始化配置等信息。

⑦ Flash 实现数据采集单元 FPGA 的上电自启动功能。

⑧ 数据采集单元通过 SRIO 接口实现与中频接收机处理单元其他功能单元的互连。

3. 数据处理单元

数据处理单元由两个数据处理板组成。数据处理板框图如图 13.7 所示。

每个数据处理板处理 8×2 路 A/D 采集信号,所以数字中频接收机中需要 2 个数据处理板处理 32 路模拟中频数据。每个数据处理板上共有 5 片 C6678 芯片,其中 2 片用于接收来自背板的 A/D 采集卡信息,采用 SRIO 接口;另外 2 片将数据进行处理后汇总到最后一片 C6678,由 C6678 将数据通过高速数据接口传输至星务存储单元。

(1) 时钟模块

时钟单元接收到外部供给的系统时钟后经缓冲器分发给各个 C6678,以确保整个系统的时钟同源;其余不要求同源的时钟信号由本板产生。

(2) 电源模块

电源模块接收来自背板的电源,经过板上的 DC/DC 和 LDO 转换后为各个芯片供电。

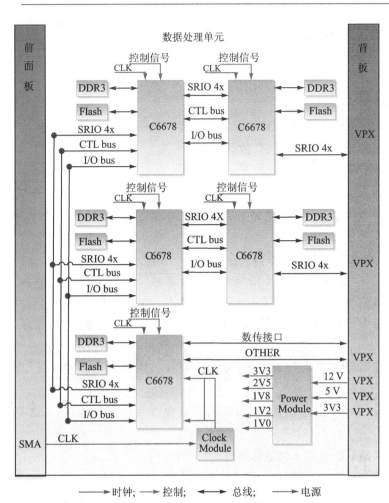

图 13.7　数据处理板框图

4. 电源模块

数字中频接收机的电压输入是卫星上提供的 28 V 标准电压,需要单独的电源板转换成各个 VPX 板卡需要的 12 V、5 V 和 3.3 V 电源,同时考虑电源散热等需求。电源模块框图如图 13.8 所示。

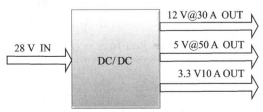

图 13.8　电源模块框图

13.3　软件设计

13.3.1　概　述

星载毫米波 SAR-GMTI 系统数字中频接收机软件设计主要包括 A/D 采集、数字下变频、DBF 处理、BAQ 压缩、数据组帧等模块。

数据采集模块的主要功能如下：

① A/D 同步采集 32 路中频回波信号，并将有效回波信号存储在外部 DDR2 中；

② 每 8 路回波信号采用 2 路 2.5Gx4 SRIO 高速接口进行数据传送至处理板的 V5Q FPGA。

数据处理模块的主要功能如下：

① 通过 SRIO 接收采集板发送的 32 路回波信号，解析出每路回波信号；

② 对每路回波信号进行数字正交解调（混频、滤波、抽取）；

③ 对每个 PRI（脉冲重复周期）内有效回波信号进行功率统计，控制 AGC 增益调整；

④ 固化时域权值系数查找表，根据时域权值系数查找表进行 32 路时变加权处理；

⑤ 固化频域权值系数查找表，根据频域权值系数查找表进行 32 路时延滤波处理；

⑥ 每 8 路数据合成 1 路数据处理；

⑦ 合成之后的数据进行 BAQ 8∶4 压缩处理；

⑧ 通过 RS422 接收辅助数据并与压缩之后的数据进行组帧处理，通过高速数据接口传输至星务存储单元。

软件详细模块如图 13.9 所示。

13.3.2　A/D 采集及存储模块

本模块实现同步采集 32 路中频实信号进 FPGA，再将采集的数据进行跨时钟域处理，同步到 FPGA 内部时钟域，最后实时存储在外部的 DDR2 中。这里选用带有 1∶4 串并转换，8 b 采样的 A/D 采集芯片，以降低 A/D 采样时钟。因 32 路数据采集方式相同，这里以 8 路为例设计 A/D 采集存储流程，如图 13.10 所示。

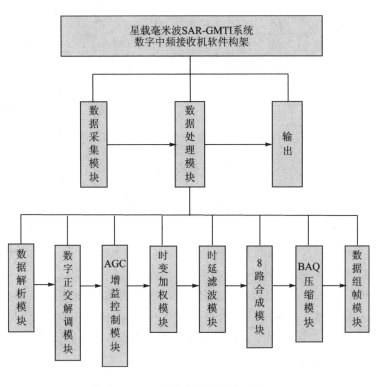

图 13.9　软件详细模块结构图

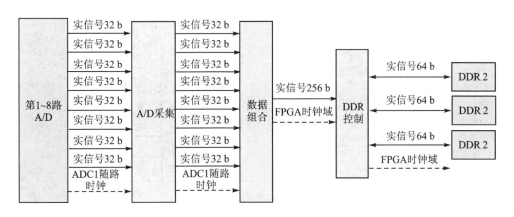

图 13.10　8 路 A/D 采集及存储

13.3.3　数据传输模块

当有效的回波数据存储完毕,可从 DDR2 中同步读出有效回波数据。每 8 路采集数据输出流程如图 13.11 所示。

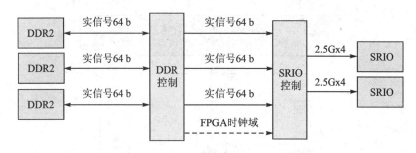

图 13.11　8 路采集数据输出

13.3.4　数据处理模块

由于采集来的 32 路数据需要同步处理,且每 8 路数据需要合成 1 路数据,故需选用 2 个数据处理板,每个数据处理板处理 16 路中频数据。每 8 路回波数据需采用 2 片 V5Q FPGA 实时处理,其中 1 片 FPGA 完成数据解析、数字正交解调、AGC 增益控制功能,另一片 FPGA 完成权值查找表生成、时变加权、时延滤波及 8 路合成 1 路处理功能。最后经过合成之后的数据采用 1 片 V5Q FPGA 进行 BAQ 压缩及组帧处理,将压缩后的数据组帧为 1 路数据输出给外部星务存储单元。

1. 数据解析模块

由于每路回波数据通过 SRIO 输入到处理板 C6678 中,需要将输入的 A/D 采集的数据进行解析,恢复每路 8 b 的原始数据。每 8 路数据解析的流程如图 13.12 所示。

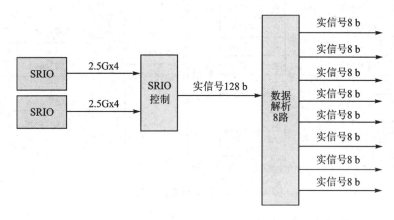

图 13.12　8 路采集数据解析

2. 数字正交解调模块

本模块功能将解析出的 8 路实信号数据进行数字正交解调处理,得到基带 I/Q 信号,混频功能如图 13.13 所示。

为减小 FPGA 实时处理及后续存储压力,需要同时对 8 路的 I/Q 信号进行滤波抽取处理。采用 2 倍抽取进行滤波抽取处理,如图 13.14 所示。

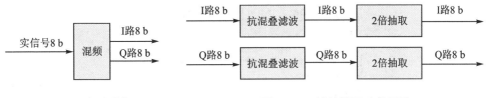

图 13.13 混频功能框图   图 13.14 滤波抽取功能框图

3. 增益控制模块

本模块完成 A/D 采集后产生基带 I/Q 数据的实时模值计算,以监测回波信号的功率大小,根据统计的功率值进行 AGC 功率控制。其功能框图如图 13.15 所示。

4. 权值查找表生成模块

在 t 时刻,波束指向为 $a(t)$,各路回波加权系数为

$$\omega_n(t) = \exp\{- \mathrm{j} 2\pi d_n \sin(\alpha(t))/\lambda\} \tag{13.1}$$

根据 $a(t)$ 的取值范围,利用统计的方法产生权值查找表,由于每个 PRT 内的有效回波信号采样点数已知,从而对每一路通道都可以建立对应采样点的权值复数查找表。单路时域权值复数查找表及频域权值复数查找表如图 13.16 所示。

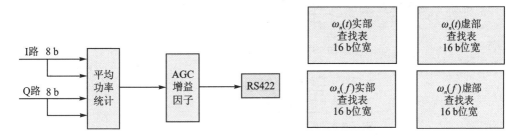

图 13.15 AGC 增益控制功能图   图 13.16 时变加权系数查找表

5. 时变加权模块

本模块根据每路实时权值进行乘累加操作,得到每路权值更新后的加权数据。单路时变加权如图 13.17 所示。

6. 时延滤波模块

本模块根据每路回波延时量不同,利用时延滤波模块消除各路回波数据的延展损失,如图 13.18 所示。

7. 8 路合 1 路数据模块

本模块将 8 路更新后的加权数据合成为 1 路数据输出,如图 13.19 所示。

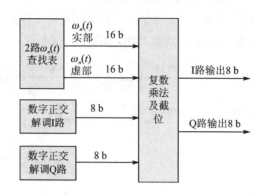

图 13.17　时变加权功能框图

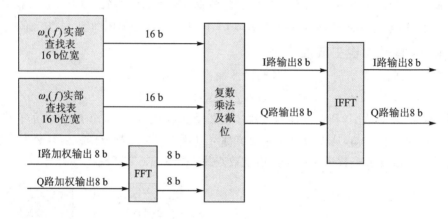

图 13.18　时延滤波功能框图

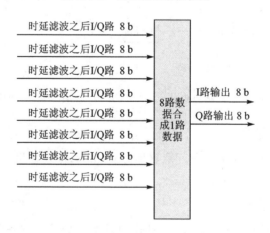

图 13.19　8 路合成 1 路功能框图

8. BAQ 压缩模块

本模块将 1 路输入的 I/Q 数据按 8:4 压缩处理输出。压缩流程如图 13.20 所示。

9. 压缩数据组帧模块

由于需要对合成压缩之后的数据进行后续成像处理,故需要对压缩数据进行组帧处理。处理的数据通过高速数据接口传输至星务存储单元。压缩数据组帧流程如图 13.21 所示。

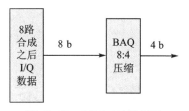

图 13.20 I/Q8:4功能框图

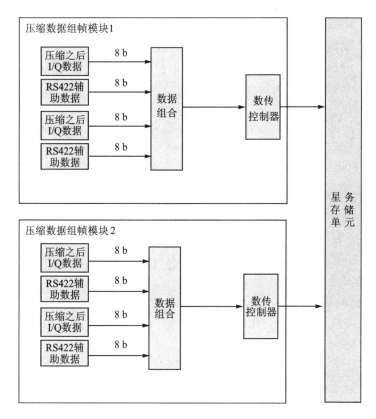

图 13.21 压缩数据组帧流程框图

附录

多核 DSP 开发网络资源

http://ti.com/

TI 官网,TI 的数据手册应用手册下载的地方。还有 TI 的原理图库和 PCB 库 (.bxl 文件,使用 librarian 方便转换成 protel、Cadence 等,本书中有实例说明)。

http://www.deyisupport.com/

TI 中文论坛官方网站,有 TI 的工程师在解答,目前多核开发最重要的中文论坛。

http://e2e.ti.com/

TI 的英文官网论坛,英文好的建议在这里提问,全球用 TI 的都在这里。

http://www2.advantech.com/Support/TI—EVM/6678le_of.aspx

做 TI DSP 都知道 spectrumdigital.com 网站,因为 TI 的 DSP 开发板资料都是在 spectrumdigital.com,从多核开始 TI 和 advantech 合作了,做 TI 多核开发肯定从这下载最新的开发板。

http://processors.wiki.ti.com/index.php/Main_Page

目前,TI 许多文档都已经放在 wiki 上。

http://bbs.21ic.com/iclist-127-1.html

21ic 总体上是活跃度比较高的论坛,TI DSP 在这里相对还是冷的。

http://bbs.eeworld.com.cn/forum-154-1.html

TI 中文论坛之一,论坛活跃度较低。

http://www.hellodsp.com/

这也是不错的网址。

参考文献

[1] 苏涛,何学辉,吕林夏.实时信号处理系统设计.西安:西安电子科技大学出版社,2006.

[2] 陈楠.TI 推出 TMS320C6474 三核 DSP 抢占高端 DSP 市场.世界电子元器件,2008(12).

[3] Texas Instruments. Embedded processors for medical imaging [OL]. 编号:slyb145b. http://www.ti.com.

[4] 中国电子网.数字化应用中的多核 DSP[J/OL]. [2012-12-08]. http://embed21ic.com/software/wince/201212/28975.html.

[5] Texas Instruments. Multicore Programming Guide (Rev. B). 编号:sprab27b. http://www.ti.com.

[6] Texas Instruments. SerDes Implementation Guidelines for KeyStone I Devices. 编号:sprabg7. http://www.ti.com.

[7] Texas Instruments. DDR3 Design Requirements for KeyStone Devices (Rev. B). 编号:sprabi1b. http://www.ti.com.

[8] Texas Instruments. Hardware Design Guide for KeyStone IDevices. 编号:sprabi2c. http://www.ti.com.

[9] Texas Instruments. Thermal Design Guide for KeyStone Devices. 编号:sprabi3. http://www.ti.com.

[10] Texas Instruments. Clocking Design Guide for KeyStone Devices. 编号:sprabi4. http://www.ti.com.

[11] Texas Instruments. Throughput Performance Guide for C66x KeyStone Devices (Rev. A). 编号:sprabk5a. http://www.ti.com.

[12] Texas Instruments. PCIe Use Cases for KeyStone Devices. 编号:sprabk8. http://www.ti.com.

[13] Texas Instruments. DDR3 Design Requirements for KeyStone Devices (Rev. B). 编号:sprabl2b. http://www.ti.com.

[14] Texas Instruments. KeyStone I DDR3 Initialization. 编号:sprabl2b. http://www.ti.com.

嵌入式多核DSP应用开发与实践

434

［15］ Texas Instruments. Hardware Design Guide for KeyStone II Devices. 编号：sprabv0. http://www. ti. com.

［16］ Texas Instruments. TI KeyStone DSP PCIe SerDes IBIS-AMI Models. 编号：sprabw3. http://www. ti. com.

［17］ Texas Instruments. Embedded Processing & DSP Resource Guide. 编号：sprt285f. http://www. ti. com.

［18］ Texas Instruments. TMS320C66x DSP Generation of Devices（Rev. A）. 编号：sprt580a. http://www. ti. com.

［19］ Texas Instruments. OPENMP programming for keystone multicore processors. 编号：sprt620a. http://www. ti. com.

［20］ Texas Instruments. TMS320C6000 Assembly Language Tools. 编号：spru186x. http://www. ti. com.

［21］ Texas Instruments. TMS320C6000 Optimizing Compiler. 编号：spru187v. http://www. ti. com.

［22］ Texas Instruments. SYS_BIOS（TI-RTOS Kernel）v6. 40 User's Guide. 编号：spruex3n. http://www. ti. com.

［23］ Texas Instruments. TMS320C66x DSP CPU and Instruction Set Reference Guide. 编号：sprugh7. http://www. ti. com.

［24］ Texas Instruments. KeyStone Architecture Serial Peripheral Interface（SPI）User Guide. 编号：sprugp2a. http://www. ti. com.

［25］ Texas Instruments. Multicore Navigator for KeyStone Architecture User's Guide（Rev. g）. 编号：sprugr9g. http://www. ti. com.

［26］ Texas Instruments. KeyStone Architecture Semaphore2 Hardware Module User Guide. 编号：sprugs3a. http://www. ti. com.

［27］ Texas Instruments. Packet Accelerator PA User Guide. 编号：sprugs4a. http://www. ti. com.

［28］ Texas Instruments. Enhanced Direct Memory Access（EDMA3）Controller. 编号：sprugs5a. http://www. ti. com.

［29］ Texas Instruments. KeyStone Architecture Peripheral Component Interconnect Express（PCIe）User Guide. 编号：sprugs6d. http://www. ti. com.

［30］ Texas Instruments. 64-Bit Timer（Timer64）for KeyStone Devices User's Guide（Rev. A）. 编号：SPRUGV5A. http://www. ti. com.

［31］ Texas Instruments. KeyStone Architecture TIMER64P User Guide. 编号：sprugv5a. http://www. ti. com.

［32］ Texas Instruments. KeyStone Architecture DDR3 Memory Controller User Guide. 编号：sprugv8d. http://www. ti. com.

［33］Texas Instruments. KeyStone Architecture Gigabit Ethernet（GbE）Switch Subsystem User Guide. 编号：sprugv9d. http：//www. ti. com.

［34］Texas Instruments. TMS320C66x DSP CorePac User Guide. 编号：sprugw0c. http：//www. ti. com.

［35］Texas Instruments. KeyStone Architecture Serial Rapid IO（SRIO）User Guide. 编号：sprugw1b. http：//www. ti. com.

［36］Texas Instruments. KeyStone Architecture Chip Interrupt Controller（CIC）user guide. 编号：sprugw4a. http：//www. ti. com.

［37］Texas Instruments. KeyStone ArchitectureMemory Protection Unit user guide. 编号：sprugw5a. http：//www. ti. com.

［38］Texas Instruments. KeyStone Architecture Multicore Shared Memory Controller user guide. 编号：sprugw7a. http：//www. ti. com.

［39］Texas Instruments. KeyStone Architecture HyperLink user guide. 编号：sprugw8c. http：//www. ti. com.

［40］Texas Instruments. KeyStone Architecture Telecom Serial Interface Port（TSIP）user guide. 编号：sprugy4. http：//www. ti. com.

［41］Texas Instruments. KeyStone DSP Bootloader User Guide. 编号：sprugy5c. http：//www. ti. com.

［42］Texas Instruments. Security Accelerator user guide. 编号：sprugy6b. http：//www. ti. com.

［43］Texas Instruments. DSP Cache user guide. 编号：sprugy8. http：//www. ti. com.

［44］Texas Instruments. Debug and Trace user guide. 编号：sprugz2a. http：//www. ti. com.

［45］Texas Instruments. External Memory Interface user guide. 编号：sprugz3a. http：//www. ti. com.

［46］Texas Instruments. bNetwork Coprocessor user guide. 编号：sprugz6. http：//www. ti. com.

［47］Texas Instruments. muticore system analyzer user's guide. 编号：spruh43f. http：//www. ti. com.

［48］Texas Instruments. System Analyzer user guide. 编号：spruh43f. http：//www. ti. com.